21 世纪高职高专土建立体化系列规划教材

建筑给水排水工程

主　编　叶巧云
副主编　王　奇

内容简介

本书是根据高等职业教育人才培养目标的要求编写而成。根据当前建筑业实际工程中所涉及的常见建筑给水排水工程内容和范围，书中内容共分8个学习情境，包括认识建筑给水排水工程、建筑给水系统的设计、消火栓给水系统的设计、自动喷水灭火系统的设计、建筑排水系统的设计、屋面雨水系统的设计、室内热水供应系统的设计及小区给水排水系统的设计。每一个学习情境内容的编写都以实际工作过程为导向，采用工学结合的模式，介绍了建筑给水排水工程各系统技术方案的确定、管道材料的选择、管道布置要求、施工技术要求以及管道和设备设计计算原理等主要内容。

本书可作为高等职业院校建筑设备工程技术专业、建筑给水排水工程技术专业等相关专业的教材，也可作为建筑施工企业、建设监理企业及建设单位从事施工管理的工程技术人员的参考用书及培训教材。

图书在版编目(CIP)数据

建筑给水排水工程/叶巧云主编. —北京：北京大学出版社，2012.2
(21世纪高职高专土建立体化系列规划教材)
ISBN 978-7-301-20047-6

Ⅰ.①建… Ⅱ.①叶… Ⅲ.①建筑—给水工程—工程设计—高等职业教育—教材②建筑—排水工程—工程设计—高等职业教育—教材 Ⅳ.①TU82

中国版本图书馆CIP数据核字(2012)第001665号

书　　名：建筑给水排水工程
著作责任者：叶巧云　主编
策 划 编 辑：赖　青　王红樱
责 任 编 辑：赖　青
标 准 书 号：ISBN 978-7-301-20047-6/TU・0216
出　版　者：北京大学出版社
地　　址：北京市海淀区成府路205号　100871
网　　址：http://www.pup.cn　http://www.pup6.cn
电　　话：邮购部 010-62752015　发行部 010-62750672　编辑部 010-62750667
电 子 邮 箱：pup_6@163.com
印　刷　者：北京虎彩文化传播有限公司
发　行　者：北京大学出版社
经　销　者：新华书店
787毫米×1092毫米　16开本　19.5印张　451千字
2012年2月第1版　　2021年6月第5次印刷
定　　价：38.00元

前　言

高等职业教育的主要任务是培养学生掌握从事职业岗位(群)所需的专业知识，具备应用知识解决问题的专业能力，以及具备相关的职业能力素质。本书正是在这一指导思想下，以工作过程为导向，采用工学结合学习设计模式，通过任务驱动教学法、“学中做”工学结合能力训练、专业绘图技能训练等方法的创新和探索，在讲授专业学科知识的同时，指导学生完成学习型工作任务，以实现学生对专业学科知识的掌握，培养学生具备初步的建筑给水排水工程设计能力，能读懂给水排水施工图设计说明，并能识读和绘制给水排水工程施工图。

本书的特色及使用建议如下。

1. 以任务驱动法为前提

以任务驱动法为前提，是指教师首先布置学习型工作任务，让学生带着任务去学习。使用本书时，教师可根据情况自主选择学习载体，也可直接采用本教材后所推荐的学习载体。所选择的学习载体应尽量简单，具有典型性、可操作性，同时应尽量可供多个学习情境使用。通过完成学习任务，实现课程目标。

2. 以工作过程为导向

建筑给水排水工程作为建筑工程的一个重要分部工程，其下又分为若干子分部工程，本书主要选择了实际工程中常见的建筑给水排水工程子分部工程作为创设学习情境的依据。在以工作过程为导向的思想指导下，各个单元任务的设置充分体现了建筑给水排水工程各子分部工程的设计工作过程和主要内容。

3. 体现工学结合的特点

学生带着任务去学习，同时教材的编写又以工作过程为导向，为“学中做”工学结合的教学理念在教材上实现做好了准备。这种工学结合的教学模式培养了学生应用知识去解决问题的专业能力，充分发挥了学生学习主体的作用，调动了学生的学习热情和求知欲。本书在课程教学改革试验中获得了良好的教学效果。

4. 学习专业知识与能力培养并重

在每个学习情境后附有工学结合能力训练和练习题。工学结合能力训练以引导文的形式辅助学生规范地完成各学习型工作任务；练习题帮助学生巩固所学的专业知识。

5. 教学组织形式建议——小组工作法

在完成各学习型工作任务时，建议将学生分成多个小组(每组 5～6 人)，以小组工作法的形式进行。通过小组讨论和交流，学生可以看到问题的不同侧面和解决途径，开阔学生的思路，使学生对所学知识有新的认识与理解。通过小组良好的协作，培养学生的团队精神，使学生共同努力去完成各个学习型工作任务。教师制定完善的小组工作管理和考核办法是保证小组工作法的关键。

需特别指出的是，由于我国各地高职课程改革方式和进程有所差异，本书的特色不一定都能在教学中逐一完善实现。但可以肯定的是本书以工作过程为导向、工学结合的特点，一定能为学生毕业后从事建筑给水排水工程施工、监理、工程造价等工作提供良好的给水排水专业技术能力背景。

本书学习情境 1、2、5、6、7、8 由成都航空职业技术学院叶巧云编写，学习情境 3、4 由成都航空职业技术学院王奇编写。

由于编者水平有限，书中难免存在不足之处，敬请读者批评指正。

编　者

2011 年 10 月

目　录

学习情境1

认识建筑给水排水工程

情境导读

本学习情境主要介绍以水的人工循环为特征的给水排水工程对社会生活和生产发展所起的重要作用，建筑给水排水工程与整个给水排水工程体系的联系，以及建筑给水排水工程在现代建筑工程中所占的重要地位。同时本学习情境还介绍了建筑给水排水工程设计的一般工作过程和主要内容，设计依据和设计成果。

知识目标

(1) 了解建筑给水排水工程的概念。

(2) 了解建筑给水排水在给水排水工程体系中的重要地位。

(3) 了解建筑给水排水工程是建筑工程的一个重要分部工程。

能力目标

(1) 具备了解建筑给水排水工程设计工作过程及主要内容的专业能力。

(2) 具备了解建筑给水排水工程施工图主要组成内容的专业能力。

(3) 具备了解建筑给水排水工程系统组成、管材及连接方式、给水排水设备、管道附件及基本设计参数等专业概念的能力。

单元任务1.1　认识建筑给水排水工程

【单元任务内容及要求】 掌握水对于人类生活的重要作用，理解水的人工循环的意义；通过课堂参观，初步认识建筑给水排水系统的种类、组成及其管材、附件等。

人类有史以来就逐水而居。因此，水是人类社会发展的命脉和生命线，水对人类文明与进步发挥了积极作用。人类在社会、经济发展的进程中，不断深化对水资源的认识，已从依赖对水的自然循环发展到利用技术手段对水的利用占有重要的地位的时代，形成了以水的人工循环为特征的给水排水体系。水的人工循环是以地表水(河水、水库水、湖泊等)或地下水为水源，利用取水构筑物、水处理厂、输配水管网等工程设施生产出满足国家饮用水标准的成品水，再输送到城市、城镇居民及厂矿等用户。经城市、城镇居民及厂矿等用户，使用过的、受到不同程度污染的污水、废水排至污水厂处理后排入水体，水的人工循环如图1.1所示。给水排水工程体系为人类社会生活、生产进步作出了巨大贡献，而建筑给水排水工程在整个给水排水工程体系中占有重要地位。

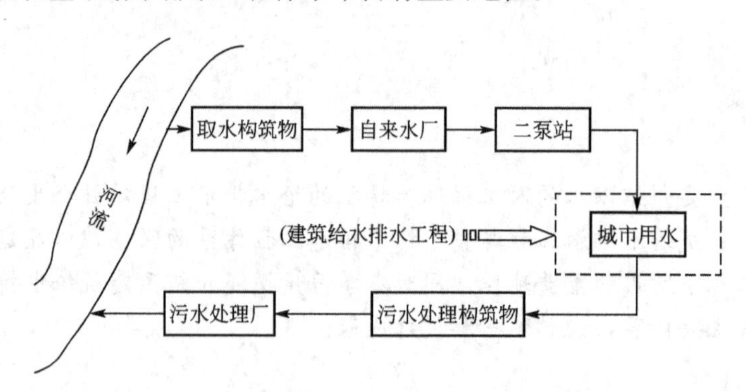

图1.1　水的人工循环

建筑给水排水工程是研究和解决以给人们提供卫生舒适、实用经济、安全可靠的生活与工作环境为目的，以合理利用与节约水资源、系统合理、造型美观和注重环境保护为约束条件的关于建筑给水、热水和饮水供应、消防给水、建筑排水、建筑中水、建筑小区给水排水和建筑水处理的综合性技术学科。建筑给水排水系统主要指建筑小区、厂矿等建筑物室内、外的给水排水工程设施。建筑给水排水工程与人类生活、生产最为密切，它最大的特征就是直接服务于人类的生活与生产，为人们创造良好、舒适的用水环境，它与城市给水排水工程、工业给水排水工程共同构成了完整的给水排水体系。

现代建筑工程是由多个专业工程组成的，包括建筑与结构、建筑设备工程和建筑装饰工程等三大部分。建筑设备工程又包括建筑给水排水与采暖工程、通风空调工程、供配电工程、建筑智能工程和电梯工程。建筑给水排水工程也是现代建筑设备工程中不可或缺的重要组成部分，因此在规划、设计和施工中必须强调自身的特点，同时又要注意它与其他子项之间的有机联系和协调，使其在体现建筑整体功能中充分发挥应有的作用。

自新中国成立以来，我国建筑给水排水工程技术的研究与应用取得了巨大的成就，为建筑业辉煌发展提供了很好的专业技术支持。目前，因高层建筑给水排水工程技术迅速发展，建筑中水工程技术在我国也得到了初步的应用，新型管材和设备得到了广泛的开发和应用，为广大人民的生活和生产提供更先进、更优质的服务。作为一门专业工程技术，无论是理论，还是有关产品、技术，都需要进一步研究、开发和创新，尤其是在建筑给水排水自动控制、高层建筑消防及热水水质控制、节约用水等技术方面。

知识链接

根据《建筑工程施工质量验收统一标准》GB 50300—2001 的要求，建筑工程分为地基与基础、主体结构、建筑装饰装修、建筑屋面、建筑给水排水及采暖、建筑电气、智能建筑、通风与空调、电梯等9个分部工程。建筑给水排水工程是建筑工程及建筑安装工程中一个最重要、最基本的分部工程。

单元任务 1.2 认识建筑给水排水系统设计

【单元任务内容及要求】 认识建筑给水排水设计的工作过程、设计工作的主要内容以及设计成果的形式。

1.2.1 建筑给水排水工程设计任务与内容

建筑给水排水工程的设计是指设计人员根据业主对用水的各种要求及设计基础资料，在满足技术、经济的前提下，为保证建筑室内、外给水排水工程的可靠性，拟定技术方案，并用文件和图纸表达出来。因此，一般建筑给水排水工程设计可分为方案设计阶段和设计计算两个阶段。

方案设计阶段工作内容如下。

(1) 建筑给水排水系统技术方案的确定。

(2) 管道的布置。

(3) 管材、附件的选择及连接方式的确定。

(4) 管道敷设方式的确定。

(5) 提出对管道和设备的施工要求。

设计计算阶段主要工作内容如下。

(1) 设计流量和设计计算参数的计算。

(2) 管网的水力计算及校核。

(3) 给水排水设备的选型及设计参数的确定。

1.2.2 设计依据

(1) 业主设计委托书，城建各管理部门对工程项目初步设计的有关批复、审查意见等。

(2) 设计施工规范。

①《建筑给水排水设计规范》GB 50015—2003。

②《室外给水设计规范》GB 50013—2006。

③《室外排水设计规范》GB 50014—2006。

④《高层民用建筑设计防火规范》GB 50045—1995。

⑤《自动喷淋灭火系统设计规范》GB 50084—2001。

⑥《汽车库、修车库、停车场设计防火规范》GB 50067。

⑦《建筑给水排水及采暖工程施工质量验收规范》GB 50242—2002。

⑧《自动喷水灭火系统施工及验收规范》GB 50261—2005。

⑨ 当地暴雨强度公式。

(3) 工程其他专业提供的相关的设计资料。

1.2.3 设计文件及要求

设计文件应满足设备采购、非标准设备制作和施工的要求，其内容包括施工图纸和合同要求的工程预算书。在设计过程中产生的文件如下。

(1) 设计计算说明书。要求对设计方案的各项内容进行总结，编写成设计说明书，将设计计算过程编写成设计计算书。一般情况下，设计计算说明书是设计人员保存的设计资料。

(2) 施工图。给水排水工程的施工图包括给水排水工程设计说明、主要设备材料表、图例、给水排水平面图、给水排水系统图和详图。施工图应提交给其他相关各方作为工程施工和预算的依据。

知识链接

建筑给水排水工程施工图组成内容一般包括图纸目录、设计施工说明、主要设备材料表、图例、平面图、系统图、详图，以上为工程专用图纸。同时，施工图还要列出在本工程中用到的建筑给水排水标准图集。

情境小结

通过本情境的学习和实践，要求掌握以下内容。

(1) 建筑给水排水工程是作为水的人工循环——给水排水工程的重要组成部分。

(2) 建筑给排水工程是建筑工程中一项重要的专业分部工程。

(3) 建筑给水排水工程的设计过程包括方案设计和设计计算两个阶段，以及两个阶段的主要工作内容。

(4) 建筑给水排水工程设计成果的主要内容，尤其是建筑给水排水工程施工图的组成内容。

工学结合能力训练

【任务1】 课堂参观

(1) 任务内容：由任课教师安排两学时时间，带领学生参观就近建筑。要求学生在参观中注意所参观的建筑中设置了哪些建筑给水排水系统？有哪些给水排水设备？所用的管材是什么？采用的是什么样的连接方式？

(2) 任务要求：以小组工作的方式写出参观报告。

(3) 报告主要内容。

① 建筑物名称。

② 所设置的建筑给水排水系统的种类与组成。

③ 所设置的建筑给水排水设备。

④ 使用的管材名称及其连接方式。

⑤ 有哪些管道附件。

参 观 报 告

建筑物名称：

序号	设置的给水排水系统	系统组成部分	管材与连接方式
1			
2			
3			

注：根据所参观的建筑增加表格行数。

(4) 教师给每个小组的参观报告进行成绩评定。

【任务2】 课外实践

(1) 任务内容：教师布置各小组组织同学进行课外实践，就近选择建筑物测量以下数据。

① 水龙头距地坪高度为：____________________。

② 水龙头距盥洗台高度为：______________。

③ 水龙头之间的间距为：____________________。

④ 蹲式大便器之间的间距为：________________。

⑤ 幼儿盥洗台上水龙头距高度为：__________。

⑥ 幼儿盥洗台高度为：______________________。

⑦ 消火栓栓口距地坪高度为：________________。

(2) 任务要求：以小组工作的方式，用尺量的方法测量以上数据。

练 习 题

一、填空题

1. 建筑给水排水工程是研究和解决以给人们提供卫生舒适、实用经济、安全可靠的________为目的，以合理利用与节约水资源、系统合理、造型美观和注重环境保护为约束条件的关于__________、__________、__________、__________、__________和__________的综合性技术学科。

2. 建筑给水排水工程在整个给水排水工程体系中__________，是现代建筑中__________的重要组成部分。

3. 一般建筑给水排水工程设计工作过程可分为__________和__________两个阶段。

4. 你测量的消火栓口距地坪的高度是__________。

5. 你测量的卫生间蹲式大便器之间的间距为__________。

二、问答题

1. 建筑给水排水工程设计的工作过程分为几个阶段？主要工作内容和任务有哪些？
2. 建筑给水排水方案设计阶段的主要工作内容有哪些？
3. 建筑给水排水设计计算阶段的主要工作内容有哪些？
4. 建筑给水排水工程施工图的主要内容有哪些？

学习情境2

建筑给水系统的设计

情境导读

本学习情境以建筑室内给水系统设计工作过程为导向，介绍了建筑室内给水系统设计的主要内容，包括建筑内给水系统技术方案的确定，和给水系统管网的布置和设计计算、给水贮水增压设备的设计选型。通过本学习情境的学习及工学结合能力任务的训练，使学生掌握建筑室内给水工程专业技术，具备室内给水系统初步设计的能力，能读懂室内给水系统设计施工说明，具备识读和绘制建筑室内给水系统施工图的能力。

知识目标

(1) 掌握给水系统的分类与组成。
(2) 掌握给水方式的概念及给水方式的确定原则。
(3) 熟悉给水管材、附件、水表，掌握管道连接方法、附件设置要求及水表选型和设置要求。
(4) 掌握给水管道的布置要求、敷设方式、管道系统防护的措施及管道性能试验要求。
(5) 掌握给水水质污染的原因及水质污染防止措施。
(6) 掌握给水设计流量、管网水力计算的方法。
(7) 掌握给水增压贮水设备的种类及设备设计参数的计算。

能力目标

(1) 能读懂建筑给水系统施工图的设计施工说明，理解设计意图。
(2) 能识读建筑给水系统的平面图、系统图、详图。
(3) 具备绘制建筑给水平面图、系统图、详图的能力。
(4) 具备团队协作与沟通的能力。

工学结合学习设计

	知识点	学习型工作子任务	
给水系统设计过程	给水系统的分类与组成	确定建筑室内给水系统技术方案	将各项设计内容汇总后编写设计施工说明
	给水方式的概念及给水方式的确定原则		
	给水管材及连接方法	选择给水管道材料及连接方式	
	附件、水表选型和设置要求	选择各类阀件、配水附件和水表	
	给水管道的布置及要求	进行建筑内给水管道布置并绘制平面图、系统图及详图	
	给水管道敷设方式、管道安装要求，防止水质污染措施，管道系统防护的措施及管道性能试验要求等。	提出建筑内给水管道系统施工要求	
给水系统设计计算过程	给水定额、给水设计流量及计算公式	计算给水系统设计流量	将各项设计内容汇总后编写设计计算书
	给水系统管道管径、给水系统所需压力的计算方法，给水水力条件校核。	计算给水管网水力	
	给水增压及贮水设备的种类、工作原理、主要设备技术参数的设计计算	计算给水设备的选型、	

单元任务2.1　建筑给水系统技术方案的确定

【单元任务内容及要求】 建筑给水系统技术方案的确定主要是根据工程设计基础资料和业主要求，在满足技术经济的前提下，确定给水系统的组成和给水方式。

特别提示

建筑给水系统包括建筑室内给水系统与建筑小区给水系统，它是通过建筑室内、外给水管道系统、附件、设备、构筑物等设施，将城、镇给水管网中的水可靠、安全地输送到建筑内、外各用水点，并满足用户对水质、水量和水压的要求。本学习情境主要针对建筑室内给水系统。

知识链接

按用途不同，建筑给水系统可分为生活给水系统、生产给水系统和消防给水系统。

1. 生活给水系统

生活给水系统是指供居住建筑、公共建筑与工业建筑饮用、烹饪、盥洗、洗涤、淋浴、浇洒和冲洗等生活用水的给水系统。

按供水水质标准不同，可分为生活饮用水给水系统、直接饮用水给水系统和杂用水给水系统。

生活饮用水是指水质应符合现行国家标准《生活饮用水卫生标准》(GB 5749—2006）的要求，用于日常饮用、洗涤的水。

直接饮用水是指在建筑物内设置有设备、构筑物，将生活饮用水再经过深度处理的、可以直接饮用的水。

生活杂用水是指用于便器冲洗、浇洒道路、浇灌绿化、补充空调循环用水的非饮用水。生活杂用水的质量标准为《生活杂用水水质标准》(CJ/T 48—1999)。

生活给水对水量、水压和水质的要求应符合相应设计规范的要求。

2. 生产给水系统

生产给水系统是指供给各类不同产品生产过程中所需的工艺用水、生产设备的冷却用水、原料和产品洗涤及锅炉用水等给水系统。

生产用水对水质、水量、水压的要求随工艺不同而有较大的差异。工业生产用水在城市给水中占有较大比例，因此合理优化产品生产工艺、提高工业生产用水的重复利用率，既有利于节约水资源，也利于减少工业污水排放量，对防止水体污染具有重要意义。

3. 消防给水系统

消防给水系统是指供给设置在建筑内、外的以水作为灭火剂的各类消防设施，用于扑灭火灾的给水系统。

上述3类给水系统是最基本的给水系统，现行规范已明确规定消防系统应独立设置。因此，在建筑内部可以根据情况独立设置，也可根据各类用水对水质、水量、水压的不同要求，结合工程实际情况，经技术经济比较，设置独立的生活、生产给水系统或生活-生产共用给水系统。

2.1.1　建筑给水系统的组成

1. 给水系统

建筑给水系统的组成是指能分别实现建筑给水系统中各特定功能的所有设施的总和，如图2.1所示。图2.1所示的生活给水与消防给水共用一根管道，现行规范已经明确规定各自需要独立的管道系统。通常情况下，给水系统由下列各部分组成。

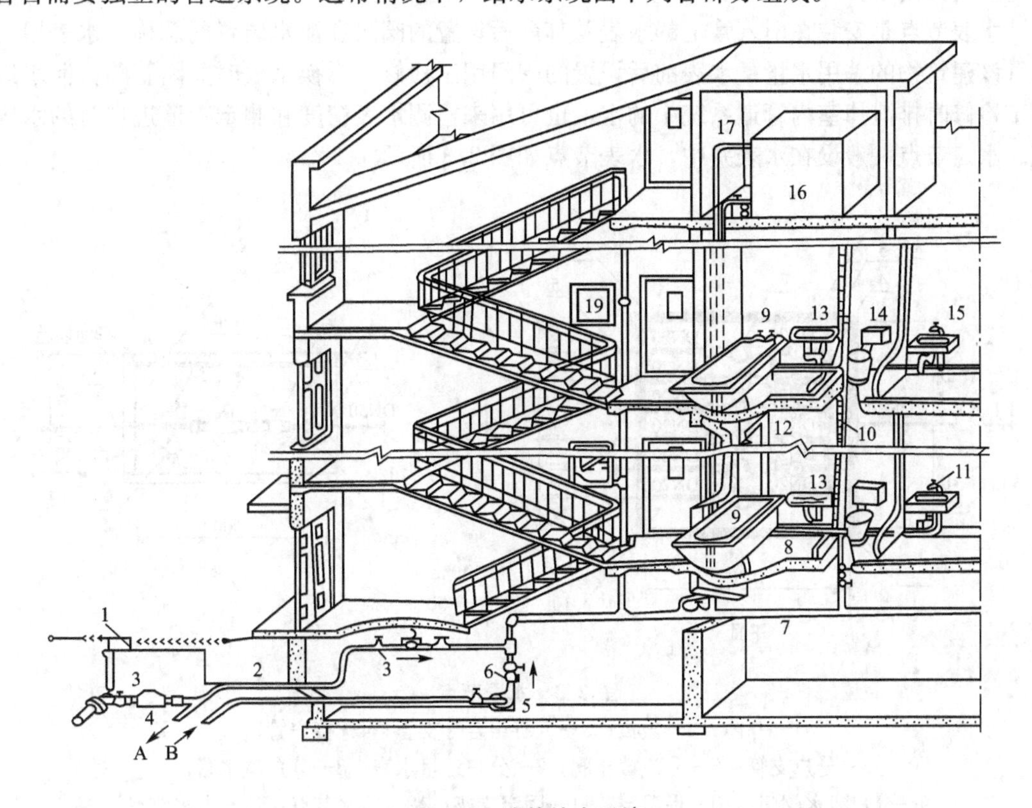

图 2.1　建筑给水系统

1—阀门井；2—引入管；3—闸阀；4—水表；5—水泵；6—止回阀；7—干管；
8—支管；9—浴盆；10—立管；11—水嘴；12—淋浴器；13—洗盆脸；
14—大便器；15—洗涤盆；16—水箱；17—进水管；18—出水管；
19—消火栓；A—入贮水池；B—来自贮水池

1）引入管

引入管又称为进户管，是室外给水接户管与建筑内部给水干管相连接的管段。引入管一般埋地敷设，穿越建筑物地下室外墙或基础。引入管受地面荷载、冰冻线的影响，一般埋设在室外地坪下 0.7m 以上。引入管进入建筑后立即上返到给水干管埋设深度，以避免多开挖土方，给水干管一般在室内地坪下 0.3～0.5m，引入管如图 2.2 所示。

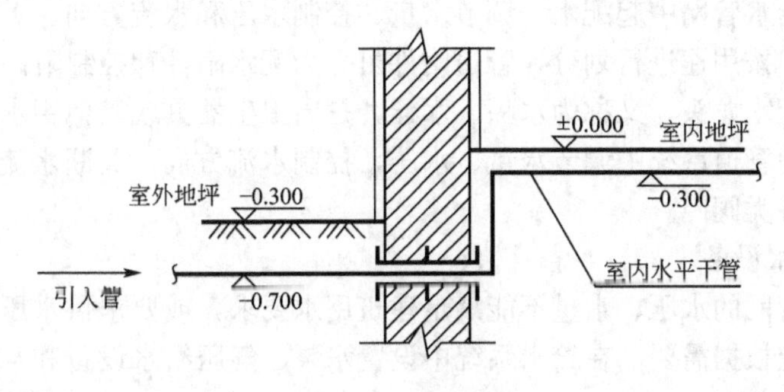

图 2.2　引入管

2）水表节点

水表节点是安装在引入管上的水表及其前后设置的阀门和泄水装置的总称。水表用于计量该建筑物的总用水量；水表前后设置的阀门用于检修、拆换水表时关闭管路；泄水口用于检修时排泄掉室内管道系统中的水，也可用来检测水表精度和测定管道进户时的水压值。水表节点一般设在水表井中，水表节点如图 2.3 所示。

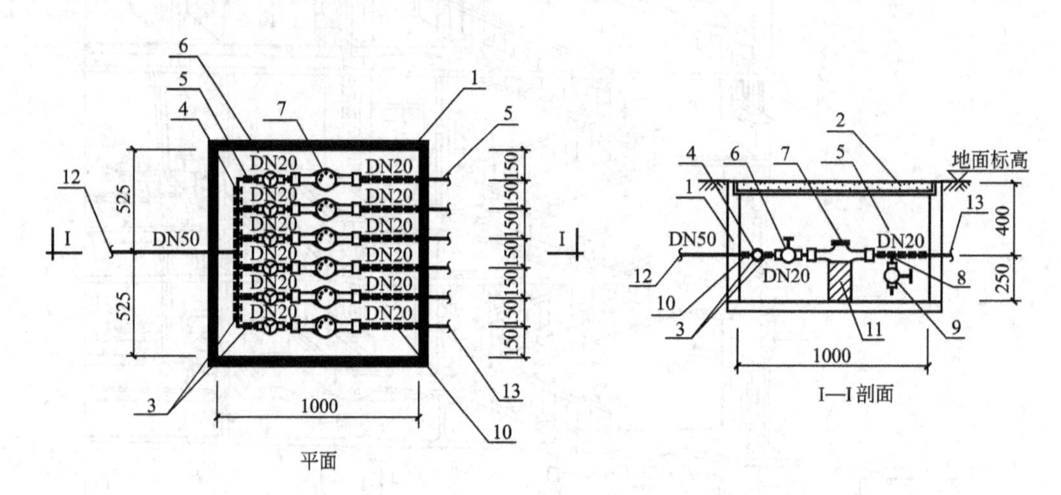

图 2.3　水表节点

1—井体；2—盖板；3—上游组合分支管；4—接户管；
5—分户支管；6—分户截止阀；7—分户计量水表；8—分户泄水管；
9—分户泄水阀门；10—保温层；11—固定支座；12—给水节点；13—出水节点

在建筑内部的给水系统中，在需计量水量的某些部位和设备的配水管上也要安装水表。住宅建筑每户的给水管上均应安装分户水表，为保护住户的私密性和便于抄表，分户水表宜设在户外。

3）给水管道系统

给水管道系统是指建筑物内部布置的所有给水系统的管道。按管道走向和作用分为给水干管、给水立管和给水支管，图 2.4 所示为室内给水系统图。

对于每根立管，一般在从干管引出后的首层应设置一个阀门，以便该立管供水范围检修时不影响其他立管的正常供水。

4）管道附件

管道附件是给水管网中起配水、调节水量、控制水压和水流方向、关断水流等各类部件和装置的总称。按用途进行划分，管道附件可分为配水附件和控制附件。

配水附件即配水龙头，又称为水嘴、水栓，是向卫生器具或其他用水设备配水的管道附件。控制附件是管道系统中调节水量、水压，控制水流方向，关断水流，便于管道、仪表和设备检修的各类阀门。

5）增压和贮水设备

当室外给水管网的水压、水量不能满足建筑用水要求，或要求供水压力稳定、确保供水安全可靠时，应根据需要，在给水系统中设置水泵、气压给水设备和水池、水箱等增压和贮水设备。

6）给水局部处理设施

当有些建筑对给水水质要求很高，超出国内现行生活饮用水卫生标准，或其他原因造成水质不能满足要求时，就需要设置一些设备、构筑物进行给水深度处理。

2. 给水方式

给水方式是指在确定建筑内给水系统的具体组成、布置实施方案及主干管的走向时，可借鉴的基本模式。现将给水方式的基本类型介绍如下。

1）利用外网水压直接给水方式

(1) 室外管网直接给水方式。当室外给水管网提供的水量、水压在任何时候均能满足建筑用水时，直接把室外管网的水引到建筑内各用水点，称为直接给水方式，如图 2.5 所示。

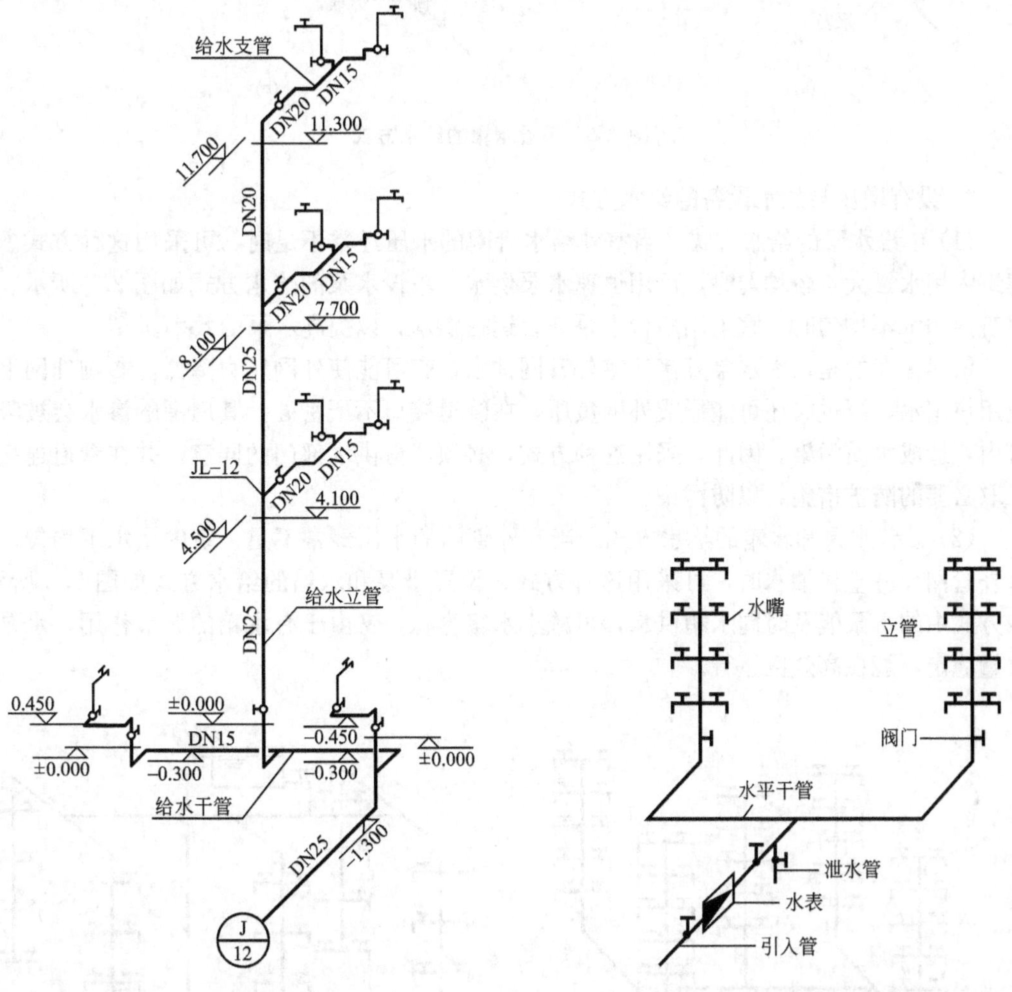

图 2.4　室内给水系统图

图 2.5　直接给水方式

在初步设计过程中，可用经验法估算建筑所需水压，看能否采用直接给水方式，即 1 层为 100kPa，2 层为 120kPa，3 层以上每增加 1 层水压增加 40kPa。

(2) 单设水箱的给水方式。当室外给水管网提供的水压只是在用水高峰时段出现不足，或者建筑内要求水压稳定，并且该建筑具备设置高位水箱的条件时，可采用这种方式，单设水箱的给水方式如图 2.6 所示。该方式在用水低峰时，利用室外给水管网水压直接供水并向水箱进水；用水高峰时，水箱出水供给给水系统，从而达到调节水压和水量的目的。

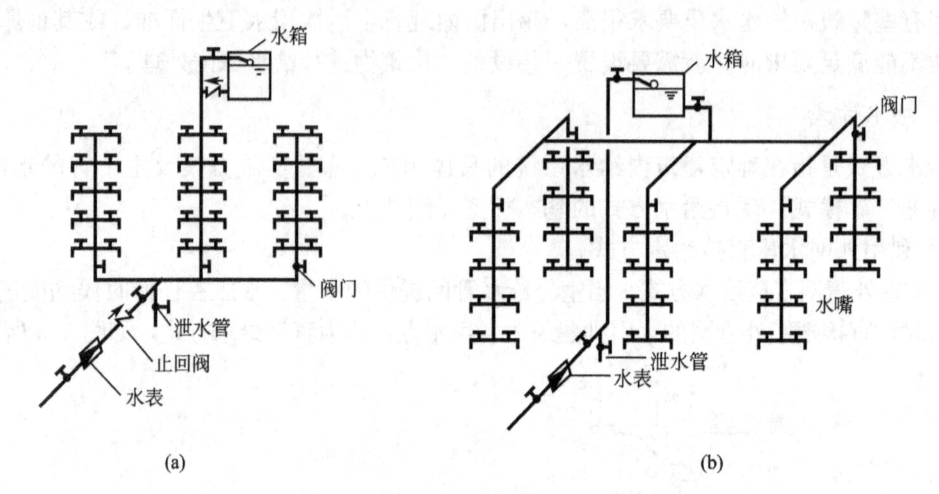

图 2.6 单设水箱的给水方式

2) 设有增压与贮水设备的给水方式

(1) 单设水泵的给水方式。当室外给水管网的水压经常不足时，可采用这种方式。当建筑内用水量大且较均匀时，可用恒速水泵供水，单设水泵的给水方式如图 2.7 所示。当建筑内用水不均匀时，宜采用多台水泵联合运行供水，以提高水泵的效率。

值得注意的是，因水泵直接从室外管网抽水，有可能使外网压力降低，影响外网上其他用户用水，严重时还可能形成外网负压，在管道接口不严密处，其周围的渗水会被吸入管内，造成水质污染。因此，采用这种方式，必须征得供水部门的同意，并在管道连接处采取必要的防护措施，以防污染。

(2) 设置水泵和水箱的给水方式。当室外管网的水压经常不足、室内用水不均匀，且室外管网允许直接抽水时，可采用这种方式，设置水泵和水箱的给水方式如图 2.8 所示。该方式中的水泵能及时向水箱供水，可减小水箱容积；又由于有水箱的调节作用，水泵出水量稳定，能在高效区运行。

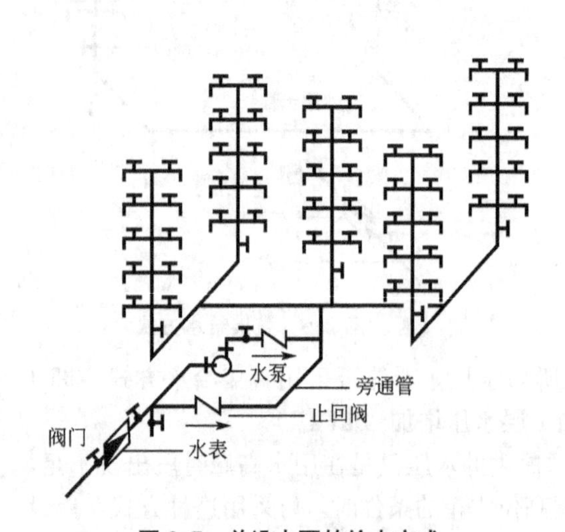

图 2.7 单设水泵的给水方式

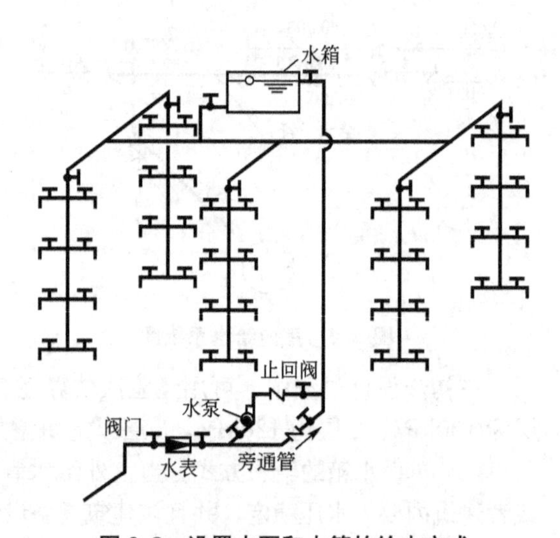

图 2.8 设置水泵和水箱的给水方式

(3) 设置贮水池、水泵和水箱的给水方式。当建筑的用水可靠性要求高，室外管网水量、水压经常不足，且不允许直接从外网抽水，或者是用水量较大，外网不能保证建筑的高峰用水，再或是要求贮备一定容积的消防水量时，都应采用这种给水方式，设置贮水池、水泵和水箱的给水方式如图 2.9 所示。

(4) 设置气压给水装置的给水方式。当室外给水管网压力低于或经常不能满足室内所需水压，室内用水不均匀，且不宜设置高位水箱时可采用此方式。该方式即在给水系统中设置气压给水设备，利用该设备气压水罐内气体的可压缩性，协同水泵增压供水，气压给水方式如图 2.10 所示。气压水罐的作用相当于高位水箱，但其位置可根据需要较灵活地设在高处或低处。

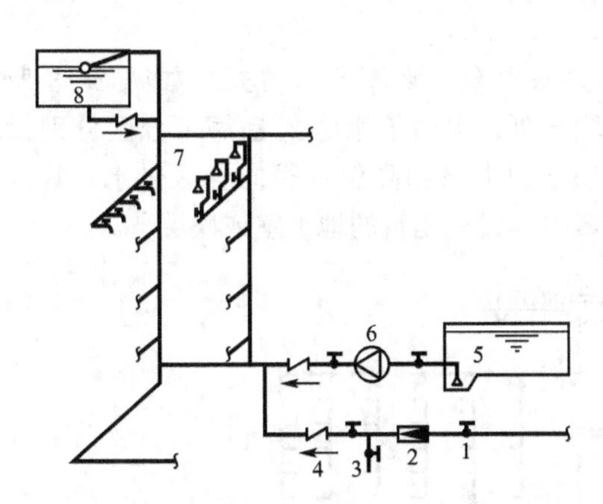

图 2.9　设置贮水池、水泵和水箱的给水方式

1—阀门；2—水表；3—泄水管；
4—止回阀；5—水池；6—水泵；
7—淋浴喷头；8—水箱

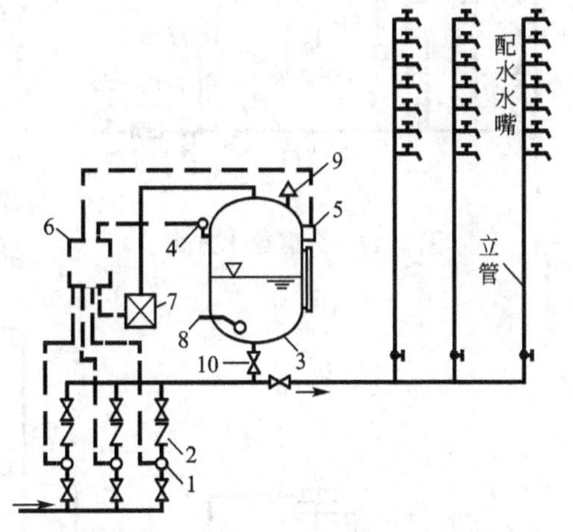

图 2.10　设置气压给水装置的给水方式

1—水泵；2—止回阀；3—气压水罐；
4—压力信号器；5—液位信号器；6—控制器；
7—补气阀；8—排气阀；9—安全阀；10—阀门

(5) 设置变频调速给水装置的给水方式。当室外供水管网水压经常不足，建筑内用水量较大且不均匀，要求可靠性较高、水压恒定，或者建筑物顶部不宜设高位水箱时，可以采用变频调速给水装置进行供水，变频调速给水装置如图 2.11 所示。这种供水方式可省去屋顶水箱，水泵效率较高，但一次性投资较大。

3) 分区给水方式

分区给水方式适用于多层和高层建筑。

(1) 利用外网水压的分区给水方式。对于多层和高层建筑来说，室外给水管网的压力只能满足建筑下部若干层的供水要求。为了节约能源，有效地利用外网的水压，常将建筑物的低区设置成由室外给水管网直接供水，高区由增压贮水设备供水，分区给水方

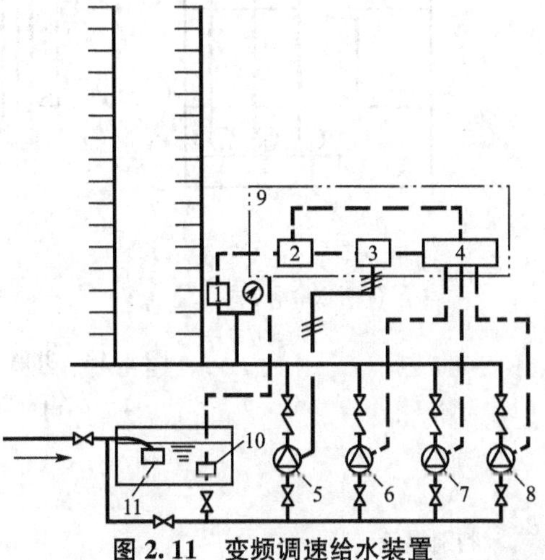

图 2.11　变频调速给水装置

1—压力传感器；2—微机控制器；3—变调速器；
4—恒速泵控制器；5—变频调速水泵；
6、7、8—恒速泵；9—电控柜；
10—水位传感器；11—液位自动控制阀

式如图 2.12 所示。为了保证供水的可靠性，可将低区与高区的 1 根或几根立管相连接，在分区处设置阀门，以备低区进水管发生故障或外网压力不足时，打开阀门由高区向低区供水。

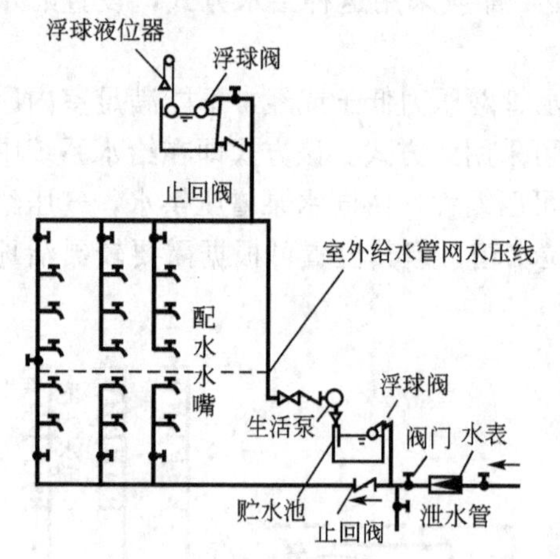

图 2.12 分区给水方式

(2) 设置高位水箱的分区给水方式。此种方式一般适用于高层建筑。高层建筑生活给水系统的竖向分区应根据使用要求、设备材料性能、维护管理条件、建筑高度等综合因素合理确定。一般各分区最低卫生器具配水点处的静水压不宜大于 0.45MPa，特殊情况下不宜大于 0.55MPa。设高位水箱的分区给水方式又可根据情况分为以下几种情况。

① 并联水泵、水箱给水方式。如图 2.13 所示，并联水泵、水箱给水方式是每一分区分别设置一套独立的水泵和高位水箱向各区供水，其水泵一般集中设置在建筑的地下室或底层。

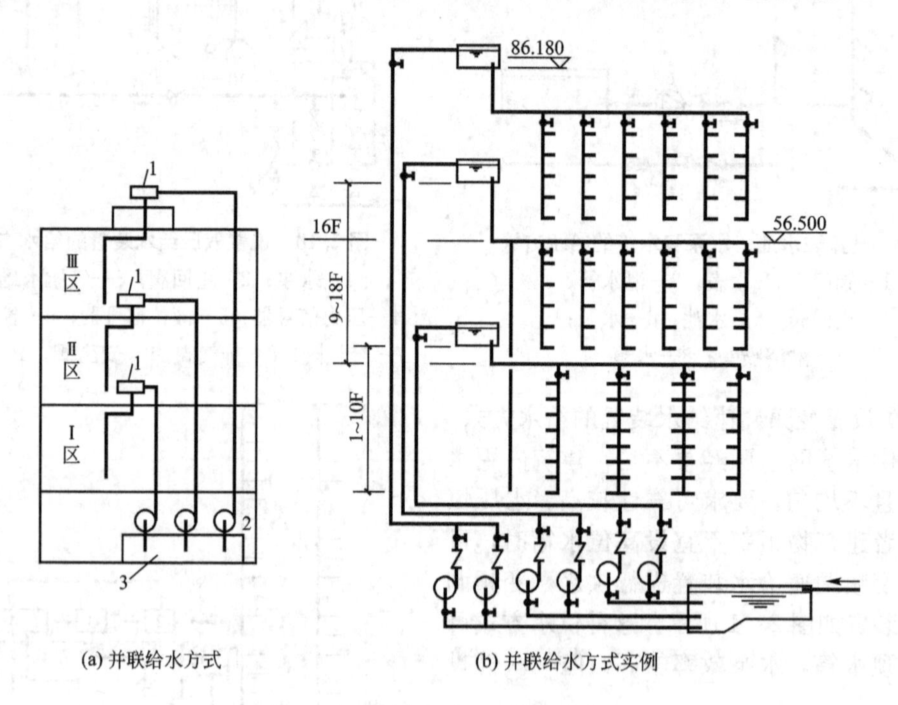

图 2.13 并联水泵、水箱给水方式

1—水箱；2—水泵；3—水池

特别提示

这种方式的优点是各区自成一体，互不影响；水泵集中，管理维护方便；运行动力费用较低。其缺点是水泵数量多，耗用管材较多，设备费用偏高；分区水箱占用楼房空间多；有高压水泵和高压管道。

② 串联水泵、水箱给水方式。如图 2.14 所示，串联给水方式是水泵分散设置在各区的楼层之中，下一区的高位水箱兼做上一区的贮水池。

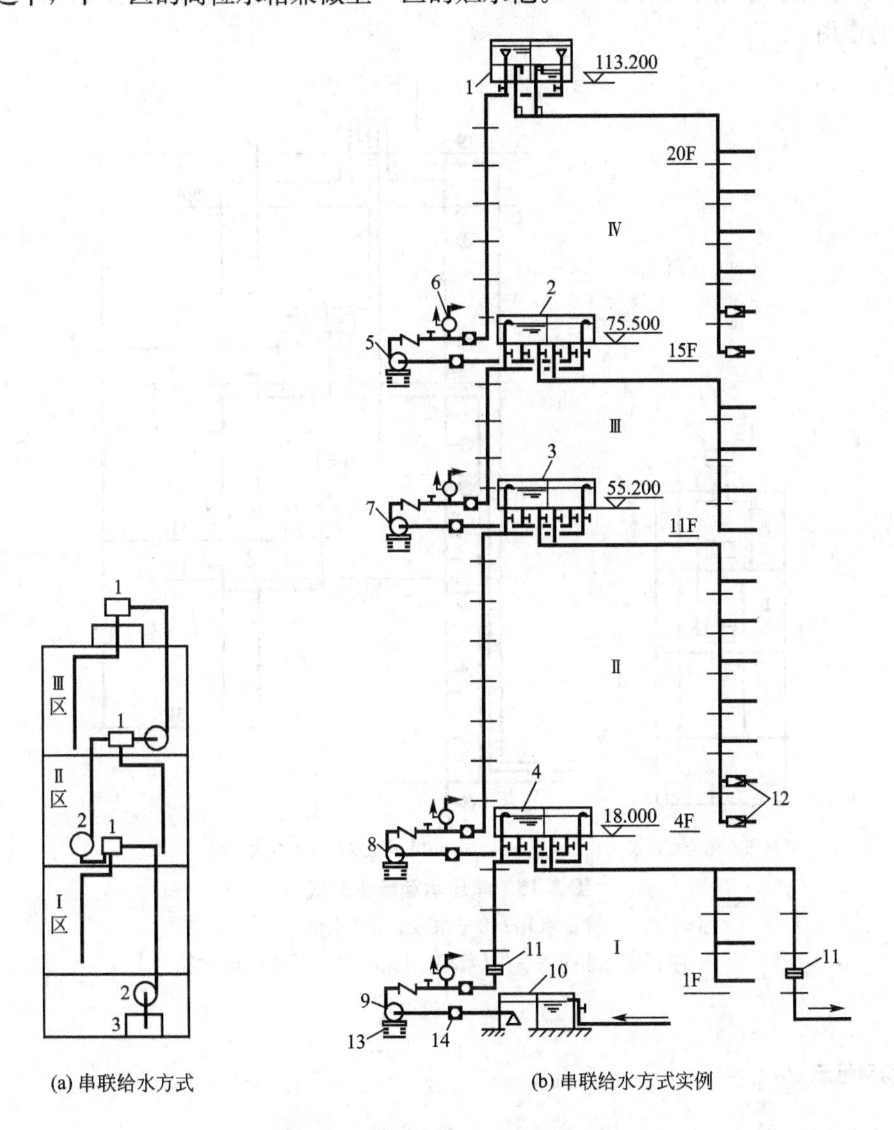

(a) 串联给水方式　　(b) 串联给水方式实例

图 2.14　串联水泵、水箱给水方式

1—水箱；2—水泵；3—水池

1—Ⅳ区水箱；2—Ⅲ区水箱；3—Ⅱ区水箱；4—Ⅰ区水箱；5—Ⅳ区加压泵；

6—水锤消除器；7—Ⅲ区加压泵；8—Ⅱ区加压泵；9—Ⅰ区加压泵；

10—贮水池；11—孔板流量计；12—减压阀；13—减振器；14—软接头

特别提示

这种方式的优点是无高压水泵和高压管道；运行动力费用经济。其缺点是水泵分散设置，连同水箱所占楼房的平面、空间较大；水泵设在楼层，防振、隔音要求高，且管理维护不方便；若下部发生故障，将影响上部的供水。

③ 减压水箱给水方式。如图 2.15 所示，减压水箱给水方式是由设置在底层(或地下室)的水泵将整幢建筑的用水量提升至屋顶水箱，然后再分送至各分区水箱。分区水箱起到减压的作用。

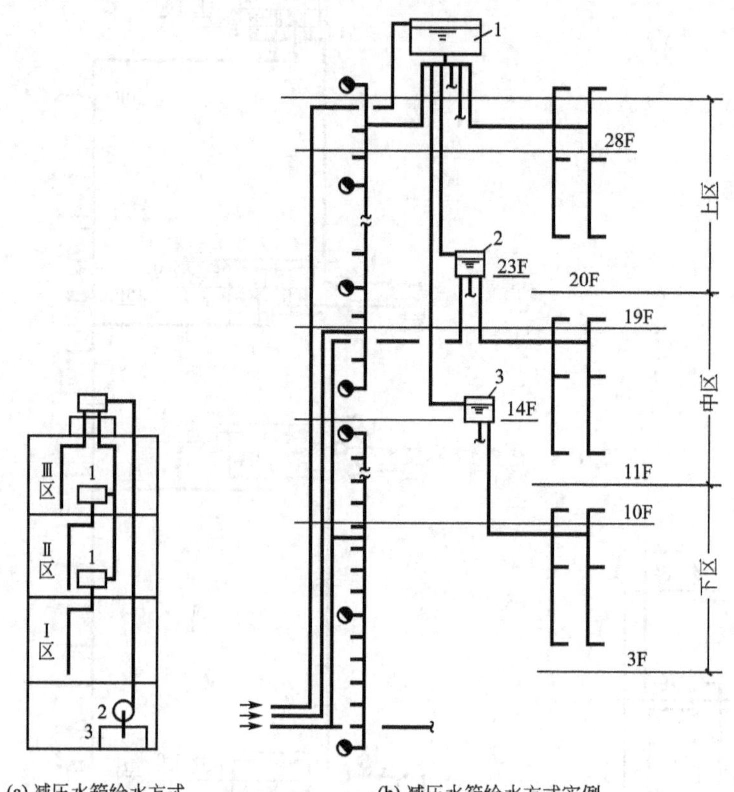

(a) 减压水箱给水方式　　(b) 减压水箱给水方式实例

图 2.15　减压水箱给水方式

1—水箱；2—水泵；3—水池

1—屋顶贮水箱；2—中区减压水箱；3—下区减压水箱

特别提示

这种方式的优点是水泵数量少，水泵房面积小，设备费用低，管理维护简单；各分区减压水箱容积小。其缺点是水泵运行动力费用高；屋顶水箱容积大；建筑物高度大、分区较多时，下区减压水箱中浮球阀承压过大，易造成关闭不严的现象；上部某些管道部位发生故障时，将影响下部的供水。

④ 减压阀给水方式。如图 2.16 所示，减压阀给水方式的工作原理与减压水箱给水方式相同，其不同之处是用减压阀代替减压水箱。

(3) 无水箱的给水方式。

① 多台水泵组合运行方式。在不设水箱的情况下，为了保证供水量和保持管网中的压力恒定，管网中的水泵必须一直保持运行状态。但是建筑内的用水量在不同时间里是不相等的，因此，要达到供需平衡，可以采用同一区内多台水泵组合运行。这种方式的优点是省去了水箱，增加了建筑的有效使用面积。其缺点是所用水泵较多，工程造价较高。根据不同组合还可分为下面两种形式。

a. 并列给水方式。如图 2.17 所示，并列给水方式即根据不同高度分区采用不同的水泵机组供水。这种方式初期投资大，但运行费用较少。

b. 减压阀给水方式。如图 2.18 所示，减压阀给水方式即整个供水系统共用一组水泵，分区处设减压阀。该方式系统简单，但运行费用高。

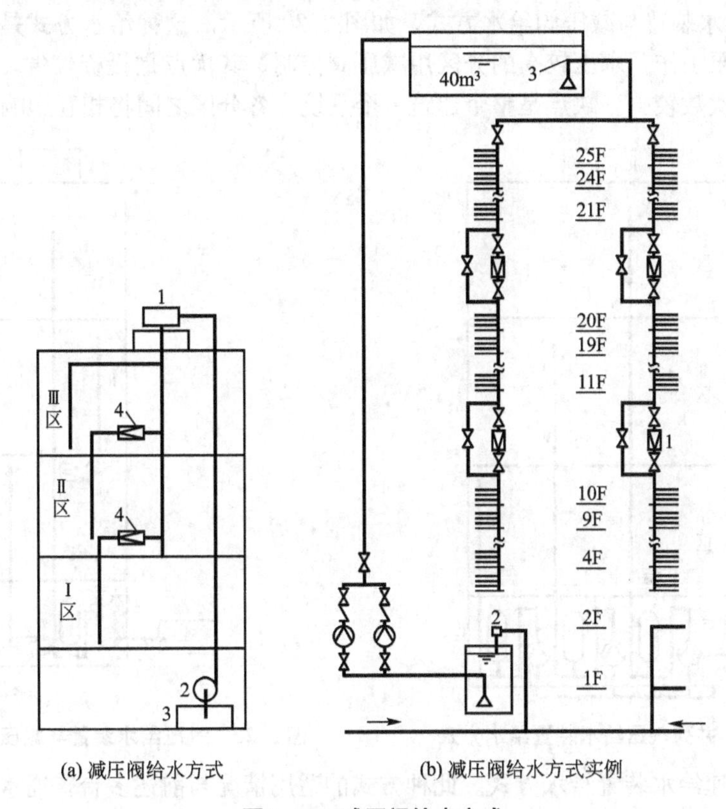

(a) 减压阀给水方式　　(b) 减压阀给水方式实例

图 2.16　减压阀给水方式

1—水箱；2—水泵；3—水池；4—减压阀；1—减压阀；2—水位控制阀；3—控制水位打孔处

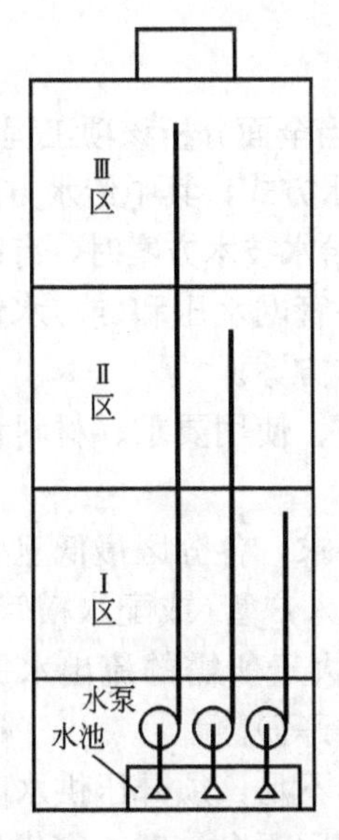

图 2.17　无水箱并列给水方式

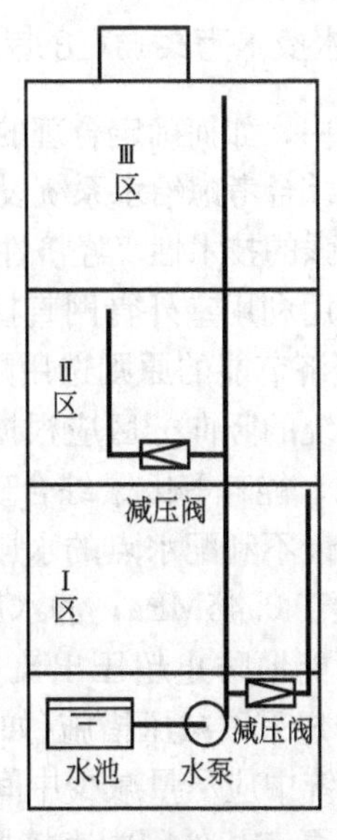

图 2.18　无水箱减压阀给水方式

② 气压给水装置给水方式。气压给水装置给水方式是以气压罐取代了高位水箱，它控制水泵间歇工作，并保证管网中保持一定的水压。这种方式又可分两种形式。

a. 并列气压给水装置给水方式，如图 2.19 所示。这种给水方式的特点是每个分区有一个气压水罐，但初期投资大，气压水罐容积小，水泵启动频繁，耗电较多。

b. 气压给水装置与减压阀给水方式，如图 2.20 所示。这种给水方式是由一个总的气压水罐控制水泵工作，水压较高的分区用减压阀控制。其优点是投资较省，气压水罐容积大，水泵启动次数较少。缺点是整个建筑一个系统，各分区之间将相互影响。

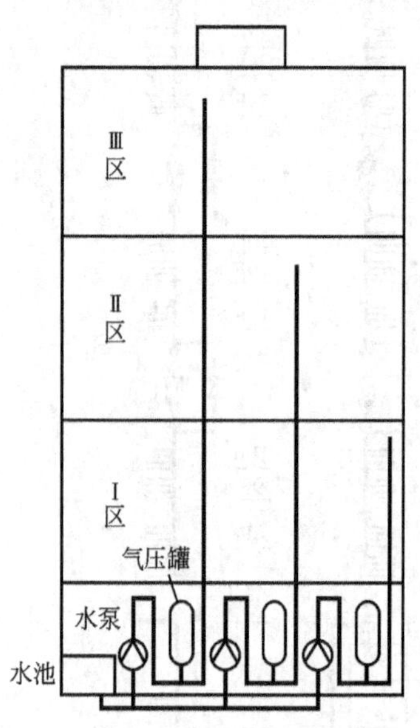

图 2.19　并列气压给水装置给水方式

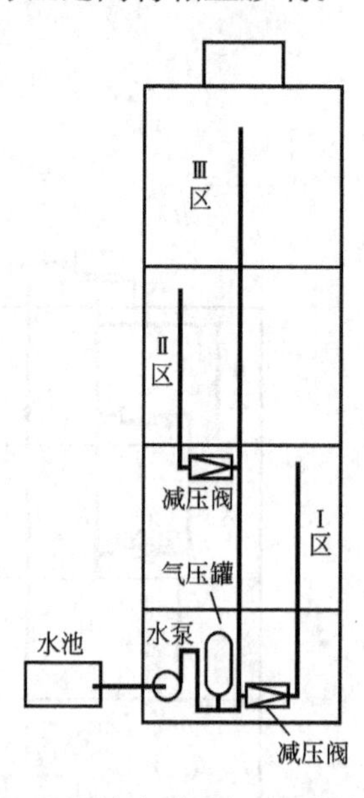

图 2.20　气压给水装置与减压阀给水方式

c. 变频调速给水装置给水方式。此种方式的适用情况与前述多台普通水泵组合运行给水方式基本相同，只是将其中的水泵改用为变频调速给水装置，其常见形式为并列给水方式。但设置变频调速给水水泵需要成套的变速与自动控制没备，工程造价高。

2.1.2　室内给水技术方案确定的原则

在实际工程中，如何确定合理的给水技术方案，应当全面分析该项工程所涉及的技术因素、经济因素，综合考虑给水系统设置的组成部分及给水方式，其中给水方式是给水方案的核心，要求有较强的技术性、经济性和创新性。在确定给水技术方案时，有以下原则。

(1) 优先采用利用室外管网直接给水方式。当室外管网水压和(或)水量不足时，应根据卫生安全、经济节能的原则选用贮水调节和加压供水方案。

(2) 给水系统的竖向分区应根据建筑物用途、层数、使用要求、材料设备性能、维护管理、节约供水、能耗等因素综合确定。

(3) 各分区最不利配水点的水压应满足用水水压要求；各分区最低卫生器具配水点处的静水压不宜大于 0.45MPa；静水压大于 0.35MPa 的入户管(或配水横管)宜设减压或调压设施；为尽可能地防止超压出流，当配水点处压力大于所需的流出水头时，如条件许可，可分层、分户采取减压措施(如设减压阀、减压孔板等)。

(4) 给水系统中应尽量减少中间贮水设施。当压力不足，须升压供水时，在条件允许的情况下，升压泵宜从外网中直接抽水。若当地有关部门不允许时，宜优先考虑设吸水井方式。当室外管网不能满足室内的设计秒流量或引入管只有一条而室内又不允许停水时，应设调节水箱或调节水池。

(5) 建筑物内的生活给水系统与消防给水系统应独立设置。建筑高度不超过100m的建筑物的生活给水系统宜采用垂直分区并联供水或分区减压的供水方式；建筑高度超过100m的建筑物，宜采用垂直串联供水方式(防止压力过大而引起安全性问题)。

单元任务2.2　给水管材、管件和水表的选择

【单元任务内容及要求】 根据设计任务的技术经济要求，选择所用的给水管材，明确给水管道的连接方式，并确定水表的类型和规格。

2.2.1　给水管材

给水系统是由管材管件、附件以及设备仪表共同连接而成的。正确选用管材、附件和设备仪表，对工程质量、工程造价和使用安全都会产生直接的影响。因此，要熟悉各种管材，正确选用各种附件和设备仪表，以便达到适用、经济、安全和美观的要求。

1. 给水管材

根据制造工艺和材质的不同，管材有很多品种。按材质分为黑色金属管(钢管、铸铁管)、有色金属管(铜管、铝管)、非金属管(混凝土管、钢筋混凝土管、塑料管)、复合管(钢塑管、铝塑管)等。给水排水管道需要连接、分支、转弯、变径时，对不同管道就要采取不同材质的管件。管件根据材质不同分为钢制管件、铸铁管件、铜制管件和塑料管件等。

黑色金属管包括碳素钢管和铸铁管。碳素钢管按制造方法分为无缝钢管、有缝钢管、铸铁管等。

非金属管包括混凝土管、钢筋混凝土管、塑料管等。在建筑给水中，非金属管的主流是塑料管，塑料管包括硬聚氯乙烯管(UPVC)，聚乙烯管(PE)、交联聚乙烯管(PEX)、聚丙烯管(PP)、聚丁烯管(PB)、丙烯腈丁二烯—苯乙烯管(ABS)等。

1) 无缝钢管

按用途不同，无缝钢管分为普通和专用两种。其中普通无缝钢管又可按材质分为碳素钢管、优质碳素钢管、低合金钢管和合金钢管，常用的无缝钢管为碳素钢管，一般采用10号、20号、35号、45号钢制造。按制造工艺不同，可以分为冷轧(拔)和热轧两种，冷轧管包括外径5～200mm的各种规格，单根长度1.5～9m；热轧管有外径32～630mm的各种规格，单根长度3～12.5m。

无缝钢管的管件不多，有无缝冲压弯头和无缝异径管两种，材质与相应的无缝钢管材质相同。无缝冲压弯头分为90°和45°两种角度。无缝异径管又称为无缝大小头，分为同心大小头和偏心大小头两种。

无缝钢管的强度大，品种和规格较多，广泛用于压力较高的工业管道工程，如热力管道、压缩空气管道、氧气管道、各种化工管道等。在民用安装工程中，无缝钢管一般用于采暖主干管道和煤气主干管道等。

2) 焊接钢管

焊接钢管又称为有缝钢管，分为水煤气钢管和卷板焊接钢管两种。

水煤气钢管由扁钢管坯卷成管线并沿缝焊接而成，按有无螺纹分为带螺纹(锥形或圆形螺纹)钢管和不带螺纹(光管)钢管两种；按壁厚不同分为普通钢管、加厚钢管和薄壁钢管3种，普通钢管规定的水压试验压力为2MPa，加厚钢管为3MPa；按表面处理的不同分为普通焊接钢管(黑铁管)和镀锌焊接钢管(白铁管)，其中镀锌焊接钢管比普通焊接钢管重3%～6%。镀锌焊接钢管又分为电镀锌(也称冷镀锌管)和热浸锌两种。热浸锌焊接钢管广泛用于生活、消防给水管道和煤气管道，故又称为水煤气管。普通焊接钢管规格标准可查看《五金手册》。

镀锌钢管强度高、抗振性能好，曾一度是我国生活饮用水采用的主要管材，但长期使用证明，其内壁易生锈，结垢，滋生细菌、微生物等有害杂质，使自来水在输送途中造成“二次污染”。根据有关规定，我国从2000年6月1日起在城镇新建住宅生活给水系统禁用镀锌钢管，并根据当地实际情况逐步限时禁用热浸锌管。目前镀锌钢管主要用于水消防系统。

焊接钢管的连接方法有螺纹连接、焊接、法兰连接和卡箍连接。

(1) 螺纹连接是利用配件连接，连接配件的形式及其应用如图2.21所示。配件用可锻铸铁制成，抗蚀性及机械强度均较大，分镀锌和不镀锌两种，钢制配件较少。室内给水管道应用镀锌配件，镀锌钢管必须用螺纹连接。螺纹连接多用于明装管道。

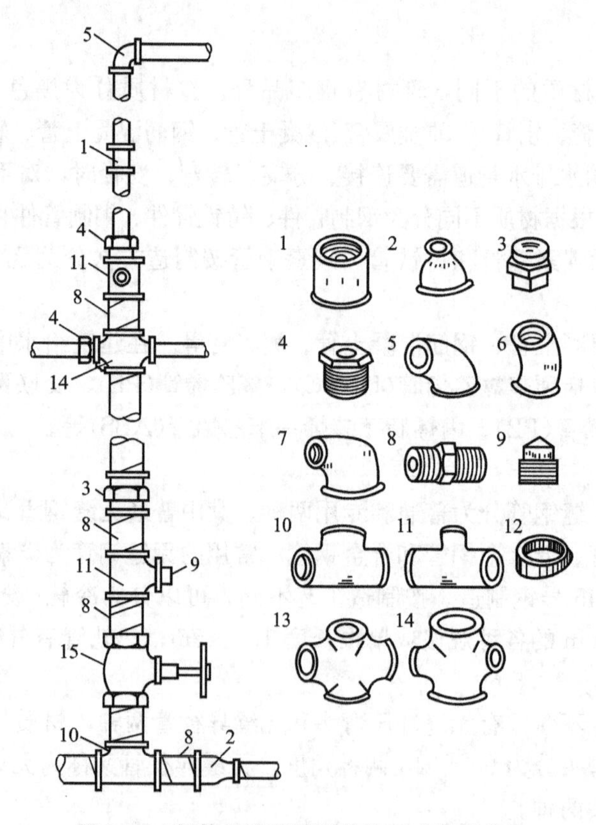

图2.21　钢管螺纹连接配件的形式及其应用

1—管箍；2—异径管箍；3—活接头；4—补心；5—90°弯头；6—45°弯头；7—异径弯头；8—外丝；9—堵头；10—等径三通；11—异径三通；12—根母；13—等径四通；14—异径四通

(2) 焊接后的管道接头紧密、不漏水，施工迅速，不需要配件，但无法像螺纹连接那样方便拆卸。焊接只能用于非镀锌钢管，因为镀锌钢管焊接时锌层遭到破坏，会加速锈蚀。焊接多用于暗装管道。

(3) 法兰连接一般在管径大于 DN50 的管道上，将法兰盘焊接或用螺纹连接在管端，再以螺栓连接，法兰盘及法兰连接如图 2.22 所示。法兰连接还可用于闸阀、止回阀、水泵、水表等连接处，以及需要经常拆卸、检修的管段上。

(a) 法兰盘

(b) 带法兰盘的管道

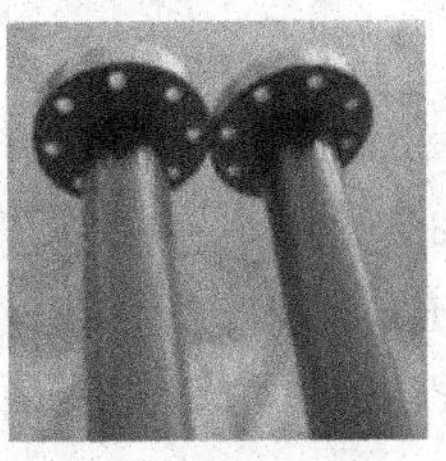
(c) 带法兰的管件

(d) 法兰连接的管道

图 2.22 法兰盘及法兰连接

(4) 卡箍连接。对于较大管径用丝扣连接较困难，且不允许焊接时，一般采用卡箍连接。连接时两管口端应平整无缝隙，沟槽应均匀，卡紧螺栓后，管道应平直，卡箍安装方式应一致，卡箍连接方式及卡箍连接常用管件如图 2.23、图 2.24 所示。

(a) 卡箍直接

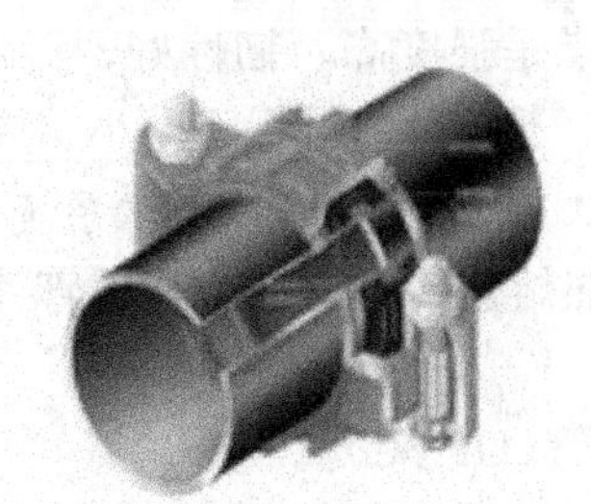
(b) 卡箍连接方式

图 2.23 卡箍连接方式

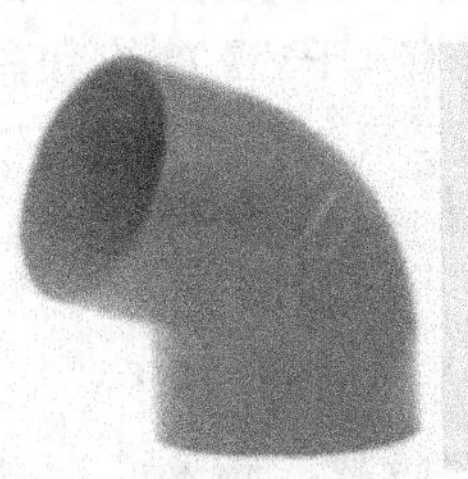
(a) 卡箍连接45°弯头

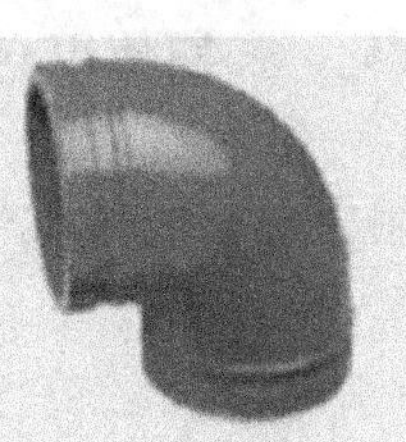
(b) 卡箍连接90°弯头

(c) 卡箍连接四通

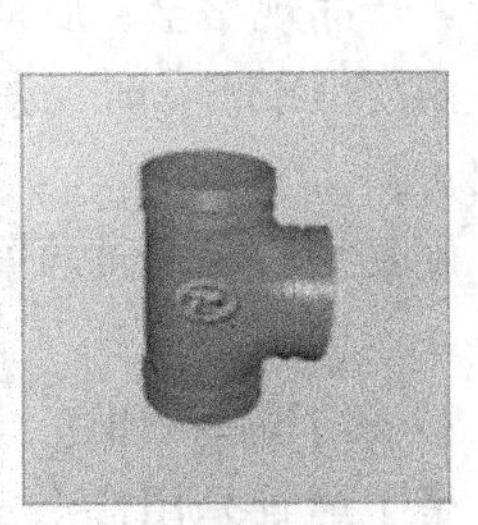
(d) 卡箍连接三通

(e) 卡箍连接直接

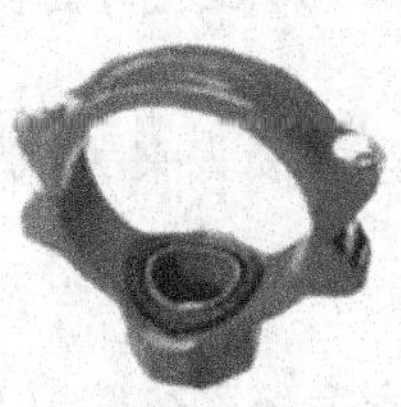
(f) 机械三通

(g) 机械四通

(h) 橡胶密封圈

图 2.24 卡箍连接常用管件

3）不锈钢管

不锈钢管具有化学稳定性好、机械强度高、坚固、韧性好、耐腐蚀、热膨胀系数低、卫生性能好、可回收利用、外表靓丽大方、安装维护方便、经久耐用等优点，适用于高档建筑给水特别是管道直饮水及热水系统中，规格为D6～630×(1～50)。

不锈钢管道可采用焊接、螺纹连接以及卡压式、卡套式等多种连接方式。

4）铜管

铜管包括拉制铜管、挤制铜管、拉制黄铜管、挤制黄铜管，是传统的给水管材，具有耐温、延展性好、承压能力强、化学性质稳定、线性膨胀系数小等优点。铜管公称压力2.0MPa，冷、热水均适用，因为一次性投入较高，一般在高档宾馆等建筑中采用。

铜管可采用螺纹连接、焊接及法兰连接。

5）聚丙烯管(PP)

普通聚丙烯材质耐低温性差，通过共聚合的方式可以使聚丙烯的性能得到改善。改性聚丙烯管有3种，即均聚聚丙烯(PP－H，一型)管、嵌段共聚聚丙烯(PP－B，二型)管、无规共聚聚丙烯(PP－R，三型)管。由于PP－B、PP－R的适用范围涵盖了PP－H，故PP－H逐步退出了管材市场。PP－B、PP－R的物理特性基本相似，应用范围基本相同。常用PP－R管材规格及偏差参见相应的质量标准。

PP－R管的优点是强度高、韧性好、无毒、温度适应范围广(5～95℃)、耐腐蚀、抗老化、保温效果好、不结垢、沿程阻力小、施工安装方便等。目前国内产品规格为De20～110，广泛用于冷水、热水、纯净饮用水系统。

管道之间采用热熔连接，管道与金属管件之间通过带金属嵌件的聚丙烯管件采用丝扣或法兰连接。

6）硬聚氯乙烯管(UPVC)

UPVC给水管材质为聚氯乙烯，使用温度为5～45℃，不适用于热水输送，常见规格为De20～315，工作压力为1.6MPa。其优点是耐腐蚀性好、抗衰老性强、粘结方便、价格低，产品规格全、质地坚硬，符合输送纯净饮用水标准；其缺点为维修麻烦、无韧性，环境温度低于5℃时易脆化，高于45℃时易软化，长期使用会有UPVC单体和添加剂渗出。

硬聚氯乙烯管通常采用承插粘结，也可采用橡胶密封圈柔性连接、螺纹连接或法兰连接。

7）聚丁烯管(PB)

聚丁烯管是用高分子树脂制成的高密度塑料管，管材具有质软、耐磨、耐热、抗冻、无毒无害、耐久性好、质量轻、施工安装简单等优点。冷水管工作压力为1.6～2.5MPa，热水管工作压力为1.0MPa，能在－20～95℃之间安全使用，适用于冷、热水系统。

聚丁烯管与管件的连接方式有3种方式，即铜接头夹紧式连接、热熔插接和电熔连接。

8）聚乙烯管(PE)

聚乙烯管包括高密度聚乙烯管(HDPE)和低密度聚乙烯管(LDPE)。它的特点是质量轻、韧性好、耐腐蚀、可盘绕、耐低温性能好、运输及施工方便、具有良好的柔性和抗蠕变性能。在建筑给水中得到了广泛应用。

聚乙烯管道的连接可采用电熔、热熔、橡胶圈柔性连接，工程上主要采用熔接。

9) 交联聚乙烯管(PEX)

交联聚乙烯是通过化学方法使普通聚乙烯的线性分子结构改性成三维交联网状结构。交联聚乙烯管具有强度高、韧性好、抗老化(使用寿命达50年以上)、温度适应范围广(−70～110℃)、无毒、不滋生细菌、安装维修方便、价格适中等优点。目前国内产品常用规格为De16～63，主要用于建筑室内热水给水系统。

管径小于或等于25mm的管道与管件采用卡套式连接，管径大于或等于32mm的管道与管件采用卡箍式连接。

10) 丙烯腈—丁二烯苯乙烯管(ABS)

ABS管材是丙烯腈、丁二烯、苯乙烯的三元共聚物，丙烯腈提供了良好的耐蚀性和表面硬度，丁二烯作为一种橡胶体提供了韧性，苯乙烯提供了优良的加工性能。三者组合的结果使ABS管强度大，韧性高，能承受冲击。ABS管材的工作压力为1.6MPa，常用规格为De16～63，使用温度为−40～60℃；热水管规格不全，使用温度在−40～95℃。管材连接方式为粘结。

11) 钢塑复合管

钢塑复合管是在钢管内壁衬(涂)一定厚度的塑料层复合而成的，依据复合管基材不同，可分为衬塑复合管和涂塑复合管两种。衬塑钢管是在传统的输水钢管内插入一根薄壁的PVC管，使二者紧密结合，就成了PVC衬塑钢管；涂塑钢管是以普通碳索钢管为基材，将高分子PE粉末融熔后均匀地涂敷在钢管内壁，经塑化后形成光滑、致密的塑料涂层。钢塑复合管兼备了金属管材的强度高、耐高压、能承受较强的外来冲击力和塑料管材的耐腐蚀、不结垢、导热系数低、流体阻力小等优点。

钢塑复合管可采用沟槽式、法兰式或螺纹式连接方式，同原有的镀锌管系统完全相容，应用方便，但需在工厂预制，不宜在施工现场切割。

12) 铝塑复合管(PE-AH-PE或PEX-A1-PEX)

铝塑复合管是通过挤出成型工艺而制造出的新型复合管材，它由聚乙烯层—胶合层—铝合金层—胶合层—聚乙烯层5层结构构成。铝塑复合管可以分为3种型号：A型，耐温不大于60℃；B型，耐温不大于95℃；C型，输送燃气用。

管件连接主要采用厂家专用夹紧式铜接头和部分专用工具。铝塑复合管安装方便，暗装时可用弯管代替弯头。各种管道连接方式及要求可参考相应的产品技术手册。

2. 建筑给水管材的选用

选用给水管材时，首先应了解各类管材的特性指标，如耐温耐压能力、线性膨胀系数、抗冲击能力、热传导系数及保温性能、管径范围、卫生性能等，然后根据建筑装饰标准、输送水的温度及水质要求、使用场合、敷设方式等进行技术经济比较后确定，需要遵循的原则是安全可靠、卫生环保、经济合理、水力条件好、便于施工维护。

安全可靠性是指管材本身的承压能力，包括管件连接的可靠性，要有足够的刚度和机械强度，做到在工作压力范围内不渗漏、不破裂；卫生环保要求管材的原材料、改性剂、助剂和添加剂等保证饮用水水质不受污染；管材内外表面光滑，水力条件好；容易加工，且有一定的耐腐蚀能力。在保证管材质量的前提下，尽可能选择价格低廉、货源充足、供货方便的管材。

埋地给水管道采用的管材应具有耐腐蚀和能承受相应地面荷载的能力，可采用塑料给水管、有衬里的铸铁给水管、经可靠防腐处理的钢管。室内的给水管道应选用耐腐蚀和安装连接方便可靠的管材，可采用塑料给水管、塑料和金属复合管、铜管、不锈钢管及经可靠防腐处理的钢管。

无缝钢管、铜管、不锈钢管及其管件的规格通常用符号“D”表示外径，外径数字写于其后，再乘以壁厚。例如无缝钢管的外径是57mm，壁厚是4mm，表示为D57×4。

镀锌钢管、铸铁管及其管件的规格通常用符号“DN”表示公称直径，公称直径是一种标准化直径，又叫名义直径，它既不是内径，也不是外径。例如DN15、DN25等。

钢筋混凝土管、陶土管、耐酸陶瓷管、缸瓦管的管径以内径d表示。

各种新型管材及其管件的规格通常用符号“De”表示公称外径，外径数字写于其后，再乘以壁厚。例如PB管的外径是16mm，壁厚是3mm，表示为De16×3。

2.2.2 给水管道附件

管道附件分为配水附件、控制附件和其他附件3类。在给水系统中起调节水量、水压，控制水流方向和通断水流等作用。

1. 配水附件

配水附件是指为各类卫生洁具或受水器分配或调节水流的各式水龙头(或阀件)，是使用最为频繁的管道附件，产品应符合节水、耐用、通断灵活、美观等要求。常见配水附件如图2.25所示。

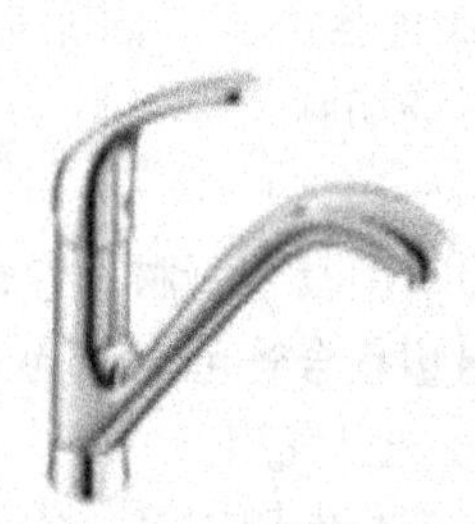
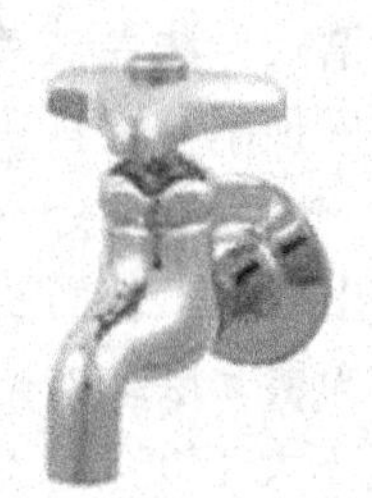
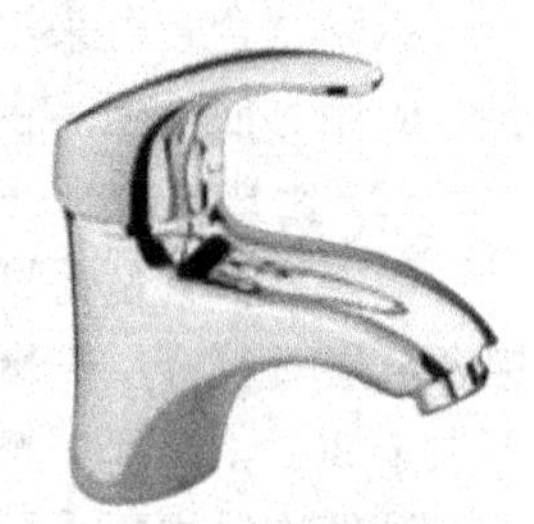

图2.25 常见配水附件

1）旋启式水龙头

曾普遍用于洗涤盆、污水盆、盥洗槽等卫生器具的配水附件，由于密封橡胶垫磨损，容易造成滴、漏现象，我国已明令限期禁用普通旋启式水龙头，而以陶瓷心片水龙头代替。

2）陶瓷心片水龙头

采用精密的陶瓷片作为密封材料，由动片和定片组成，通过手柄的水平旋转或上下提压造成动片与定片的相对位移启闭水源，使用方便，但水流阻力较大。

3）旋塞式水龙头

手柄旋转90°，即完全开启，可在短时间内获得较大流量。由于启闭迅速容易产生水击，一般设在开水间、浴池、洗衣房等压力不大的给水设备上。

4）混台水龙头

安装在洗面盆、浴盆等卫生器具上，通过控制冷、热水流量调节水温，作用相当于两个水龙头，使用时将手柄上下移动控制流量，左右偏转调节水温。

5）延时自闭水龙头

主要用于酒店及商场等公共场所的洗手间，使用时将按钮下压，每次开启持续一定时间后，靠水压力及弹簧的增压而自动关闭水流。

6）自动控制水龙头

根据光电效应、电容效应、电磁感应等原理自动控制水龙头的启闭，常用于建筑装饰标准较高的盥洗、淋浴、饮水等的水流控制。

2. 控制附件

控制附件是用于调节水量、水压、关断水流、控制水流方向和水位的各式阀门。控制附件应符合性能稳定、操作方便、便于自动控制、精度高等要求。常见控制附件如图 2.26 所示。

图 2.26 常见控制附件

1）闸阀

指关闭件(闸板)由阀杆带动，沿阀座密封面做升降运动的阀门，一般用于口径 DN≥70mm 的管路。闸阀具有流体阻力小、开闭所需外力较小、介质的流向不受限制等优点；但外形尺寸和开启高度都较大，安装所需空间较大，水中有杂质落入阀座后阀不能关闭严密，关闭过程中密封面间的相对摩擦容易引起擦伤现象。水流阻力要求较小时采用闸阀。

2）截止阀

指关闭件(阀瓣)由阀杆带动，沿阀座(密封面)轴线做升降运动的阀门。截止阀具有开启高度小、关闭严密，在开闭过程中密封面的摩擦力比闸阀小，耐磨，等优点；但截止阀的水头损失较大，由于开闭力矩较大，结构长度较长，一般用于DN≤20mm的管道中。需调节流量、水压时，宜采用截止阀。

3）蝶阀

指启闭件(蝶板)绕固定轴旋转的阀门。蝶阀具有操作力矩小、开闭时间短、安装空间小、质量轻等优点，其主要缺点是蝶板占据一定的过水断面，增大了水头损失，且易挂积杂物和纤维。

4）球阀

指启闭件(球体)绕垂直于通路的轴线旋转的阀门，在管路中用作切断、分配和改变介质的流动方向，适用于安装空间小的场所。球阀具有流体阻力小、结构简单、体积小、质量轻、开闭迅速等优点，但容易产生水击。

5）止回阀

指启闭件(阀瓣或阀心)借介质作用力自动阻止介质逆流的阀门。一般安装在引入管、密闭的水加热器或用水设备的进水管、水泵出水管、进出水管合用一条管道的水箱(塔、池)的出水管段上。根据启、闭件动作方式的不同，可进一步分为旋启式止回阀、升降式止回阀、消声止回阀和缓闭止回阀等。

止回阀的开启压力与止回阀关闭状态时的密封性能有关，关闭状态密封性好的，开启压力就大，反之就小。开启压力一般大于开启后水流正常流动时的局部水头损失。

速闭消声止回阀和阻尼缓闭止回阀都有削弱停泵水锤的作用，但两者削弱停泵水锤的机理不同，一般速闭消声止回阀用于小口径水泵，阻尼缓闭止回阀用于大口径水泵。

止回阀的阀瓣或阀心在水流停止流动时应能在重力或弹簧力作用下自行关闭，也就是说，重力或弹簧力的作用方向与阀瓣或阀心的关闭运动的方向保持一致时才能使阀瓣或阀心关闭。一般来说，卧式升降式止回阀和阻尼缓闭止回阀只能安装在水平管上，立式升降式止回阀不能安装在水平管上，其他的止回阀均可安装在水平管或水流方向自下而上的立管上。水流方向自上而下的立管不应安装止回阀，因为其阀瓣不能自行关闭，起不到止回作用。

6）减压阀

给水管网的压力高于配水点允许的最高使用压力时，应设置减压阀。给水系统中常用的减压阀有比例式减压阀和可调式减压阀两种。比例式减压阀用于阀后压力允许波动的场合，垂直安装，减压比不宜大于3∶1；可调式减压阀用于阀后压力要求稳定的场合，水平安装，阀前与阀后的最大压差不应大于0.4MPa。

供水保证率要求高，停水会引起重大经济损失的给水管道上设置减压阀时，宜采用两个减压阀，并联设置，一个使用，一个备用，但不得设置旁通管。减压阀后配水件处的最大压力应按减压阀失效情况进行校核，其压力不应大于配水件的产品标准规定的试验压力。减压阀前宜设置管道过滤器。

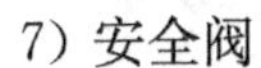

7）安全阀

安全阀可以防止系统内压力超过预定的安全值，它利用介质本身的力量排出额定数量的流体，不需借助任何外力，当压力恢复正常后，阀门再行关闭并阻止介质继续流出。

安全阀的泄流量很小，主要用于释放压力容器因超温引起的超压。

8）泄压阀

泄压阀与水泵配套使用，主要安装在供水系统中的泄水旁路上，可保证供水系统的水压不超过主阀上导阀的设定值，确保供水管路、阀门及其他设备的安全。当给水管网存在短时超压工况，且短时超压会引起使用不安全时，应设置泄压阎。泄压阀的泄流量大，应连接管道排入非生活用水水池，当直接排放时，应有消能措施。

9）浮球阀

广泛用于水箱、水池、水塔的进水管路中，通过浮球的调节作用来维持水位。当充水到既定水位时，浮球随水位浮起，关闭进水口，防止流溢；当水位下降时，浮球下落，进水口开启。为保障进水的可靠性，一般采用两个浮球阀并联安装，浮球阀前应安装供检修用的阀门。

10）多功能阀

兼有电动阀、止回阀和水锤消除器的功能，一般装在口径较大的水泵的出水管路的水平管段上。

另外，还有紧急关闭阀，用于生活小区中消防用水与生括用水并联的供水系统中。当消防用水时，阀门自动紧急关闭，切断生活用水，保证消防用水；当消防用水结束时，阀门自动打开，恢复生活供水。

3. 其他附件

在给水系统中经常需要安装一些保障系统正常运行、延长设备使用寿命和改善系统工作性能的附件，如管道过滤器、倒流防止器、水锤消除器、排气阀、橡胶接头、伸缩器等，如图 2.27 所示。

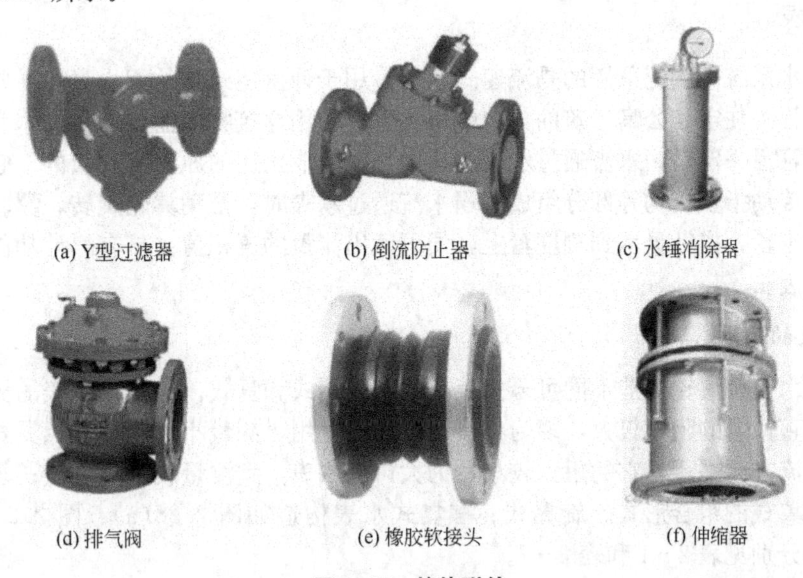

(a) Y型过滤器　(b) 倒流防止器　(c) 水锤消除器

(d) 排气阀　(e) 橡胶软接头　(f) 伸缩器

图 2.27　其他附件

1）管道过滤器

用于除去液体中少量固体颗粒，安装在水泵吸水管、水加热器进水管、换热装置的循环冷却水进水管上，以及进水总表、住宅进户水表、减压阀、自动水位控制阀、温度调节阀等阀件前，可以使设备免受杂质的冲刷、磨损、淤积和堵塞，保证设备正常运行。

2）倒流防止器

由进口止回阀、自动漏水阀和出口止回阀组成，阀前水压不小于0.12MPa时才会保证水能正常流动。当管道出现倒流防止器出口端压力高于进口端压力时，只要止回阀无渗漏，泄水阀就不会打开泄水，管道中的水也不会出现倒流。当两个止回阀中有一个渗漏时，自动泄水阀就会泄水，防止倒流的产生。

3）水锤消除器

在高层建筑物内用于消除因阀门或水泵快速开、闭所引起的管路中压力骤然升高的水锤危害，减少水锤压力对管路及设备的破坏，可安装在水平、垂直甚至倾斜的管路中。

4）排气阀

用来排除积聚在管中的空气，以提高管线的使用效率。自动排气阀一般设置在间歇性使用的给水管网末端和最高点、自动补气式气压给水系统配水管网的最高点、给水管网有明显起伏可能积聚空气的管段的峰点。

5）可曲挠橡胶接头

由织物增强的橡胶件与活接头或金属法兰组成。可曲挠橡胶接头的作用是隔振和降噪吸音，以及便于附件安装和拆卸。住宅每户给水支管宜装设一个家用可曲挠橡腔接头，用来克服因静压过高、水流速度过大而引起的管道接近共振的颤动和噪声。在减压阀前或后也宜装设可曲挠橡胶接头，以利于减压阀安装和拆卸。

6）伸缩器

可在一定的范围内轴向伸缩，克服因管道对接不同轴而产生的偏移。

2.2.3　水表

建筑给水系统中广泛采用的是流速式水表，用于计量建筑物的用水量，通常设置在建筑物的引入管、住宅和公寓建筑的分户配水支管、公用建筑物内需要计量的水管上。这种水表是根据管径一定时，水流通过水表的速度与流量成正比的原理来测量的。它主要由外壳、翼轮和传动指示机构等部分组成。当水流通过水表时，推动翼轮旋转，翼轮转轴带动一系列联动齿轮，指针显示到刻度盘上，便可读出流量的累积值。具有累计功能的流量计可以替代水表。

1. 水表的类型

流速式水表按翼轮构造不同可分为旋翼式、螺翼式和复式。旋翼式水表的翼轮转轴与水流方向垂直，它的阻力较大，多为小口径水表，宜用于测量小的流量；螺翼式水表的翼轮转轴与水流方向平行，它的阻力较小，为大口径水表，宜测量较大的流量；复式水表是旋翼式和螺翼式的组合形式。旋翼式、螺翼式水表构造如图2.28(a)、图2.28(b)所示，其技术数据分别见表2-1和表2-2。

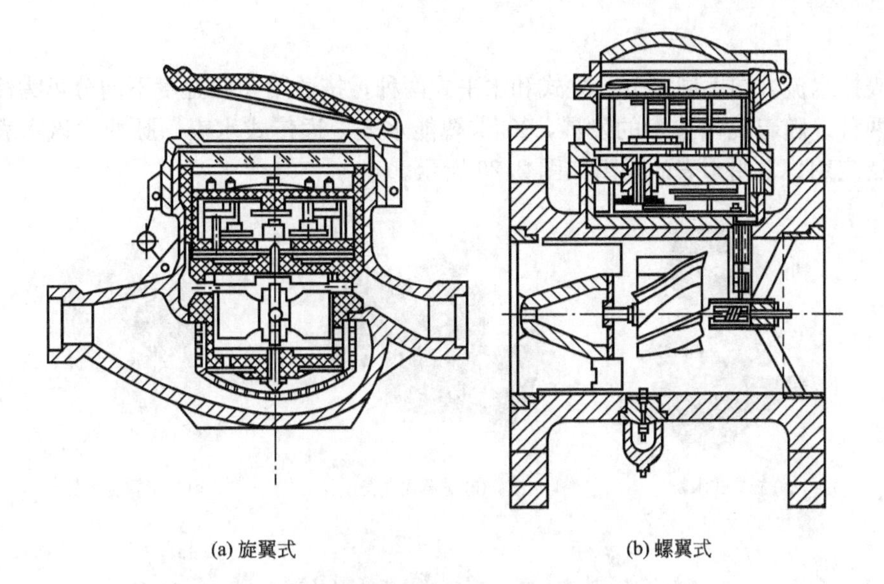

(a) 旋翼式 (b) 螺翼式

图 2.28 流速式水表构造

表 2-1 旋翼式水表技术数据

直径（mm）	特性流量	最大流量	额定流量	最小流量	灵敏度≤（m^3/h）	最大示值（m^3/h）
	（m^3/h）					
15	3	1.5	1.0	0.045	0.017	10^3
20	5	2.5	1.6	0.075	0.025	10^3
25	7	3.5	2.2	0.090	0.030	10^3
32	10	5	3.2	0.120	0.040	10^3
40	20	10	6.3	0.220	0.070	10^5
50	30	15	10.0	0.400	0.090	10^5
80	70	35	22.0	1.100	0.300	10^6
100	100	50	32.0	1.400	0.400	10^6
150	200	100	63.0	2.400	0.550	10^6

表 2-2 螺翼式水表技术数据

直径（mm）	流通能力	最大流量	额定流量	最小流量	最小示值（m^3/h）	最大示值（m^3/h）
	（m^3/h）					
80	65	100	60	3	0.1	10^5
100	110	150	100	4.5	0.1	10^5
150	270	300	200	7	0.1	10^5
200	500	600	400	12	0.1	10^7
250	800	950	450	20	0.1	10^7
300		1500	750	35	0.1	10^7
400		2800	1400	60		10^7

水表按计数机件所处状态不同可分为干式和湿式两种。干式水表的计数机件用金属圆盘将水隔开，其构造复杂一些；湿式水表的计数机件浸在水中，在计数盘上装有一块厚玻璃(或钢化玻璃)用以承受水压，它具有机件简单、计量准确、不易漏水等优点，但如果水质浊度高，将会降低水表精度，产生磨损而缩短水表寿命，故宜用在水中不含杂质的管

道上。

水表按水流方向不同可分为立式和水平式两种；按适用介质温度不同分可为冷水表和热水表两种。随着现代技术的发展，IC卡智能水表、远传式水表、脉冲发讯水表已经得到了广泛应用。常用水表的类型如图2.29所示。

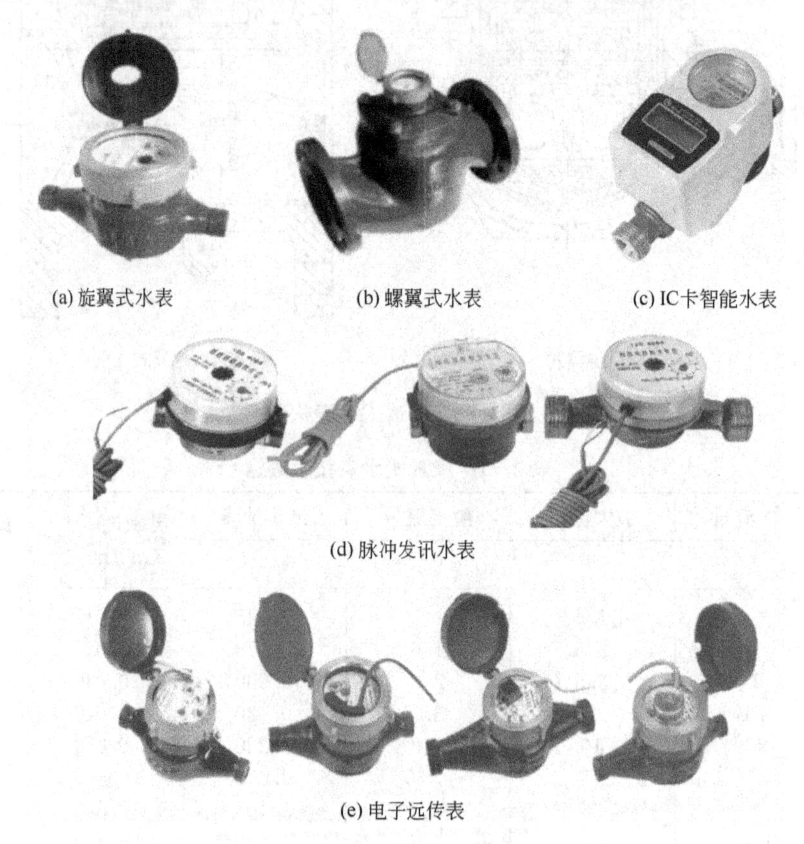

(a) 旋翼式水表　(b) 螺翼式水表　(c) IC卡智能水表

(d) 脉冲发讯水表

(e) 电子远传表

图 2.29　常用水表类型

2. 水表的性能参数

1）流通能力

它是指水流通过螺翼式水表产生10kPa水头损失时的流量值。

2）特性流量

它是指水流通过旋翼式水表产生100kPa水头损失时的流量值，此值为水表的特性指标，以 H_B 表示其特性系数，根据水力学原理则有：

$$H_B=\frac{Q_B^2}{K_B} \tag{2.1}$$

$$K_B=\frac{Q_t^2}{100} \tag{2.2}$$

式中　H_B——水流通过水表的水头损失，单位为kPa；

Q_B——通过水表的流量，单位为m^3/h；

K_B——水表特性系数；

Q_t——旋翼式水表特性流量，单位为m^3/h；

100——水表通过特性流量时的水头损失值，单位为 kPa。

对于螺翼式水表，根据流通能力的定义，则有：

$$K_B = \frac{Q_L^2}{10} \tag{2.3}$$

式中 Q_L——螺翼式水表的流通能力，单位为 m^3/h；

10——水表通过流通能力时的水头损失值，单位为 kPa。

3）最大流量

它是指只允许水表在短时间内承受的上限流量值，也称为过载流量。

4）额定流量

它是指水表可以长时间正常运转的上限流量值，也称为公称流量或常用流量。

5）最小流量

它是指水表能够开始准确指示的流量值，是水表正常运转的下限值。

6）分界流量

它是指水表误差限度改变时的流量。

7）灵敏度

它是指水表开始连续指示的流量值，也称为启动流量或始动流量。

3. 水表的选用

1）水表类型的确定

应综合考虑用水量及其变化幅度、水质、水温、水压、水流方向、管道口径、安装场所等因素，经过比较后确定水表类型。当管径小于或等于 50mm 时，应采用旋翼式水表；管径大于 50mm 时，应采用螺翼式水表。当流量变化幅度很大时，应采用复式水表。水温小于或等于 40℃时，选用冷水表；水温大于 40℃时，选用热水表。一般情况下应优先采用湿式水表。

2）水表口径的确定

一般以通过水表的最大小时设计用水量小于水表的额定流量确定水表的公称直径。用水量均匀的生活给水系统的水表，应以给水系统最大小时设计用水量不小于水表的额定流量来确定水表口径，如工业企业生活间、公共浴室、洗衣房等。用水量不均匀的生活给水系统的水表，应以最大小时设计用水量不小于水表的最大流量确定水表口径，如住宅、集体宿舍、旅馆等。在消防时除生活用水外还需通过消防流量的系统选定水表时，不包括消防流量，但应加上消防流量复核，校核流量不应大于水表的最大流量。

表 2-3 是按最大小时流量选用水表时的允许水头损失值。

表 2-3 按最大小时流量选用水表时的允许水头损失值 单位：kPa

水表类型	正常用水时	消防时
旋翼式	<25	<50
螺翼式	<13	<30

【例 2.1】 一住宅建筑的给水系统，总进水管及各分户支管均安装水表。经计算总水表通过的设计流量为 $50m^3/h$，分户支管通过水表的设汁流量为 $3.2m^3/h$。试确定水表口径并计算水头损失。

已知DN80的水平螺翼式水表，其额定流量为60m³/h，流通能力为65m³/h；DN25的旋翼式的水表，其最大流量为3.5m³/h，特性流量Q_t为7.0m³/h。

【解】 总进水管上的设计流量为50m³/h。查得DN80的水平螺翼式水表其额定流量为60m³/h，流通能力为65m³/h，水表水头损失为：

$$K_B=\frac{Q_L^2}{10}=\frac{65^2}{10}=422.5$$

$$H_B=\frac{Q_B^2}{K_B}=\frac{50^2}{422.5}=5.92(\text{kPa})<13\text{kPa}$$

满足要求(此处暂未计入消防流量)。

各分户支管流量为3.2m³/h，又因住宅用水的不均匀性，按$Q_g<Q_{MAX}$选定水表。因为DN25旋翼式湿式水表的流量为3.5m³/h，特性流量Q_t为7.0m³/h，根据公式计算水表的水头损失为：

$$H_B=\frac{Q_B^2}{K_B}=\frac{Q_B^2\times100}{Q_t^2}=\frac{3.2^2\times100}{7.0^2}=20.90(\text{kPa})<25\text{kPa}$$

满足要求，故总水表口径定为DN80。

3) 水表的设置

住宅的分户水表宜相对集中读数，且宜设置于户外观察方便、不冻结、不被任何液体及杂质所淹没和不易被损坏的地方。

(1) 传统方式。在厨房或卫生间用水比较集中处设置给水立管，每户设置水平支管，安装阀门、分户水表，再将水送到各用水点。这种方式的管道系统简单，管道短，耗材少，沿程阻力小，但必须入户抄表，房主的私密性不能得到保证。

(2) 分层方式。将给水立管设于楼梯平台处，墙体预留500mm×300mm×220mm的分户水表箱安装孔洞。这种方式节省管材，水头损失小，适合于高层住宅。

(3) 首层集中方式。将分户水表集中设置在首层管道井或室外水表井内，每户有独立的进户管、立管。这种方式适合于多层建筑，便于抄表，减轻抄表人员的劳动强度，维修方便，但管材耗量大，立管必须在公共区域布置，不准在户内通过。

(4) 远传方式。远传水表为一次水表，它发出的传感信号通过电缆线被采集到数据采集箱(又称为二次表)，采集箱上的数码管显示水表运行状态，并记录相关信息。采用这种方式时，给水管道布置灵活，节省管材，管理方便。

(5) IC卡计量方式。用户将已充值的IC卡插入水表存储器，通过电磁阀来控制水的通断，用水时IC卡上的金额会自动被扣除。

单元任务2.3　给水管道的布置

【单元任务内容及要求】 根据所给的设计资料和给水管道布置的技术要求，对给水管道进行布置，并绘制出给水系统平面布置图、系统图和详图。

给水管道的布置就是确定室内给水管道的走向，必须深入了解该建筑物的建筑和结构的设计情况、使用功能、其他建筑设备(电气、采暖、空调、通风、燃气、通讯等)的设计方案，兼顾消防给水、热水供应、建筑中水、建筑排水等系统，进行综合考虑。

2.3.1 给水管道的布置

室内给水管道布置一般应符合下列要求。

(1) 满足良好的水力条件，确保供水的可靠性，力求经济合理。

引入管宜布置在用水量最大处或尽量靠近不允许间断供水处，给水干管的布置也是如此。给水管道的布置应力求短而直，尽可能与墙、梁、柱、桁架平行。不允许间断供水的建筑，应从室外环状管网不同管段接出两条或两条以上引入管，在室内将管道连成环状或贯通枝状双向供水，若条件达不到，可采取设贮水池(箱)或增设第二水源等安全供水措施。

(2) 保证建筑物的使用功能和生产安全。

给水管道不能妨碍生产操作、生产安全、交通运输和建筑物的使用。故管道不应穿越配电间，以免因渗漏造成电气设备故障或短路；不应穿越电梯机房、通信机房、大中型计算机房、计算机网络中心和音像库房等房间；不能布置在遇水易引起燃烧、爆炸、损坏的设备、产品和原料上方，还应避免布置在生产设备上面。

(3) 保证给水管道的正常使用。生活给水引入管与污水排出管管道外壁的水平净距不宜小于1.0m。室内给水管与排水管之间的最小净距，平行埋设时，应为0.5m；交叉埋没时，应为0.15m，且给水管应在排水管的上面。埋地给水管道应避免布置在可能被重物压坏处。为防止振动，管道不得穿越生产设备基础，如必须穿越时，应与有关专业人员协商处理并采取保护措施。管道不宜穿过伸缩缝、沉降缝，如必须穿过，应采取保护措施，如软接头法(使用橡胶管或波纹管)、丝扣弯头法、活动支架法等。为防止管道腐蚀，管道不得设在烟道、风道、电梯井和排水沟内，不宜穿越橱窗、壁柜，不得穿过大小便槽，给水立管距大小便槽端部不得小于0.5m。

塑料给水管应远离热源，立管距灶边不得小于0.4m，与供暖管道、燃气热水器边缘的净距不得小于0.2m，且不得因热辐射使管外壁温度大于40℃；塑料给水管道不得与水加热器或热水炉直接连接，应有不小于0.4m的金属管段过渡。塑料管与其他管道交叉敷设时，应采取保护措施或用金属套管保护，建筑物内塑料立管穿越楼板和屋面处应为固定支撑点。给水管道的伸缩补偿装置，应按直线长度、管材的线膨胀系数、环境温度和管内水温的变化、管道节点的允许位移量等因素经计算确定，应尽量利用管道自身的折角补偿温度变形。

(4) 便于管道的安装与维修。布置管道时，其周围要留有一定的空间，在管道井中布置管道要排列有序，以满足安装维修的要求。需进入检修的管道井其通道不宜小于0.6m。管道井每层应设检修设施，每两层应有横向隔断。检修门宜开向走廊。给水管道与其他管道和建筑结构的最小净距应满足安装操作需要且不宜小于0.3m。

2.3.2 给水管道布置的基本形式

(1) 给水管道的布置按供水可靠程度要求可分为枝状和环状两种形式。前者单向供水，供水安全可靠性差，但节省管材，造价低；后者管道相互连通，双向供水，安全可靠，但管线长，造价高。一般建筑内给水管网宜采用枝状布置；高层建筑、重要建筑宜采用环状布置。

(2) 按水平干管的敷设位置又可分为上行下给式、下行上给式和中分式三种形式。干管埋地、设在底层或地下室中，由下向上供水的为下行上给式，如图 2.5、图 2.6(a)所示，适用于利用室外给水管网水压直接供水的工业与民用建筑；干管设在顶层顶棚下、吊顶内或技术夹层中，由上向下供水的为上行下给式，如图 2.6(b)所示，适用于设置高位水箱的居住与公共建筑和地下管线较多的工业厂房；水平干管设在中间技术层内或中间某层吊顶内，由中间向上、下两个方向供水的为中分式，适用于屋顶用作露天茶座、舞厅或设有中间技术层的高层建筑。同一幢建筑的给水管网也可同时兼有以上两种形式，如图 2.12 所示。

单元任务 2.4　给水系统的施工要求

【单元任务内容及要求】 对给水管道的敷设的方式、安装要求、管道防护、防冻、防结露、防腐、防止水质二次污染及防渗漏等分别提出施工要求。

2.4.1　管道敷设形式

管道的敷设是指管道及其附件要按照图纸上的走向，结合设计条件组成整体并使之固定就位的工作。安装时按照管道与土建结构之间的关系不同而有不同的敷设方式，如贴梁敷设、管井内敷设、地坪内敷设或墙体内敷设等。

1. 给水管道敷设的方式

根据建筑对卫生、美观方面的要求，给水管道的敷设一般分为明敷和暗敷两类。

(1) 明敷是指管道沿墙、梁、柱、天花板下暴露敷设。其优点是造价低，施工安装和维护修理较方便。缺点是由于管道表面积灰、产生凝结水等影响环境卫生，而且管道外露影响房屋内的美观。一般装修标准不高的民用建筑和大部分生产车间均采用明敷方式。

(2) 暗敷是将管道直接埋地或埋设在墙槽、楼板找平层中，或隐蔽地安装在地下室、技术夹层、道井、管沟或吊顶内。管道暗敷卫生条件好、美观，对于标准较高的高层建筑、宾馆、实验室均采用暗敷。在工业企业中，针对某些生产工艺要求，如精密仪器或电子元件车间要求室内净无尘时，也采用暗敷。暗敷的缺点是造价高，施工复杂，维修困难。

2. 给水管道敷设的要求

(1) 给水管道不论是金属管还是塑料管(含复合管)，均不得直接埋设在建筑结构层内。一定要埋设时，必须在管外设置套管，这可以解决在套管内敷设和更换管道的技术问题，且要经结构设计的同意，确认埋在结构层内的套管不会降低建筑结构的安全可靠性。

(2) 干管和立管应敷设在吊顶、管井内，支管宜敷设在楼(地)面的找平层内或沿墙敷设在管槽内。管道在墙中敷设时，应预留墙槽，以免临时打洞、刨槽，影响建筑结构的强度。横管穿过预留洞时，为保护管道不致因建筑沉降而损坏，管顶上部净空不得小于建筑物的沉降量，一般不小于 0.1m。

(3) 敷设在找平层或管槽内的给水支管的外径不宜大于 25mm。小管径的配水支管可以直接埋设在楼板面的找平层内，或在非承重墙体上开凿的管槽内(当墙体材料强度低不能开槽时，可将管道贴墙面安装后抹厚墙体)。这种直埋安装的管道外径受找平层厚度或管槽深度的限制，一般外径不宜大于25mm。直埋敷设的管道，除管内壁要求具有优良的防腐性能外，其外壁应具有抗水泥腐蚀的能力，以确保管道使用的耐久性。

为防止直埋管道在进行饰面层施工时，或交付用户使用后，被误钉铁钉或钻孔而导致损坏管道，故要求在管位有临时标识，在交付用户的房屋使用说明书中亦应标出管道位置。

(4) 管道井应每层设外开检修门。管道井的尺寸应根据管道数量、管径大小、排列方式、维修条件，结合建筑平面和结构形式等合理确定。需进人维修管道的管井，其维修人员的工作通道净宽度不宜小于0.6m。管道井的井壁和检修门的耐火极限及管道井的竖向防火隔断应符合消防规范的规定。

(5) 布置给水管道时，其周围要留有一定的空间，以满足安装、维修的要求。室内给水立管与墙面的最小净距见表2-4。

表2-4　室内给水立管与墙面的最小净距　　单位：mm

立管管径	<32	32～50	70～100	125～150
与墙面净距	25	35	50	60

(6) 敷设在室外综合管廊(沟)内的给水管道，宜设在热水和热力管道下方，冷冻管和排水管上方。室内冷、热水管上下平行敷设时，冷水管应在热水管下方；垂直平行敷设时，冷水管应在热水管右侧。给水管道与各种管道之间的净距，应满足安装操作的需要，且不宜小于0.3m。

2.4.2 给水管道的安装要求

1. 管道安装要求

(1) 管道在安装时，必须采取固定支撑措施，以保证管道的安全稳定性和供水安全。管道固定可用管卡、吊环、托架等，管道支吊架的制作和施工可依照标准图集《室内给排水管道支吊架图集》，其间距应满足施工规范的要求。

(2) 需要泄空的给水管道，其横管宜设有0.002～0.005的坡度坡向泄水装置。

2. 给水管道的防护要求

(1) 引入管进入建筑内有两种情况，一种由浅基础下面通过，另一种穿过建筑物基础或地下室外墙，如图2.30所示。当引入管穿越基础或地下室外墙、穿越钢筋混凝土水池(箱)的壁板时，应采取防水措施，设置防水套管。防水套管的制作和施工参见相关标准图集。

室外埋地引入管要防止地面活荷载和冰冻的影响，行车道下的管线覆土深度不宜小于0.7m，并应在冰冻线以下0.15m。建筑内埋地管在无活荷载和冰冻影响时，其管顶离地面高度不宜小于0.3m。

(2) 给水管道穿过建筑物内墙、楼板处均应预留孔洞口设置套管保护。套管一般比给水管道大1～2个规格，用焊接钢管制作而成，内外刷油漆做防腐处理。如果管道穿过楼板，套管上端应高出地面20mm，在卫生间套管应高出地面50mm，以防止上层房间地面积水渗漏到下层房间。套管与管道之间的空隙必须用阻燃和防水填料填实。

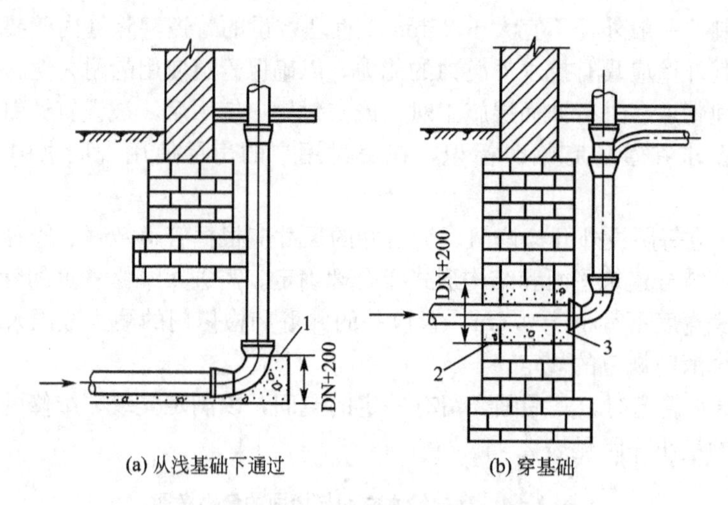

(a) 从浅基础下通过　　(b) 穿基础

图 2.30　引入管进入建筑物

1— C5.5 混凝土支座；2—粘土；3—M5 水泥砂浆封口

3. 管道的防腐措施

明敷和暗敷的金属管道都要采取防腐措施，通常的防腐做法是首先对管道除锈，然后在管外壁刷涂防腐涂料。明敷的焊接钢管和铸铁管外刷防锈漆两遍，银粉面漆两遍；镀锌钢管外刷银粉面漆两遍；暗敷和埋地管道刷石油沥青或防腐绝缘层。

4. 给水管道的防冻与防结露措施

(1) 对设在室内温度低于摄氏零度可能冻结场所的给水管道和设备，如寒冷地区的屋顶水箱、冬季不采暖的房间、地下室、管井、管沟中的管道以及敷设在受室外冷空气影响的门厅、过道等处的管道，应做保温层进行保温防冻，保温层的外壳应密封防渗。

(2) 在环境温度较高、空气湿度较大的房间，当管道内水温低于环境温度时，管道及设备的外壁可能产生凝结水，即出现结露现象，会引起管道或设备腐蚀，影响使用及环境卫生，导致装饰、物品等受损害。在这种情况下，给水管道必须做防结露措施，进行防结露保冷层的施工。

5. 管道防渗漏措施

如果管道布置不当，或者是管材质量和敷设施工质量低劣，都可能导致管道漏水。这不仅浪费水量，影响正常供水，严重时还会损坏建筑，特别是湿陷性黄土地区，埋地管漏水将会造成土壤湿陷，影响建筑基础的稳固性。防漏的办法：一是避免将管道布置在易受外力损坏的位置，或采取必要且有效的保护措施，免其直接承受外力；二是加强管材质量和施工质量的检查监督，并严格按照施工规范的要求做好管道水压试验；三是在湿陷性黄土地区，可将埋地管道设在防水性能良好的检漏管沟内，一旦漏水，水可沿沟排至检漏井内，便于及时发现和检修(管径较小的管道也可敷设在检漏套管内)。

知识链接

给水管道属于压力管道，为保证管道系统安全可靠地正常运行，必须对管道的施工质量在设计文件中提出要求。按《建筑给水排水及采暖工程施工质量验收规范》的规定，各种承压管道系统应做水压试验，即进行强度及严密性试验，检查管道接口的强度和严密性，以保证管道连接安装的质量。其水压试验的要求及过程参见《建筑给水排水及采暖工程施工质量验收规范》。

6. 给水水质安全的防护措施

(1) 城市给水管道严禁与自备水源的供水管道直接连接。

(2) 生活饮用水不得因管道产生虹吸回流而受污染，生活饮用水管道的配水件出水口不得被任何液体或杂质所淹没。出水口高出承接用水容器溢流边缘的最小空气间隙，不得小于出水口直径的2.5倍。绿化洒水的洒水栓应高出地面至少400mm。

(3) 从给水管道上直接接出用水管道当发生倒流可能造成污染时，应在这些用水管道上设置管道倒流防止器或其他有效地防止倒流污染的装置。

(4) 生活饮用水管道应避开毒物污染区，当条件限制不能避开时，应采取防护措施。生活饮用水池(箱)应与其他用水的水池(箱)分开设置，且宜设在专用房间内，其上方的房间不应有厕所、浴室、盥洗室、厨房、污水处理间等。

(5) 埋地式生活饮用水贮水池周围10m以内不得有化粪池、污水处理建筑物、渗水井、垃圾堆放点等污染源；周围2m以内不得有污水管和污染物。当达不到此要求时，应采取防污染的措施。

(6) 建筑物内的生活饮用水水池(箱)的材质、构造和配管应有相应防污染的措施。当生活饮用水水池(箱)内的贮水48h内不能得到更新时，应设置水消毒处理装置。

7. 其他施工要求

当管道中水流速度过大时，启闭水龙头阀门时易出现水锤现象，引起管道、附件的振动，不但会损坏管道附件，造成漏水，还会产生噪声。所以在设计时应控制管道的水流速度，在系统中尽量减少使用电磁阀或速闭型水栓。住宅建筑进户管的阀门后装设可曲挠橡胶接头进行隔振，并可在管道支架、管卡内衬垫减振材料，减少噪声的扩散。

知识链接

生活饮用水水质应符合《生活饮用水卫生标准》，生活杂用水水质应符合《生活杂用水水质标准》的要求。若给水系统设计、施工安装和管理维护不当，就可能造成水质被污染的现象，导致疾病的传播，直接危害人们的健康和生命，或者导致产品质量不合格而影响使用。

人们对生活质量要求日益提高，饮用水安全意识不断增强。为防止不合格水质给人们带来的种种危害，要求在设计、施工中必须采用合理的方案，重视和加强水质防护，确保供水安全。水质污染的原因主要如下。

(1) 供水系统自身的污染，主要是由于城市管网老化、年久失修，在输水过程中本身腐蚀、渗漏造成的污染。

(2) 二次供水的加压提升或蓄水池、水箱被污染，长期处于死水状态，特别是消防和生活共用水池，而生活水量又相对较小时更易污染。

(3) 自备水源与城市供水管道直接连接，无防倒流污染措施。饮用水与非饮用水管道直接连接时，当非饮用水压力大于饮用水压力且连接管中的止回目(或阀门)密闭性差，则非饮用水会渗入饮用水管道而造成污染。

(4) 配水附件安装不当，若出水口设在用水设备、卫生器具上沿或溢流口以下时，当溢流口堵塞或发生溢流的时候，遇上给水管网因故供水压力下降较多，恰巧此时开启配水附件，污水即会在负压作用下吸入管道造成回流污染。

(5) 饮用水管道与大便器冲洗管直接相连，并且普通阀门控制冲洗。当给水系统压力下降时，此时恰巧开启阀门也会出现回流污染。

(6) 埋地管道与阀门等附件连接不严密，平时渗漏，当饮用水断流，管道中出现负压时，被污染的地下水或阀门井中的积水即会通过渗漏处进入给水系统。

(7) 非饮用水管道从贮水设备中穿过，非饮用水接入；在大便槽、小便槽、污水沟内敷设管道，或在有毒物质及污水处理构筑物的污染区域内敷设管道。

(8) 生活饮用水管道在堆放及操作安装中没有避免外界可能产生的污染，验收前没有进行清洗和封闭。

单元任务2.5 给水系统的设计计算

【单元任务内容及要求】 根据设计任务的基础资料计算最高日流量、最大小时流量，正确选择设计秒流量计算公式，列表计算确定各管段管径，并计算给水系统所需的供水压力。对给水水力条件进行校核，进一步根据确定的技术方案确定所选给水增压或贮水设备的技术参数。

2.5.1 给水设计流量的计算

1. 用水定额

建筑内主要有生活、生产和消防三种用水。用水定额是计算用水量的依据，是指各种用水在一定时间内或条件下的平均消耗水平标准。相应的用水定额有生活用水定额、生产用水定额和消防用水定额。

生活用水是满足人们生活上种种需要所消耗的用水，其用水量受当地气候、建筑物使用性质、卫生器具和用水设备的完善程度、使用者的生活习惯及水价等多种因素的影响，一般日用水量不均匀，但有一定的规律。生活用水定额是指每个用水单位用于生活目的所消耗的水量。它包括居住建筑和公共建筑生活用水定额及工业企业建筑生活、淋浴用水定额等。《建筑给水排水设计规范》中规定的主要用水定额见表2－5至表2－7。

表2－5 住宅最高日生活用水定额及小时变化系数

住宅类别		卫生器具设置标准	用水定额(L/人·d)	小时变化系数 K_h
普通住宅	Ⅰ	有大便器、洗涤盆	85～150	3.0～2.5
	Ⅱ	有大便器、洗脸盆、洗涤盆、洗衣机、热水器和沐浴设备	130～300	2.8～2.3
	Ⅱ	有大便器、洗脸盆、洗涤盆、洗衣机、集中热水供应(或家用热水机组)和沐浴设备	180～320	2.5～2.0
别墅		有大便器、洗脸盆、洗涤盆、洗衣机、洒水栓、家用热水机组和沐浴设备	200～350	2.3～1.8

注：(1) 当地主管部门对住宅生活用水定额有具体规定时，应按当地规定执行；

(2) 别墅用水定额中含庭院绿化用水和汽车抹车用水。

表 2-6　宿舍、旅馆和公共建筑生活用水定额及小时变化系数

序号	建筑物名称	单　位	最高日生活用水定额（L）	使用时数（h）	小时变化系数 kh
1	宿舍 Ⅰ类、Ⅱ类 Ⅲ类、Ⅳ类	 每人每日 每人每日	 150～200 100～150	 24 24	 3.0～2.5 3.5～3.0
2	招待所、培训中心、普通旅馆 设公用盥洗室 设公用盥洗室、淋浴室 设公用盥洗室、淋浴室、洗衣室 设单独卫生间、公用洗衣室	 每人每日 每人每日 每人每日 每人每日	 50～100 80～130 100～150 120～200	24	3.0～2.5
3	酒店式公寓	每人每日	200～300	24	2.5～2.0
4	宾馆客房 旅客 员工	 每床位每日 每人每日	 250～400 80～100	24	2.5～2.0
5	医院住院部 设公用盥洗室 设公用盥洗室、淋浴室 设单独卫生间 医务人员 门诊部、诊疗所 疗养院、休养所住房部	 每床位每日 每床位每日 每床位每日 每人每班 每病人每次 每床位每日	 100～200 150～250 250～400 150～250 10～15 200～300	 24 24 24 8 8～12 24	 2.5～2.0 2.5～2.0 2.5～2.0 2.0～1.5 1.5～1.2 2.0～1.5
6	养老院、托老所 全托 日托	 每人每日 每人每日	 100～150 50～80	 24 10	 2.5～2.0 2.0
7	幼儿园、托儿所 有住宿 无住宿	 每儿童每日 每儿童每日	 50～100 30～50	 24 10	 3.0～2.5 2.0
8	公共浴室 淋浴 浴盆、淋浴 桑拿浴(淋浴、按摩池)	 每顾客每次 每顾客每次 每顾客每次	 100 120～150 150～200	 12 12 12	2.0～1.5
9	理发室、美容院	每顾客每次	40～100	12	2.0～1.5
10	洗衣房	每 kg 干衣	40～80	8	1.5～1.2
11	餐饮业 中餐酒楼 快餐店、职工及学生食堂 酒吧、咖啡馆、茶座、卡拉 OK 房	 每顾客每次 每顾客每次 每顾客每次	 40～60 20～25 5～15	 10～12 12～16 8～18	1.5～1.2
12	商场 员工及顾客	每 m^2 营业厅面积每日	5～8	12	1.5～1.2

（续）

序号	建筑物名称	单　位	最高日生活用水定额（L）	使用时数（h）	小时变化系数 kh
13	图书馆	每人每次 员工	5～10 50	8～10 8～10	15～1.2 15～1.2
14	书店	员工每人每班 每 m^2 营业厅	30～50 3～6	8～12 8～12	1.5～1.2 1.5～1.2
15	办公楼	每人每班	30～50	8～10	1.5～1.2
16	教学、实验楼 中、小学校 高等院校	 每学生每日 每学生每日	 20～40 40～50	 8～9 8～9	 1.5～1.2 1.5～1.2
17	电影院、剧院	每观众每场	3～5	3	1.5～1.2
18	会展中心(博物馆、展览馆)	员工每人每班 每 m^2 展厅每日	30～50 3～6	8～16	1.5～1.2
19	健身中心	每人每次	30～50	8～12	1.5～1.2
20	体育场(馆) 运动员淋浴 观众	 每人每次 每人每场	 30～40 3	 — 4	 3.0～2.0 1.2
21	会议厅	每座位每次	6～8	4	1.5～1.2
22	航站楼、客运站旅客，展览中心观众	每人次	3～6	8～16	1.5～1.2
23	菜市场地面冲洗及保鲜用水	每 m^2 每日	10～20	8～10	2.5～2.0
24	停车库地面冲洗水	每 m^2 每次	2～3	6～8	1.0

注：(1) 除养老院、托儿所、幼儿园的用水定额中含食堂用水，其他均不含食堂用水；

(2) 除注明外，均不含员工生活用水，员工用水定额为每人每班 40～60L；

(3) 医疗建筑用水中已含医疗用水；

(4) 空调用水应另计。

表 2-7　汽车冲洗用水量定额　　单位：L/(辆·次)

冲洗方式	高压水枪冲洗	循环用水冲洗	抹车、微水冲洗	蒸汽冲洗
轿车	40～60	20～30	10～15	3～5
公共汽车 载重汽车	80～120	40～60	15～30	—

注：当汽车冲洗设备用水量定额有特殊要求时，其值应按产品要求确定。

设计工业企业建筑时，管理人员的生活用水定额可取(30～50)L/(人·班)，车间工人的生活用水定额应根据车间性质确定，宜采用(30～50)L/(人·班)，用水时间宜取 8h，小时变化系数宜取 2.5～1.5。工业企业建筑淋浴用水定额应根据《工业企业设计卫生标准》中车间的卫生特征分级确定，可采用(40～60)L/(人·次)，延续供水时间宜取 1h。

生产用水的用水定额一般可按生产单位产品所需耗水量计，也可按万元产值来计。对水压的要求可根据生产工艺确定。

对于建筑物室内、外消防用水量，供水延续时间、供水水压等，应根据国家现行有关消防规范执行。

2. 给水系统设计流量

1) 最高日用水量

最高日用水量是指设计使用年限内最高一日的用水量，可按公式(2.4)计算：

$$Q_d=\frac{\sum m_i \cdot q_{di}}{1000} \tag{2.4}$$

式中 Q_d——最高日用水量，m^3/d；

m_i——用水单位数(人数、床位数等)；

q_{di}——最高日生活用水定额，L/(人·d)或L/(床·d)。

最高日用水量一般用于确定贮水池(箱)的容积。

2) 最大小时用水量

最大小时用水量是指最高日用水量发生时，最大小时的用水量。最高日最大时用水量与平均时用水量的比值称为小时变化系数。

$$Q_h=\frac{Q_d}{T}\cdot K_h=Q_p\cdot K_h \tag{2.5}$$

式中 Q_h——最大小时用水量，m^3/h；

T——建筑物内每天用水时间，h；

Q_p——最高日平均小时用水量，m^3/h；

K_h——小时变化系数。

最大小时用水量一般用于确定水泵流量和高位水箱容积等。

3) 生活给水设计秒流量

给水管道的设计秒流量是确定各管段管径、计算管路水头损失，进而确定给水系统所需压力的主要依据。给水管道设计秒流量的确定应符合建筑内的用水规律，并满足建筑给水系统高峰用水时的用水量要求。建筑内生活用水是不均匀的，高峰用水时段常常只有几分钟。给水流量的设计就是要满足这几分钟的平均用水量要求。经过调查统计，这个时间常常延续有7分钟。因此，常常把给水管道的设计秒流量定义为高峰用水时，最大5分钟的用水量。

对于住宅、集体宿舍、旅馆、宾馆、医院、疗养院、办公楼、幼儿园、养老院、商场、客运站、会展中心、中小学教学楼、公共厕所等建筑，由于用水设备使用不集中，用水时间长，同时给水百分数随卫生器具数量增加而减少。为简化计算，将1个直径为15mm的配水水嘴的额定流量0.2L/s作为一个当量，其他卫生器具的给水额定流量与它的比值即为该卫生器具的当量。这样，便可把某一管段上不同类型卫生器具的流量换算成当量值。

对不同的卫生器具配置的用水龙头，在单位时间内流出的给水额定流量、当量、连接管公称直径和最低工作压力进行相应规定，见表2-8。

表 2-8 卫生器具的给水额定流量、当量、连接管公称管径和最低工作压力

序号	给水配件名称	额定流量(L/s)	当 量	连接管公称管径(mm)	最低工作压力(MPa)
1	洗涤盆、拖布盆、盥洗槽				0.050
	单阀水嘴	0.15～0.20	0.75～1.00	15	
	单阀水嘴	0.30～0.40	1.5～2.00	20	
	混合水嘴	0.15～0.20(0.14)	0.75～1.00(0.70)	15	
2	洗脸盆				0.050
	单阀水嘴	0.15	0.75	15	
	混合水嘴	0.15(0.10)	0.75(0.50)	15	
3	洗手盆				0.050
	感应水嘴	0.10	0.50	15	
	混合水嘴	0.15(0.10)	0.75(0.5)	15	
4	浴盆				
	单阀水嘴	0.20	1.00	15	0.050
	混合水嘴(含带淋浴转换器)	0.24(0.20)	1.2(1.0)	15	0.050～0.070
5	淋浴器				
	混合阀	0.15(0.10)	0.75(0.50)	15	0.050～0.100
6	大便器				
	冲洗水箱浮球阀	0.10	0.50	15	0.020
	延时自闭式冲洗阀	1.20	6.00	25	0.100～0.150
7	小便器				
	手动或自动自闭式冲洗阀	0.10	0.50	15	0.050
	自动冲洗水箱进水阀	0.10	0.50	15	0.020
8	小便槽穿孔冲洗管(每米长)	0.05	0.25	15～20	0.015
9	净身盆冲洗水嘴	0.10(0.07)	0.50(0.35)	15	0.050
10	医院倒便器	0.20	1.00	15	0.050
11	实验室化验水嘴(鹅颈)				
	单联	0.07	0.35	15	0.020
	双联	0.15	0.75	15	0.020
	三联	0.20	1.00	15	0.020
12	饮水器喷嘴	0.05	0.25	15	0.050
13	洒水栓	0.40	2.00	20	0.050～0.100
		0.70	3.50	25	0.050～0.100
14	室内地面冲洗水嘴	0.20	1.00	15	0.050
15	家用洗衣机水嘴	0.20	1.00	15	0.050

注：(1) 表中括弧内的数值系在有热水供应时，单独计算冷水或热水时使用；

(2) 当浴盆上附设淋浴器时，或混合水嘴有淋浴器转换开关时，其额定流量和当量只计算水嘴，不计算淋浴器，但水压应按淋浴器计算；

(3) 家用燃气热水器，所需水压按产品要求和热水供应系统最不利配水点所需工作压力确定；

(4) 绿地的自动喷灌应按产品要求设计；

(5) 当卫生器具给水配件所需额定流量和最低工作压力有特殊要求时，其值应按产品要求确定(产品要求确定时的当量如何确定)。

给水管道设计秒流量的计算方法和公式，按建筑的性质及用水特点分为生活给水管网设计秒流量的计算方法，按建筑的性质及用水特点分为概率法、平方根法和经验法3类。

(1) 住宅建筑的生活给水管道的设计秒流量，应按下列步骤和方法计算。

根据住宅配置的卫生器具给水当量、使用人数、用水定额、使用时数及小时变化系数，可按式(2.6)计算出最大用水时卫生器具给水当量平均出流概率：

$$U_0=\frac{q_0 m K_h}{0.2\cdot N_g\cdot T\cdot 3600} \tag{2.6}$$

式中 U_0——生活给水管道的最大用水时卫生器具给水当量平均出流概率，%；

q_0——最高用水日的用水定额，按本规范表(2-5)采用；

m——每户用水人数；

K_h——小时变化系数，按本规范表(2-5)采用；

N_g——每户设置的卫生器具给水当量数；

T——用水时数，h；

0.2——一个卫生器具给水当量的额定流量，L/s。

有两条或两条以上具有不同最大用水时卫生器具给水当量平均出流概率的给水支管的给水干管，该管段的最大用水时卫生器具给水当量平均出流概率按式(2.7)计算：

$$\overline{U_0}=\frac{\sum U_{0i}N_{gi}}{\sum N_{gi}} \tag{2.7}$$

式中 $\overline{U_0}$——给水干管的卫生器具给水当量平均出流概率，%；

U_{0i}——支管的最大用水时卫生器具给水当量平均出流概率，%；

N_{gi}——相应支管的卫生器具给水当量总数。

根据计算管段上的卫生器具给水当量总数，按式(2.8)计算得出该管段的卫生器具给水当量的同时出流概率为：

$$U=\frac{1+\alpha_c(N_g-1)^{0.49}}{\sqrt{N_g}} \tag{2.8}$$

式中 U——计算管段的卫生器具给水当量同时出流概率，%；

α_c——对应于不同U_0的系数，按表(2-9)采用；

N_g——计算管段的卫生器具给水当量总数。

表2-9 给水管段卫生器具给水当量同时出流概率计算系数 α_c

U_0	1.0	1.5	2.0	2.5	3.0	3.5
α_c	0.0323	0.0697	0.01097	0.01512	0.01939	0.02374
U_0	4.0	4.5	5.0	6.0	7.0	8.0
α_c	0.02816	0.03263	0.03715	0.04629	0.05555	0.06489

根据计算管段上的卫生器具给水当量同时出流概率，按式(2.9)计算得到计算管段的设计秒流量：

$$q_g=0.2\cdot U\cdot N_g \tag{2.9}$$

式中 q_g——计算管段的设计秒流量，L/s。

给水管段设计秒流量计算表(摘录)见表2-10。

表 2-10　给水管段设计秒流量计算表(摘录)[U(%)；q_g(L/s)]

U_o	1.0		1.5		2.0		2.5	
N_g	U	q_g	U	q_g	U	q_g	U	q_g
1	100.00	0.20	100.00	0.20	100.00	0.20	100.00	0.20
2	70.94	0.28	71.20	0.28	71.49	0.29	71.78	0.29
3	58.00	0.35	58.30	0.35	58.62	0.35	58.96	0.35
4	50.28	0.40	50.60	0.40	50.94	0.41	51.30	0.41
5	45.01	0.45	45.34	0.45	45.69	0.46	46.06	0.46
6	41.12	0.49	41.45	0.50	41.81	0.50	42.18	0.51
7	38.09	0.53	38.43	0.54	38.79	0.54	39.17	0.55
8	35.65	0.57	35.99	0.58	36.36	0.58	36.74	0.59
9	33.63	0.61	33.98	0.61	34.35	0.62	34.73	0.63
10	31.92	0.64	32.27	0.65	32.64	0.65	33.03	0.66
11	30.45	0.67	30.80	0.68	31.17	0.69	31.56	0.69
12	29.17	0.70	29.52	0.71	29.89	0.72	30.28	0.73
13	28.04	0.73	28.39	0.74	28.76	0.75	29.15	0.76
14	27.03	0.76	27.38	0.77	27.76	0.78	28.15	0.79
15	26.12	0.78	26.48	0.79	26.85	0.81	27.24	0.82
16	25.30	0.81	25.66	0.82	26.03	0.83	26.42	0.85
17	24.56	0.83	24.91	0.85	25.29	0.86	25.68	0.87
18	23.88	0.86	24.23	0.87	24.61	0.89	25.00	0.90
19	23.25	0.88	23.60	0.90	23.98	0.91	24.37	0.93
20	22.67	0.91	23.02	0.92	23.40	0.94	23.79	0.95
22	21.63	0.95	21.98	0.97	22.36	0.98	22.75	1.00
24	20.72	0.99	21.07	1.01	21.45	1.03	21.85	1.05
26	19.92	1.04	20.27	1.05	20.65	1.07	21.05	1.09
28	19.21	1.08	19.56	1.10	19.94	1.12	20.33	1.14
30	18.56	1.11	18.92	1.14	19.30	1.16	19.69	1.18
32	17.99	1.15	18.34	1.17	18.72	1.20	19.12	1.22
34	17.16	1.19	17.81	1.21	18.19	1.24	18.59	1.26
36	16.97	1.22	17.33	1.25	17.71	1.28	18.11	1.30
38	16.53	1.26	16.89	1.28	17.27	1.31	17.66	1.34
40	16.12	1.29	16.48	1.32	16.86	1.35	17.25	1.38
42	15.74	1.32	16.09	1.35	16.47	1.38	16.87	1.42

（续）

U_o	1.0		1.5		2.0		2.5	
N_g	U	q_g	U	q_g	U	q_g	U	q_g
44	15.38	1.35	15.74	1.39	16.12	1.42	16.52	1.45
46	15.05	1.38	15.41	1.42	15.79	1.45	16.18	1.49
48	14.74	1.42	15.10	1.45	15.48	1.49	15.87	1.52
50	14.45	1.45	14.81	1.48	15.19	1.52	15.58	1.56
55	13.79	1.52	14.15	1.56	14.53	1.60	14.92	1.64
60	13.22	1.59	13.57	1.63	13.95	1.67	14.35	1.72

(2) 集体宿舍、旅馆、医院、疗养院、幼儿园、养老院、办公楼、商场、客运站、会展中心、中小学教学楼、公共厕所等建筑的生活给水设计秒流量，按式(2.10)平方根公式计算：

$$q_g = 0.2 \cdot \alpha \cdot \sqrt{N_g} \tag{2.10}$$

式中 q_g——计算管段的给水设计秒流量，L/s；

α——根据建筑物用途而定的系数，按表(2-11)采用；

N_g——计算管段的卫生器具给水当量总数。

特别注意：

① 如计算值小于该管段上1个最大卫生器具给水定额流量时，应采用1个最大的卫生器具给水额定流量作为设计秒流量。

② 如计算值大于该管段上按卫生器具给水额定流量累加所得流量值时，应按卫生器具给水额定流量累加所得流量值采用。

③ 有大便器延时自闭冲洗阀的给水管段，大便器延时自闭冲洗阀的给水当量均以0.5计，计算得到的 q_g 附加1.10L/s的流量后为该管段的给水设计秒流量。

综合楼建筑的 α 值应按表2-11进行加权平均计算。

表2-11 根据建筑物用途而定的 α 值

建筑物名称	幼儿园、托儿所、养老院	门诊部、诊疗所	办公楼、商场	学校	医院、疗养院、休养所	集体宿舍、旅馆	客运站、会展中心、公共厕所
α	1.2	1.4	1.5	1.8	2.0	2.5	3.0

(3) 工业企业的生活间、公共浴室、职工食堂或营业餐馆的厨房、体育场馆运动员休息室、剧院的化妆间、普通理化实验室等建筑的生活给水管道的设计秒流量按照经验法计算。根据卫生器具给水额定流量、同类型卫生器具数和卫生器具的同时给水百分数按式(2.11)计算：

$$q_g = \sum q_0 n_0 b \tag{2.11}$$

式中 q_g——计算管段的给水设计秒流量，L/s；

q_0——同类型的1个卫生器具给水额定流量，L/s；

N_0——计算管段同类型卫生器具数；

b——卫生器具的同时给水百分数，按表2-12～2-14采用。

表2-12　宿舍、工业企业生活间、公共浴室、剧院化妆间、体育场馆运动员休息室等卫生器具同时给水百分数

卫生器具名称	工业企业生活间	公共浴室	影剧院化妆间	体育场馆运动员休息室
洗涤盆(池)	33	15	15	15
洗手盆	50	50	50	70(50)
洗脸盆、盥洗槽水嘴	60～100	60～100	50	80
浴盆	—	50	—	—
间隔淋浴器	100	100	—	100
有间隔淋浴器	80	60～80	(60～80)	(60～100)
大便器冲洗水箱	30	20	50(20)	70(20)
大便槽自动冲洗水箱	100	—	100	100
大便器自闭式冲洗阀	2	2	10(2)	15(2)
小便器自闭式冲洗阀	10	10	50(10)	70(10)
小便器(槽)自动冲洗水箱	100	100	100	100
净身盆	33	—	—	—
饮水器	30～60	30	30	30
小卖部洗涤盆	—	50	50	50

注：(1) 表中括号内的数值系电影院、剧院的化妆间、体育场馆的运动员休息室使用；
(2) 健身中心的卫生间可采用本表体育场馆运动员休息室的同时给水百分率。

表2-13　职工食堂、营业餐馆厨房设备同时给水百分数

厨房设备名称	污水盆(池)	洗涤盆(池)	煮锅	生产性洗涤机	器皿洗涤机	开水器	蒸汽发生器	灶台水嘴
同时给水百分数(%)	50	70	60	40	90	50	100	30

注：职工或学生饭堂的洗碗台水嘴按100%同时给水，但不与厨房用水叠加。

表2-14　实验室化验水嘴同时给水百分数　　单位：%

化验水嘴名称	同时给水百分数(%)	
	科研教学实验室	生产实验室
单联化验水嘴	20	30
双联或三联化验水嘴	30	50

如计算值小于该管段上1个最大卫生器具给水额定流量时，应采用1个最大的卫生器具给水额定流量作为设计秒流量。大便器自闭式冲洗阀应单列计算，当单列计算值小于

1.2L/s时，以1.2L/s计；当大于1.2 L/s时，以计算值计。

2.5.2 给水系统管道水力计算

1. 给水管网水力计算的任务

(1) 确定给水管道各管段的管径。

(2) 求出计算管路通过设计秒流量时各管段产生的水头损失。

(3) 确定室内管网所需的水压。

(4) 复核室外给水管网水压是否满足使用要求。

(5) 选定加压装置所需扬程和高位水箱设置高度。

2. 给水管道管径的计算

根据各管段设计秒流量，初步选定管道设计流速，按式(2.12)计算管道直径：

$$d=\sqrt{\frac{4q_g}{\pi v}} \tag{2.12}$$

式中 d——管道直径，m；

q_g——管道设计流量，m^3/s；

v——管道设计流速，m/s。

由式(2.12)可以看出，管径和流速成反比。如流速选择过大，所得管径就小，但系统会引起水锤，产生噪声，易导致水击而损坏管道或附件，并将增加管网的水头损失，提高建筑内给水系统所需的压力，增大运行费用；如流速选择过小，所得管径就大，又将造成管材投资偏大。

因此，设计时应综合考虑以上因素，将给水管道流速控制在适当的范围内，即所谓的经济流速，使管网系统运行平稳且不浪费。生活或生产给水管道的经济流速见表2-15。

表2-15 生活与生产给水管道的经济流速

公称直径/mm	15～20	25～40	50～70	≥80
水流流速/m/s	≤1.0	≤1.2	≤1.5	≤1.8

根据公式计算所得管道直径一般不等于标准管径，可根据计算结果取相近的标准管径，并核算流速是否符合要求。如不符合要求，应调整流速后重新计算。

在实际工程方案设计阶段，也可以根据管道所负担的卫生器具当量数，根据经验按表2-16估算管径，进行简化计算。住宅的进户管，公称直径不小于20mm。

表2-16 按卫生器具当量数确定管径

管径/mm	15	20	25	32	40	50	70
卫生器具当量数	3	6	12	20	30	50	75

3. 给水管网水头损失的计算

1) 给水管道沿程水头损失的计算

每一管段的给水管道沿程水头损失的计算，可根据给水管道水力计算表中所查得的单位摩阻 i 与管段长度 L 的乘积求得，管段的沿程水头损失之和就是管路的总水头损失，即：

$$h_{\mathrm{f}}=L\cdot i \tag{2.13}$$

式中 h_{f}——管段的沿程水头损失，kPa；

L——管段的长度，m；

i——管道单位长度的水头损失，kPa/m。

单位长度管段的水头损失可按式(2.14)进行计算：

$$i=105C_{\mathrm{h}}^{-1.85}d_{\mathrm{j}}^{-4.87}q_{\mathrm{g}}^{1.85} \tag{2.14}$$

式中 d_{j}——管道计算内径，m；

q_{g}——给水设计秒流量，$\mathrm{m^3/s}$；

C_{h}——海澄-威廉系数，按表2-17采用。

表2-17 各种管材的海澄-威廉系数

管道类别	塑料管、内衬(涂)塑管	铜管、不锈钢管	衬水泥、树脂的铸铁管	普通钢管、铸铁管
C_{h}	140	130	130	100

在工程设计计算环节中，水力计算主要涉及到q_{g}、d、v、i等参数。为使计算方便，已根据相应的计算公式，考虑管材种类等因素，编制了各种管材的水力计算表，见表2-18、表2-19。也可参见《给水排水设计手册》第1册和《建筑给水排水设计手册》，表中数据可供直接使用。根据管段设计秒流量，查相应管材的水力计算表确定管径DN和i。在相同流量情况下，且满足设计经济流速的前提下，尽量选用最小管径。例如，若选用给水塑料管为给水管材，某管段设计秒流量为4.0L/s，长度为2.0m，管径选用DN70的最合适，i为0.166，计算得本管段的沿程水头损失为0.332kPa。

表2-18 给水塑料管水力计算表(摘录)

(流量q_{g}为L/s、管径DN为mm、流速v为m/s、单位管长的水头损失i为kPa/m)

q_{g}	DN15		DN20		DN25		DN32		DN40		DN50		DN70		DN80		DN100	
	v	i	v	i	v	i	v	i	v	i	v	i	v	i	v	i	v	i
0.10	0.50	0.275	0.26	0.060														
0.15	0.75	0.564	0.39	0.123	0.23	0.033												
0.20	0.99	0.940	0.53	0.206	0.30	0.055	0.20	0.02										
0.30	1.49	1.930	0.79	0.422	0.45	0.113	0.29	0.040										
0.40	1.99	3.210	1.05	0.703	0.61	0.188	0.39	0.067	0.24	0.021								
0.50	2.49	4.77	1.32	1.04	0.76	0.279	0.49	0.099	0.30	0.031								
0.60	2.98	6.60	1.58	1.44	0.91	0.386	0.59	0.137	0.36	0.043	0.23	0.014						
0.70			1.84	1.90	1.06	0.507	0.69	0.181	0.42	0.056	0.27	0.019						
0.80			2.10	2.40	1.21	0.643	0.79	0.229	0.48	0.071	0.30	0.023						
0.90			2.37	2.96	1.36	0.792	0.88	0.282	0.54	0.088	0.34	0.029	0.23	0.012				
1.00					1.51	0.955	0.98	0.340	0.60	0.106	0.38	0.035	0.25	0.014				
1.50					2.27	1.96	1.47	0.698	0.90	0.217	0.57	0.072	0.39	0.029	0.27	0.012		
2.00							1.96	1.160	1.20	0.361	0.76	0.119	0.52	0.049	0.36	0.020	0.24	0.008

（续）

q_g	DN15		DN20		DN25		DN32		DN40		DN50		DN70		DN80		DN100	
	v	i	v	i	v	i	v	i	v	i	v	i	v	i	v	i	v	i
2.50							2.46	1.730	1.50	0.536	0.95	0.217	0.65	0.072	0.45	0.030	0.30	0.011
3.00									1.81	0.741	1.14	0.245	0.78	0.099	0.54	0.042	0.36	0.016
3.50									2.11	0.974	1.33	0.322	0.91	0.131	0.63	0.055	0.42	0.021
4.00									2.41	1.230	1.51	0.408	1.04	0.166	0.72	0.069	0.48	0.026
4.50									2.71	1.520	1.70	0.503	1.17	0.205	0.81	0.086	0.54	0.032
5.00											1.89	0.606	1.30	0.247	0.90	0.104	0.60	0.039
5.50											2.08	0.718	1.43	0.293	0.99	0.123	0.66	0.046
6.00											2.27	0.838	1.56	0.342	1.08	0.143	0.72	0.052
6.50													1.69	0.394	1.17	0.165	0.78	0.062
7.00													1.82	0.445	1.26	0.188	0.84	0.071
7.50													1.95	0.507	1.35	0.213	0.90	0.080
8.00													2.08	0.569	1.44	0.238	0.96	0.090
8.50													2.21	0.632	1.53	0.265	1.02	0.102
9.00													2.34	0.701	1.62	0.294	1.08	0.111
9.50													2.47	0.772	1.71	0.323	1.14	0.121
10.00															1.80	0.354	1.20	0.134

表 2-19　给水钢管(水煤气管)水力计算表(摘录)

(流量 q_g 为 L/s、管径 DN 为 mm、流速 v 为 m/s、单位管长的水头损失 i 为 kPa/m)

q_g	DN15		DN20		DN25		DN32		DN40		DN50		DN70		DN80		DN100	
	v	i	v	i	v	i	v	i	v	i	v	i	v	i	v	i	v	i
0.05	0.29	0.284																
0.07	0.41	0.518	0.22	0.111														
0.10	0.58	0.985	0.31	0.208														
0.12	0.70	1.37	0.37	0.288	0.23	0.086												
0.14	0.82	1.82	0.43	0.38	0.26	0.113												
0.16	0.94	2.34	0.50	0.485	0.30	0.143												
0.18	1.05	2.91	0.56	0.601	0.34	0.176												
0.20	1.17	3.54	0.62	0.727	0.38	0.213	0.21	0.052										
0.25	1.46	5.51	0.78	1.09	0.47	0.318	0.26	0.077	0.20	0.039								
0.30	1.76	7.93	0.93	1.53	0.56	0.442	0.32	0.107	0.24	0.054								
0.35			1.09	2.04	0.66	0.586	0.37	0.141	0.28	0.080								
0.40			1.24	2.63	0.75	0.748	0.42	0.179	0.32	0.089								
0.45			1.40	3.33	0.85	0.932	0.47	0.221	0.36	0.111	0.21	0.0312						
0.50			1.55	4.11	0.94	1.13	0.53	0.267	0.40	0.134	0.23	0.0374						
0.55			1.71	4.97	1.04	1.35	0.58	0.318	0.44	0.159	0.26	0.0444						

（续）

q_g	DN15		DN20		DN25		DN32		DN40		DN50		DN70		DN80		DN100	
	v	i	v	i	v	i	v	i	v	i	v	i	v	i	v	i	v	i
0.60			1.86	5.91	1.13	1.59	0.63	0.373	0.48	0.184	0.28	0.0516						
0.65			2.02	6.94	1.22	1.85	0.68	0.431	0.52	0.215	0.31	0.0597						
0.70					1.32	2.14	0.74	0.495	0.56	0.246	0.33	0.0683	0.20	0.020				
0.75					1.41	2.46	0.79	0.562	0.60	0.283	0.35	0.0770	0.21	0.023				
0.80					1.51	2.79	0.84	0.632	0.64	0.314	0.38	0.0852	0.23	0.025				
0.85					1.60	3.16	0.90	0.707	0.68	0.351	0.40	0.0963	0.24	0.028				
0.90					1.69	3.54	0.95	0.787	0.72	0.390	0.42	0.107	0.25	0.0311				
0.95					1.79	3.94	1.00	0.869	0.76	0.431	0.45	0.118	0.27	0.0342				
1.00					1.88	4.37	1.05	0.957	0.80	0.473	0.47	0.129	0.28	0.0376	0.20	0.0164		
1.10					2.07	5.28	1.16	1.14	0.87	0.564	0.52	0.153	0.31	0.0444	0.22	0.0195		
1.20							1.27	1.35	0.95	0.663	0.56	0.18	0.34	0.0518	0.24	0.0227		
1.30							1.37	1.59	1.03	0.769	0.61	0.208	0.37	0.0599	0.26	0.0261		
1.40							1.48	1.84	1.11	0.884	0.66	0.237	0.40	0.0683	0.28	0.0297		
1.50							1.58	2.11	1.19	1.01	0.71	0.27	0.42	0.0772	0.30	0.0336		
1.60							1.69	2.40	1.27	1.14	0.75	0.304	0.45	0.0870	0.32	0.0376		
1.70							1.79	2.71	1.35	1.29	0.80	0.340	0.48	0.0969	0.34	0.0419		
1.80							1.90	3.04	1.43	1.44	0.85	0.378	0.51	0.107	0.36	0.0466		
1.90							2.00	3.39	1.51	1.61	0.89	0.418	0.54	0.119	0.38	0.0513		
2.0									1.59	1.78	0.94	0.460	0.57	0.13	0.40	0.0562	0.23	0.0147
2.2									1.75	2.16	1.04	0.549	0.62	0.155	0.44	0.0666	0.25	0.0172
2.4									1.91	2.56	1.13	0.645	0.68	0.182	0.48	0.0779	0.28	0.0200
2.6									2.07	3.01	1.22	0.749	0.74	0.21	0.52	0.0903	0.30	0.0231
2.8											1.32	0.869	0.79	0.241	0.56	0.103	0.32	0.0263
3.0											1.41	0.998	0.85	0.274	0.60	0.117	0.35	0.0298
3.5											1.65	1.36	0.99	0.365	0.70	0.155	0.40	0.0393
4.0											1.88	1.77	1.13	0.468	0.81	0.198	0.46	0.0501
4.5											2.12	2.24	1.28	0.586	0.91	0.246	0.52	0.0620
5.0											2.35	2.77	1.42	0.723	1.01	0.30	0.58	0.0749
5.5											2.59	3.35	1.56	0.875	1.11	0.358	0.63	0.0892
6.0													1.70	1.04	1.21	0.421	0.69	0.105
6.5													1.84	1.22	1.31	0.494	0.75	0.121
7.0													1.99	1.42	1.41	0.573	0.81	0.139
7.5													2.13	1.63	1.51	0.657	0.87	0.158
8.0													2.27	1.85	1.61	0.748	0.92	0.178
8.5													2.41	2.09	1.71	0.844	0.98	0.199
9.0													2.55	2.34	1.81	0.946	1.04	0.221
9.5															1.91	1.05	1.10	0.245
10.0															2.01	1.17	1.15	0.269

注：DN100mm以上的给水管道水力计算，可参见《给水排水设计手册》第1册和建筑给水排水设计手册。

2）给水管道局部沿程水头损失的计算

给水管网中，管道部件很多，若按照理论公式 $h_j=\sum\zeta\frac{v^2}{2g}$ 进行计算较为繁琐。因此，在实际工程的设计计算中，一般根据室内给水管网的的用途，按管网沿程水头损失的百分比或经验值计算即可，其百分比取值为：

生活给水管网25%～30%；

生产给水管网20%；

消防给水管网10%；

自动喷淋给水管网20%；

生活、消防共用给水管网25%；

生活、生产、消防共用的给水管网20%。

4. 给水系统所需压力(图2.31)

供水压力也叫做工作压力，是指保证给水系统满足最不利点在额定流量出流时的最低工作压力。给水系统所需的压力须由水力计算确定。经校核室外管网压力是否满足直接供水方式水压要求，如果室外管网压力满足不了所需水压，就必须考虑设置增压和贮水设备。

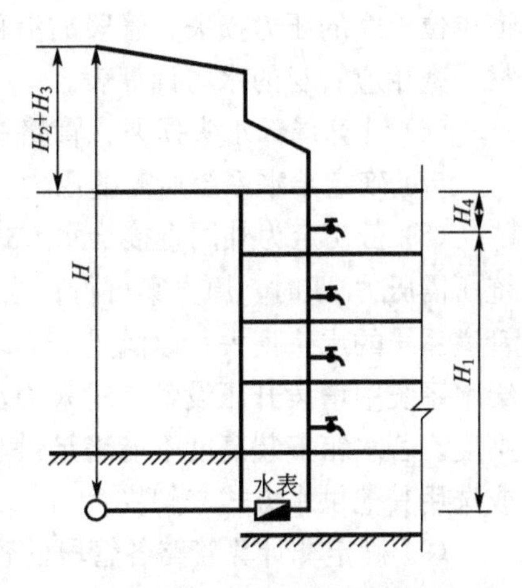

图2.31 给水系统所需压力

在给水系统水力设计计算中，一般认为若给水管网系统最不利点供水压力得到满足，其他管路各供水点水压也会得到满足，所以最不利点的确定至关重要。常常在水力计算时，选择最不利点所在管路作为计算管线。大多数情况下，下行上给式的直接给水方式距给水系统水源点最高、最远的配水点为最不利点；上行下给式时，最高层最远供水点为最不利点。在特殊情况下，还是要通过水力计算才能确定最不利点。

1）直接给水方式

对于直接给水方式，给水系统所需的水压按式(2.15)计算：

$$H=H_1+H_2+H_3+H_4 \tag{2.15}$$

式中 H——给水系统所需的供水压力，kPa；

H_1——引入管起点至最不利点位置高度所要求的静水压力，kPa；

H_2——计算管路的沿程与局部水头损失之和，kPa；

H_3——水表的水头损失，kPa；

H_4——管网最不利点所需的最低工作压力，kPa。

2）分区给水方式

高层建筑生活给水系统竖向分区给水系统，无论采用并联还是串联分区，无论采用高位水箱还是水泵供水，都应保证各分区最不利用水点对最低水压的要求。同时，各分区最低卫生器具配水点处的静水压不宜大于0.45MPa，静水压大于0.35MPa的入户管(或配水横管)，宜设减压或调压设施。

5．水力计算与校核的方法和步骤

(1) 根据建筑平面图，绘出给水管道平面布置图；估算给水系统所需压力，并根据市政管网提供的压力确定的给水方式，绘制出系统图。

(2) 根据系统图选择配水最不利点，确定最不利计算管路。若在系统图中难以判定最不利点，则应同时选择几条计算管路，分别计算各管路所需压力，取计算结果最大的作为给水系统所需压力。

(3) 从配水最不利点开始，以流量变化处为节点进行节点编号。两个节点之间的管路作计算管段，将计算管路划分成若干计算管段，并标出两节点间计算管段的长度。列出水力计算表，以便将每步计算结果填入表内。

(4) 根据建筑的性质选用设计秒流量公式，计算各管段的设计秒流量。

(5) 根据各设计管段的设计流量和允许流速，查水力计算表确定出各管段的管径、管道单位长度的压力损失、管段的沿程压力损失值。查水力计算表时，一定要明确选用的管材，查相应管材的水力计算表。

(6) 计算局部水头损失、管路总水头损失。

(7) 确定给水系统所需的压力。

(8) 若初定为外网直接给水方式，当室外给水管网可利用水压 H_0 大于或等于给水系统所需压力 H 时，原方案可行；当 H 略大于 H_0 时，可适当放大部分管段的管径，减小管道系统的水头损失，以满足 $H_0 \geqslant H$ 的条件；若 H 比 H_0 大很多，则应修正原方案，在给水系统中增设升压设备。对采用水箱上行下给布置方式的给水系统，应校核水箱的安装高度。若水箱安装高度不能满足供水要求，可采用提高水箱高度、放大管径、设置管道泵或选用其他供水方式来解决。

(9) 确定非计算管路各管段的管径。

6．室内给水系统设计计算案例

【例 2.2】 一幢 3 层高的集体宿舍，其室内给水平面图如图 2.32 所示，每层卫生器具的设置与数量相同，管道采用塑料管。室外给水管在宿舍的东侧，管道埋深为 0.80m，室外管网的供水水压 H_0 为 0.22MPa(从引入管轴线算起)。试进行给水系统的水力计算。

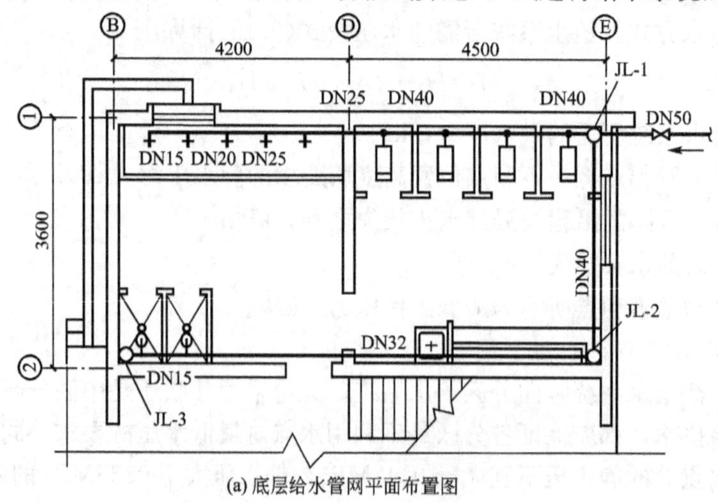

(a) 底层给水管网平面布置图

图 2.32 室内给水平面图

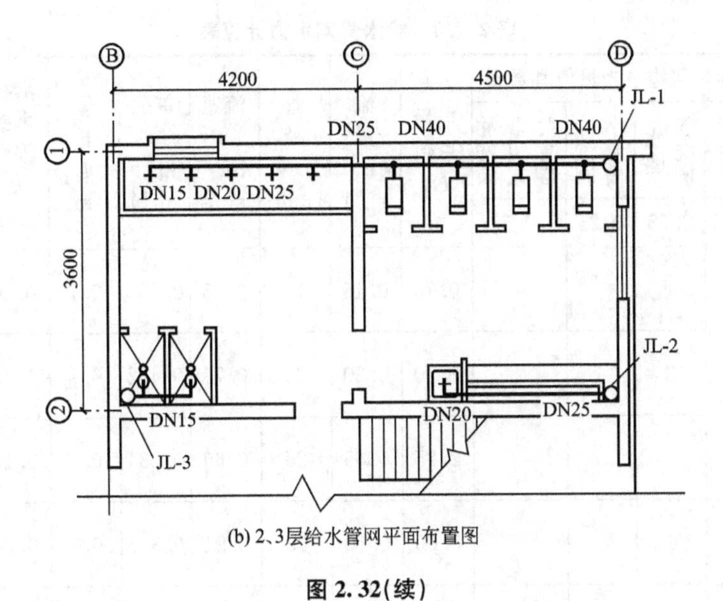

(b) 2、3层给水管网平面布置图

图 2.32(续)

【解】 (1) 由于该建筑只有3层，所需水压经估算约为16mH_2O，拟采用直接给水方式，管网布置成下行上给式。

(2) 绘出给水管网系统图(计算草图)如图2.33所示。

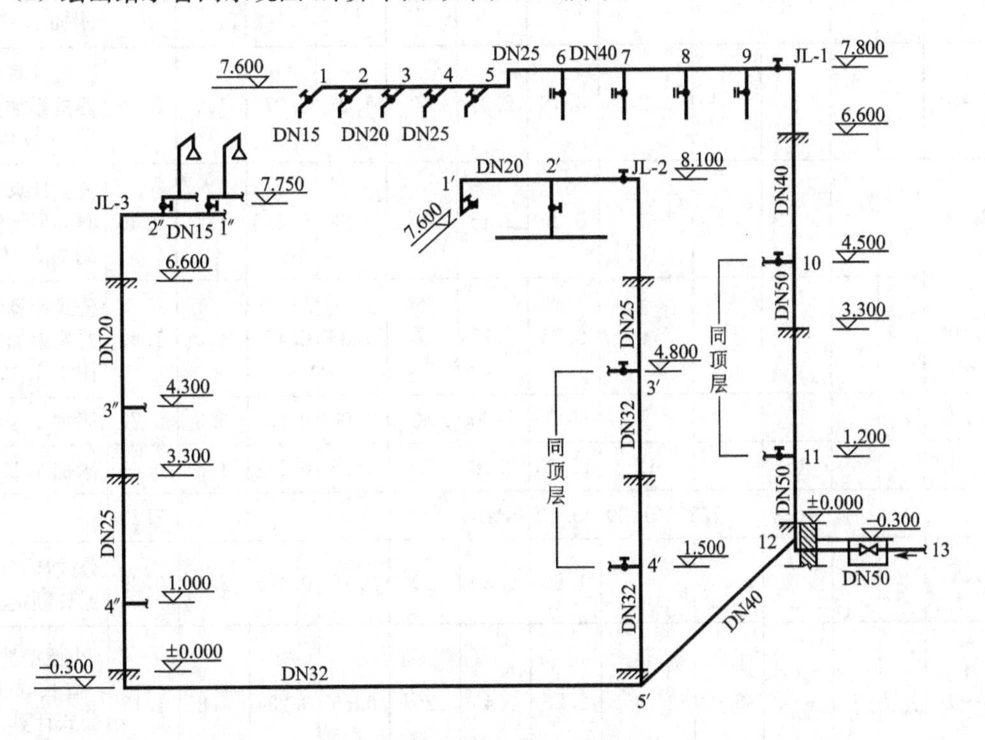

图 2.33　给水管网计算草图

(3) 绘出给水管网水力计算表，见表2-20。

(4) 在给水系统图上进行节点编号，将各管段管道管长填入给水管网水力计算表2-20中。

表 2-20　给水管网水力计算表

管段编号	卫生器具名称　当量值和数量					当量总数 N_g	流量 (L·s^{-1})	管径 DN (mm)	流速 v (m·s^{-1})	单阻 i (kPa·m^{-1})	管长 L (m)	沿程水头损失 h_g (kPa)	备注
	淋浴器	污水盆	盥洗槽水嘴	小便槽冲洗阀	大便器自闭式冲洗阀								
自　至	0.75	1.5	0.75	0.25	0.5								
1～2			1			0.75	0.15	15	0.75	0.564	0.7	0.40	公式计算值>器具额定流量
2～3			2			1.50	0.30	20	0.79	0.422	0.7	1.12	公式计算值>器具额定流量
3～4			3			2.25	0.45	25	0.69	0.234	0.7	0.16	公式计算值>器具额定流量
4～5			4			3.00	0.60	25	0.91	0.386	0.7	0.27	公式计算值>器具额定流量
5～6			5			3.75	0.75	25	1.14	0.575	1.8	1.04	公式计算值>器具额定流量
6～7			5		1	4.25	1.95	40	1.17	0.347	1.1	0.38	公式计算值>器具累加流量附加 1.10L/s
7～8			5		2	4.75	2.05	40	1.23	0.379	1.1	0.42	公式计算值>器具累加流量附加 1.10L/s
8～9			5		3	5.25	2.15	40	1.29	0.415	1.1	0.46	公式计算值>器具累加流量附加 1.10L/s
9～10			5		4	5.75	2.25	40	1.35	0.451	4.0	1.80	公式计算值>器具累加流量附加 1.10L/s
10～11			10		8	11.50	2.80	50	1.04	0.233	3.3	0.77	附加 1.10L/s
11～12			15		12	17.25	3.18	50	1.22	0.273	1.5	0.41	附加 1.10L/s
7.23×1.30=9.40(kPa)												7.23	
1′～2′		1				1.50	0.30	20	0.79	0.422	2.1	0.89	公式计算值>器具额定流量
2′～3′		1		3.0		2.25	0.45	25	0.69	0.234	4.8	1.12	小便槽冲洗管长 3.0m 公式计算值>器具额定流量
3′～4′		2		6.0		4.50	0.90	32	0.88	0.282	3.3	0.93	公式计算值>器具额定流量
4′～5′		3		9.0		6.75	1.30	32	1.27	0.555	1.8	1.00	

（续）

管段编号	卫生器具名称 当量值和数量					当量总数 N_g	流量 (L·s^{-1})	管径 DN (mm)	流速 v (m·s^{-1})	单阻 i (kPa·m^{-1})	管长 L (m)	沿程水头损失 h_g (kPa)	备注
	淋浴器	污水盆	盥洗槽水嘴	小便槽冲洗阀	大便器自闭式冲洗阀								
自 至	0.75	1.5	0.75	0.25	0.5								
3.94×1.30=5.12(kPa)												3.94	
1″～2″	1					0.75	0.15	15	0.75	0.564	1.2	0.68	公式计算值>器具额定流量
2″～3″	2					1.50	0.30	20	0.79	0.422	3.9	1.65	公式计算值>器具累加流量
3″～4″	4					3.00	0.60	25	0.91	0.386	3.3	1.27	公式计算值>器具累加流量
4″～5″	6					4.50	0.90	32	0.88	0.282	10	2.82	公式计算值>器具累加流量
6.42×1.30=8.35(kPa)												6.42	
5″～12	6	3		9.0		11.25	1.68	40	1.11	0.258	3.2	0.83	
12～13	6	3	15	9.0	12	28.50	3.77	50	1.43	0.368	4.0	1.43	附加 1.10L/s

(5) 统计各管段各类卫生器具的数量，并计算相应的给水当量值 N_g。

(6) 根据选定的设计秒流量公式 $q_g=0.2\cdot\alpha\cdot\sqrt{N_g}$，计算各管段的设计秒流量，填入表 2-20 中。

(7) 根据各管段的设计秒流量，查塑料给水管水力计算表管径 DN 和单位摩阻 i，并校核其相应的流速以满足设计规范的要求。

(8) 计算各管段的沿程水头损失 $h_f=L\cdot i$，局部水头损失取沿程水头损失的 30% 计算。

(9) 确定最不利点及系统需水压。

由于该系统的最不利点不很明显，难以“一眼看出”，图 2.33 中的 1 点、6 点、1′点和 1″点都可能是最不利点。故要进行分析并经计算后才能确定。

初步分析：1 点高程为 7.60m，取盥洗槽水嘴的最低工作压力为 5.0mH_2O；6 点高程较大，为 7.80m，取自闭式冲洗阀的最低工作压力为 10.0mH_2O；1′点高程最大，为 8.10m，取污水池水嘴的最低工作压力为 5.0mH_2O；1″点高程居中，为 7.75m，取淋浴器阀门前的最低工作压力为 5.0mH_2O，且流程又最远。相互比较一下，最不利点可能在 6 点、1′点和 1″点之中。因此，在计算表中列出 3 条计算管路进行计算。

6 点所需水压：

$$H=7.8-(-1.10)+1.3\times(0.38+0.42+0.46+1.80+0.77+0.41+1.43)\times\frac{1}{10}+10.0$$

$$=19.64(\text{m}H_2O)$$

1′点所需水压：

$$H=8.1-(-1.10)+1.30\times(3.94+0.83+1.43)\times\frac{1}{10}+5.0=15.01(mH_2O)$$

1″点所需水压：

$$H=7.75-(-1.10)+1.30\times(6.42+0.83+1.43)\times\frac{1}{10}+5.0=14.98(mH_2O)$$

故 6 点为最不利点，13～12～11～6 为计算管路。

(10) 校核。由初步计算结果看出，该集体宿舍所需水压 H 略小于室外管网提供的压力 H_0，且 H_0 大于 H 10%左右，比较合理。其直接给水方式和所计算出的管径即可确定下来。

特别提示

在实际工程设计计算中，建筑给水系统管网的水力计算有相当多的重复性计算工作，特别是大型的给水系统。除计算管路外，对卫生器具布置相同的非计算管路可参考计算管路管径的计算结果。

2.5.3 给水设备设计计算

1. 水泵

水泵是给水系统中主要的增压设备。离心式水泵具有结构简单、体积小、效率高、运转平稳等优点，在建筑给水系统中得到了广泛应用。

离心泵装置主要由泵壳、泵轴、叶轮、吸水管、压水管等部分组成，离心泵装置图如图 2.34 所示。

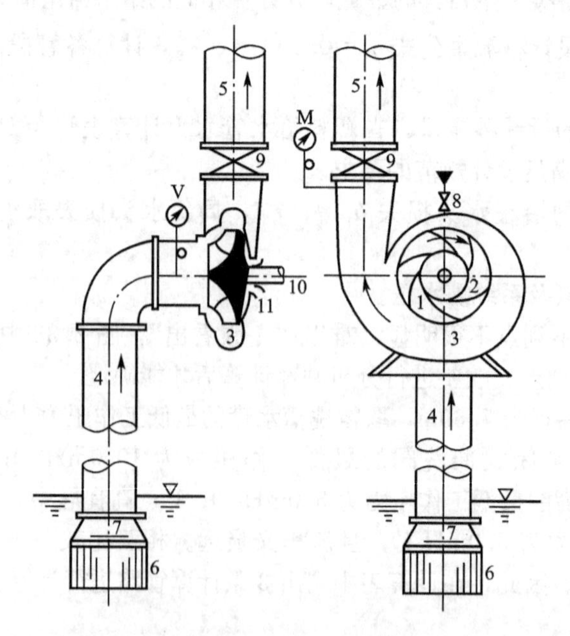

图 2.34 离心泵装置图

1—工作轮；2—叶片；3—泵壳；5—压力管；6—拦污栅

7—底阀；8—加水漏斗；9—阀门；10—泵轴；

11—填料；M—压力表；V—真空表

水泵选择的主要依据是给水系统所需要的水量和水压。

选择生活给水系统的加压水泵时，必须对水泵的Q－H特性曲线进行分析，应选择特性曲线为随流量增大而其扬程逐渐下降的水泵，这样的水泵工作稳定，并联使用时可靠。给水水泵除必须能稳定工作外，还应考虑运行效率高。生活给水加压水泵长期不停地工作，水泵效率对节约能耗、降低运行费用起着关键作用。因此，选择水泵时应该选择效率高的水泵，且管网特性曲线要求的水泵工作点应位于水泵效率曲线的高效区内。

在通常情况下，一个给水加压系统宜由同一型号的水泵组合并联工作。最大流量时由2～3台(小时变化系数为1.5～2.0的系统可用两台，小时变化系数为2.0～3.0的系统用三台)并联供水。若系统有持续较长的时段处于零流量状态时，可另配备小型泵用于此时段的供水。生活加压给水系统的水泵机组应设备用泵，备用泵的供水能力不应小于最大一台运行水泵的供水能力。水泵宜自动切换，交替运行。

1) 水泵流量

建筑物内采用高位水箱调节供水的系统，水泵由高位水箱中的水位控制其启动或停止。当高位水箱的调节容量(启动泵时箱内的存水一般不小于5min用水量)不小于0.5h最大用水时水量的情况下，可按最大用水时的平均流量选择水泵流量；当高位水箱的有效调节容量较小时，应以大于最大用水时的平均流量选择水泵流量。

生活给水系统采用调速泵组供水时，应按设计秒流量选泵，调速泵在额定转速时的工作点应位于水泵高效区的末端。

对于用水量变化较大的给水系统，应采用水泵并联、大小泵交替工作等方式适应用水量的变化，实现系统的节能运行。

2) 水泵扬程

水泵的扬程应满足最不利处的用水点或消火栓所需水压，具体分两种情况。

(1) 水泵直接由室外管网吸水时，水泵扬程按式(2.16)确定。

$$H_b = H_1 + H_2 + H_3 + H_4 - H_0 \tag{2.16}$$

式中 H_b——水泵扬程，kPa；

H_1——最不利配水点与引入管起点的静压差，kPa；

H_2——设计流量下计算管路的总水头损失，kPa；

H_3——最不利点配水附件的最低工作压力，kPa；

H_4——水表的水头损失，kPa；

H_0——室外给水管网所能提供的最小压力，kPa。

最后，应以室外管网的最大水压校核系统是否超压。

(2) 水泵从贮水池吸水时，总扬程按式(2.17)确定。

$$H_b = H_1 + H_2 + H_3 \tag{2.17}$$

式中 H_1——最不利配水点与贮水池最低工作水位的静压差，kPa；

其他符号意义同前。

3) 水泵设置的要求

水泵机组一般设置在水泵房内，泵房应远离需要安静、要求防振、防噪声的房间，并有良好的通风、采光、防冻和排水的条件。水泵机组的布置要便于安装和维修。

与水泵连接的管道力求短、直；水泵基础应高出地面0.1～0.3m；水泵吸水管内流速宜控制在1.0～1.2m/s以内，出水管内的流速宜控制在1.5～2.0m/s。水泵能正常运行对于吸水管路的基本要求是不漏气、不积气、不吸气。每台水泵一般应设独立的吸水管，如必须设置成几台水泵共用吸水管时，吸水管应管顶平接。水泵装置宜设计成自动控制运行方式，间歇抽水的水泵应尽可能设计成自灌式，吸水管上应装设阀门，在不可能时才设计成吸上式，吸上式的水泵均应设置引水装置。每台水泵的出水管上应装设阀门、止回阀和压力表，并宜有防水击措施。若水泵直接从室外管网吸水时，在吸水管上还应装设倒流防止器。

为减小水泵运行时振动产生的噪声，应尽量选用低噪声水泵，也可在水泵下安装橡胶、弹簧减振器或橡胶减振器(垫)；在吸水管、出水管上装设可曲挠橡胶接头，采用弹性吊(托)架，以及其他新型的隔振技术措施等。当有条件和必要时，泵房内还可采用吸声措施。

一般情况下，水泵还应设置备用泵，其技术参数不小于最大的一台水泵。

2. 贮水池

贮水池是贮存和调节水量的构筑物。当建筑物所需的水量、水压明显不足，城市供水管网难以满足时，为提高供水的可靠性，避免在用水高峰期市政管网供水能力不足而出现无法满足设计秒流量的现象，减少因市政管网或引入管检修造成的停水影响，应当设置贮水池。

对于采用水箱水泵联合给水方式、气压给水方式或变频调速给水方式的建筑给水系统，在水量能够得到保证的前提下，水泵宜直接从市政管网吸水，以充分利用市政管网的水压，减少能耗。建筑内部给水系统的水泵直接从市政管网吸水，可能会引起管网压力剧烈波动或大幅度下降，从而影响其他用户使用，所以供水管理部门通常不允许直接接入。因此，为进行水量调节，建筑给水系统一般都设有贮水池。

贮水池可设置成生活用水贮水池、生产用水贮水池和消防用水贮水池。贮水池的形状有圆形、方形、矩形和因地制宜的异形。小型贮水池可以是砖石结构，混凝土抹面；大型贮水池多为钢筋混凝土结构。不论是哪种结构形式，都必须保证安全卫生，结构牢固，不渗不漏。

1) 有效容积的确定

贮水池(箱)的有效容积应按进水量与用水量变化曲线经计算确定。当资料不足时，宜按最高日用水量的20%～50%确定。

贮水池的有效容积包括调节水量、消防贮备水量和生产事故备用水量三部分，与市政管网供水能力、用水量变化情况和用水可靠性要求有关，一般按式(2.18)计算。

$$V=(Q_b-Q_g)T_b+V_f+V_s \tag{2.18}$$

式中 V——贮水池的有效容积，m^3；

Q_b——水泵出水量，d/h；

Q_g——水源供水能力(水池进水量)，d/h；

T_b——水泵最长连续运行时间，h；

V_f——消防贮备水量，m^3；

V_s——生产事故备用水量，m^3。

市政管网供水能力应满足式(2.19)的要求：

$$Q_g \geqslant \frac{T_b}{T_b+T_s} Q_b \tag{2.19}$$

式中 T_t——水泵运行的间隔时间，h。

市政管网供水能力大于水泵出水量时，不需要考虑调节水量，取 $Q_g=Q_b$；消防贮备水量根据现行《建筑设计防火规范》和《高层民用建筑设计防火规范》确定，在火灾情况下能够保证连续供水时，贮水池的容量可以扣除火灾延续时间内补充的水量；生产事故备用水量，主要是在进水管路系统发生故障需要检修期间，满足室内生产、生活用水的需要，可根据建筑物的重要性取2～3倍最大小时用水量。

2）设置要求

生活饮用水贮水池不兼作他用，应与其他用水的贮水池分开设置，并不应考虑其他用水的储备水量和消防储备水量。当计算资料不足时，有效容积宜按最高日用水量的20%～25%确定。

消防和生产事故贮水池可兼作喷泉池、水景池和游泳池等，但不得少于两格；合用贮水池时，应有保证消防贮水不被挪用的措施，如图2.35所示。

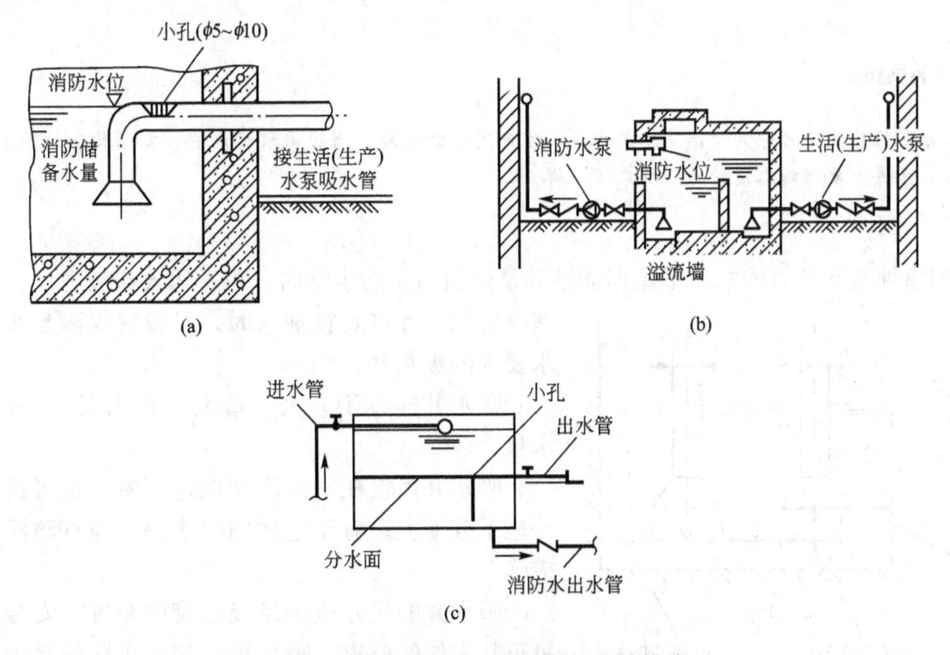

图2.35 保证消防贮水不被挪用的措施

贮水池应设在通风良好、不结冻的房间内，如室内地下室，也可以布置在室外泵房附近。为防止渗漏造成损害和避免噪声影响，贮水池不宜毗邻电气用房和居住用房或在其下方。

贮水池外壁与建筑本体结构墙面或其他池壁之间的净距应满足施工或装配的需要，无管道的侧面，净距不宜小于0.7m，安装有管道的侧面，净距不宜小于1.0m，且管道外壁与建筑本体墙面之间的通道宽度不宜小于0.6m。设有人孔的池顶，顶板面与上面建筑本体板底的净空不应小于0.8m。

消防贮水池中包括室外消防用水量时，应在室外设有供消防车取水用的吸水口；

容积大于 500m³ 的贮水池应分成容积基本相等的两格，以便清洗、检修时不中断供水。

贮水池应设有进水管、出(吸)水管、溢流管、泄水管、人孔、通气管和水位信号装置。当利用城市给水管网压力直接进水时，应设置自动水位控制阀，控制阀直径与进水管管径相同；当采用浮球阀时不宜少于两个，且进水管标高应一致，浮球阀前应设检修用的控制阀。溢流管宜采用水平喇叭口集水，喇叭口下的垂直管段不宜小于 4 倍溢流管管径。溢流管的管径应按能排泄贮水池的最大入流量确定，并宜比进水管大一级。溢流管出口应高出地坪 0.10m，通气管直径应为 200mm，其设置高度应距覆盖层 0.5m 以上。水池应设水位监视溢流报警装置，信息应传至监控中心。水位信号应反映到泵房和操纵室，必须保证污水、尘土、杂物不得通过人孔、通气管、溢流管进入池内。贮水池进水管和出水管应布置在相对位置，以便贮水经常流动，避免滞留和死角，以防池水腐化变质。泄水管的管径应按水池泄空时间和泄水受体排泄能力确定。当贮水池中的水不能以重力自流泄空时，应设置移动或固定的提升装置。

贮水池的设置高度应利于水泵自吸抽水，池内宜设有深度大于或等于 1.0m 的水泵吸水坑，吸水坑的大小和深度应满足水泵吸水管的安装要求。

特别提示

贮水池根据用途可分为生活用水贮水池、生产用水贮水池、消防用水贮水池。其结构和构造基本要求一致，差异主要在对水质的防护要求不一样。

3. 吸水井

当室外给水和管网水压不足但能够满足建筑内所需水量时，可不需要设置贮水池，若室外管网不允许直接抽水时，可设置仅满足水泵吸水要求的吸水井。

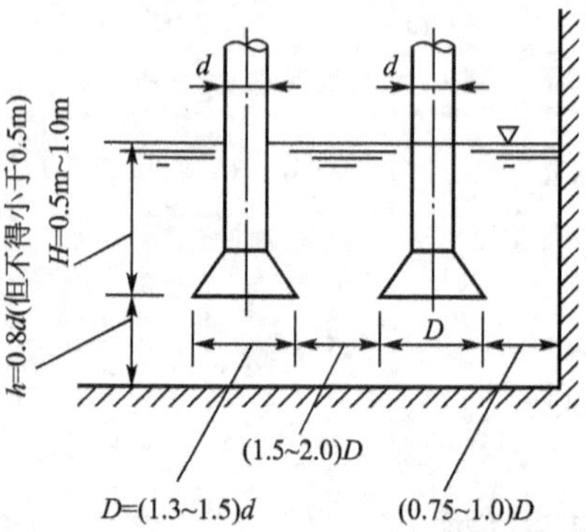

吸水井的容积应大于最大一台水泵 3min 的出水量。

吸水井可设在室内底层或地下室，也可设在室外地下或地上。对于生活用吸水井，应有防污染的措施。

吸水井的尺寸应满足吸水管的布置、安装和水泵正常工作的要求，吸水管在井内布置的最小尺寸如图 2.36 所示。

图 2.36　吸水管在井内布置的最小尺寸

4. 水箱

按用途不同，水箱可分为高位水箱、减压水箱、冲洗水箱、断流水箱等多种类型。其形状多为矩形和圆形，制作材料有钢板(包括普通、搪瓷、镀锌、复合与不锈钢板等)、钢筋混凝土、玻璃钢和塑料等。下面主要介绍在给水系统中使用较广的起到保证水压和贮存、调节水量的高位水箱。

1) 水箱的有效容积

水箱的有效容积在理论上应用根据用水和进水流量变化曲线确定，但变化曲线难以获得，故常按经验确定。

对于生活用水的调节水量，由水泵联动提升进水时，可按不小于最大小时用量的50%计；仅在夜间由城镇给水管网直接进水的水箱，生活用水贮量应按用水人数和最高日用水定额确定；生产事故备用水量应按工艺要求确定；当生活和生产调节水箱兼作消防用水贮备时，水箱的有效容积除生活或生产调节水量外，还应包括10min的室内消防设计流量，且这部分水量平时不能被动用。

水箱内的有效水深一般采用0.70～2.50m。水箱的保护高度一般为200mm。

2) 水箱设置高度

水箱的设置高度可由式(2.20)计算：

$$H \geqslant H_s + H_c \tag{2.20}$$

式中 H——水箱最低水位至配水最不利点位置高度所需的静水压，kPa；

H_s——水箱出口至最不利点管路的总水头损失，kPa；

H_c——最不利点用水设备的最低工作压力，kPa。

贮备消防水量的水箱，满足消防设备所需压力有困难时，应采取设置增压泵等措施。

3) 水箱的配管与附件

水箱的配管与附件如图2.37所示。

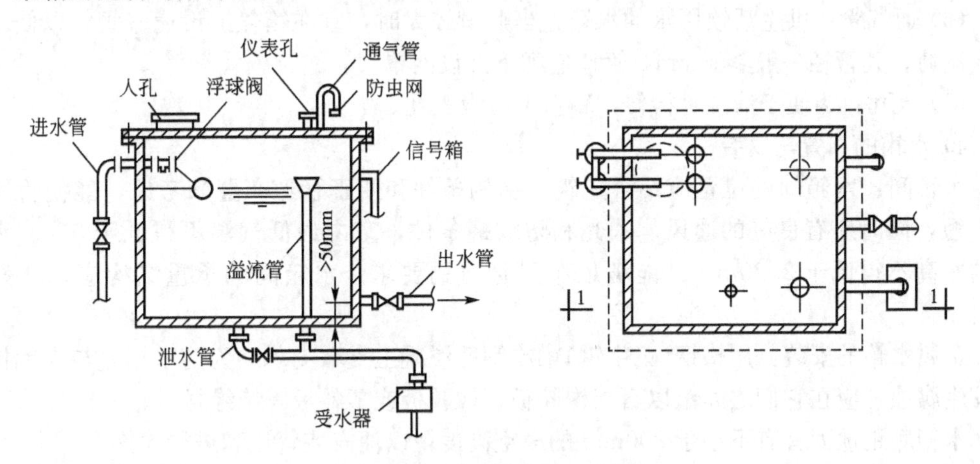

图2.37 水箱的配管与附件

(1) 进水管：进水管一般由水箱侧壁接入，也可从顶部或底部接入。进水管的管径可按水泵出水量或管网设计秒流量计算确定。

当水箱直接利用室外管网压力进水时，进水管出口应装设液压水位控制阀(优先采用，控制阀的直径应与进水管管径相同)或浮球阀，进水管上还应装设检修用的阀门，当管径≥50mm时，控制阀(或浮球阀)不少于两个。从侧壁进入的进水管其中心距箱顶应有150～200mm的距离。

当水箱由水泵供水，并利用水位升降自动控制水泵运行时，不得装水位控制阀。

(2) 出水管：出水管可从侧壁或底部接出，出水管内底或管口应高出水箱内底且应大于50mm；出水管管径应按设计秒流量计算；出水管不宜与进水管在同一侧面；为便于维修和减小阻力，出水管上应装设阻力较小的闸阀，不允许安装阻力大的截止阀；水箱进出水管宜分别设置；如将进水、出水合用一根管道，则应在出水管上装设阻力较小的旋启式止回阀，止回阀的标高应低于水箱最低水位 1.0m 以上；消防和生活合用的水箱除了确保消防贮备水量不作它用的技术措施外，还应尽量避免产生死水区。

(3) 溢流管：水箱溢流管可从底部或侧壁接出，溢流管的进水口宜采用水平喇叭口集水(若溢流管从侧壁接出，喇叭口下的垂直距离不宜小于溢流管径的 4 倍)并应高出水箱最高水位 50mm，溢流管上不允许设置阀门，溢流管出口应设网罩，管径应比进水管大一级。

(4) 泄水管：水箱泄水管应自底部接出，管上应装设闸阀，其出口可与溢水管相接，但不得与排水系统直接相连，其管径应≥50mm。

(5) 水位信号装置：该装置是反映水位控制阀失灵报警的装置。可在溢流管口(或内底)齐平处设信号管，一般从水箱侧壁接出，常用管径为 15mm，其出口接至经常有人值班的房间内的洗涤盆上。

若水箱液位与水泵联锁，则应在水箱侧壁或顶盖上安装液位继电器或信号，并应保持一定的安全容积：最高电控水位应低于溢流水位 100mm；最低电控水位应高于最低设计水位 200mm 以上。

为了就地指示水位，应在观察方便、光线充足的水箱侧壁上安装玻璃液位计。

(6) 通气管：供生活饮用水的水箱，当贮量较大时，宜在箱盖上设通气管，以使箱内空气流通。其管径一般≥50mm，管口应朝下并设网罩。

(7) 人孔：为便于清洗、检修，箱盖上应设人孔。

4) 水箱的布置与安装

水箱间：水箱间的位置应结合建筑、结构条件和便于管道布置来考虑，能使管线尽量简短，同时应有良好的通风、采光和防蚊蝇条件，室内最低气温不得低于 5℃。水箱间的净高不得低于 2.20m，并能满足布置管道的要求。水箱间的承重结构应为非燃烧材料。

金属水箱的安装：用槽钢(工字钢)梁或钢筋混凝土支墩支承。为防水箱底与支承接触面发生腐蚀，应在它们之间垫以石棉橡胶板、橡胶板或塑料板等绝缘材料。

水箱底距地面宜有不小于 800mm 的净空高度，以便安装管道和进行检修。

5. 气压给水设备

气压给水设备是利用密闭贮罐内空气的可压缩性进行贮存、调节、压送水量和保持水压的装置，其作用相当于高位水箱或水塔。

1) 分类与组成

气压给水设备按罐内水、气接触方式，可分为补气式和隔膜式两类。按输水压力的稳定状况，可分为变压式和定压式两类。

(1) 补气变压式气压给水设备如图 2.38 所示。当罐内压力较小(如为 P_1)时，水泵向室内给水系统加压供水，水泵出水除供用户外，多余部分进入气压罐，罐内水位上升，空气被压缩。当压力达到较大(如为 P_2)时，水泵停止工作，用户所需的水由气压罐提供。随着罐内水量的减少，空气体积膨胀，压力将逐渐降低，当压力降至 P_1 时，水泵再次启动。如此往复，实现供水的目的。用户对水压允许有一定波动时，常采用这种方式。

(2) 补气定压式气压给水设备如图 2.39 所示。目前常见的做法是在上述变压式供水管道上安装压力调节阀，将调节阀出口水压控制在要求范围内，使供水压力稳定。当用户要求供水压力稳定时，宜采用这种方式。

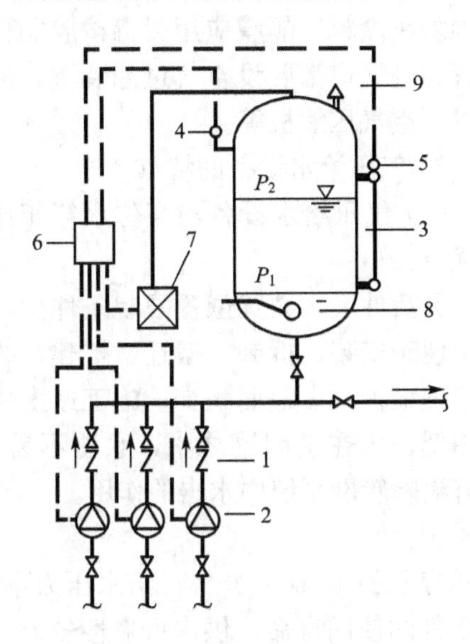

图 2.38　补气变压式气压给水设备

1—止回阀；2—水泵；
3—气压水罐；5—压力信号器；
6—液位信号器；7—补气装置；
8—排气阀；9—安全阀

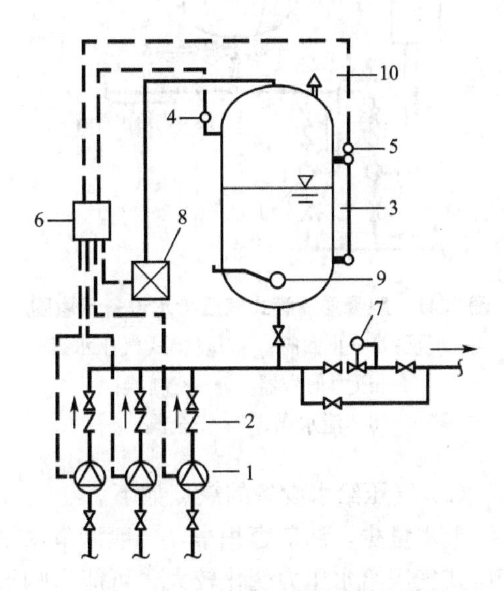

图 2.39　补气定压式气压给水设备

1— 水泵；2—止回阀；3—气压水罐；
4—压力信号器；5—液位信号器；
6—控制器；7—压力调节阀；8—补气装置；
9—排气阀；10—安全阀

上述两种方式的气压罐内还设有排气阀，其作用是防止罐内水位下降至最低水位以下后，罐内空气随水流泄入管网。这种气压给水设备，罐中水、气直接接触，在运行过程中，部分气体会溶于水中，气体将逐渐减少，罐内压力随之下降，时间稍长，就不能满足设计要求。为保证系统正常工作，需设补气装置。补气的方法很多(如采用空气压缩机补气、在水泵吸水管上安装补气阀、在水泵出水管上安装水射器或补气罐等)，这里介绍设补气罐的补气方式，如图 2.40 所示。当气压罐中压力达到 P_1 时，电接点压力表指示水泵停止工作，补气罐内水位下降，形成负压，进气止回阀自动开启进气。当气压罐内水位下降使压力降至 P_1 时，电接点压力表指示水泵开启，补气罐中水位上升，压力升高，进气止回阀自动关闭，补气罐中的空气随着水流进入气压水罐。当补入空气过量时，可通过自动排气阀排除部分空气。

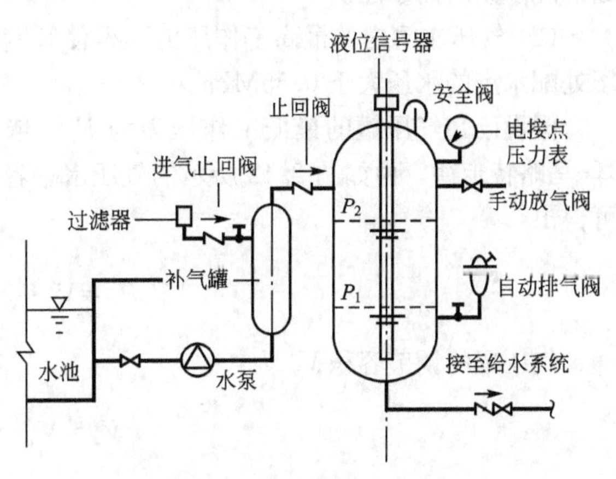

图 2.40　设补气罐的补气方法

(3) 隔膜式气压给水设备。在气压水罐中设置帽形或胆囊形(胆囊形优于帽形)弹性隔膜，将气水分离，既使气体不会溶于水中，又使水质不易被污染，补

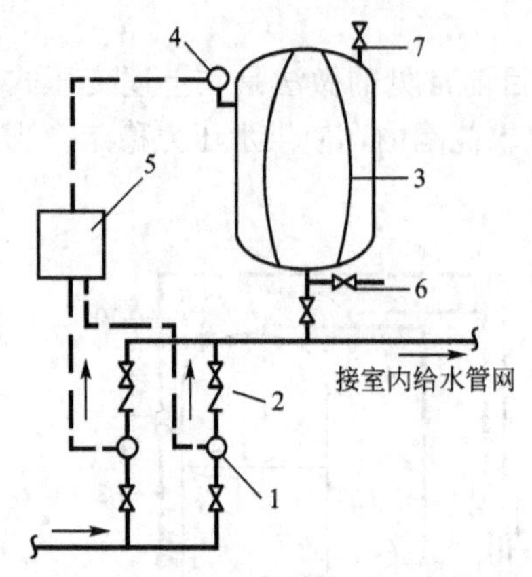

图 2.41　胆囊形隔膜式气压给水设备示意图

1—水泵；2—止回阀；3—隔膜式气压水罐；
4—压力信号器；5—控制器；
6—泄水阀；7—安全阀

气装置也就不需设置，图 2.41 所示为胆囊形隔膜式气压给水设备示意图。

生活给水系统中的气压给水设备必须注意水质防护措施。如气压水罐和补气罐内壁应涂无毒防腐涂料，隔膜应用无毒橡胶制作，补气装置的进气口都要设空气过滤装置，采用无油润滑型空气压缩机等。

2）气压给水设备的特点

（1）气压给水设备与高位水箱相比，有如下优点。

灵活性大，鼓置位置限制条件少，便于隐蔽；便于安装、拆卸、搬迁、扩建、改造；便于管理维护；占地面积少，施工速度快，土建费用低；水在密闭罐之中，水质不易被污染；具有消除管网系统中水击的作用。

（2）气压给水设备的缺点如下。

贮水量少，调节容积小，一般调节水量为总容积的 15%～35%；给水压力不太稳定，变压式气压给水压力变化较大，可能影响给水配件的使用寿命；供水可靠性较差，由于有效容积较小，一旦因故停电或自控失灵，断水的机率较大；与其容积相对比，钢材耗量较大；因是压力容器，对用材、加工条件、检验手段均有严格要求；耗电较多，水泵启动频繁，启动电流大；水泵不是都在高效区工作，平均效率低；水泵扬程要额外增加 $\Delta P=P_2-P_1$ 的电耗，这部分是无用功，但又是必须的，一般增加 15%～25%的电耗(因此，推荐采用两台以上水泵并联工作的气压给水系统)。

3）气压给水设备的计算

计算内容主要是确定气压水罐的总容积和调节容积，确定配套水泵的流量和扬程。生活给水系统采用气压给水设备供水时，应符合下列规定。

（1）气压水罐内的最低工作压力应满足管网最不利处的配水点所需水压。

（2）气压水罐内的最高工作压力不得使管网最大水压处配水点的水压大于 0.55MPa。

假设已知气压罐的最低工作压力为 P_1，依据波义耳-马略特定律，由如图 2.42 所示的气压水罐容积计算可得出：

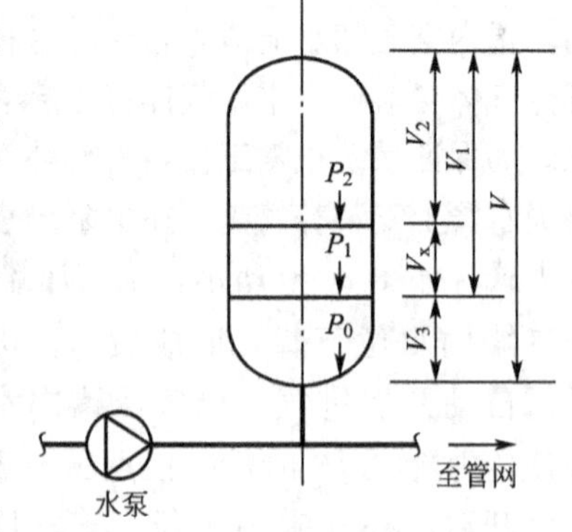

图 2.42　气压水罐容积计算

$$V_zP_0=V_1P_1=V_2P_2 \tag{2.21}$$

气压罐的调节容积 V_x 为：

$$V_x=V_1-V_2 \tag{2.22}$$

气压水罐的调节容积应按式(2.23)计算：

$$V_x=\frac{\alpha_a q_b}{4n} \tag{2.23}$$

式中 V_x——气压水罐的调节容积，m^3；

q_b——水泵(或泵组)的出流量，m^3/h；

α_a——安全系数，宜取1.0～1.3；

n——水泵在1h内的启动次数，宜采用6～8次。

气压水罐的总容积应按式(2.24)计算：

$$V_q=\frac{\beta_b V_x}{1-\alpha_b} \tag{2.24}$$

式中 V_q——气压水罐总容积，m^3；

V_x——气压水罐的调节容积，m^3；

α_b——气压水罐内的工作压力比，即P_1与P_2(以绝对压力计)，宜采用0.65～0.85；

β_b——气压水罐的容积系数，隔膜式气压水罐取1.05。

在气压给水系统中，为尽量提高水泵的平均工作效率，一般应选择流量-扬程特性曲线较陡的W型旋涡泵、DA型多级离心泵或MS型离心泵。

对于变压式气压给水设备，应根据P_1(给水系统所需压力)和采用的α值确定P_2，其出水压力(扬程)在P_1与P_2之间变化。要尽量使水泵在压力为P_1时，其流量接近设计秒流量；当压力为P_2时，水泵流量接近最大小时流量；罐内为平均压力时，水泵流量应不小于最大小时流量的1.2倍。

对于定压式气压给水设备，确定的方法与变压式相同，但水泵的扬程应根据P_1选择，流量应不小于设计秒流量。

【例2.3】 一住宅楼共180户人家，平均每户4口人，用水量定额为180L/(人·d)，小时变化系数为2.5，拟采用隔膜式气压给水设备供水，试计算气压水罐总容积。

【解】 该住宅最高日最大时用水量为：

$$q_h=\frac{180\times4\times180\times2.5}{24\times1000}=13.50(m^3/h)$$

水泵的流量为：

$$q_b=1.2q_b=1.2\times13.50=16.2(m^3/h)$$

取$\alpha_a=1.3$，$n=6$，根据式(2.23)，则气压罐的调节容积为：

$$V_x=\alpha_a\cdot V_t-=\frac{\alpha_a q_b}{4n}=1.3\times\frac{16.2}{4\times6}=0.88(m^3)$$

取$\beta=1.05$，$\alpha_b=0.75$，根据式(2.24)，气压罐的总容积为：

$$V=\frac{\beta V_x}{1-\alpha_b}=\frac{1.05\times0.88}{1-0.75}=3.70(m^3)$$

6. 变频调速给水设备

知识链接

在实际给水系统中，用于增压的水泵为了提高供水的可靠性，都是根据管网最不利工况下的流量、扬程而选定的，但管网中高峰用水量时间不长，用水量在大多数时间里都小于最不利工况时的流量，其扬程将随流量的下降而上升，使水泵经常处于扬程过剩的情况下运行，形成水泵能耗增高、效率降低的运行工况。变频调速给水设备的出现解决了供需不相吻合的矛盾，它能够根据管网中的实际用水量及水压，通过自动调节水泵的转速来达到供需平衡，从而提高水泵的运行效率。

变频调速给水设备还可采用变频调速泵与恒速泵组合供水的方式，在用水极不均匀的情况下，为避免在给水系统小流量用水时降低水泵机组的效率，还可并联配备小型水泵或小型气罐与变频调速装置共同工作，在小流量用水时，大型水泵均停止工作，仅利用小泵或小气罐向系统供水。

变频调速给水设备运行稳定，自动化程度高，效率高、耗增低；设备紧凑，占地面积少(省去顶水箱、大气压罐)；对管网系统中用量变化适应能力强等优点。但造价高，所需管理水平亦高些，且要求电源可靠。

1) 工作原理和节能分析

(1) 工作原理：变频调速给水装置如图 2.11 所示，供水系统中扬程发生变化时，压力传感器即向微机控制器输入水泵出水管压力的信号，若出水管压力值大于系统中设计供水量对应的压力时，微机控制器即向变频调速器发出降低电源频率的信号，水泵转速随即降低，使水泵出水量减少，水泵出水管的压力降低；反之亦然。

(2) 节能分析：目前变频调速设备中水泵的运行方式，按水泵出口工况分为两种，水泵变频调速恒压变流量运行和水泵变频调速变压变流量运行。两种运行方式的能量消耗与水泵恒速运行时能量消耗的比较，可用如图 2.43 所示的水泵耗能分析图解释。

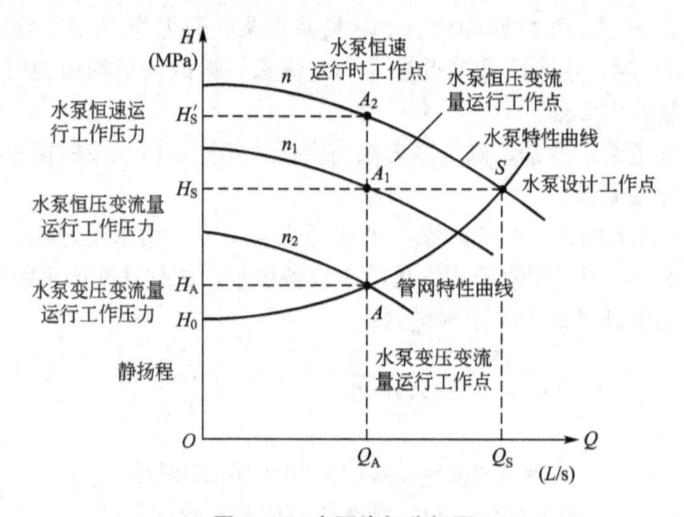

图 2.43　水泵能耗分析图

从图 2.43 可以看出，水泵在恒速运行时，当管网中流量 Q_S 降为 Q_A 时，根据水泵恒速(转速为 n)运行特性曲线，则此时水泵的供水压力将从设计供水压力 H_S 升高至 H'_S，理论上水泵此时需要输出功率为 $Q_A H'_S$(再乘以 γ，下同)，但从图上管网特性曲线分析，此时管网需要消耗的功率则只为 $Q_A H_A$。水泵多消耗的功率为 $Q_A H'_S - Q_A H_A$ 实际上是无效地消耗于管网之中。

如果采用水泵变频调速出口恒压(压力为 H_s)运行，当管网中流量从设计流量 Q_S 降为 Q_A 时，由于水泵变频调速使转速从 n 变为 n_1，水泵的供水压力仍维持在 H_S，理论上水泵此时要输出功率为 $Q_A H_S$，此功率将小于恒速运行时消耗的功率 $Q_A H'_S$，但仍大于管网需要消耗的功率 $Q_A H_A$。同理，多消耗的功率 $Q_A H_S - Q_A H_A$ 仍然是无效消耗于管网之中。

如果采用变频调速变压变流量运行，当管网中的流量从设计流量 Q_S 降为 Q_A 时，由于水泵变频调速使转速从 n 变为 n_2，并使水泵的供水压力刚好等于 H_A，此时理论上水泵

输出功率为 $Q_A H_A$，刚好等于管网需要消耗的功率 $Q_A H_A$。所以，应该说这种运行方式是最节能的。

2）设备分类与构造

（1）恒压变流量供水设备。该设备可单泵运行，亦可几台水泵组合运行，组合运行其中一台为变频调速泵，其他为恒速泵(含一台备用泵)。设备中除水泵机组外，还有电气控制柜(箱)、测量和传感仪表、管路和管路附件、底盘等组成。控制柜(箱)内有电气接线、开关、保护系统、变频调速系统和信息处理自动闭合控制系统等，该设备(4 台泵，3 用 1 备)示意图如图 2.44 所示，运行图(3 台泵) 如图 2.45 所示。

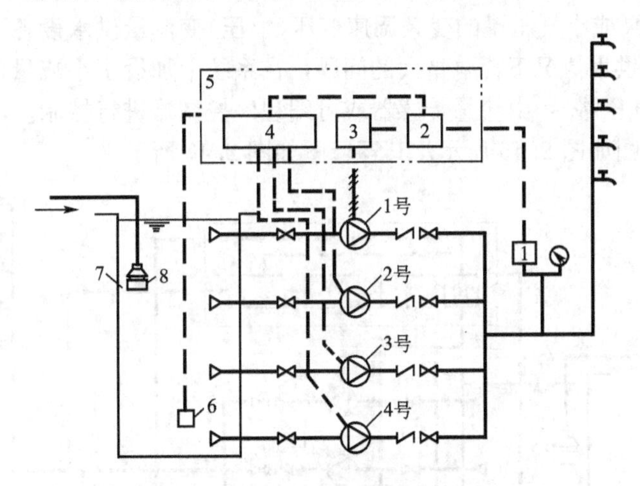

图 2.44　恒压变流量供水系统示意图

1—压力传感器；2—可编程序控制器；3—变频调节器；
4—恒速泵控制器；5—电控柜；6—水位传感器；
7—安全阀；8—液位自动控制阀

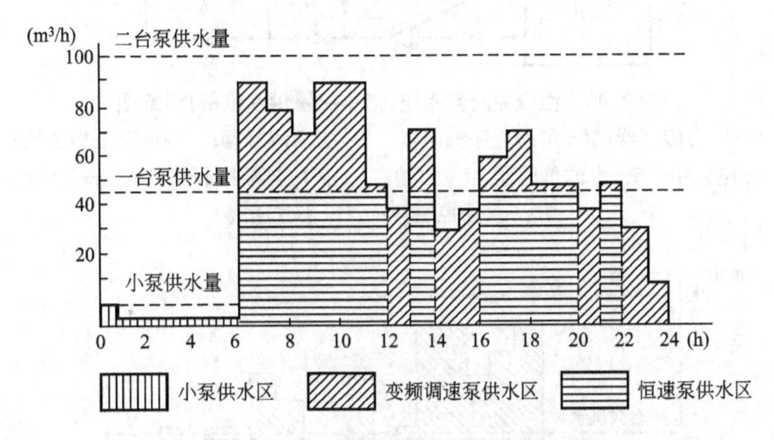

图 2.45　3 台主泵(其中一台备用)运行图

恒压变流量供水设备，它的控制参数的设定一般设置为设备出口恒压。所以，自动控制系统比较简单，容易实现，运行调试工作量较少。当给水管网中动扬程比静扬程所占比例较小时，可以采用恒压变流量供水设备。

（2）变压变流量供水设备。变压变流量供水设备是指设备的出口按给水管网运行要求变压变流量供水。设备的构造和恒压变流量供水设备基本相同，只是控制信号的采集和处理及传感系统与恒压变流量设备不一致。

变压变流量供水设备的控制参数的设定，可以在给水管网最不利点(控制电)恒压控制，亦可以在设备出口按时段恒压控制，还可以在设备出口按设定的管网运行特性曲线变压控制。所以，变压变流量供水设备关键是解决好控制参数的设定和传感问题。

变压变流量供水设备节能效果好，同时可改善给水管网对流量变化的适应性，提高了管网供水的安全可靠性。并且，管道和设备的保养、维修工作量与费用大大减少。但这种设备控制信号的采集和传感系统比较复杂，调试工作量大，设计时必须有一定的管网基本技术资料。

(3) 带有小水泵或小气压罐的变频调速变压(恒压)变流量供水设备。该设备是为了解决小流量或零流量供水情况下耗电量大的问题，在系统中加设了小流量供水小泵或小型气压罐(也可以不设气压罐)，由流量传感器或可编程序控制器进行控制，可以进一步降低耗电量。该装置示意图如图 2.46 所示。其运行图如图 2.47 所示。

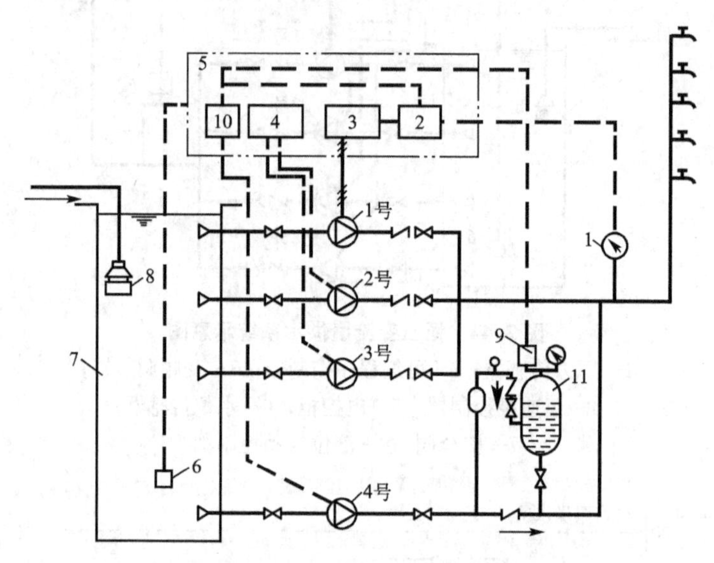

图 2.46　恒压变流量系统(带小流量供水设备)示意图

1—压力传感器；2—可编程序控制器；3—变频调节器；4—恒速泵控制器；
5—电控柜；6—水位传感器；7—水池；8—液位自动控制阀；9—压力开关；
10—水泵控制器；11—小气压罐

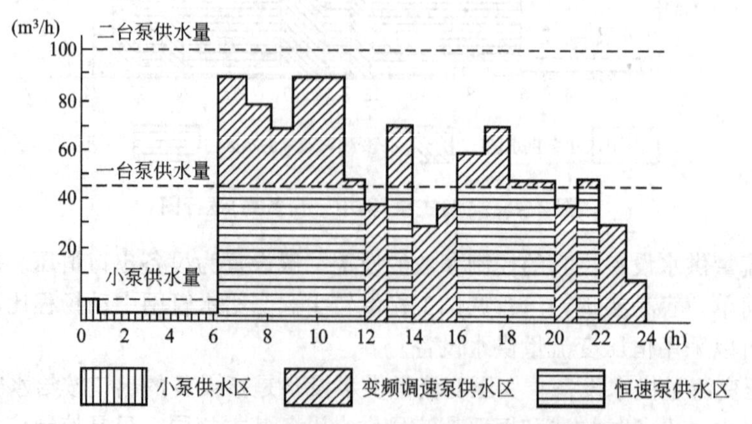

图 2.47　恒压变流量系统(带小流量供水设备)示意图

3）设计计算与设备的选型

变频调速供水设备电气控制柜一般是定型标准系列产品，设备选型时，只要根据给水管网系统提出的设计流量和扬程，确定设备的类型(恒压与变压)，选择合适的控制柜、选泵组装即可。

(1) 设计流量的计算。设备如用于建筑内，其出水量应按管网无调节装置以设计秒流量作为设计流量。设备如用于建筑小区内，其出水量应与给水管网的设计流量相同(如果加压的服务范围为居住小区于管网，应取小区最大小时流量作为设计流量；如果加压服务范同为居住组团管网，应按其担负的卫生器具当量总数计算得出的设计秒流量作为设计流量)。

(2) 设计扬程的计算。如果设备确定为变频调速恒压变流量供水设备，可根据管网设计流量时管网中最不利供水点的要求，计算出设备的供水扬程，此扬程即为设计扬程(H_S)，取设备出口的设计恒压等于 H_S 即可。

如果设备确定为变频调速变压变流量供水设备，可根据管网设计流量时管网中最不利供水点的要求，计算出设备的供水扬程(H_S)，以 H_S 作为设备出口变压的上限值，再根据管网运行的特性设定出口分时段变压，或按管网特性曲线数学模型设定变压变流量供水。变压变流量供水设备也可用管网最不利点恒压供水压力进行设定，控制设备的运行操作。

特别提示

变频调速供水设备尚无国家统一标准，生产厂家的设备各具特点，选用时需认真查阅厂家的产品样本，按其产品说明书选定。采用变频调速供水设备时，应有电源或双回路；电机应有过载、短路、过压、缺相、欠压过热等保护功能；水泵的工作点应在水泵特性曲线最高效率点附近，水能源部最不利工况点尽量靠近水泵高效区右端。

情境小结

通过本情境的学习和实践，要求掌握以下内容。

(1) 建筑室内给水系统技术方案的主要内容应包括给水系统的组成及给水方式。给水系统组成和给水方式的确定应以技术经济为原则。

(2) 建筑给水系统管材有金属管材和金属管材之分，不同的管材连接方式不同。为使给水系统正常使用，给水系统还必须设置附件，包括给水控制附件和配水附件。为计量给水用水量，还必须根据系统情况配置水表。

(3) 给水管道布置应保证满足良好的水力条件，确保供水的可靠性，力求经济合理，保证建筑物的使用功能和生产安全，便于管道的安装与维修等基本要求。给水管道主干管的基本形式有下行上给式、上行下给式、中分式。

(4) 给水系统的施工要求主要是从设计角度提出对给水管道的敷设、管道安装、管道防护、给水管道防冻、防结露及防渗漏试压等施工要求。

(5) 给水系统水力设计计算主要是确定给水系统正常供水时的管径大小、并对给水增压贮水设备进行造型设计计算。

工学结合能力训练

【任务1】 室内给水系统设计施工总说明

1. 设计依据

(1) 设计委托任务书、城建各管理部门对本项目初步设计的有关批复、审查意见等。

(2) 所采用的本专业的设计规范、法规。

①《建筑给水排水设计规范》GB 50015—2010。

②《建筑给水排水及采暖工程施工质量验收规范》GB 50242—2002。

(3) 城市供水管理、市政工程设施管理等条例。

(4) 本工程其他专业提供的设计资料。

2. 相关设计基础资料与设计范围

(1) 相关设计基础资料。

(在设计基础资料中找出与室内给水设计相关的内容，并完整列出这些内容。)

(2) 设计范围。

(根据任课教师具体选择的教学载体，列出给水设计的具体内容。)

(3) 本项目最大时排水量为________ m^3/h。

3. 系统设计

(1) 本工程引入管设置在________，引入本工程供生活用水。

(2) 根据城市供水水压，本工程采用____________给水方式。

(说明给水方式的具体分区供水情况。)

(3) 给水设备的设置。

(说明设置的给水增压贮水设备的种类及设置的位置。)

(4) 其他。

4. 管道材料

(1) 生活给水管采用____________，连接方式为____________。

(2) 生活给水系统工作压力的确定。

(说明各分区给水系统的工作压力。)

5. 阀门及附件

(1) 给水管道阀门选用________。

(根据管径大小不同，可选择不同类型的阀门。)

(2) 生活水箱进水阀采用100X型水力遥控浮球阀；中、高区生活给水系统中的支管减压阀采用5360型黄铜减压稳压阀；生活水泵出水管上的止回阀采用300X型缓闭式止回阀；安全阀采用500X型泄压阀；排气阀采用ARDX－0025型自动排气阀。

(3) 遥控浮球阀、减压阀等应在阀前设置过滤器，采用YST型过滤器。水表选用________，规格为____________。

(4) 水泵出口端的各种阀门工作压力应不小于1.6MPa，其余阀门的工作压力应不小于1.00MPa。

(5) 各种阀门当阀体材料不是铜或不锈钢时，可以采用球墨铸铁或铸钢阀体的阀门，但其阀体内表面和阀瓣应有符合饮用水卫生标准的可靠防腐涂层，以保障生活用水水质。

(6) 每组阀门应至少在一侧配套设置可曲挠橡胶接头或不锈钢波纹伸缩节，以方便阀门检修。可曲挠橡胶接头或不锈钢波纹伸缩节的工作压力不应小于阀门的工作压力。

6. 其他设备和器材

(1) 水泵选用________，扬程________，流量________，功率________，给水水泵均应设置隔振基础。

(2) 各系统中的压力表采用Y-150型压力表，其量程应为系统最高压力的两倍。

(3) 生活水箱采用不锈钢水箱；生活水箱、消防水池等的溢流管、通气管口，均应装设不锈钢防虫网。

(4) 生活水泵应配套设置控制箱及电源总开关。

7. 管道敷设与安装要求

(1) 各类管道在安装时应尽量靠墙、柱及靠近板底安装，为使用和二次装修留出空间，并应与其他专业的管道、桥架等密切配合，确保管道安装顺利实施。在安装过程中如发生管道交叉，应按照“小管让大管、有压管让无压管”的原则进行调整。

(2) 在对非管道井内的管道进行封包和隐蔽时，应在管道的阀门、检修口等处设置便于开启的检修活门或检修孔，以免在管道需要检修时造成破坏性检修而带来不必要的损失。

(3) 所有管道在穿越地下室外墙、水池池壁时，均应设置________，防水套管类型采用刚性防水套管；室内管道在穿越楼板和墙体时，也应设置________，套管管径以大两号为宜，穿楼板的套管上口宜高出楼板面________。

(4) 水泵房内的管道支吊架应采用弹性支吊架，保证隔振、隔声效果。

(5) 卫生间内的给水支管嵌墙暗设，但不得水平开槽。

(6) 给水管道在安装时，应按________的坡度坡向立管或泄水装置。

8. 管道保温和防腐

(1) 提出对给水管道防结露处理，及保温材料及施工要求。

(2) 根据所选管材要求是否做防腐措施。

(3) 所有管道在经防腐处理完毕后，给水管道面漆颜色或标识的设置如下：给水管道——绿色字样；管道表面标注出的系统分区、管道类别等信息和字样间距应不大于2.0m。

9. 管道试压

(1) 给水管的试压方法按《建筑给水排水及采暖工程施工质量验收规范》(GB 50242—2002)的规定执行。

(2) 生活水箱按国标《矩形给水箱》(02S101)的要求做满水试验。

10. 其他

(1) 图中所注标高为管中心标高，所注立管、水平管距离为管中心距离。

(2) 所注标高单位为m，所注管径单位为mm。

(3) 本子项的±0.000标高相当于绝对标高________m。

(4) 业主、施工等各方在选定给水设备、管材和器材时，应把好质量关；在符合使用功能要求、满足设计及系统要求的前提下，应优先选用高效率、低能耗的优质产品，不得选用淘汰和落后的产品。

(5) 本说明与各图纸上的分说明不一致时，以各图纸上的分说明为准。

(6) 本说明未提及者，均按照国家施工验收有关规范、规定执行。

【任务2】 室内给水系统设计计算过程

1. 设计准备

(1) 熟悉设计基础资料。

(2) 首先根据所给设计基础资料和平面图对男、女卫生间进行平面布置。

知识链接

(1) 卫生间布置内容有：①分隔卫生间及前室；②进行大便器蹲位分隔，布置大便器；③布置小便器或小便槽；④在前室内布置洗脸盆和污水盆；⑤在卫生间及前室分别布置地漏。

(2) 布置要求有：①符合设计规范；②对称、美观；③便于安装、维修和使用。

(3) 将卫生器具布置结果绘制成平面布置图。

2. 进行给水管道和设备的布置

根据所提供的建筑平面图和室外管网资料以及确定的给水技术方案，对给水管道进行布置，要求将布置结果绘制成平面布置图及系统图，并标识出管段编号。

(1) 平面图。包括底层、标准层及顶层平面图。

(2) 系统图。按分区或立管绘制给水系统图。

(3) 详图。绘制给水设备布置图或卫生间布置详图。

3. 室内给水管道水力计算

(1) 室内给水最高日流量：

$Q_d=$

(2) 室内给水最大时流量：

$Q_h=$

(3) 选择设计秒流量的计算公式为：

$q_g=$

(4) 列表2-21进行最不利给水管路进行水力计算。

表2-21 给水管网水力计算表

管段编号		卫生器具名称 当量值和数量					当量总数 N_g	流量 (L·s^{-1})	管径 DN (mm)	流速 v (m·s^{-1})	单阻 i (kPa·m^{-1})	管长 L (m)	沿程水头损失 h_g (kPa)	备注
		淋浴器	污水盆	盥洗槽水嘴	小便槽冲洗阀	大便器自闭式冲洗阀								
自	至	0.75	1.5	0.75	0.25	0.5								

4. 给水增压贮水设备选型计算

(1) 水箱容积计算及安装高度的确定。

① 水箱容积。

② 水箱安装高度。

(2) 水泵流量及扬程。

① 水泵流量。

(写出水泵流量确定的依据及计算公式。)

② 水泵扬程。

(写出水泵扬程的计算公式，必要时画出计算草图。)

(3) 水池容积的计算。

(写出水池容积计算公式及各项参数确定依据。)

【任务3】 室内给水系统绘图能力训练

(1) 实训目的：通过绘图训练，使学生掌握室内给水管道在平面图和系统图的绘制方法，从而具备给水施工图的绘图能力。

(2) 绘图要求如下。

① 用绘图工具(图板、丁字尺、三角板、铅笔)或用 AutoCAD 绘图软件进行绘图。

② 全部内容绘制在一张 A3 图纸上。

③ 图纸要写仿宋字，要求条理清晰、主次分明、字迹工整、纸面干净。

(3) 绘图题目如下。

① 根据图 2.48 给出的卫生间给水平面图，按照图 2.49 给出的 JL－1 系统图示例，完成 JL－2、JL－3、JL－4 系统图的绘制。

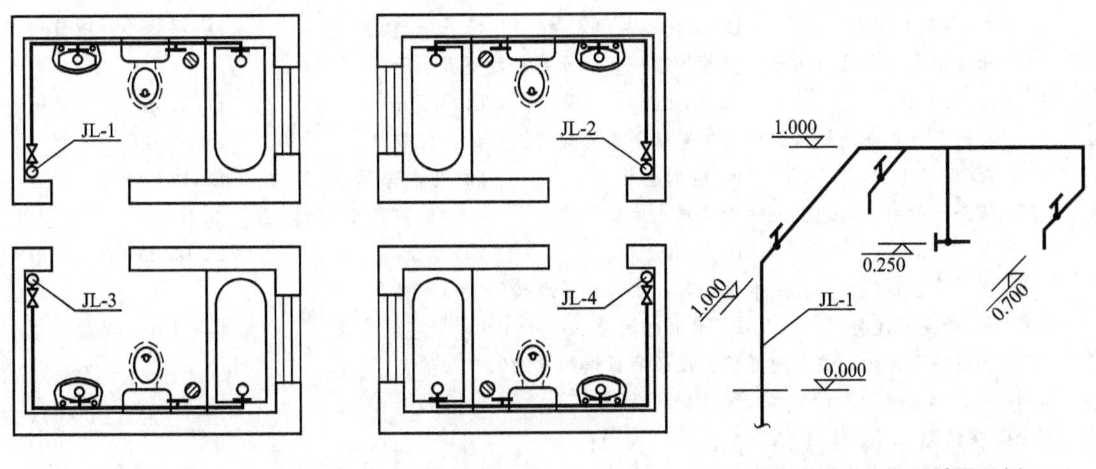

图 2.48 卫生间给水平面图

图 2.49 JL－1 系统图示例

② 根据图 2.50 给出的卫生间平面图以及给水立管标出的位置，完成 JL－5、JL－6、JL－7、JL－8 所在卫生间的给水平面图和系统图的绘制。

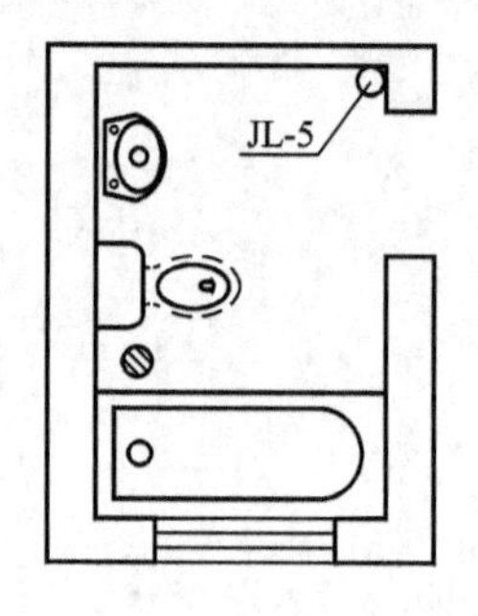

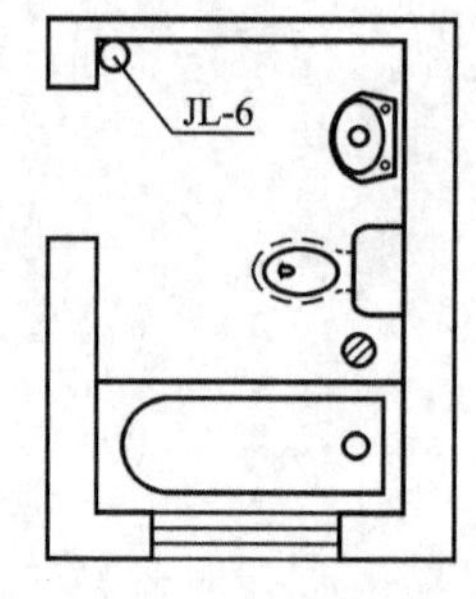

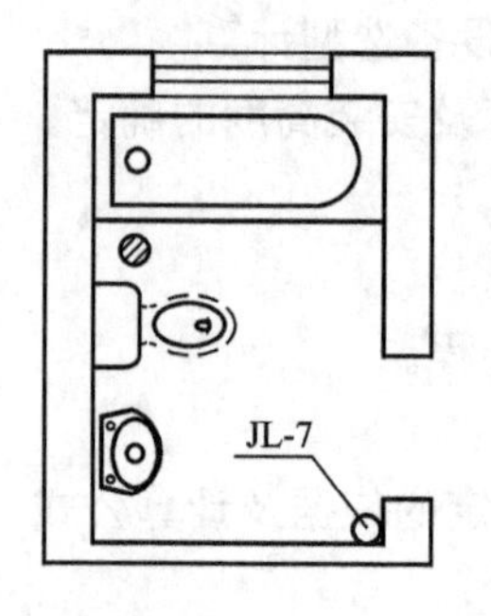

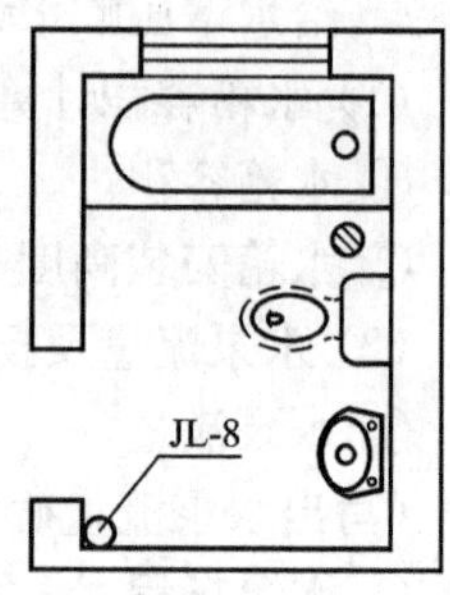

图 2.50　卫生间平面图

练　习　题

一、名词解释

给水方式　管道附件　水表的流通能力　设计秒流量　暗敷

二、填空题

1. 生活用水的水质必须符合________________。
2. 利用外网水压的直接给水方式有________________和________________。
3. 管道附件包括________________和________________。
4. 给水横管穿墙、立管穿楼板时均应________________。
5. 供水三要素是指________、________和________。

三、单选题

1. 初步估算 6 层普通建筑所需给水水压为(　　)mH_2O。

   A. 16　　B. 20　　C. 24　　D. 28

2. 一般用于选用水表的设计流量是(　　)。

   A. 最高日流量　　B. 最大小时用水量　　C. 设计秒流量　　D. 平均小时流量

3. 生活给水引入管与污水排出管管道外壁的水平净距不宜小于(　　)。

   A. 0.5m　　B. 1.0m　　C. 1.2m　　D. 1.5m

4. 在地下水位高的地区，引入管穿地下室外墙或基础时，应采取(　　)。

   A. 穿墙套管　　B. 临时套管　　C. 防水套管　　D. 防护措施

5. 室外车行道下埋地引入管管顶覆土厚度不宜小于(　　)，并宜设在冰冻线下 0.15m。

   A. 0.5m　　B. 0.6m　　C. 0.7m　　D. 0.8m

6. 当调节容积较大，且用水量均匀，水泵流量就按(　　)确定。

   A. 最高日流量　　B. 最高时流量　　C. 平均时流量　　D. 设计秒流量

7. 当资料不足时，贮水池容积宜按最高日用水量的(　　)确定。

   A. 10%～15%　　B. 10%～15%　　C. 15%～20%　　D. 20%～25%

四、多选题

1. 水表节点安装在引入管上，包括(　　)。

   A. 水泵　　B. 水表　　C. 阀门　　D. 泄水装置

   E. 流量计

2. 钢管的连接方法有(　　)。

   A. 螺纹连接　　B. 承插连接　　C. 焊接　　D. 法兰连接

   E. 卡箍连接

3. 控制附件的作用有(　　)。

A. 分配水流　B. 调节水量　C. 调节水压　D. 关断水流
E. 改变水流方向

4. 管道布置按供水可靠程度要求可分为(　　)。
A. 枝状管网　B. 环状管网　C. 上行下给式　D. 下行上给式
E. 中分式

5. 管道的敷设的方式有(　　)。
A. 沿墙敷设　B. 地面敷设　C. 明敷　D. 暗敷
E. 吊顶内

6. 造成建筑给水二次污染的原因有(　　)。
A. 设计不当　B. 与水接触的材料选择不当
C. 管理不善　D. 水在贮水池(箱)中停留时间过长
E. 构造、连接不合理

五、判断题

1. 给水管网设计时，给水管网的局部水头损失的计算应采用公式 $h_j=\sum\zeta\frac{v^2}{2g}$进行计算。(　　)
2. 给水管网中的最不利供水点一定是管网中的最高最远点。(　　)
3. 在生活(生产)给水系统中，当无水箱(罐)调节时，水泵流量应按设计秒流量确定。(　　)
4. 吸水井的容积应大于最大一台水泵 3min 的出水量。(　　)
5. 当计算值小于该管段上最大一个卫生器具给水定额流量时，应采用一个最大的卫生器具给水额定流量作为设计秒流量。(　　)

六、问答题

1. 给水系统的组成部分及其作用有哪些?
2. 给水管道布置的原则有哪些?
3. 给水管道有哪些敷设方式?
4. 给水管道有哪些防护措施?
5. 给水系统所需的供水压力是如何确定的?

七、综合题

1. 一住宅建筑的给水系统，总进水管及各分户支管均安装水表。经计算总水表通过的设计流量为 $50m^3/h$，分户支管通过水表的设计流量为 $3.2m^3/h$。试确定水表口径并计算水头损失。

2. 某塑料给水管段长 4m，该管段所承受的给水当量总值为 12，试利用水力计算表计算其设计秒流量，确定其管径和沿程水头损失。

学习情境3

消火栓给水系统的设计

情境导读

本情境以消火栓给水系统的设计过程为导向，首先介绍了消火栓给水系统的分类，消火栓给水系统的组成，以及工程实践中常用消火栓的特性，型号规格分类和性能指标参数。然后依据《建筑设计防火规范》GB 50016—2006和《高层民用建筑设计防火规范》GB 50045—95规定，确定消火栓的设置场所，选择消防水源，开始室内消火栓的选型和布置，确定室内消火栓的设计流量，进行水力计算，选择水泵和增压设备。根据设计对消火栓给水管道施工的要求，确定管道敷设方式、管道防护、管道防腐与保温及管道水压测试等。通过本学习情境的学习及其工学结合能力任务训练，使学生具备初步的消火栓给水系统的工程设计能力，具备读懂消火栓给水系统施工图的能力。

知识目标

(1) 掌握消火栓给水系统的分类与组成。
(2) 掌握室内消火栓给水系统的设置范围。
(3) 熟悉消火栓产品的型号、规格、性能参数。
(4) 掌握室内消火栓的布置原则和方法。
(5) 掌握室外消火栓的布置原则和方法。
(6) 掌握消火栓管道的敷设及验收要求。

能力目标

(1) 能读懂消火栓给水系统施工图的设计施工说明，理解设计意图。
(2) 能识读消火栓给水系统的平面图、系统图、详图。
(3) 具备初步的消火栓给水系统设计能力。
(4) 能够正确地布置消火栓和给水管道。

工学结合能力培养学习设计

	知识点	学习型工作子任务	
消火栓给水系统设计过程	消火栓系统的分类与组成	消火栓给水系统技术方案的确定，包括室内消火栓给水系统的组成和给水方式	将各项设计内容汇总后，编写设计施工总说明
	消火栓的布置		
	给水管材及连接方法	给水管材及连接方式的确定	
	附件造型和设置要求	对各类阀件、配水附件进行造型	
	管网的布置	进行管道布置，并给出平面图、系统图及详图。	
	系统施工要求	提出消火栓管道敷设方式及要求，管道系统防护的措施及管道性能试验要求	
计算过程	消火栓设计流量	计算系统设计流量	将各项设计内容汇总后，编写设计计算书
	管网水力计算	确定系统管道管径、计算系统所需压力	
	增压贮水设备的设计造型	对增压或稳压设备进行造型，并确定设计参数	

单元任务 3.1 认识消火栓给水系统

【单元任务内容及要求】 通过本单元的学习，要求掌握消火栓给水系统的类型、组成；掌握消火栓箱、水枪、水带、消防软管卷盘的规格、材质和选用方法。

特别提示

消火栓是一种固定的消防工具。主要作用是控制可燃物、隔绝助燃物、消除着火源。消防栓主要供消防车从市政给水管网或室外消防给水管网取水实施灭火，也可以直接连接水带、水枪出水灭火。所以，室外消火栓系统也是扑救火灾的重要消防设施之一。

3.1.1 消火栓给水系统的分类

根据消火栓给水系统服务对象的不同分为城市消火栓给水系统、建筑室外消火栓给水系统和建筑室内消火栓给水系统。根据消火栓给水系统加压方式的不同分为常高压消火栓给水系统、临时高压消火栓给水系统和低压消火栓给水系统。根据生活、生产和消防是否合用又分为生活、生产和消火栓合用系统，生活、生产和消火栓分开系统。

3.1.2 消火栓给水系统的组成

消火栓给水系统有室外消火栓给水系统和室内消火栓给水系统之分。

室外消火栓给水系统由水源、加压泵站、管网和室外消火栓组成。室内消火栓给水系统由水源、管网、消防水泵接合器和室内消火栓组成。当室外给水管网的水压、水量不能满足消防需要时，还须设置消防水池、消防水箱和消防泵，室内消火栓系统示意图如图 3.1 所示。

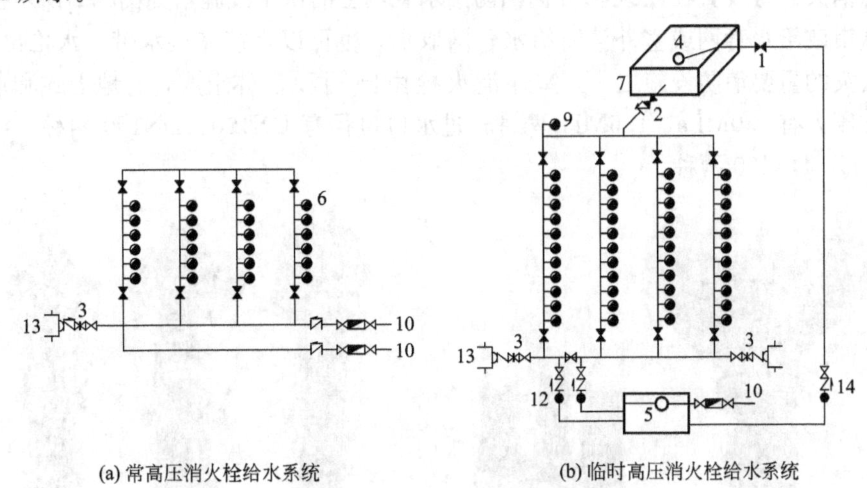

(a) 常高压消火栓给水系统

(b) 临时高压消火栓给水系统

图 3.1 室内消火栓系统示意图

1—阀门；2—止回阀；3—安全阀；4—浮球阀；5—水池；6—消火栓；7—高位水箱；8—低位水箱；9—屋顶试水消火栓；10—来自城市管网；11—高区消防水泵；12—低区消防水泵；13—消防水泵接合器；14—生活水泵

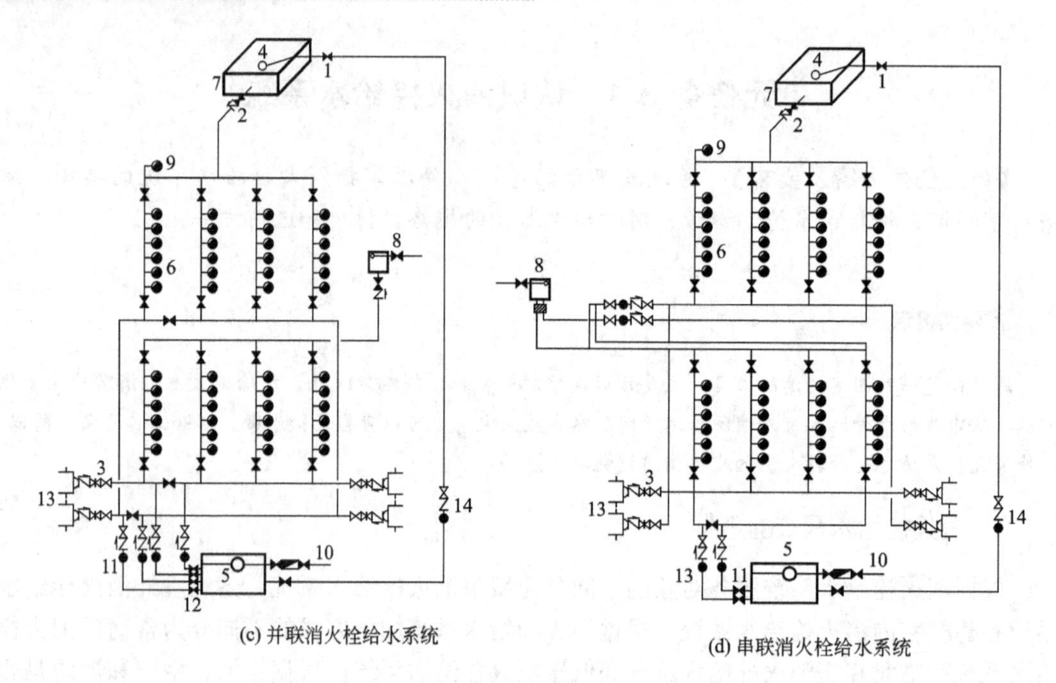

(c) 并联消火栓给水系统　　(d) 串联消火栓给水系统

图 3.1(续)

1. 水源

如果建筑物靠近天然水源，可采用天然水体作为消防给水的水源，但其保证率必须大于97%，且应设置可靠的取水设施。天然水源包括地表水和地下水，但大部分城市建筑的消防水源来自于城市给水管网和消防水池。

2. 室外消火栓

室外消火栓是设置在建筑物外面消防给水管网上的供水设施，如图 3.2 所示。主要供消防车从市政给水管网或室外消防给水管网取水，也可以直接连接水带、水枪出水灭火，是扑救火灾的重要消防设施之一。室外消火栓由闸阀和栓体组成，有地上式和地下式两种，公称压力有 1.0MPa、1.6MPa 两种；进水口口径有 DN100、DN150 两种，出水口口径有 DN65、DN100 两种。

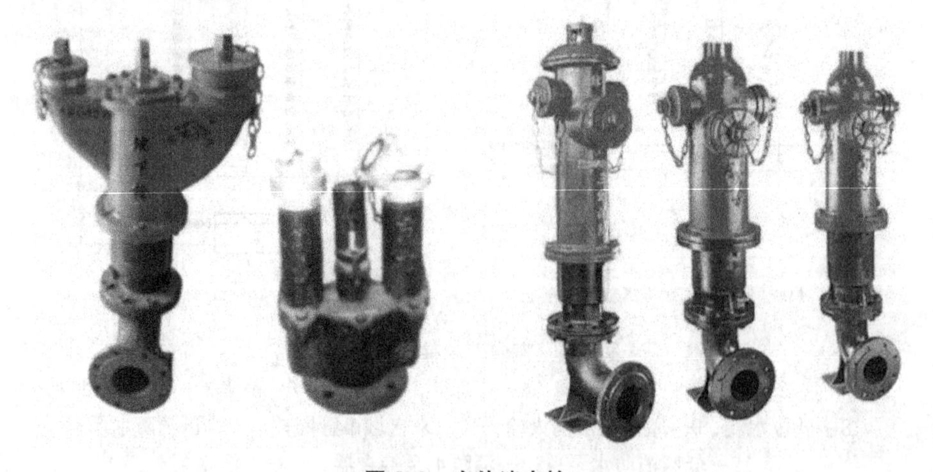

图 3.2　室外消火栓

3. 室内消火栓箱

室内消火栓箱是建筑内不可缺少的消防设备，是集消防水带、消火栓、水枪和电气设备于一体的成套设备，用于具有室内消防供水系统的建筑，按材质可分为钢制消火栓箱、铝合金制消火栓箱和不锈钢消火栓箱3种，是由箱体、室内消火栓、消防接口、水带、水枪、消防软管卷盘及电器设备等消防器材组成的具有给水、灭火、控制、报警等功能的箱状固定式消防装置。室内消火栓箱如图3.3所示。

图3.3 室内消火栓箱

1）水枪

水枪是主要的灭火工具，常用铝制造。室内消火栓水枪均为直流式水枪，水枪一端口径为13mm、16mm、19mm，另一端口径为50mm、65mm等。水枪的作用在于产生灭火所需要的充实水柱，消防水枪如图3.4所示。

2）水龙带

水龙带为麻织或衬胶的输水软管，室内水龙带采用衬胶的较多。水龙带常用口径为50mm、65mm，长度一般为15m、20m、25m三种，消防水带如图3.5所示。

图3.4 消防水枪

图3.5 消防水带

3）消火栓

消火栓是具有内扣式接口的球形阀式龙头，一端与消防管相连，另一端与水龙带相连，直径亦为50mm、65mm两种；射流量小于4L/s的采用50mm，射流量大于4L/s的采用

65mm。消火栓、水龙带、水枪之间均采用内扣式快速接口连接，在同一建筑物内应采用同一规格的消火栓、水龙带、水枪，以便于维护保养和替换使用，消火栓如图 3.6 所示。

4）消防软管卷盘

消防软管卷盘由胶管和 $\phi6$ 直流开关水枪组成，胶管常用口径为 $\phi16$、$\phi19$、$\phi25$，长度一般为 16m、20m、25m 三种，水枪常用口径为 $\phi6$、$\phi7$、$\phi8$。消防软管卷盘是非职业消防人员扑灭初期火灾的有力武器。由于直流开关的水枪口径小，流量小，所以水枪的反作用力小，使用起来比较方便，未经过专业训练的人员都可以操作，消防软管卷盘如图 3.7 所示。

图 3.6　消火栓

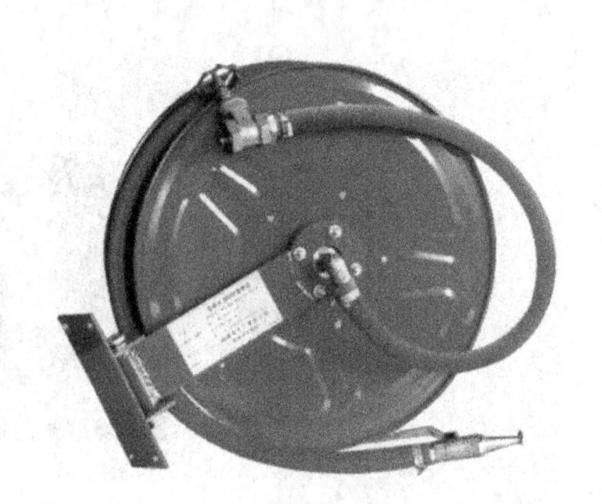

图 3.7　消防软管卷盘

5）消防水泵按钮

发生火警后，消防人员敷设好水龙带，接上消火栓和水枪，要打开消火栓就要有一定压力的水。如果城市水源的压力、流量均满足要求，则可直接使用；若不满足要求，则必须启动水泵。水经过加压后，才能满足扑灭火灾的要求，故必须设置消防水泵按钮。启动消防水泵的按钮必须在每个消火栓箱内或在其附近设置。

4. 消防管网

室内消防管道的管材多采用镀锌钢管。在多层建筑中，由于消火栓给水系统的工作压力没有超过钢管的工作压力，因而消火栓给水系统不分区，而在高层建筑中，根据规范规定，消火栓栓口的静水压力超过 0.8MPa 时，消火栓给水系统需进行分区供水。

5. 消防水泵接合器

消防水泵接合器由闸阀、安全阀、接合器组成，其作用一是在室内消防水泵发生故障时，消防车从室外消火栓或消防水池取水，通过水泵接合器将水送到室内管道，提供灭火用水；二是高层民用建筑发生大面积火灾时，室内消防用水量不能满足灭火需要时，消防车从室外消火栓或消防水池取水，通过水泵接合器将水送到室内管道，补充灭火用水量，消防水泵接合器如图 3.8 所示。

图 3.8　消防水泵接合器

特别提示

室内消火栓箱的选择要符合消火栓箱国家标准 GB 14561—2003，要求室内消火栓各密封部位应能承受 1.6MPa 的水压，保压 2min，无渗漏现象。室内消火栓的阀体和阀盖应能承受 2.4MPa 的水压，保压 2min，不得有破裂和渗漏现象。水带接口从 1.50m 高处自由跌落 5 次，应无损坏并能正常操作。消防水带在 1.2MPa 水压下，保压 5min，应无渗漏现象；在 2.4MPa 水压下，保压 5min，不应爆破。

"学中做"能力训练

在你学习了室内消火栓给水系统内容后，请你完成工学结合能力训练【任务 1】，以对室内消火栓给水系统的分类和组成有一个全面的了解。

单元任务 3.2　室内消火栓给水系统的设计

【单元任务内容及要求】 通过本单元的学习，要求掌握消火栓给水系统的设计步骤；掌握消火栓给水系统的水力计算方法。

3.2.1　设置原则

应设置室内消火栓给水系统的建筑物如下。

1. 高层工业建筑和低层建筑

(1) 厂房、库房、高度不超过 24m 的科研楼(存有与水接触能引起燃烧爆炸的物品除外)。

(2) 超过 800 个座位的剧院、电影院、俱乐部和超过 1200 个座位的礼堂、体育馆。

(3) 体积超过 5000m^3 的车站、码头、机场建筑物以及展览馆、商店、病房楼、门诊楼、图书馆、书库等。

(4) 超过七层的单元式住宅，超过六层的塔式住宅、通廊式住宅、底层设有商业网点的单元式住宅。

(5) 超过五层或体积超过 10000 m^3 的教学楼等其他民用建筑。

(6) 国家级文物保护单位的重点砖木或木结构的古建筑。

注：在一座一、二级耐火等级的厂房内，如有生产性质不同的部位时，可根据各部位的特点确定是否设置室内消防给水。

2. 高层民用建筑

3. 人防工程

(1) 使用面积超过 300m^2 的商场、医院、旅馆、旱冰场、展览厅、体育场、舞厅、电子游戏厅等。

(2) 使用面积超过 450m^2 的餐厅、丙类和丁类生产车间、丙类和丁类物品库房。

(3) 电影院和礼堂。

(4) 消防电梯间前室。

4. 停车库、修车库

可不设室内消防给水建筑物如下。

(1) 耐火等级为一、二级且可燃物较少的丁、戊类厂房和库房(高层工业建筑除外)；耐火等级为三、四级且建筑体积不超过 3000m³ 的丁类厂房和建筑体积不超过 5000m³ 的戊类厂房。

(2) 室内没有生产、生活给水管道，室外消防用水取自储水池且建筑体积不超过 5000m³ 的建筑物。

3.2.2 消防用水量和水压

1. 室内消防用水量

消火栓用水量应根据同时使用水枪数量和充实水柱长度，由计算确定，但是不应小于我国现行的《建筑设计防火规范》GB 50016—2006 和《高层民用建筑设计防火规范》GB 50045—95 中对于室内消火栓给水用水量的规定。综合上述因素确定建筑物的消防用水量，如表 3-1 和表 3-2 所示。

表 3-1 低层建筑、工业建筑室内消火栓用水量

建筑名称	高度、层数、体积或座位数	消火栓用水量(L/s)	同时使用水枪数量(支)	每支水枪最小流量(L/s)	每根竖管最小流量(L/s)
厂房	高度≤24m、体积≤10000m³	5	2	2.5	5
	高度≤24m、体积>10000m³	10	2	5	10
	高度>24～50m	25	5	5	15
	高度>50m	30	6	5	15
科研楼、实验楼	高度≤24m、体积≤10000m³	10	2	5	10
	高度≤24m、体积>10000m³	15	3	5	10
库房	高度≤24m、体积≤10000m³	5	1	5	5
	高度≤24m、体积>10000m³	10	2	5	10
	高度>24～50m	30	6	5	15
	高度>50m	40	8	5	15
车站、码头、机场建筑物和展览馆等	5001～25000m³	10	2	5	10
	25001～50000m³	15	3	5	10
	>50000m³	20	4	5	15
商店、病房楼、教学楼等	5001～10000m³	5	2	2.5	5
	10001～25000m³	10	2	5	10
	>25000m³	15	3	5	10
剧院、电影院、俱乐部、礼堂、体育馆等	801～1200 个	10	2	5	10
	1201～5000 个	15	3	5	10
	5001～10000 个	20	4	5	15
	>10000 个	30	6	5	15

（续）

建筑名称	高度、层数、体积或座位数	消火栓用水量（L/s）	同时使用水枪数量（支）	每支水枪最小流量（L/s）	每根竖管最小流量（L/s）
住宅	7～9层	5	2	2.5	5
其他建筑	≥6层或体积≥10000m³	15	3	5	10
国家级文物保护单位的重点砖木、木结构的古建筑	体积＞10000m³	20	4	5	10
	体积＞10000m³	25	5	5	15

注：① 丁、戊类厂房高层工业建筑室内消火栓用水量可按本表减少10L/s，同时使用水枪数量可按本表减少2支。

② 增设消防水喉设备，可不计入消防用水量。

表3-2 高层民用建筑消火栓给水系统的用水量

高层建筑类别	建筑高度（m）	消火栓用水量（L/s）		每根竖管最小流量（L/s）	每支水枪最小流量（L/s）
		室外	室内		
普通住宅	≤50	15	10	10	5
	＞50	15	20	10	5
1. 高级住宅 2. 医院 3. 二类建筑的商业楼、展览楼、综合楼、财贸金融楼、电信楼、商住楼、图书馆、书库 4. 省级以下的邮政楼、防灾指挥调度楼、广播电视楼、电力调度楼 5. 建筑高度不超过50m的教学楼和普通的旅馆、办公楼、科研楼、档案楼等	≤50	20	20	10	5
	＞50	20	30	15	5
1. 高级旅馆 2. 建筑高度超过50m或每层建筑面积超过1000m² 的商业楼、展览楼、综合楼、财贸金融楼、电信楼 3. 建筑高度超过50m或每层建筑面积超过1500m² 的商住楼 4. 中央和省级(含计划单列市)广播电视楼 5. 网局级和省级(含计划单列市)电力调度楼 6. 省级(含计划单列市)邮政楼、防灾指挥调度楼 7. 藏书超过100万册的图书馆、书库 8. 重要的办公楼、科研楼、档案楼 9. 建筑高度超过50m的教学楼和普通的旅馆、办公楼、科研楼、档案楼等	≤50	30	30	15	5
	＞50	30	40	15	5

注：建筑高度不超过50m，室内消火栓用水量超过20L/s，且设有自动喷水灭火系统的建筑物，其室内、外消防用水量可按本表减少5L/s。

建筑物中除设有室内消火栓外，还同时设有自动喷水灭火系统时，其室内消防用水量应视这些灭火设备是否需要同时作用来计算其消防用水量之和。

2. 火灾初期消防储水量

室内消防水箱(包括气压水罐、水塔、分区给水系统的分区水箱)应贮存10min的消防用水量。当室内的消防用水量不超过25L/s，经计算水箱的消防储水量超过12m³时，仍可采用12m³；当室内的消防用水量超过25L/s，经计算水箱的消防储水量超过18m³时，仍可采用18m³。

3. 室内消防水压

(1) 消防水枪的充实水柱长度应经计算确定，甲、乙类厂房、层数超过6层的公共建筑和层数超过4层的厂房(仓库)，不应小于10.0m；高层厂房(仓库)、高架仓库和体积大于25000m³的商店、体育馆、影剧院、会堂、展览建筑、车站、码头、机场建筑等，不应小于13.0m；其他建筑，不宜小于7.0m。

(2) 消火栓栓口处的静水压力不应超过1.0MPa，如果超过了1.0MPa，应采取分区给水系统。同时消火栓栓口出水压力超过0.5MPa时，应有减压措施。

3.2.3 消火栓给水系统的形式

根据建筑物高度、室外管网压力、流量和室内消防流量、水压要求，室内消防给水系统可分为三类。

1. 无加压泵和水箱的室内消火栓给水系统

此类系统如图3.1(a)所示，常用在建筑物不太高，室外给水管网的压力和流量完全能够满足室内最不利点消火栓的设计水压和流量时采用。

2. 设有水箱的室内消火栓给水系统

常用在水压变化较大的城市或居住区，当生活、生产用水量达到最大时，室外管网不能保证室内最不利点消火栓的压力和流量，而当生活、生产用水量较小时，室外管网压力又较大，能向高位水箱补水。因此，常设水箱来调节生活、生产用水量，同时贮存10min的消防用水量。

3. 设置消防泵和水箱的室内消防给水系统

此类系统如图3.1(b)所示，室外管网压力经常不能满足室内消火栓给水系统的水压和水量要求时，宜设置水泵和水箱。消防用水与生活、生产用水合并的室内消火栓给水系统，其消防泵应保证供应生活、生产、消防用水的最大秒流量，并应满足室内管网最不利点消火栓的水压要求。水箱应贮存10min的消防用水量。

3.2.4 消火栓的布置和水压计算

1. 消火栓的布置

(1) 除无可燃物的设备层外，应设置室内消火栓的建筑物，其各层均应设置消火栓。

单元式、塔式住宅的消火栓宜设置在楼梯间的首层和各楼层休息平台上，当设置2根消防竖管确有困难时，可设1根消防竖管，但必须采用双口双阀型消火栓。干式消火栓竖管应在首层靠出口部位设置便于消防车供水的快速接口和止回阀。

(2) 消防电梯间前室内应设置消火栓。

(3) 室内消火栓应设置在位置明显且易于操作的部位。栓口离地面或操作基面高度宜为1.1m，其出水方向宜向下或与设置消火栓的墙面成90°角。栓口与消火栓箱内边缘的距离不应影响消防水带的连接。

(4) 冷库内的消火栓应设置在常温穿堂或楼梯间内。

(5) 室内消火栓的间距应由计算确定。高层厂房(仓库)、高架仓库和甲、乙类厂房中室内消火栓的间距不应大于30.0m；其他单层和多层建筑中室内消火栓的间距不应大于50.0m。

(6) 同一建筑物内应采用统一规格的消火栓、水枪和水带。水带的长度不应大于25.0m。

(7) 室内消火栓的布置应保证每一个防火分区同层有两支水枪的充实水柱同时到达任何部位。建筑高度小于等于24.0m且体积小于等于5000m³的多层仓库，可采用1支水枪充实水柱到达室内任何部位。

(8) 高层厂房(仓库)和高位消防水箱静压不能满足最不利点消火栓水压要求的其他建筑，应在每个室内消火栓处设置直接启动消防水泵的按钮，并应有保护设施。

(9) 设有室内消火栓的建筑，如为平屋顶时，宜在平屋顶上设置试验和检查用的消火栓。

2. 水枪的充实水柱长度

为使消防水枪射出的充实水柱能射及火源，防止烧伤消防人员，充实水柱应有一定的长度。在火灾扑救过程中，水枪的倾斜角一般不宜超过45°。若上倾角过大，燃烧物下落时会伤及消防人员，水枪的喷射如图3.9所示。若按45°计算，则充实水柱长度按式(3.1)计算为：

$$S_k=\frac{H_1-H_2}{\sin 45^\circ}=1.41(H_1-H_2) \tag{3.1}$$

式中 S_k——水枪充实水柱的长度，m；

H_1——室内最高着火点距离地面的高度，m；

H_2——水枪喷嘴距离地面的高度，m，一般取1m。

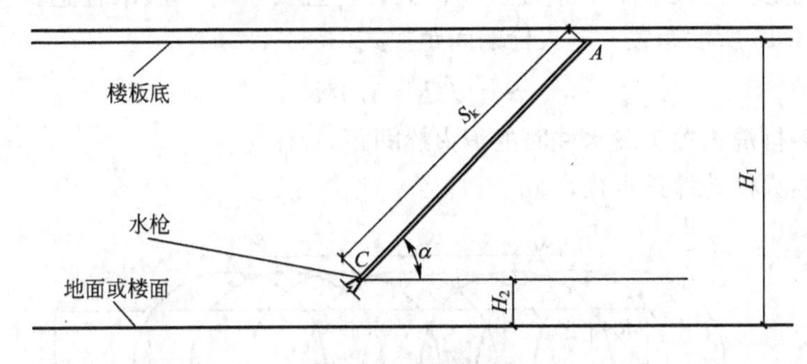

图3.9 水枪的喷射

3. 消火栓的保护半径

消火栓的保护半径按式(3.2)计算：

$$R=L_d+L_s \tag{3.2}$$

式中　R——消火栓的保护半径，m；

L_d——水带的敷设长度，m，考虑到水带的弯折，应乘以折减系数0.8；

L_s——水枪充实水柱在水平面上的投影长度，m。

水枪的上倾角一般按45°计算，则水枪充实水柱的投影长度按式(3.3)计算：

$$L_s=0.71S_k \tag{3.3}$$

4. 消火栓的间距

(1) 当室内有一排消火栓，并且要求有一股水柱达到室内任何部位时，可按如图3.10所示布置，消火栓的间距按式(3.4)计算：

$$S_1=2\sqrt{R^2-b^2} \tag{3.4}$$

式中　S_1——1股水柱时消火栓的间距，m如图3.10所示；

R——消火栓的保护半径，m；

b——消火栓的最大保护宽度，m。

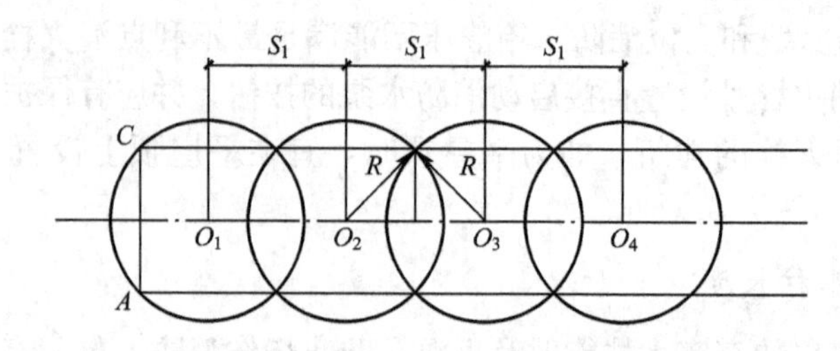

图3.10　一排消火栓1股水柱时的消火栓的间距

(2) 当室内有两排消火栓，并且要求有一股水柱达到室内任何部位时，可按如图3.11所示布置，消火栓的间距按式(3.5)计算：

$$S_2=\sqrt{R^2-b^2} \tag{3.5}$$

式中　S_2——1股水柱时消火栓的间距，m；

R——消火栓的保护半径，m；

b——消火栓的最大保护宽度，m。

(3) 当建筑宽度较大，需要布置多排消火栓，且要求有一股水柱达到室内任何部位时，可按如图3.12所示布置，消火栓的间距按式(3.6)计算：

$$S_3=\sqrt{2}R=1.41R \tag{3.6}$$

式中　S_3——多排消火栓1股水柱时的消火栓间距，m；

R——消火栓的保护半径，m。

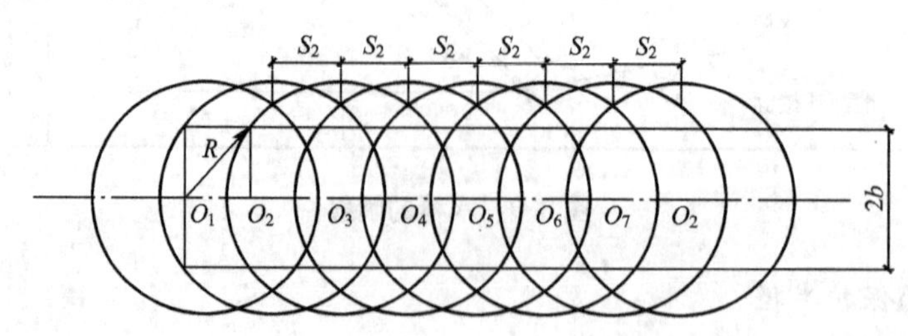

图3.11　两排消火栓一股水柱时的消火栓布置间距

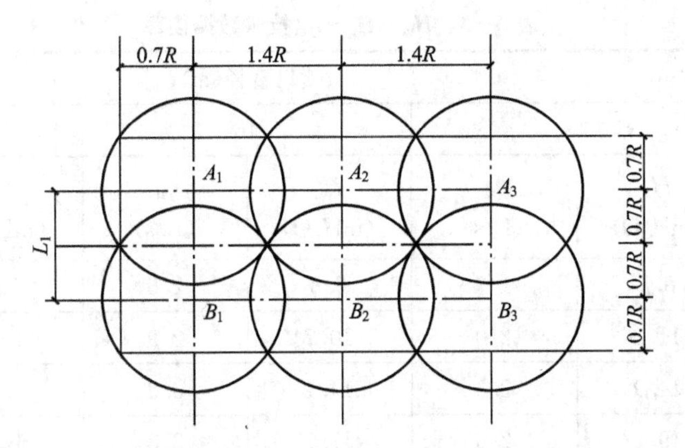

图 3.12 多排消火栓一股水柱时的消火栓布置间距

(4) 当建筑宽度较大，需要布置多排消火栓，且要求有两股水柱达到室内任何部位时，可按图 3.13 布置。

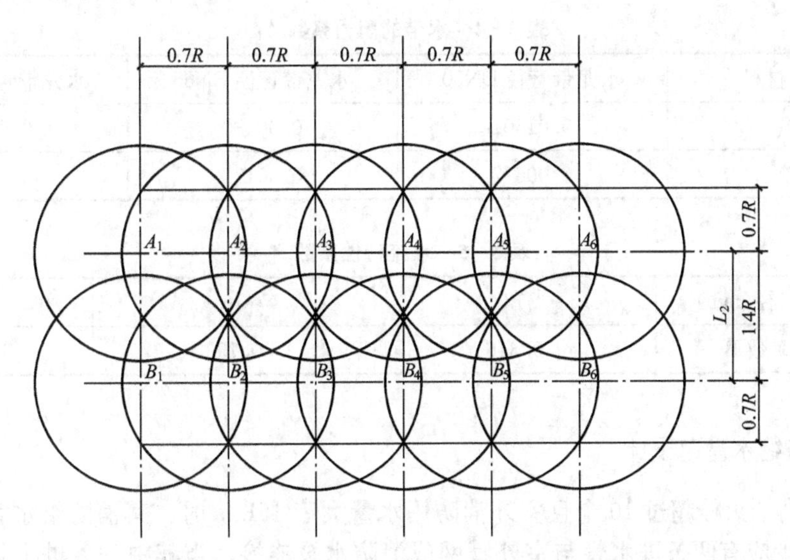

图 3.13 多排消火栓两股水柱时的消火栓布置间距

(5) 消火栓栓口处所需水压应按式(3.7) 计算：

$$H_{xh}=h_d+H_q=A_dL_dq_{xh}^2+\frac{q_{xh}^2}{B} \tag{3.7}$$

式中 H_{xh}——消火栓栓口处所需水压，mH_2O；

H_d——消防水带水头损失，mH_2O；

H_q——水枪喷嘴造成一定长度充实水柱所需水压，mH_2O 按表 3-3 采用；

q_{xh}——水枪射流出水量，L/s，按表 3-3 采用；

A_d——水带的阻力系数，按表 3-4 采用；

L_d——水带的长度，m；

B——水流特性系数，按表 3-5 采用。

表 3-3 H_m-H_q-q_{xh} 技术数据换算

充实水柱(m)	喷口直径(m)					
	13		16		19	
	H_q (mH_2O)	q_{xh} (L/s)	H_q (mH_2O)	q_{xh} (L/s)	H_q (mH_2O)	q_{xh} (L/s)
6	8.1	1.7	7.8	2.5	7.7	3.5
8	11.2	2.0	10.7	2.9	10.4	4.1
10	14.9	2.3	14.1	3.3	13.6	4.5
12	19.1	2.6	17.7	3.8	16.9	5.2
14	23.9	2.9	21.8	4.2	20.6	5.7
16	29.7	3.2	26.5	4.6	24.7	6.2

表 3-4 水带的阻力系数 A_d

水龙带材料	水龙带管径 DN50	水龙带管径 DN65	水龙带管径 DN80
麻织	0.01501	0.00430	0.0015
衬胶	0.00677	0.00172	0.00075

表 3-5 水流特性系数 B

水枪喷嘴口径(mm)	13	16	19
水特性系数 B	0.346	0.793	1.577

3.2.5 消防给水管道设计

(1) 室内消火栓超过 10 个且室外消防用水量大于 15L/s 时，其消防给水管道应连成环状，且至少应有两条进水管与室外管网或消防水泵连接。当其中一条进水管发生事故时，其余的进水管应仍能供应全部消防用水量。

(2) 高层厂房(仓库)应设置独立的消防给水系统，室内消防竖管应连成环状。

(3) 室内消防竖管直径不应小于 DN100。

(4) 室内消火栓给水管网宜与自动喷水灭火系统的管网分开设置，当合用消防泵时，供水管路应在报警阀前分开设置。

(5) 高层厂房(仓库)、设置室内消火栓且层数超过 4 层的厂房(仓库)、设置室内消火栓且层数超过 5 层的公共建筑，其室内消火栓给水系统应设置消防水泵接合器。

消防水泵接合器应设置在室外便于消防车使用的位置，与室外消火栓或消防水池取水口的距离宜为 15.0～40.0m。

消防水泵接合器的数量应按室内消防用水量计算确定。每个消防水泵接合器的流量宜按(10～15)L/s 计算。

(6) 室内消防给水管道应采用阀门分成若干独立段。对于单层厂房(仓库)和公共建筑，检修停止使用的消火栓不应超过 5 个。对于多层民用建筑和其他厂房(仓库)，室内消防给水管道上阀门的布置应保证检修管道时关闭的竖管不超过1根，但设置的竖管超过3根时，可关闭两根。

阀门应保持常开，并应有明显的启闭标志或信号。

(7) 消防用水与其他用水合用的室内管道，当其他用水达到最大小时流量时，应仍能保证供应全部消防用水量。

(8) 允许直接吸水的市政给水管网，当生产、生活用水量达到最大且仍能满足室内外消防用水量时，消防泵宜直接从市政给水管网吸水。

(9) 严寒和寒冷地区非采暖的厂房(仓库)及其他建筑的室内消火栓系统，可采用干式系统，但在进水管上应设置快速启闭装置，管道最高处应设置自动排气阀。

3.2.6 消防水箱的设置

设置常高压给水系统并能保证最不利点消火栓和自动喷水灭火系统等的水量和水压的建筑物，或设置干式消防竖管的建筑物，可不设置消防水箱。

设置临时高压给水系统的建筑物应设置消防水箱(包括气压水罐、水塔、分区给水系统的分区水箱)。消防水箱的设置应符合下列规定。

(1) 重力自流的消防水箱应设置在建筑的最高部位。

(2) 消防用水与其他用水合用的水箱应采取消防用水不作他用的技术措施。

(3) 发生火灾后，由消防水泵供给的消防用水不应进入消防水箱。

(4) 消防水箱可分区设置。

3.2.7 消防管道的水力计算

(1) 管道的沿程水头损失计算方法与给水管网计算相同。

(2) 管道局部水头损失，消火栓系统按管道沿程水头损失的10%采用。

(3) 合并系统的流量和流速的确定：消防用水与其他用水合并的室内管道，可按其他用水最大秒流量和管中允许流速计算管径，并按消防时最大秒流量(此时淋浴用水量可按15%计算，洗刷用水量可不计在内)及消防给水管道内水流速度不宜大于2.5m/s进行校核。

(4) 确定消防水箱、水塔高度或选择消防水泵扬程，应按消防时最大秒流量的管路水头损失计算。

3.2.8 消防水泵的设置

(1) 消防水泵房应有不少于两条的出水管直接与消防给水管网连接。当其中一条出水管关闭时，其余的出水管应仍能通过全部用水量。

出水管上应设置试验和检查用的压力表和DN65的放水阀门。当存在超压可能时，出水管上应设置防超压设备。

(2) 一组消防水泵的吸水管不应少于两条。当其中一条关闭时，其余的吸水管应仍能通过全部用水量。

消防水泵应采用自灌式吸水，并应在吸水管上设置检修阀门。

(3) 当消防水泵直接从环状市政给水管网吸水时，消防水泵的扬程应按市政给水管网的最低压力计算，并以市政给水管网的最高水压校核。

(4) 消防水泵应设置备用泵，其工作能力不应小于最大一台消防工作泵。当工厂、仓库、堆场和储罐的室外消防用水量小于等于 25L/s 或建筑的室内消防用水量小于等于 10L/s 时，可不设置备用泵。

(5) 消防水泵应保证在火警后 30s 内启动。消防水泵与动力机械应直接连接。

3.2.9 消火栓处节流孔板的设置

当建筑物层数较多时，高、低层消火栓所受水压不一样，实际出水量相差很大，应在低层部分消火栓栓口前装设减压节流孔板，使消火栓的实际出水量接近设计出水量。

各层消火栓处的剩余水头值可按式(3.8)计算：

$$H=H_0-(Z+h_{sb}+\sum h+h_d+H_q) \tag{3.8}$$

式中 H——计算层消火栓处的剩余水头值，mH_2O；

H_0——按最不利消火栓计算确定的消防水压，mH_2O；

Z——该层消火栓与室外地坪的高度差，m；

h_{sb}——通过消防流量时，水表的水头损失，mH_2O；

$\sum h$——自室外至该层消火栓处的消防管道沿程水头损失与局部水头损失之和，mH_2O；

h_d——消防水带的水头损失，mH_2O；

H_q——水枪喷嘴造成设计所需充实水柱长度时的水压，mH_2O。

计算出的剩余水头需由节流孔板所形成的水流阻力所消耗，即应使剩余水头与孔板局部水头损失相等。

特别提示

减压孔板采用黄铜或者不锈钢材料加工而成，要求无毛刺，板中心有圆孔，其厚度不小于 4mm。但是减压孔板只能减掉消火栓给水系统的动压，即当消火栓使用时才起作用。而对消火栓给水系统的静压却无能为力。而设置减压型消火栓或者对消火栓系统进行分区，则既可以减掉静压又可以减掉动压，是解决超压的有效办法，尤其是高层建筑消火栓给水系统。

“学中做”能力训练

在你学习了室内消火栓给水系统内容后，请你完成工学结合能力训练【任务 2】，对室内消火栓进行布置和选型，同时进行设计计算。

单元任务 3.3 室外消火栓给水系统

【单元任务内容及要求】 通过本单元学习，要求掌握室外消火栓给水系统的类型和特点，室外消火栓给水系统的管网设计和施工要求。

室外消火栓是设置在建筑物外面消防给水管网上的供水设施，主要供消防车从市政给水管网或室外消防给水管网取水，实施灭火，也可以直接连接水带、水枪出水灭火，是扑救火灾的重要消防设施之一。

3.3.1 室外消火栓类型及特点

室外消火栓传统的有地上式消火栓、地下式消火栓，新型的有室外直埋伸缩式消火栓。地上式消火栓在地上接水，操作方便，但易被碰撞，易受冻；地下式消火栓防冻效果好，但需要建较大的地下井室，且使用时消防队员要到井内接水，非常不方便。

室外直埋伸缩式消火栓在平时消火栓压回地面以下，使用时拉出地面工作。它比地上式消火栓能避免碰撞，防冻效果好；比地下式消火栓操作方便，直埋安装更简单。它是新型的、先进的室外消火栓。

3.3.2 室外消防给水管网的设计

室外消防给水管道可采用高压、临时高压和低压管道。城镇、居住区、企业事业单位的室外消防给水一般均采用低压给水系统，而且常常与生产、生产给水管道合并使用。但是为确保供水安全，高压或临时高压给水管道应与生产、生活给水管道分开，设置独立的消防给水管道。

1. 给水管道分类

1）按水压要求分类

（1）高压给水管网。是指管网内经常保持足够的压力，火场上不需使用消防车或其他移动式水泵加压，而直接由消火栓接出水带、水枪灭火。当建筑高度小于等于24m时，室外高压给水管道的压力应保证生产、生活、消防用水量达到最大，且水枪布置在保护范围内任何建筑物的最高处时，水枪的充实水柱不应小于10m。当建筑物高度大于24m时，应立足于室内消防设备扑救火灾。

（2）临时高压给水管网。在临时高压给水管道内，平时水压不高，特殊时通过高压消防水泵加压，使管网内的压力达到高压给水管道的压力要求。当城镇、居住区或企事业单位有高层建筑时，可以采用室外和室内均为高压或临时高压的消防给水系统，也可以采用室内为高压或临时高压，而室外为低压的消防给水系统。气压给水装置只能算为临时高压消防给水系统。一般石油化工厂或甲、乙、丙类液体或可燃气体储罐区多采用这种管网。

（3）低压给水管网。是指管网内平时水压较低，火场上水枪的压力是通过消防车或其他移动消防泵加压形成的。消防车从低压给水管网消火栓内取水，一是直接用吸水管从消火栓上吸水；二是用水带接上消火栓往消防车水罐内放水。为满足消防车吸水的需要，低压给水管网最不利点处消火栓的压力不应小于0.1MPa。一般城镇和居住区多采用这种管网。

2）按管网平面布置分类

（1）环状消防给水管网。城镇市政给水管网、建筑物室外消防给水管网应布置成环状管网，管线形成若干闭合环，水流四通八达，安全可靠，其供水能力比枝状管网大1.5～2.0倍。但室外消防用水量不大于15L/s时，可布置成枝状管网。水平管向环状管网输水的进水管不应少于两条，输水管之间要保持一定距离，并应设置连接管。室外消防给水管网的管径不应小于200mm，有条件的其管径不应小于150mm。

（2）枝状消防给水管网。在建设初期，或者是在分期建设和较大工程或是在室外消防用水量不大的情况下，室外消防供水管网可以布置成枝状管道，即是管网敷设成树枝状，分枝后干线彼此无联系，水流在管网内向单一方向流动，当管网检修或损坏时，其前方就会断水。所以，应限制枝状管网的使用范围。

2. 室外消火栓布置的消防要求

(1) 设置的基本要求。室外消火栓的设置安装应明显，容易被发现，且方便出水操作。地下式消火栓还应当在地面附近设有明显、固定的标志。地上式消火栓适于在气候温暖的地面安装，地下式消火栓适于在气候寒冷的地面安装。

(2) 市政或居住区室外消火栓的设置要求。室外消火栓应沿道路铺设，道路宽度超过60m时，宜在两侧均设置，并宜靠近十字路口。布置间隔不应大于120m，距离道路边缘不应超过2m，距离建筑外墙不宜小于5m，距离高层建筑外墙不宜大于40m，距离一般建筑外墙不宜大于150m。

(3) 建筑物室外消火栓数量。室外消火栓数量应按其保护半径、流量和室外消防用量综合计算确定，每只流量按(10～15)L/s计。对于高层建筑，40m范围内的市政消火栓可计入建筑物室外消火栓数量之内；对于多层建筑，市政消火栓保护半径150m范围内，如消防用水量不大于15L/s，建筑物可不设室外消火栓。

(4) 工业企业单位内室外消火栓的设置要求。对于工艺装置区或储罐区，应沿装置周围设置消火栓，间距不宜大于60m，如装置宽度大于120m，宜在工艺装置区内的道路边增改消火栓，消火栓栓口直径宜为150mm。对于甲、乙、丙类液体或液化气体储罐区，消火栓应改在防火堤外，且距储罐壁15m范围内的消火栓不应计算在储罐区可使用的数量内。

3. 室外消火栓保护半径与最大布置间距的设计

(1) 室外消火栓的保护半径。室外低压消火栓给水的保护半径一般按消防车串联9条水带考虑，火场上水枪手留有10m的机动水带，如果水带沿地面铺设系数按0.9计算，那么消防车供水距离为(9×20m－10m)×0.9＝153m。所以，室外低压消火栓保护半径为150m。室外高压消火栓给水的保护半径按串联6条水带考虑，同样计算，其保护半径为(6×20m－10m)×0.9＝99m。所以，室外高压消火栓保护半径为100m。

(2) 室外消火栓的最大布置间距。室外消火栓间距布置的原则是保证城镇区域任何部位都在两个消火栓的保护半径之间。根据城镇道路建设情况，市政消火栓最大布置间距：室外低压消火栓间距127m，室外高压消火栓间距60m。考虑火场供水需要，室外低压消火栓最大布置间距不应大于120m，高压消火栓最大布置间距不应大于60m。

4. 室外消火栓的流量与压力设计

(1) 室外消火栓的流量。室外低压消火栓给水的流量取决于火场上所出水枪的数量。每个低压消火栓一般只供一辆消防车出水，常出两支口径为19mm的直流水枪，火场要求水枪充实水柱为10～15m，则每支水枪的流量为5～6.5L/s，两支水枪的流量为10～13L/s，考虑接口及水带的漏水，所以每个低压消火栓的流量按10～15L/s计。每个室外高压消火栓给水一般按出口径为19mm的直流水枪考虑，水枪充实水柱为10～15m，则要求每个高压消火栓的流量不小于5L/s。

(2) 室外消火栓的压力。室外消火栓的流量与压力密切相关，若出口压力高，则其流

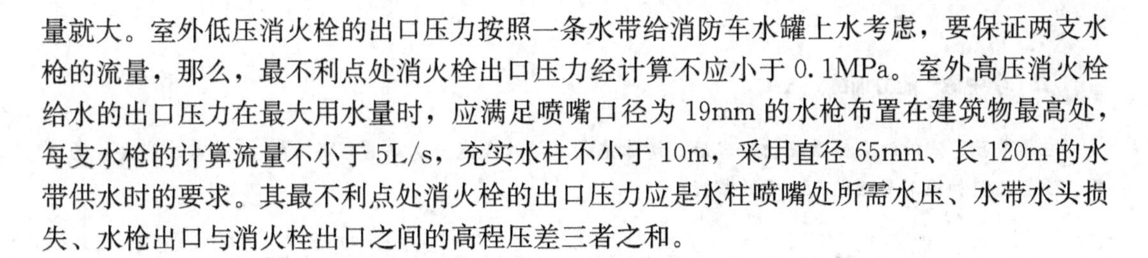

量就大。室外低压消火栓的出口压力按照一条水带给消防车水罐上水考虑，要保证两支水枪的流量，那么，最不利点处消火栓出口压力经计算不应小于 0.1MPa。室外高压消火栓给水的出口压力在最大用水量时，应满足喷嘴口径为 19mm 的水枪布置在建筑物最高处，每支水枪的计算流量不小于 5L/s，充实水柱不小于 10m，采用直径 65mm、长 120m 的水带供水时的要求。其最不利点处消火栓的出口压力应是水柱喷嘴处所需水压、水带水头损失、水枪出口与消火栓出口之间的高程压差三者之和。

3.3.3 室外消火栓选用要点

(1) 以前，寒冷地区采用地下式消火栓，非寒冷地区宜采用地上式消火栓。地上式消火栓有条件的可采用防撞型，当采用地下式消火栓时，应有明显标志。现在，随着室外直埋伸缩式消火栓的问世，其功能和地上式消火栓相比，能避免碰撞，防冻效果好；和地下式消火栓相比，不需要建地下井室，直埋安装更简单，而且在地面上操作更方便快速。室外直埋伸缩式消火栓的接口可进行 360°旋转。

(2) 室外地上式消火栓应有一个直径为 150mm 或 100mm 和两个直径为 65mm 的栓口。室外地下式消火栓应有直径为 100mm 和 65mm 的栓口各一个。

(3) 室外消火栓的保护半径不应超过 150m，间距不应超过 120m。

(4) 室外消火栓距路边不应超过 2m，距房屋外墙不宜小于 5m。

(5) 当建筑物在市政消火栓保护半径 150m 以内，且消防用水量不超过 15L/s 时，可不设室外消火栓。

(6) 室外消火栓应沿高层建筑周围均匀布置，并且不宜集中在建筑物一侧。

(7) 人防工程的室外消火栓距人防工程入口不宜小于 5m。

(8) 停车场的室外消火栓宜沿停车场周边设置，且距离最近一排汽车不宜小于 7m，距加油站或库不宜小于 15m。

(9) 室外消火栓应设置在便于消防车使用的地点。

(10) 消火栓的启闭方向应统一，均应按顺时针关逆时针开；其丝杆应采用不锈钢；密封皮碗应选用三元乙丙橡胶或丁晴橡胶；腔体内防腐层应满足饮用水卫生指标等，应与阀门要求一致。

3.3.4 室外消火栓的施工安装要点

(1) 施工安装应按照《建筑给水排水及采暖工程施工质量验收规范》GB 50242—2008 相关标准执行，可参考国家建筑标准设计图集《室外消火栓安装》05S201。

(2) 系统必须进行水压试验，试验压力为工作压力的 1.5 倍，但不得小于 0.6MPa。

(3) 室外消火栓的位置标志应明显，栓口的位置应方便操作。当采用墙壁式时，如设计未要求，进、出水栓口的中心安装高度距地面应为 1.10m，其上方应设有防坠落物打击的措施。

(4) 室外消火栓和消防水泵接合器的各项安装尺寸应符合设计要求，栓口安装高度允许偏差为±20mm。

(5) 地下式消火栓的顶部出水口与消防井盖底面的距离不得大于 400mm，井内应有足够的操作空间，并设爬梯。寒冷地区井内应做防冻保护。

(6) 消防管道在竣工前，必须对管道进行冲洗。

"学中做"能力训练

在你学习了室外消火栓系统的内容后，请你完成工学结合能力训练【任务3】，以对室外消火栓的管网、设备选型和施工要点进行全面的掌握。

单元任务3.4 消防管道设计和施工验收要求

【单元任务内容及要求】 通过本单元的学习，要求掌握消防管道和管件的选用，掌握消防管道的施工、验收要求。本部分所述消防管道的设计和施工验收要求同时适用于自动喷水灭火系统。

消防给水系统供水管道所采用的消防设施、管材和管件的工作压力不应小于消防给水系统的工作压力。

消防给水系统管网的工作压力应符合下列规定。

(1) 当水灭火系统直接由市政给水系统供水时，应根据市政给水管网的工作压力确定水灭火系统的工作压力，但当市政给水管网的工作压力小于0.60MPa时，水灭火系统工作压力按0.60MPa计。

(2) 高位消防水池供水的常高压消防给水系统其工作压力为高位消防水池的供水压力；市政给水系统供水的常高压消防给水系统其工作压力为市政给水管网的供水压力。

(3) 屋顶消防水箱稳压的临时高压消防给水系统其工作压力为消防水泵的搅动压力+水泵吸水口净压；稳压泵稳压的稳高压消防给水系统其工作压力为消防水泵的搅动压力+水泵吸水口净压+0.07MPa。

消防给水系统埋地时应采用球墨铸铁管、钢丝网PE塑料管和加强防腐的钢管等管材；室内架空管道应采用热浸镀锌钢管，有特殊美观和抗腐蚀性要求时可采用铜管、不锈钢管等。

消防给水系统工作压力不大于1.2MPa时，埋地管道部分宜采用球墨铸铁或钢丝网PE塑料管给水管道；但当系统工作压力大于1.2MPa时，宜采用无缝钢管。公称直径DN≤250mm的沟槽式管接头的最大工作压力不应大于2.5MPa，公称直径DN≥300mm的沟槽式管接头的最大工作压力不应大于1.6MPa。

消防给水系统埋地管道的埋深应符合下列规定。

(1) 管道的埋深应考虑地面、埋深荷载和冰冻线对消防给水管道的影响。

(2) 管道最小埋深不应小于0.8m。

(3) 在机动车道下时最小埋深不应小于0.9m。

(4) 在寒冷地区管道的埋深最小应在冰冻线以下0.3m。

(5) 寒冷地区室外阀门井应设置防冻措施。

钢丝网PE塑料管作为埋地消防给水管道时，应符合下列规定。

(1) 消防给水管道用钢丝网PE聚乙烯管道的PE原材料应不低于PE80。

(2) 钢丝网PE塑料管道的最小强度不应低于8MPa。

(3) 连接管件与管材生产厂家应配套，连接方式可靠。

(4) 钢丝网PE塑料管不宜穿越建构筑物基础，当必须穿越时，应采取护套管等保护措施。

(5) 钢丝网PE塑料管道管顶最小覆土深度，在人行道下不宜小于0.80m，在轻型车行道下不应小于1.0m，在重型汽车道路或铁路、高速公路下应设置保护套管，套管与钢丝网PE塑料管的净距不应小于100mm。

(6) 钢丝网PE塑料管道与热力管道间的距离应在保证聚乙烯管道表面温度不超过40℃的条件下计算确定，但最小净距不得小于1.5m。

室内架空管道当系统工作压力小于等于1.2MPa时，可采用热浸锌镀锌焊接普通钢管；当系统工作压力大于1.2MPa时，应采用热浸镀锌焊接加厚钢管或无缝钢管。

室内架空管道的连接宜采用沟槽连接件(卡箍)、螺纹、法兰和焊接等方式。当管径DN≤80mm时，应采用螺纹和沟槽连接件连接；当管径DN＞80mm时，应采用卡箍连接或法兰连接。当安装空间较少时应采用沟槽连接件连接。

“学中做”能力训练

在你学习了管道设计和选用内容后，请你完成工学结合能力训练【任务4】，要求全面掌握对消火栓给水系统管道的设计和选用。

情境小结

通过本情境的学习和实践，要求掌握以下内容。

(1) 建筑室内消火栓给水系统设计的主要内容包括消火栓给水系统的形式选择、室内消火栓的布置、消火栓给水管网的水力计算、加压设施的选择、消火栓给水系统减压的对策。消火栓给水系统水力设计计算主要是保证消火栓给水系统正常供水时的管径大小并对给水增压贮水设备进行选型的设计计算。

(2) 消火栓给水系统的分类，消火栓给水系统的组成，室内消火栓箱的类别、内部元件的性能和选型，水泵接合器的作用、类别和选型。

(3) 室外消火栓给水系统的组成，室外消火栓给水系统的管网形式和选择，室外消火栓的保护半径、设置原则、设置部位、设置要求，室外消火栓的流量和压力设计要求，室外消火栓的选用，室外消火栓的施工技术要求。

(4) 消火栓给水管道的管材选择、管道敷设方式、管道安装、管道防护、防冻、防结露及防渗漏等施工要求。

【任务1】 确定室内消火栓给水系统的形式和组成

(1) 根据所给设计资料，此建筑室内消火栓给水系统应设置以下组成部分：__________、__________、__________、______________、__________和____________。

(2) 根据室外给水管网的压力和楼层高度，此建筑应采用__________消火栓给水方式，具体为：____。

【任务 2】 室内消火栓给水管道水力计算

(1) 水枪的充实水柱计算。

(2) 消火栓的保护半径计算。

(3) 消火栓的间距确定。

(4) 室内消火栓的布置。

根据所提供的建筑平面图对消火栓给进行布置，要求将布置结果绘制成平面布置图及系统图，并标识出管段编号。

① 平面图。包括底层、标准层及顶层平面图。

② 系统图。按分区或立管绘制消火栓给水系统图。

③ 详图。消火栓箱安装详图。

(5) 最不利点处消火栓栓口所需水压。

(6) 管网水力计算。

① 沿程阻力损失计算。

② 局部水力损失。

(7) 消防水泵的选型。

【任务 3】 室外消火栓给系统

(1) 室外低压消火栓最大布置间距不应大于________ m，高压消火栓最大布置间距不应大于________ m。

(2) 室外高压消火栓保护半径为________ m。

(3) 市政消火栓最大布置间距：室外低压消火栓间距________ m，室外高压消火栓间距________ m，室外低压消火栓保护半径为________ m。

(4) 寒冷地区宜采用________型消火栓，非寒冷地区宜采用________型消火栓，地上式有条件可采用________型消火栓，当采用地下式消火栓时，应有________。

(5) 室外地上式消火栓应有一个直径为________________和两个直径为________的栓口。室外地下式消火栓应有直径为100mm和65mm的栓口________个。

(6) 室外消火栓距路边不应超过________ m，距房屋外墙不宜小于________ m。

(7) 停车场的室外消火栓宜沿停车场周边设置，且距离最近一排汽车不宜小于________ m，距加油站或库不宜小于________ m。

【任务4】 消火栓给水管材的选择和管道施工要求

(1) 根据设计情况，选择________为给水管道材料，连接方式为________________。

(2) 阀门的选择。

(3) 给水管道的敷设方式。

(4) 消火栓管道的安装要求。

(5) 给水管道套管的设置要求。

(6) 管道水压的试验要求。

练 习 题

一、名词解释

常高压消火栓给水系统　临时高压消火栓给水系统　低压消火栓给水系统　室外消防给水管道　室内消火栓箱　水泵接合器　消火栓的保护半径　减压节流装置　分区室内消火栓系统给水方式

二、填空题

1. 消防系统按灭火范围和设置的部位可分为________________与________________。

2. 室外消防管网的布置形式分为__________和__________。

3. 消防水池的容量应满足________________室内、外消防用水总的要求。

4. 共用消防水池应有________________的技术设施。

5. 低层与高层建筑的高度分界线为________ m；高层与超高层建筑分界线为________ m。

6. 水泵接合器有________、________和__________三种。

7. 一般情况，建筑应保证有________水枪的充实水柱同时到达室内任何部位。

8. 消火栓有__________和__________两种。

9. 室内消火栓给水管网与自动喷水灭火系统的给水管网，宜__________；如分开设置有困难，应在报警阀前__________________。

10. 当建筑高度不超过100m时，最不利点消火栓的静水压力不应低于________MPa；当建筑高度超过100m时，高层建筑最不利点消火栓静水压力不应低于________MPa。

11. 建筑屋顶应设置一个______________________________消火栓。

12. 当生活、生产和消防用水量达到最大时，室外低压消防给水管道的水压不应小于________MPa。

三、单选题

1. 消火栓灭火系统和自动喷水灭火系统的灭火原理主要是(　　)。
   A. 隔离　B. 冷却降温　C. 窒息　D. 化学抑制

2. 消火栓应设在明显易取的地点，栓口离地面高度为(　　)m。
   A. 1.0　B. 1.1　C. 1.2　D. 1.3

3. 高层工业建筑、高架库房内，充实水柱不应在小于(　　)m。
   A. 7　B. 10　C. 13　D. 15

4. 室内消火栓口处静水压力应不超过(　　)m，否则应采用分区给水系统。
   A. 40　B. 60　C. 80　D. 100

5. 水泵接合器一端设于消防消防车易于使用和接近的地方，另一端由室内(　　)引出。
   A. 给水干管　B. 消防给水干管　C. 引入管　D. 水泵

6. 消防水箱中应贮存(　　)的消防水量。
   A. 10min　B. 15min　C. 20min　D. 25min

7. 消防水泵宜采用(　　)。
   A. 抽吸式引水　B. 真空泵吸入式　C. 人工灌水式　D. 自灌式引水

8. 消火栓栓口离地面高度为(　　)m。
   A. 1.00　B. 1.10　C. 1.20　D. 1.30

9. 消火栓系统管道的局部水头损失按沿程水头损失的(　　)确定。
   A. 10%　B. 15%　C. 20%　D. 25%

10. 一类公共建筑消防水箱的消防储水量不应小于(　　)m^3
   A. 6　B. 12　C. 16　D. 18

11. 室外消火栓管道的直径不应小于(　　)mm。
   A. 75　B. 80　C. 100　D. 125

12. 道路宽度超过(　　)m时，宜在道路两边设置消火栓。
   A. 50　B. 60　C. 70　D. 80

13. 一般情况下，消防水池的补水时间不宜超过(　　)h。
   A. 24　B. 36　C. 48　D. 76

14. 消防水池应设置取水口，其与建筑物(水泵房除外)的距离不宜大于(　　)m。
   A. 5　B. 10　C. 15　D. 20

四、多选题

1. 灭火剂的灭火原理可分为四种：(　　)。
   A. 冷却　B. 冲洗　C. 隔离　D. 窒息
   E. 化学抑制

2. 室外消防用水水源可以是(　　)。
   A. 水箱　B. 市政给水管网　C. 天然水源　D. 水池
   E. 小区给水管网

3. 室外消火栓有(　　)。

A. 地上式　　B. 地下式　　C. 墙壁式　　D. 截流式
E. 减压式

4. 消火栓箱内的设备有(　　)。
A. 水枪　　B. 水带　　C. 消火栓　　D. 水泵接合器
E. 水泵

5. 水枪的口径有(　　)三种。
A. 11mm　　B. 13mm　　C. 16mmm　　D. 19mm
E. 22mm

6. 水带长有(　　)四种规格。
A. 10m　　B. 15m　　C. 20m　　D. 25m
E. 30m

7. 水枪接口、水带直径和消火栓栓口一致，有(　　)两种。
A. 32mm　　B. 50mm　　C. 65mm　　D. 80mm
E. 100mm

五、判断题

1. 室外地上式消火栓有两个栓口。(　　)
2. 室外消火栓的保护半径不应超过150m，间距不应超过120m。(　　)
3. 一类建筑的火灾延续时间按规定的两小时计算。(　　)
4. 水龙带长度最长不超过25m。(　　)
5. 消防栓的出水压力超过80m时，应有减压措施。(　　)
6. 消火栓布置时要保证有两支充实水柱到达任务部分。(　　)
7. 低层建筑的消火栓系统可与生活、生产给水系统合并，也可单独设置，但高层建筑必须单独设置。(　　)
8. 固定消防水泵应设有备用泵，其工作能力不应小于其中最小的一台泵。(　　)
9. 减压节流装置的工作原理是设置减压孔板，会造成较大的局部水头损失。(　　)
10. 设置消防卷盘，其水量应计入消防车用水量中。(　　)

六、问答题

1. 室内消火栓给水系统的组成有哪些部分?
2. 建筑消火栓系统为什么要设置水泵接合器?
3. 消火栓给水系统设置阀门的作用和原则是什么?
4. 试述消火栓栓口水压由哪几部分组成。
5. 低层建筑消火栓系统的给水方式有哪几种?各有什么特点?
6. 消防水泵的设置要求是什么?
7. 高层建筑消火栓系统分区的标准是什么?
8. 高层建筑消火栓分区的给水方式有哪些?
9. 试述高层建筑消火栓的布置要求。
10. 如何选择消防水泵?

七、绘图题

1. 试画出高层建筑分区给水方式的原理图(三种情况)。
2. 画出设有水泵和水箱的室内消火栓系统图。

学习情境4

自动喷水灭火系统的设计

情境导读

本情境以自动喷水灭火系统的设计过程为导向，首先介绍了自动喷水灭火系统的分类，自动喷水灭火系统的组成，以及工程实践中常用自动喷水灭火系统组件的特性、型号规格分类和性能指标参数。然后依据《自动喷水灭火系统设计规范》GB 50084—2005 和《自动喷水灭火系统施工及验收规范》GB 50086—2005 规定，确定自动喷水灭火系统的设置场所，选择消防水源，开始室内喷头的选型和布置，确定自动喷水灭火系统的设计流量，进行水力计算，选择水泵和增压设备。根据《自动喷水灭火系统施工及验收规范》GB 50086—2005 规定，确定管道敷设方式、管道连接方式以及管道水压试验方法等。通过本学习情境的学习及其工学结合能力任务的训练，使学生具备初步的自动喷水灭火系统的工程设计能力，具备读懂自动喷水灭火系统施工图的能力。

知识目标

(1) 掌握自动喷水灭火系统的分类与组成。
(2) 掌握自动喷水灭火系统的设置范围。
(3) 熟悉喷头、报警阀组等产品的型号、规格和性能参数。
(4) 掌握闭式喷头的布置方法。
(5) 掌握湿式自动喷水灭火系统的水力计算方法。
(6) 掌握自动喷水灭火系统的施工方法。

能力目标

(1) 能读懂自动喷水灭火系统施工图的设计施工说明，理解设计意图。
(2) 能识读自动喷水灭火系统的平面图、系统图、详图。
(3) 具备初步的自动喷水灭火系统的设计能力。
(4) 能够正确地布置闭式喷头和给水管道。
(5) 具备全面考虑问题的能力。

工学结合能力培养学习设计

	知识点	学习型工作子任务	
自动喷水灭火系统设计过程	自喷系统的分类与组成	自喷系统技术方案的确定，包括自喷系统类型的选择、系统的组成以及系统给水方式的确定	将各项设计内容汇总后，编写设计施工总说明
	喷头的布置		
	给水管材及连接方法	给水管材及连接方式的确定	
	附件造型和设置要求	对报警阀组等各类阀件、配水附件进行选型	
	管网的布置	进行管道布置，并绘出平面图、系统图及详图	
	系统施工要求	提出自动喷水灭火系统管道敷设方式及要求，管道系统防护的措施及管道性能试验要求	
计算过程	系统流量计算	计算系统设计流量	各项设计内容汇总后，编写设计计算书
	管网水力计算	确定系统管道管径、计算系统所需压力	
	增压贮水设备的设计选型	对增压或稳压设备进行选型，并确定设计参数	

单元任务4.1 认识自动喷水灭火系统

【单元任务内容及要求】 自动喷水灭火系统在不同的工程环境中有不同的内容和形式，通过本单元的学习，要求掌握自动喷水灭火系统的类型、组成和适用范围。

知识链接

自动喷水灭火系统由洒水喷头、报警阀组、水流报警装置(水流指示器或压力开关)等组件以及管道、供水设施组成，是能在发生火灾时喷水的一种自动灭火系统，是扑救建筑火灾尤其是高层建筑火灾的重要消防设施之一。

4.1.1 自动喷水灭火系统的分类

自动喷水灭火系统根据被保护建筑物的性质和火灾发生、发展特性的不同，可以有许多不同的系统形式。通常根据系统中所使用的喷头形式的不同，分为闭式自动喷水灭火系统和开式自动喷水灭火系统两大类。如下所示：

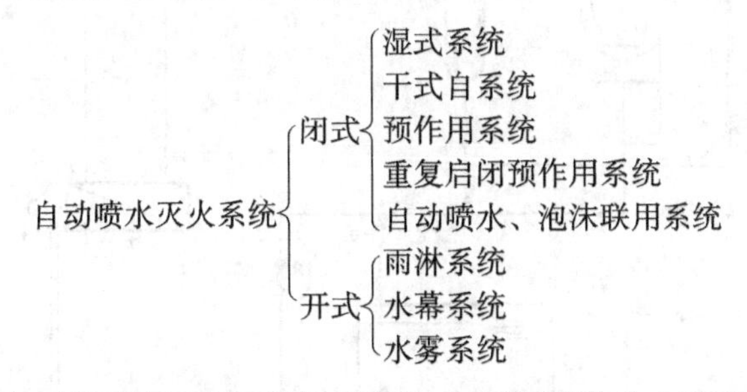

闭式自动喷水灭火系统采用闭式喷头，它是一种常闭喷头，喷头的感温、闭锁装置只有在预定的温度环境下才会脱落，开启喷头。因此，在发生火灾时，这种喷水灭火系统只有处于火焰之中或临近火源的喷头才会开启灭火。

开式自动喷水灭火系统采用的是开式喷头，开式喷头不带感温、闭锁装置，处于常开状态。发生火灾时，火灾所处的系统保护区域内的所有开式喷头一起出水灭火。

4.1.2 自动喷水灭火系统工作原理及适用范围

1. 湿式系统

湿式自动喷水灭火系统是世界上使用时间最长，应用最广泛，控火、灭火中使用频率最高的一种闭式自动喷水灭火系统，目前世界上已安装的自动喷水灭火系统中有70%以上采用了湿式自动喷水灭火系统。

1）系统的组成和工作原理

湿式自动喷水灭火系统一般包括闭式喷头、管道系统、湿式报警阀和供水设备，其示意图如图 4.1 所示。湿式报警阀的上、下管网内均充有压力水。当火灾发生时，火源周围环境温度上升，导致火源上方的喷头开启、出水、管网压力下降，报警阀后压力下降致使阀板开启，接通管网和水源，供水灭火。与此同时，部分水由阀座上的凹形槽经报警阀的信号管带动水力警铃发出报警信号。由于管网中设有水流指示器，当水流指示器感应到水流流动时，也会发出电信号。管网中同时设有压力开关，当管网水压下降到一定值时，也会发出电信号，启动水泵供水，其工作原理图如图 4.2 所示。

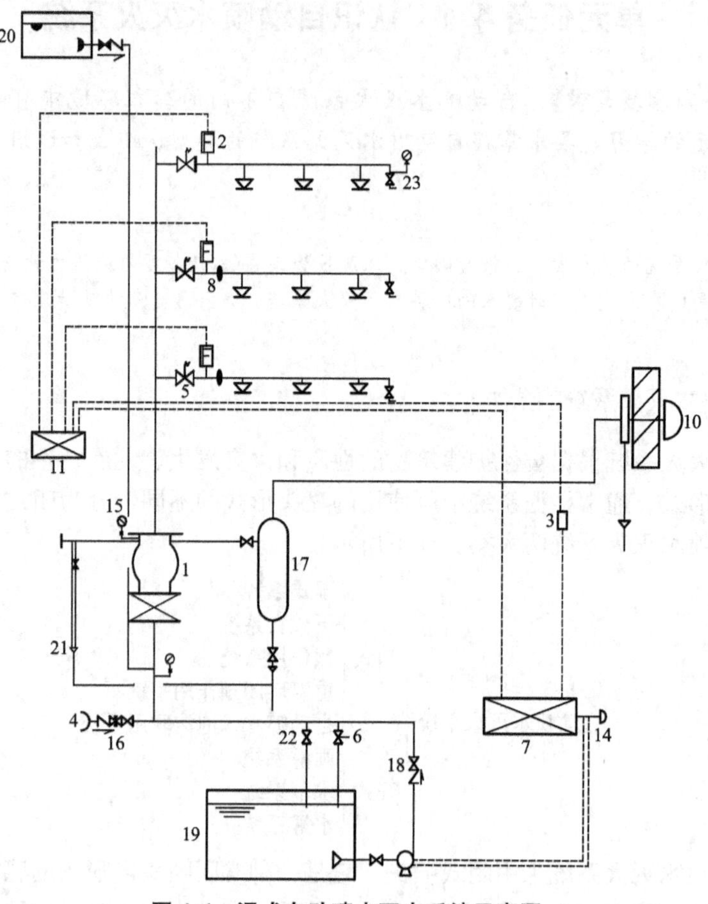

图 4.1　湿式自动喷水灭火系统示意图

1—湿式报警阀；2—水流指示器；3—压力开关；4—水泵接合器；5—信号阀；6—泄压阀；7—电气自控箱；8—减压孔板；9—闭式喷头；10—水力警铃；11—火灾报警控制屏；12—闸阀；13—消防水泵；14—按钮；15—压力表；16—安全阀；17—延迟器；18—单向阀；19—消防水池；20—高位水箱；21—排水漏斗；22—消防水泵试水阀；23—末端试水装置

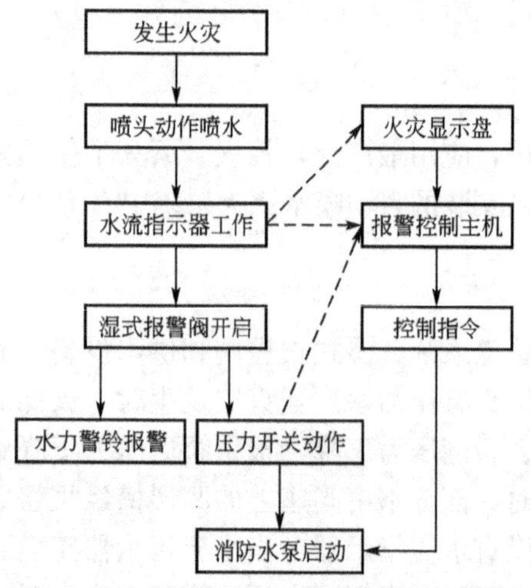

图 4.2　湿式自动喷水灭火系统工作原理图

2）系统的适用范围

湿式自动喷水灭火系统在环境温度不低于4℃且不高于 70℃的建筑物和场所(不能用水扑救的建筑物和场所除外)都可采用。

2. 干式系统

干式自动喷水灭火系统主要是为了解决不适宜采用湿式系统的场所。虽然干式系统灭火效率不如湿式系统，造价也高于湿式系统，但由于它的特殊用途，至今仍受到人们的重视。

1）系统的组成和工作原理

干式系统主要由闭式喷头、管网、干式报警阀、充气设备、报警装置和供水设备组成，干式自动喷水灭火系统示意图如图 4.3 所示。平时报警阀后管网充有压力气体，水源至报警阀前端的管段内充有压力水。

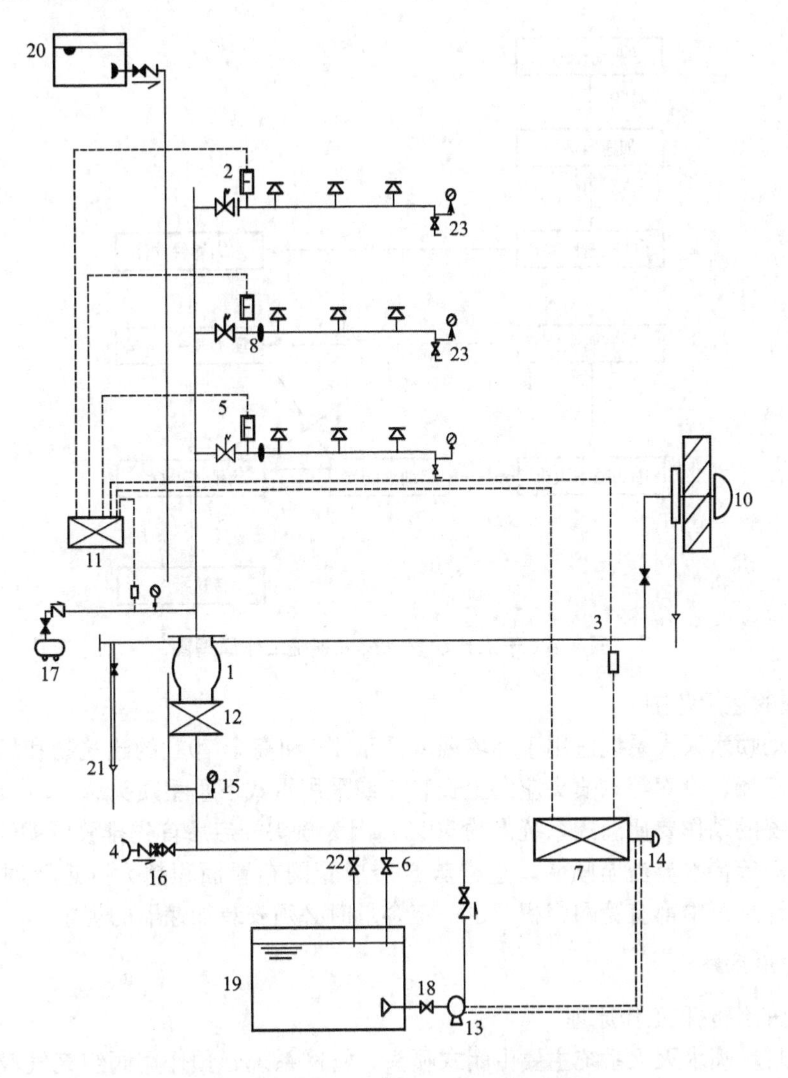

图 4.3　干式自动喷水灭火系统示意图

1—干式报警阀；2—水流指示器；3—压力开关；4—水泵接合器；5—信号阀；6—泄压阀；7—电气自控箱；8—减压孔板；9—闭式喷头；10—水力警铃；11—火灾报警控制屏；12—闸阀；13—消防水泵；14—按钮；15—压力表；16—安全阀；17—空压机；18—单向阀；19—消防水池；20—高位水箱；21—排水漏斗；22—消防水泵试水阀；23—末端试水装置

干式自动喷水灭火系统在火灾发生时，火源处温度上升，使火源上方喷头开启，首先排出管网中的压缩空气，于是报警阀后管网压力下降，干式报警阀阀前压力大于阀后压力，干式报警阀开启，水流向配水管网，并通过已开启的喷头喷水灭火，其工作原理如图 4.4 所示。

平时干式系统报警阀上、下阀板压力保持平衡，当系统管网有轻微漏气时，由空压机进行补气，安装在供气管道上的压力开关监视系统管网的气压的变化状况。

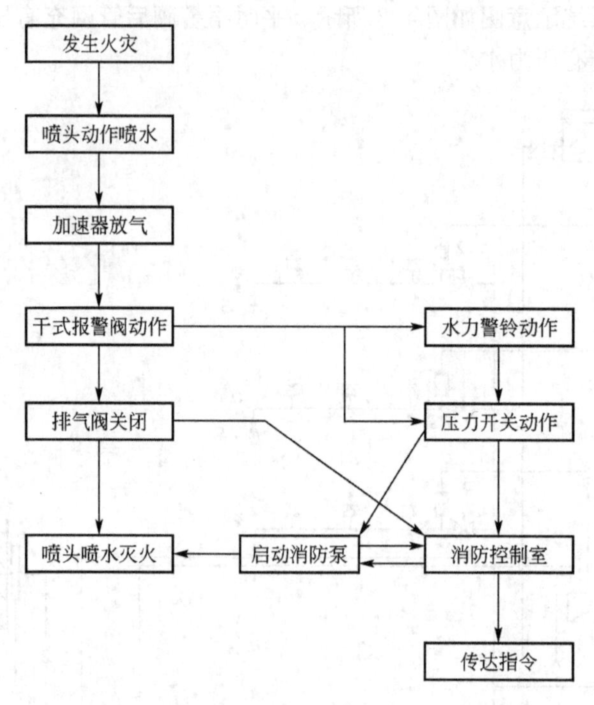

图 4.4 干式自动喷水灭火系统工作原理图

2) 系统的适用范围

干式自动喷水灭火系统适用于环境温度低于 4℃和高于 70℃的建筑物和场所，如不采暖的地下停车场、冷库等。喷头应向上安装，或采用干式下垂型喷头。

干式系统的动作要比湿式系统慢约 50%，因为喷头开启后首先排放压缩气体，然后报警阀启动并需等待水流流至喷头，这样势必造成管网布置面积越大则迟延时间越多的后果。因此设计规范中都有管网容积超过一定容量时必须安装加速器的规定。

3. 预作用系统

1) 系统的组成和工作原理

预作用自动喷水灭火系统主要由闭式喷头、管网系统、预作用阀组充气设备、供水设备、火灾探测报警系统等组成，预作用系统示意图如图 4.5 所示。

预作用系统在平时预作用阀后管网充以低压压缩空气或氮气(也可以是空管)，火灾时，由火灾探测系统自动开启预作用阀，使管道充水呈临时湿式系统。因此，要求火灾探测器的动作先于喷头的动作，而且应确保当闭式喷头受热开放时管道内已充满了压力水。从火灾探测器动作并开启预作用阀开始充水，到水流流到最远喷头的时间，应不超过 3min，水流在配水支管中的流速不应大于 2m/s，以此来确定预作用系统管网最长的保护距离。

发生火灾时，由火灾探测器探测到火灾，通过火灾报警控制箱开启预作用阀，或手动开启预作用阀，向喷水管网充水，当火源处温度继续上升，喷头开启迅速出水灭火。如果发生火灾时，火灾探测器发生故障，没能发出报警信号启动预作用阀，而火源处温度继续上升，使得喷头开启，于是管网中的压缩空气气压迅速下降，由压力开关探测到管网压力骤降的情况，压力开关发出报警信号，通过火灾报警控制箱也可以启动预作用阀，启动灭

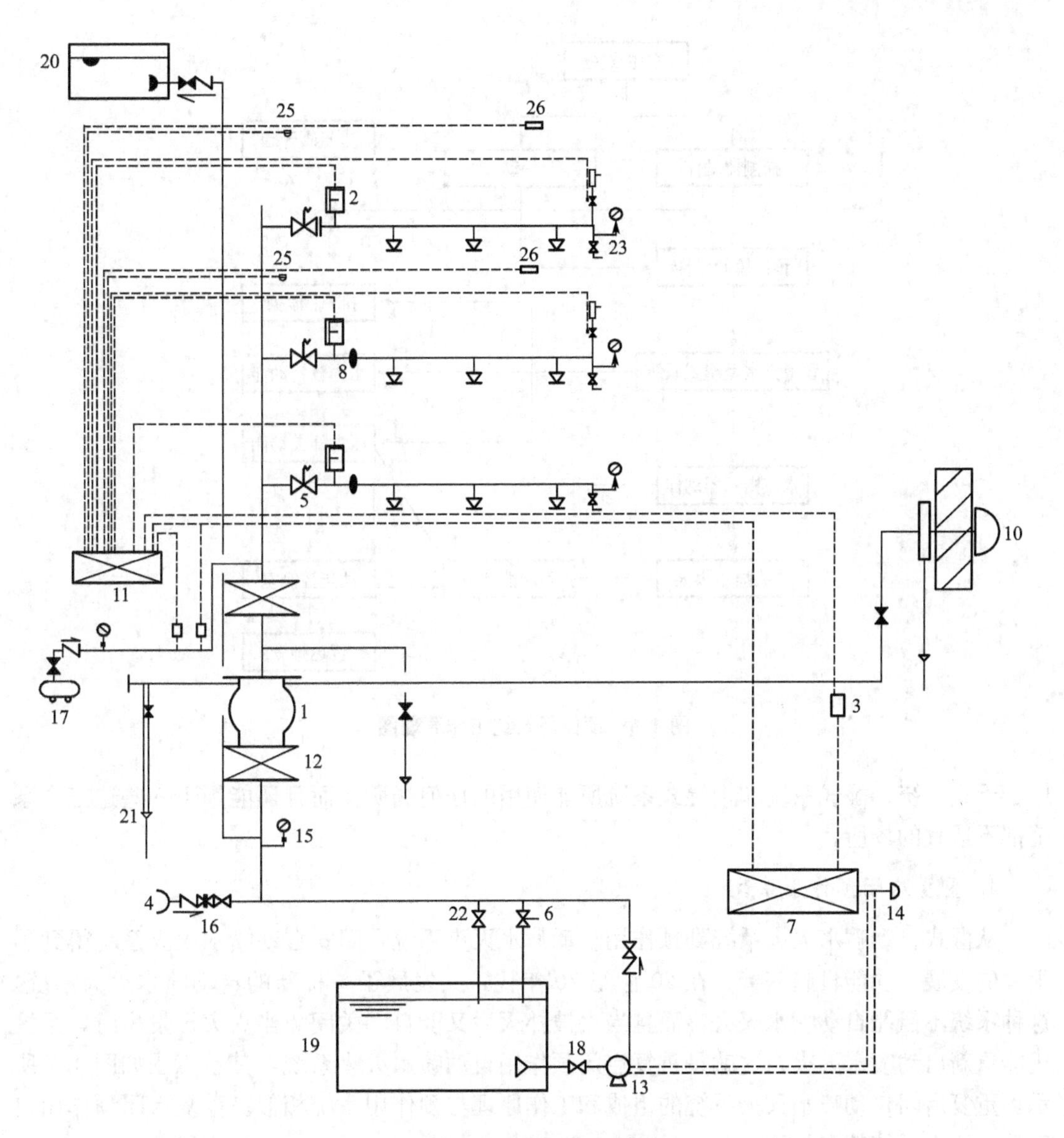

图 4.5 预作用系统示意图

1—预作用阀；2—水流指示器；3—压力开关；4—水泵接合器；5—信号阀；
6—泄压阀；7—电气自控箱；8—减压孔板；9—闭式喷头；10—水力警铃；
11—火灾报警控制屏；12—闸阀；13—消防水泵；14—按钮；15—压力表；
16—安全阀；17—空压机；18—单向阀；19—消防水池；20—高位水箱；
21—排水漏斗；22—试水阀；23—末端试水装置和自动排气装置；
24—电磁阀；25—感烟探测器；26—感温探测器

火。因此，对于充气式预作用系统，即使火灾探测器发生故障，预作用系统也能正常工作。其工作原理图如图 4.6 所示。

2）适用范围

预作用系统同时具备了干式喷水灭火系统和湿式喷水灭火系统的特点，而且还克服了干式喷水灭火系统控火、灭火率低，湿式系统易产生水渍的缺陷。因此，预作用系统可以

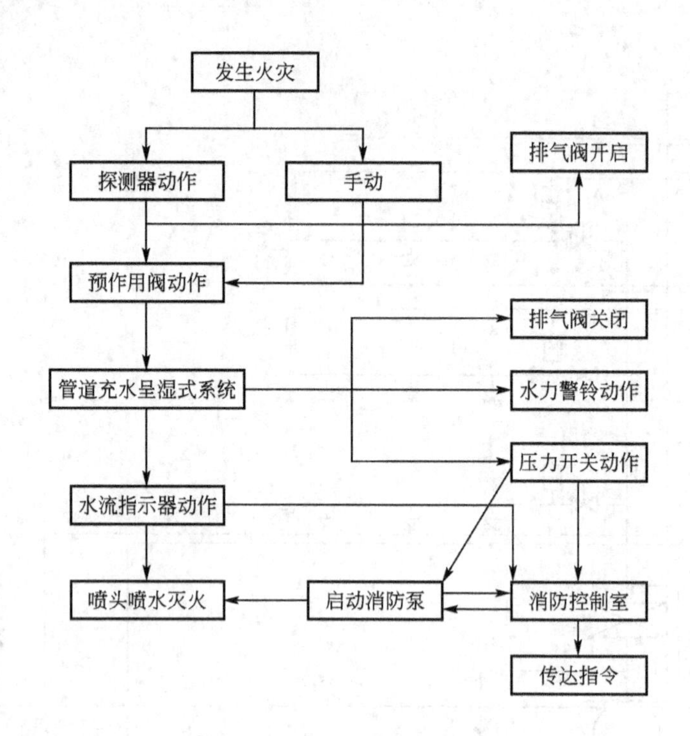

图 4.6　预作用系统工作原理图

用于干式系统、湿式系统和干湿式系统所能使用的任何场所，而且还能用于一些这三个系统都不适宜的场所。

4. 重复启闭预作用系统

从湿式自动喷水灭火系统到预作用自动喷水灭火系统，闭式自动喷水灭火系统得到了很大的发展，功能日趋完善，在 20 世纪 70 年代，又发展了一种新的自动喷水灭火系统，这种系统不但能自动喷水灭火，而且当火被扑灭后又能自动关闭，当火灾再发生时，系统仍能重新启动喷水灭火，这就是重复启闭预作用自动喷水灭火系统，其示意图如图 4.7 所示。重复启闭自动喷水灭火系统的组成和工作原理与预作用系统相似。重复启闭预作用自动喷水灭火系统特点如下。

(1) 功能优于以往所有的喷水灭火系统，且其使用范围不受控制。

(2) 系统在灭火后能自动关闭，节省消防用水，最重要的是能将由于灭火而造成的水渍损失减轻到最低限度。

(3) 火灾后喷头的替换可以在不关闭系统、系统仍处于工作状态的情况下马上进行；平时喷头或管网的损坏也不会造成水渍破坏。

(4) 当系统断电时能自动切换转用备用电池操作，如果电池在恢复供电前用完，电磁阀开启，系统转为湿式系统形式工作。

(5) 重复启闭预作用自动喷水灭火系统造价较高，一般只用在特殊场合。

5. 雨淋系统

雨淋系统为开式自动喷水灭火系统的一种，系统所使用的喷头为开式喷头，在发生火灾时，系统保护区域上的所有喷头一起喷水灭火。

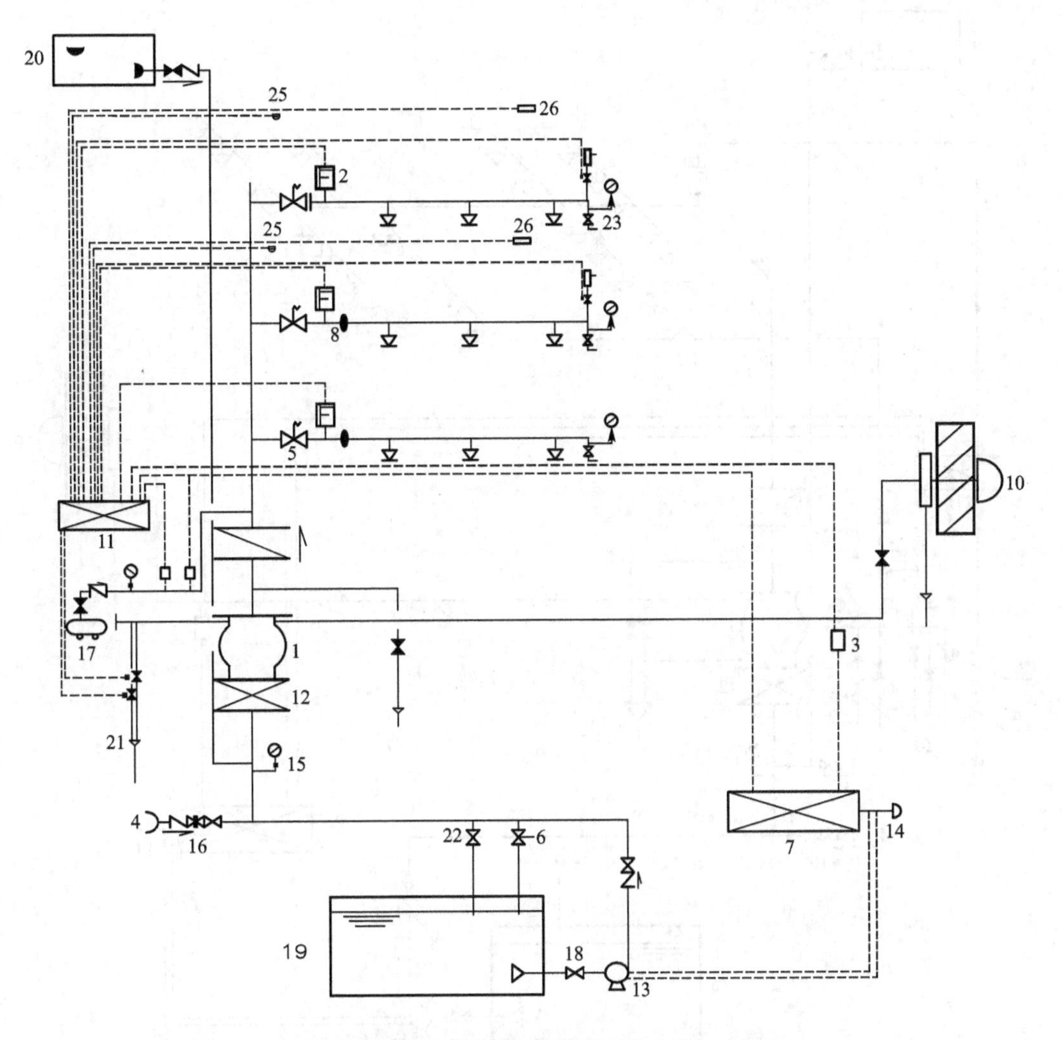

图 4.7 重复启闭预作用自动喷水灭火系统示意图

1—水流控制阀；2—水流指示器；3—压力开关；4—水泵接合器；5—信号阀；6—泄压阀；7—电气自控箱；8—减压孔板；9—闭式喷头；10—水力警铃；11—火灾报警控制屏；12—闸阀；13—消防水泵；14—按钮；15—压力表；16—安全阀；17—空压机；18—单向阀；19—消防水池；20—高位水箱；21—排水漏斗；22—试水阀；23—末端试水装置和自动排气装置；24—电磁阀；25—感烟探测器；26—感温探测器

1）系统的组成

雨淋系统通常由三部分组成：火灾探测传动控制系统、自动控制成组作用阀门系统、带开式喷头的自动喷水灭火系统，雨淋喷水灭火系统组成如图 4.8 所示。其中火灾探测传动控制系统可采用火灾探测器、传动管网或易熔合金锁封来启动成组作用阀。火灾探测器、传动管网、易熔锁封控制属自动控制手段。当采用自动控制手段时，还应设置手动装置备用。自动控制成组作用阀门系统可采用雨淋阀或雨淋阀加湿式报警阀。

雨淋系统可分为空管式雨淋系统和充水式雨淋系统两大类型。充水式雨淋系统的灭火速度比空管式雨淋系统快。在实际应用时，可根据保护对象的要求来选择合适的形式。

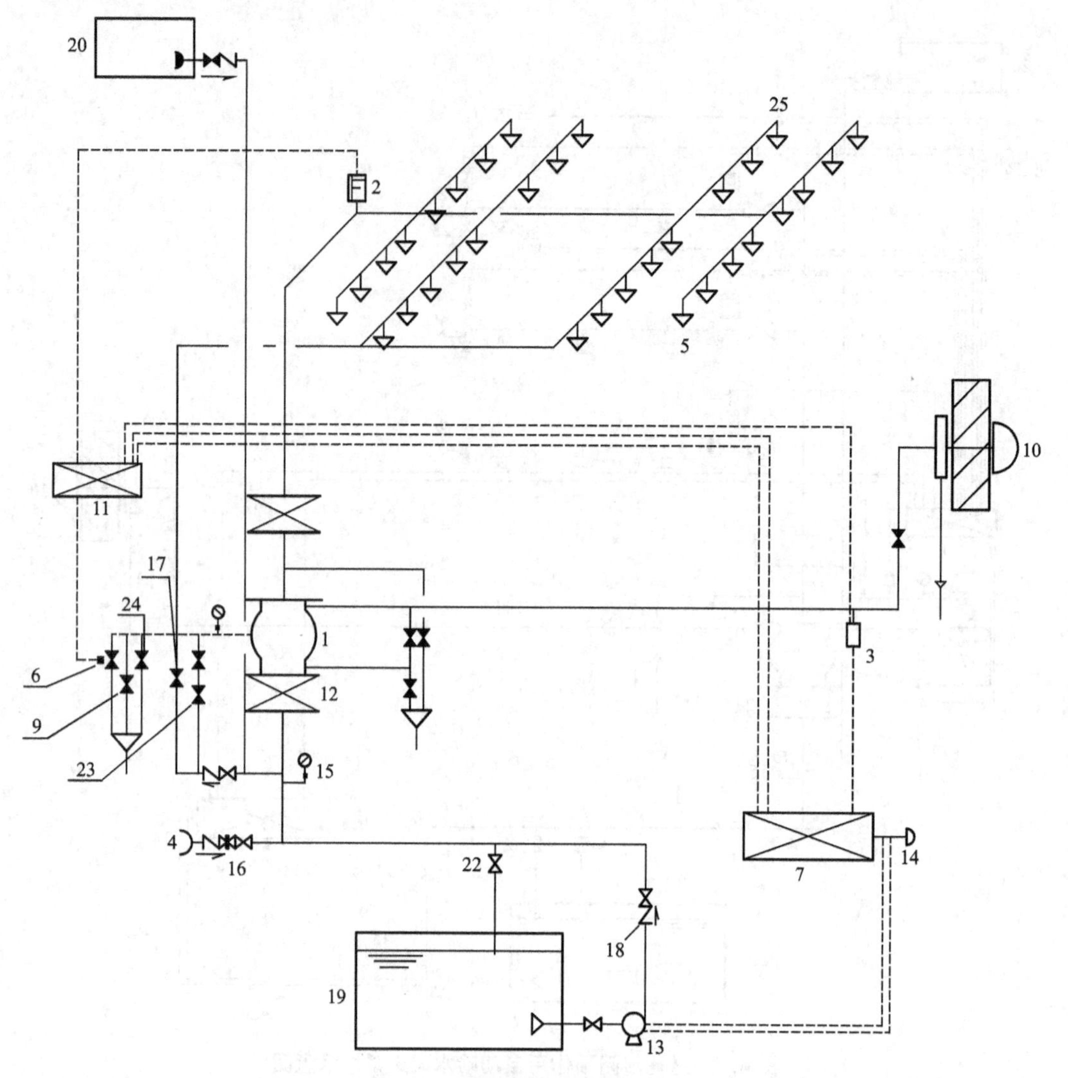

图 4.8　雨淋喷水灭火系统组成

1—雨淋阀；2—水流指示器；3—压力开关；4—水泵接合器；5—开式喷头；6—电磁阀；
7—电气自控箱；8—系统试水；9—手动快开阀门；10—水力警铃；11—火灾报警
控制屏；12—闸阀；13—消防水泵；14—按钮；15—压力表；16—安全阀；
17—传动管注水阀；18—单向阀；19—消防水池；20—高位水箱；
21—排水漏斗；22—消防水泵试水阀；23—3mm 小孔闸阀；
24—试水阀门；25—传动管上的开式喷头

在实际应用中，雨淋系统可能有许多不同的组成形式，但其工作原理大致相同。雨淋系统采用的是开式喷头，所以喷水是整个保护区域内同时进行的。发生火灾时，由火灾探测系统感知到火灾，控制雨淋阀开启，接通水源和雨淋管网，喷头出水灭火。雨淋系统工作原理图如图 4.9 所示。

2) 适用范围

雨淋系统适用于燃烧猛烈、蔓延迅速的严重危险建筑构成场所，如剧院舞台上部、大型演播室、电影摄影棚等。如果在这些建筑物中采用闭式自动喷水灭火系统，当发生火灾时，只有火焰直接影响到喷头，喷头才被开启喷水，且闭式喷头开启的速度慢于火势蔓延

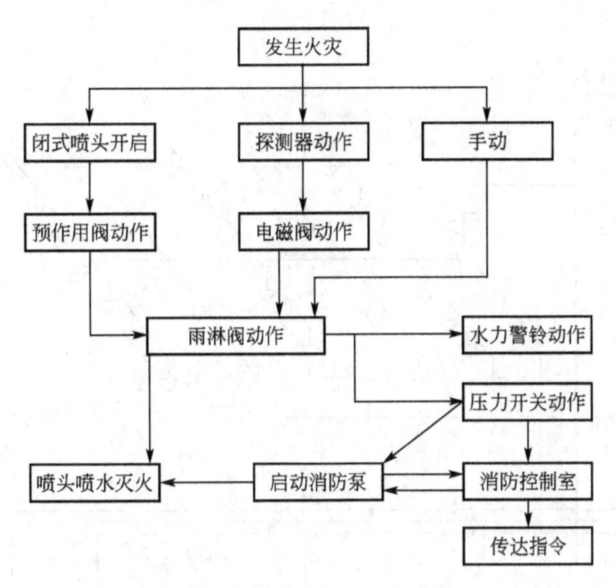

图 4.9　雨淋系统工作原理图

的速度。因此，不能迅速出水控制火灾。

3）雨淋系统的主要特点

(1) 雨淋系统反应快，它是采用火灾探测传动控制系统来开启系统的。由于火灾发生到火灾探测传动控制系统报警的时间短于闭式喷头开启的时间，所以雨淋系统的反应时间比闭式自动喷水灭火系统短得多。如果采用充水式雨淋系统，则其反应速度更快，更有利于尽快出水灭火。

(2) 系统灭火控制面积大、用水量大。雨淋系统采用的是开式喷头，当发生火灾时，系统保护区域内的所有喷头一起出水灭火，能有效地控制火灾，防止火灾蔓延，初期灭火用水量就很大，有助于迅速扑灭火灾。

6. 水幕系统

水幕系统是开式自动喷水灭火系统的一种，水幕系统示意图如图 4.10 所示。水幕系统喷头成 1～3 排排列，将水喷洒成水幕状，具有阻火、隔火作用，能阻止火焰穿过开口部位，防止火势蔓延，冷却防火隔绝物，增强其耐火性能，并能扑灭局部火灾。

1）系统的组成和工作原理

水幕系统的组成与雨淋系统一样，主要由三部分组成：火灾探测传动控制系统、控制阀门系统、带水幕喷头的自动喷水灭火系统。

水幕系统的作用方式和工作原理与雨淋系统相同。当发生火灾时，由火灾探测器或人发现火灾，电动或手动开启控制阀，然后系统通过水幕喷头喷水，进行阻火、隔火或冷却防火隔断物。控制阀可以是雨淋阀、电磁阀和手动闸阀。

2）主要特点

水幕系统是自动喷水灭火系统中唯一的一种不以灭火为主要目的的系统。水幕系统可安装在舞台口、门窗、孔洞，用来阻火、隔断火源，使火灾不致通过这些通道蔓延。水幕系统还可以配合防火卷帘、防火幕等一起使用，用来冷却这些防火隔断物，以增强它们的耐火性能。水幕系统还可作为防火分区的手段，在建筑面积超过防火分区的规定要求，而工艺要求又不允许设防火隔断物时，可采用水幕系统来代替防火隔断设施。

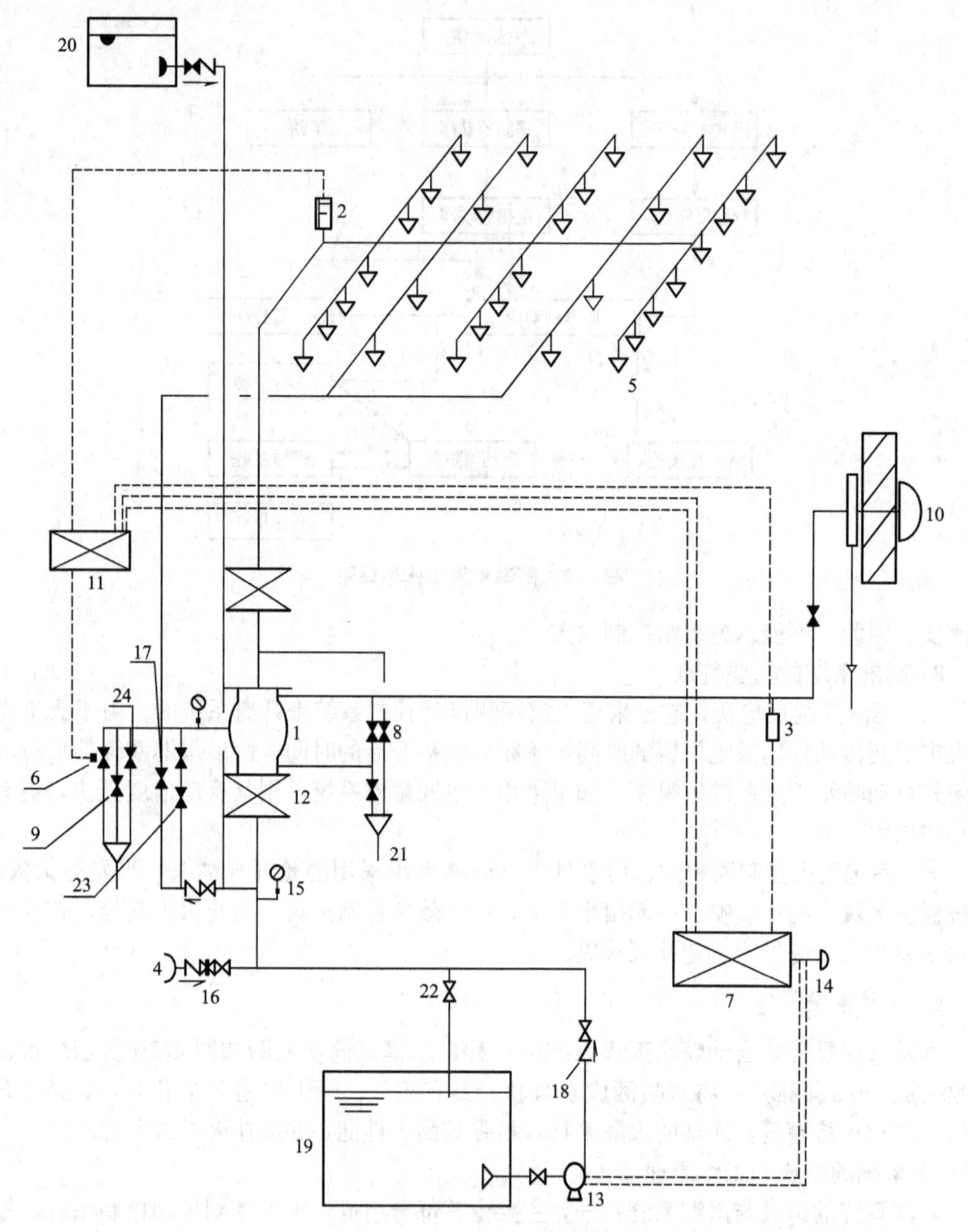

图 4.10　水幕系统示意图

1—雨淋阀；2—水流指示器；3—压力开关；4—水泵接合器；5—水幕喷头；6—电磁阀；7—电气自控箱；8—系统试水；9—手动快开阀门；10—水力警铃；11—火灾报警控制屏；12—闸阀；13—消防水泵；14—按钮；15—压力表；16—安全阀；17—传动管注水；18—单向阀；19—消防水池；20—高位水箱；21—排水漏斗；22—消防水泵试水阀；23—3mm 小孔闸阀；24—试水阀门

7. 水喷雾灭火系统

水喷雾灭火系统是将高压水通过特殊构造的水雾喷头，呈雾状喷出，雾状水滴的平均粒径一般为 100～700μm。水雾喷向燃烧物，通过冷却、窒息、稀释等作用扑灭火灾。

水喷雾灭火系统属于开式自动喷水灭火系统的一种。

1）组成和工作原理

水喷雾灭火系统根据需要可设计成固定式或移动式两种。移动式是从消火栓或消防水泵上接出水带，安装喷雾水枪。移动式可作为固定式水喷雾系统的辅助系统。

固定式水喷雾灭火系统的组成一般由水喷雾喷头、管网、高压水供水设备、控制阀、火灾探测自动控制系统等组成，其系统示意图如图4.11所示。

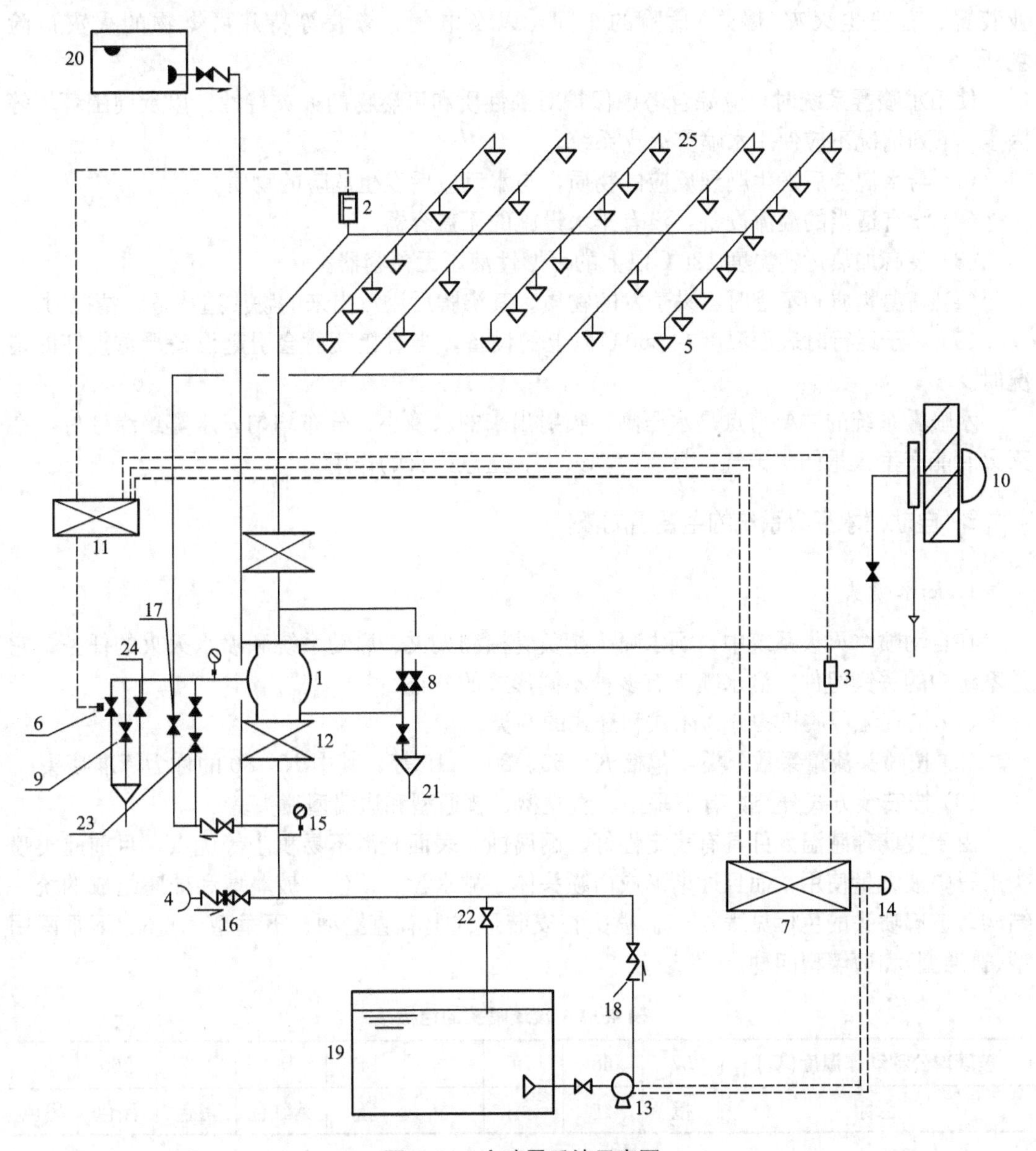

图4.11　水喷雾系统示意图

1—雨淋阀；2—水流指示器；3—压力开关；4—水泵接合器；5—开式喷头；6—电磁阀；7—电气自控箱；8—系统试水；9—手动快开阀门；10—水力警铃；11—火灾报警控制屏；12—闸阀；13—消防水泵 14—按钮；15—压力表；16—安全阀；17—传动管注水；18—单向阀；19—消防水池；20—高位水箱；21—排水漏斗；22—消防试水阀；23—3mm小孔闸阀；24—试水阀门；25—传动管上的开式喷头

工作原理：水喷雾灭火系统平时管网里充以低压水，当火灾发生时，由火灾探测器探测到火灾，通过控制箱，电动开启着火区域的控制阀，或由火灾探测传动系统自动开启着火区域的控制阀和消防水泵，管网水压增大，当水压大于一定值时，水喷雾头上的压力起动帽脱落，所有喷头一起喷水灭火。

2）适用范围和主要特点

水喷雾系统主要用于扑救贮存易燃液体场所贮罐的火灾，也可用于有火灾危险的工业装置、有粉尘火灾(爆炸)危险的车间，以及电气、橡胶等特殊可燃物的火灾危险场所。

使用水喷雾系统时，应综合考虑保护对象性质和可燃物的火灾特性，以及周围环境等因素。下列情况不应使用水喷雾灭火系统。

(1) 与水混合后发生剧烈反应的物质，与水反应后发生危险的物质。

(2) 没有适当的溢流设备，没有排水设施的无盖容器。

(3) 装有加热运转温度126℃以上的可燃性液压无盖容器。

(4) 高温物质和蒸馏时容易蒸发的物质，其沸腾后溢流出来的物质造成危险情况时。

(5) 对于运行时表面温度在260℃以上的设备，当直接喷射会引起设备严重损坏的情况时。

水喷雾系统的主要特点是水压高，喷射出来的水滴小，分布均匀，水雾绝缘性好，在灭火时能产生大量的水蒸气，具有冷却灭火、窒息灭火的作用。

4.1.3 自动喷水灭火系统的主要组成部件

1. 洒水喷头

在自动喷水灭火系统中，洒水喷头担负着探测火灾、启动系统和喷水灭火的任务，它是系统中的关键组件。洒水喷头有多种不同形式的分类。

(1) 按有无释放机构分为闭式和开式的两类。

(2) 按喷头流量系数分类，包括K=55、80、115等，其中K=80的称为标准喷头。

(3) 按安装方式分类，有下垂型、直立型、普通型和边墙型喷头。

由于玻璃球感温元件具有稳定性好、耐腐蚀、表面光滑不易积尘等优点，目前此类喷头工程中被大量使用，而且逐渐形成由喷头体、溅水盘、顶丝、玻璃球和球座组成的统一结构。玻璃喷头的色标见表4-1。喷头在安装形式上有直立型、下垂型、直立/下垂两用型(普通型)和边墙型四种。

表4-1 玻璃喷头的色标

玻璃球公称动作温度(℃)	57	68	79	93	141	182	227	260	343
色标	橙	红	黄	绿	蓝	紫红色	黑色	黑色	黑色

1）下垂型喷头

下垂型喷头是由喷头框架、温感元件、密封件、溅水盘等组成的，其中喷头框架是采用铜合金材质的精密锻压、外表层进行镀铬抛光的制造工艺，使其具有框架强度高、耐腐蚀性强、外观精美的特点。温感元件(玻璃球)具有动作可靠，反应速度快。密封件具有抗老化、耐腐蚀、密封性好的性能特点。下垂型喷头向下喷洒的水量为总水量的80%～

100%。下垂型喷头如图 4.12 所示。

2）直立型喷头

直立型喷头直立安装在供水支管上，洒水形状为抛物体形，将总水量的 80%～100%向下喷洒，同时还有一部分喷向吊顶。直立型喷头适宜安装在移动物较多、易发生撞击的场所，如仓库，还可以暗装在房间吊顶夹层中的屋顶处以保护易燃物较多的吊顶顶棚，直立型喷头如图 4.13 所示。

图 4.12　下垂型喷头

图 4.13　直立型喷头

3）边墙型喷头

边墙型喷头靠墙安装，适宜于空间布管较难的场所安装，主要用于办公室、门厅、休息室、走廊、客房等建筑物的轻危险部位，边墙型喷头如图 4.14 所示。

4）隐蔽式喷头

隐蔽式喷头适用于安装在装饰豪华、外形亮丽的场所，如高级宾馆、豪华酒楼、商场、娱乐中心等，也可安装在人流密集、货物搬运频繁、随时可能碰撞到外露喷头的场所，以及要求避免人为因素而误动作的场所。隐蔽式喷头如图 4.15 所示。

图 4.14　边墙型喷头

图 4.15　隐蔽式喷头

5）水雾喷头

水雾喷头是由喷头体、导流芯等组成的，当压力水进入喷头后，被分解成沿内壁运动而具有离心速度的旋转水流和具有轴向速度的直水流。两股水流在喷头内混合，然后以合成速度由喷口喷出，形成雾化。

水雾喷头是自动喷水灭火系统中一个重要的组成部件，它与供水管网、控制阀门、火警探测报警装置等组成自动喷雾灭火系统。由于喷出的水滴直径不超过1mm，变成雾滴扩散，提高了灭火效率；同时雾状水珠不会造成液体火灾的飞溅和绝缘的特点，特别适用于扑救电气设备、可燃液体等引起的火灾，保护工厂、商场、仓库、发电机组、配电房、变压器、液化气罐、石油储罐等场所，达到防护、冷却、控火、灭火的目的。水雾喷头如图4.16所示。

6）快速响应喷头

快速响应喷头有下垂、直立和边墙型3种，由喷头框架、温感元件、密封件、溅水盘等组成，其中喷头框架是采用铜合金材质的精密锻压、外表层进行镀铬抛光的制造工艺，使其具有框架强度高、耐腐蚀性强、外观精美的特点。温感元件(玻璃球)具有动作可靠，反应速度快。密封件具有抗老化、耐腐蚀、密封性好的性能特点。快速响应下垂型喷头向下喷洒的水量为总水量的80%～100%。快速响应喷头如图4.17所示。

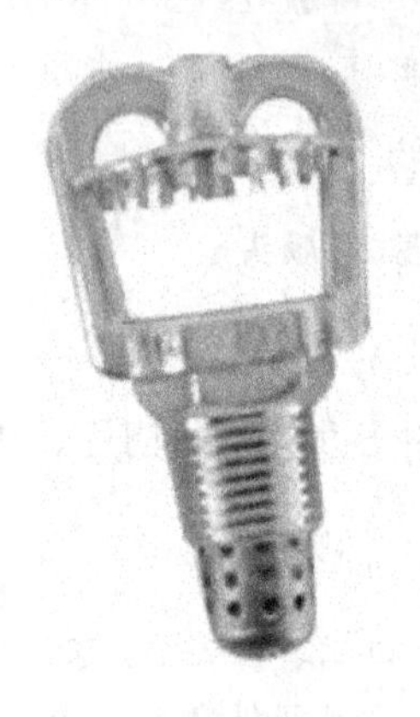

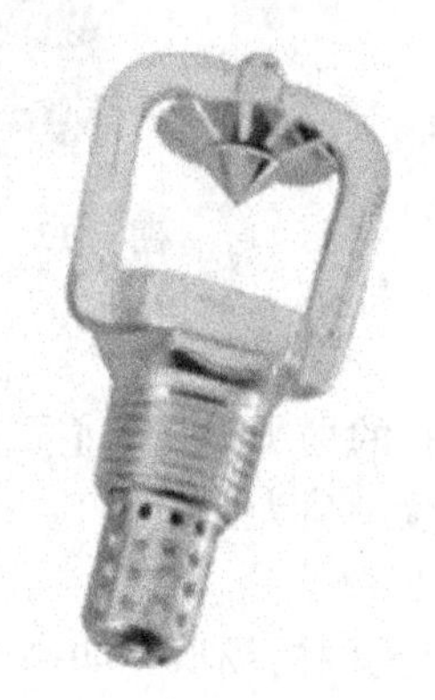

图4.16　水雾喷头

图4.17　快速响应喷头

2. 报警阀组

报警阀组主要有湿式报警阀、干式报警阀、雨淋报警阀、预作用报警阀等几种类型。湿式报警阀是湿式自动喷水灭火系统最核心的组件。水源从阀体底部进入，通过阀体内自重关闭止回阀的阀瓣后，形成一个带有水压的伺候状态系统。高位压力表指示系统内压力，低位压力表指示系统外(供水)压力。当被保护区域发生火警，高温令喷头的温感元件炸开，喷头喷水灭火，系统内压力下降，阀瓣打开，水源不断进入系统内，流向开启的喷头，持续喷水灭火，同时，少量水源由阀座内孔进入报警管道，经过滤器、延迟器，然后推动水力警铃报警。湿式报警阀如图4.18所示。

3. 水流指示器

在自动喷水灭火系统中，水流指示器是一种把水的流动转换成电信号报警的部件，它的电气开关可以导通电警铃报警，水流指示器如图4.19所示。

为了便于明确火灾发生的保护分区，一般在建筑物的每一层或每个防火分区的干管始端安装一个水流指示器。在保护区面积小的地方，也有用水流指示器代替湿式报警阀的情况，但仍应设置逆止回阀于主管底部，一则可以防止水质污染，二则可以配合设置水泵接合器的需要。

图 4.18 湿式报警阀

4. 信号阀

为了让消防控制室及时了解系统中阀门的关闭情况，在每一层和每个分区的水流指示器前安装一个信号阀。信号阀由闸阀或蝶阀与行程开关组成，当阀门打开 3/4 时，才有信号输出表明此阀门打开；当阀门关上 1/4 时，就有信号输出表明此阀门关闭，信号阀如图 4.20 所示。

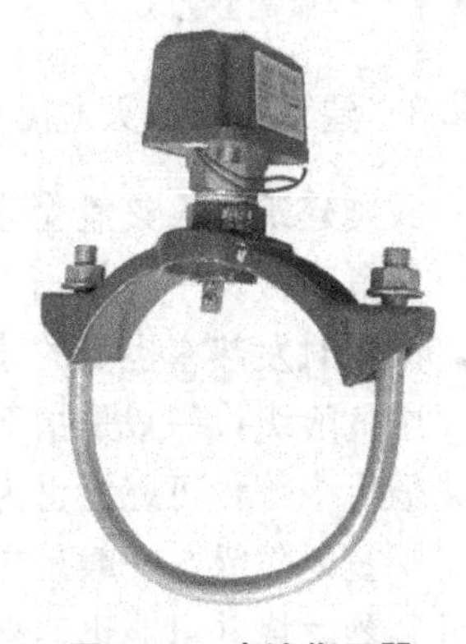

图 4.19 水流指示器

5. 末端试水装置

为了检测每一个报警阀控制范围内系统的性能，每个报警阀组的供水最不利处应设末端试水装置；在其他防火分区、每个楼层的供水最不利处应设直径为 DN25 的试水阀。

图 4.20 信号阀

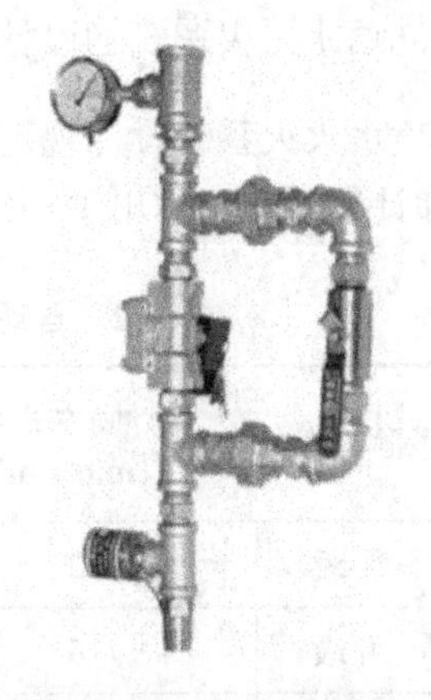

图 4.21 末端试水装置

末端试水装置由试水阀、压力表和试水接头组成。试水接头的流量系数应等同于同楼层或防火分区的喷头。末端试水装置出水应采取孔口出流的方式排入排水系统，如图 4.21 所示。末端试水装置检测的对象包括最不利处喷头、水流指示器、报警阀、压力开关和水力警铃及配水管道。

"学中做"能力训练

在你学习了自动喷水灭火系统的内容后，请你完成工学结合能力训练【任务1】，以对自动喷水灭火系统有一个全面的认识。

单元任务4.2　自动喷水灭火系统用水量的确定

【单元任务内容及要求】 通过本单元的学习，要求掌握建筑物的火灾危险等级划分，自动喷水灭火系统的用水量的确定和计算方法。

知识链接

建筑物的火灾危险等级分类是设计自动喷水灭火系统的基本依据，自动喷水灭火系统的作用面积和计算用水量都是由它来确定的。

4.2.1　建筑物的火灾危险等级划分

我国建筑物火灾危险等级划分如下。

轻危险级，一般是指下列情况的建筑物或建筑物的一部分，即可燃物品少，可燃性低，火灾时发热率也低的建筑物。

中危险级，一般是指下列情况的建筑物或建筑物的一部分，即存放或生产中使用的可燃物数量中等，可燃性也为中等，火灾初期不会引起剧烈燃烧的建筑物。

严重危险级，一般是指具有火灾危险性大，且可燃物品数量大，发热量大，火灾时会引起猛烈燃烧并可能迅速蔓延的建筑物或建筑物的一部分。

4.2.2　自动喷水灭火系统的设计基本数据

《自动喷水灭火系统设计规范》GB 50084—2001 中对不同火灾危险等级建筑物的设计基本数据和计算用水量作出了规定，见表4-2。

表4-2　自动喷水灭火系统设计基本数据和计算用水量

建筑物的危险等级		设计喷水强度 L/(min·m²)	作用面积 (m²)	喷头工作压力 (MPa)	计算用水量 (L/s)
严重危险级	Ⅰ级	12	260	0.1	52
	Ⅱ级	16	260	0.1	69
中危险级	Ⅰ级	6	160	0.1	16
	Ⅱ级	8	160	0.1	21
轻危险级		4	160	0.1	11

4.2.3 自动喷水灭火系统的喷头控制数量

自动喷水灭火系统由于种种原因有时需处于停止工作状态，如检验、维修等。这样，如一个系统喷头过多，保护面积过大，火灾时灭火、控火的效果会受到影响，所以一个系统的报警阀所控制的喷头数量应有所限制，系统喷头限制数量表见表4-3。

表4-3 系统喷头限制数量表

限制喷头数(个)			
湿式系统	预作用系统	干式系统	
		有排气装置	无排气装置
800	800	500	250

4.2.4 自动喷水灭火系统的用水量

(1) 自动喷水灭火系统的用水量应按自动喷水灭火系统设计的基本数据计算确定，其基本数据和计算用水量见表4-2。

自动喷水灭火系统的设计秒流量宜按式(4.1)计算：

$$Q_S=\frac{1}{60}\sum_{i=1}^{n}q_i \tag{4.1}$$

式中 Q_s——系统设计秒流量，L/s；

q_i——最不利点处作用面积内各喷头节点的流量，L/s；

n——最不利作用面积内的喷头数。

当舞台上设有消火栓、水幕、闭式自动喷水灭火系统和雨淋喷水灭火系统时，其消防用水量应按需要同时开启的上述灭火系统用水量之和计算，但舞台上闭式自动喷水灭火系统与雨淋喷水灭火系统用水量可不按同时开启计算，可按其中用水量较大者确定。

(2) 自动喷水灭火系统作用时间按1h来计算，因为从自动喷水灭火系统的作用来看，一般一个小时就能解决问题，如果此时仍不能扑灭火灾，自动喷水灭火系统已随建筑物烧垮而失去作用，即使没有烧垮，由于喷头开启很多，不能在扑灭局部火灾后关闭部分喷头而造成无效的耗水，故此时应关闭进水阀门或强行停泵，停止向系统供水，并且继续用消火栓给水系统进行灭火。

"学中做"能力训练

在你学习了自动喷水灭火系统的用水量内容后，请你完成工学结合能力训练【任务2】，确定自动喷水灭火系统的用水量。

单元任务4.3 喷头的布置

【单元任务内容及要求】 通过本单元的学习，要求掌握自动喷水灭火系统喷头类型的选择、喷头在不同的环境下的安装位置和喷头在大空间的布置方法。

特别提示

洒水喷头是自动喷水灭火系统的末端装置，其设置数量、设置间距、设置位置直接关系到整个自动喷水灭火系统的安全性和经济性。

4.3.1 喷头的选择

喷头是自动喷水灭火系统的关键部件，在灭火过程中起着探测火警、启动喷水灭火的重要作用，故自动喷水灭火系统的灭火效果，在很大程度上取决于喷头的性能和合理布置。

在选择喷头时要注意下面几个问题。

(1) 喷头的动作温度。喷头的公称动作温度宜比环境最高温度高出30℃，以避免在非火灾情况下环境温度发生较大幅度波动时导致误喷。

(2) 热敏元件的热量吸收速度。喷头自动开启不仅与公称动作温度有关，而且与建筑物构件的相对位置、火灾中燃烧物质的燃烧速度、空气气流传递热量的速度等有关。因此，不少种类的喷头在加速热敏元件吸收热容量的性能上，增加了快速反应的措施，如采用金属薄片传递热量给易熔元件，扩大溅水盘对热辐射吸收的能力等，来加快热敏元件动作所需的吸热速度，使正常需耗时1min左右的动作加快5～6倍，而仅需11s即行动作。

(3) 喷头的布水形态、安装方式及喷放的覆盖面积与流量系数等。

4.3.2 喷头的间距

喷头的布置与设计喷水强度以及每个喷头的最大保护面积有关。它不仅要使保护对象的任何部位都能喷到水，而且要有一定的喷水强度。一个ϕ15mm标准喷头的最大保护面积与喷头之间的最大间距见表4-4。

表4-4 ϕ15mm标准喷头的最大保护面积与喷头之间的最大间距

喷头出口压力(Pa)	危险等级	每个喷头的最大保护面积(m^2)	计算喷水半径R(m)
4.9×10^4	轻危险级	19.0	3.1
	中危险级	9.4	2.1
	严重危险级	5.7	1.7
9.8×10^4	轻危险级	21	3.2
	中危险级	12.5	2.5
	严重危险级	8.0(5.4)	2.0(1.6)

在无梁柱障碍的平顶下布置喷头时，如果火灾危险等级一致，一般采取喷头间距成正方形、长方形、菱形的布置，喷头的布置如图4.22所示。

喷头以正方形布置时喷头的水平间距按式(4.2)计算：

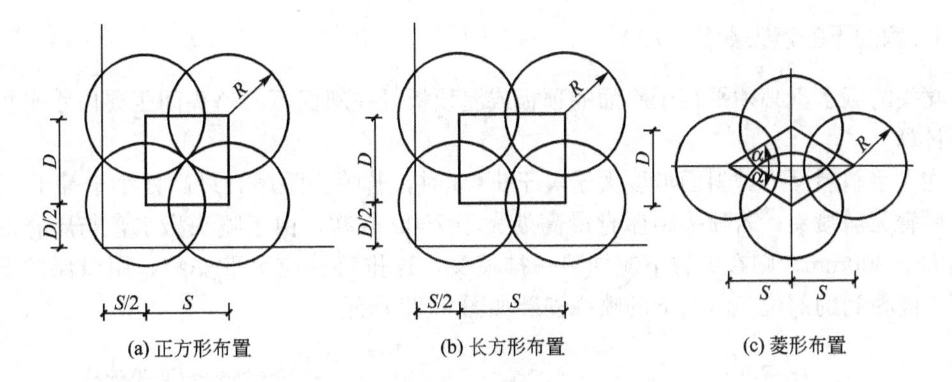

(a) 正方形布置　　(b) 长方形布置　　(c) 菱形布置

图 4.22　喷头的布置

$$S=D=2R\cos45^{\circ}=\sqrt{2}R\leqslant\sqrt{A} \tag{4.2}$$

喷头以长方形布置时喷头的水平间距与垂直间距按式(4.3) 计算：

$$\sqrt{S^2+D^2}=2R \quad S\cdot D\leqslant A \tag{4.3}$$

喷头以菱形布置时喷头的水平间距与垂直间距按式(4.4) 计算：

$$\tan\alpha=D/2S \quad S\cdot D\leqslant A \tag{4.4}$$

式中　S——喷头的水平间距，m；

D——喷头的垂直间距，m；

R——喷头的喷水半径，m；

A——喷头的最大保护面积，m^2。

不同危险等级时菱形与长方形喷头布置的间距见表 4-5。

表 4-5　不同危险等级时菱形与长方形喷头布置的间距

菱形 S、D 间距(m)								长方形 S、D 间距(m)							
$R=1.6$		$R=2.0$		$R=2.5$		$R=3.2$		$R=1.6$		$R=2.0$		$R=2.5$		$R=3.2$	
S	D	S	D	S	D	S	D	S	D	S	D	S	D	S	D
1.70	3.15	2.05	3.85	2.60	4.80	3.35	6.25	2.80	1.55	3.50	1.90	4.0	3.00	5.60	3.10
2.10	2.55	2.55	3.10	3.20	3.90	4.15	5.00	2.60	1.85	3.20	2.40	3.8	3.25	5.30	3.60
2.85	1.90	3.45	2.30	4.30	2.85	5.60	3.75	2.40	2.10	2.80	2.85	3.6	3.45	5.00	4.00
								2.20	2.30	2.60	3.05	3.4	3.65	4.60	4.45
												3.2	3.85	4.40	4.65

4.3.3　喷头与吊顶、楼板和屋面板的垂直距离

当室内的吊顶、楼板或屋面板是平的，发生火灾时，顶板面将形成一个高温对流层，使温度迅速向四周传播。径试验证实，这种对流层的厚度，根据室内层高和燃烧升温速度可达 300mm，但温度最高的范围是顶板下 25～100mm 处。除闭式喷头安装的喷头外，直立型、下垂型喷头的溅水盘与顶板的垂直距离不应小于 75mm，且不应大于 150mm。

4.3.4 斜面下的喷头安装

喷头的溅水盘必须平行于斜面的顶板或屋顶板，在斜面下的喷头间距要以水平投影的间距计算。

在人字斜屋面下，斜面坡度大于等于1∶3时，若喷头距屋脊最高处小于等于750mm时，屋脊无需喷头；若喷头距屋脊最高处大于750mm时，由于喷头溅水盘与屋脊的垂直距离大于300mm，则在屋脊下应加装一排喷头，这排喷头应水平安装，用以保护下面喷头所不能喷到的部位。斜面下的喷头安装如图4.23所示。

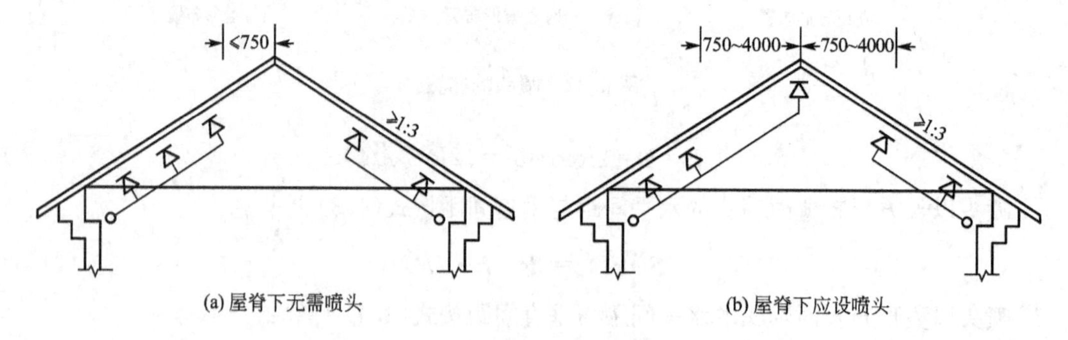

(a) 屋脊下无需喷头　　(b) 屋脊下应设喷头

图4.23 斜面下的喷头安装(单位：mm)

4.3.5 喷头之间的最小距离与喷头挡水板

除非两个喷头之间在结构构件上有能起挡水作用的构件存在，一般喷头的间距不应小于2.4m，以避免一个喷头在火灾中动作后所喷出的水流淋湿另一喷头，而影响喷头的动作灵敏度。如果没有这样的条件，而喷头又必须以小于2.4m的间距布置时，可在两个喷头之间安装专用的挡水板。挡水板的宽度约为200mm，高度约为150mm，最好是金属板，且放在两个喷头的中间，安放成能起遮挡喷头相互喷湿的作用。当安放在支管上时，挡板的顶端应延伸到溅水盘上方50～70mm的地方。

4.3.6 屋顶闷顶或楼板吊顶内的喷头安装

屋顶和楼板下面如设有闷顶或吊顶，其空间高度超过0.8m，且其内有可燃物或装设电缆、电线，或有可燃气体的管道如煤气、氢气、乙炔气等管道通过其间，必须设置喷头保护，屋顶闷顶或楼板吊顶内的喷头安装如图4.24所示。如果吊顶内部无可燃物品且闷顶和吊顶都是非燃烧体，就可以不设置喷头。

4.3.7 边墙型喷头布置

边墙型喷头与一般标准喷头大致相同，喷水量和动作温度也一样，只是由于溅水盘的形式不同而改变了喷头的喷水分布状况。一般要求是边墙型喷头的一侧布水量达到总水量的70%～80%，另一侧为总水量的20%～30%，用这样的喷水能力来设计需要的保护面积和间距。它适用于宽度不大于3.6m的狭长的房间、走廊，喷头沿墙布置，边墙型喷头的两侧1m范围内和墙面垂直方向2m范围内均不应设有障碍物。喷头距吊顶、楼板、屋面板的距离不应小于10cm，并不应大于15cm；距墙面的距离不应小于5cm，并不应大于10cm。

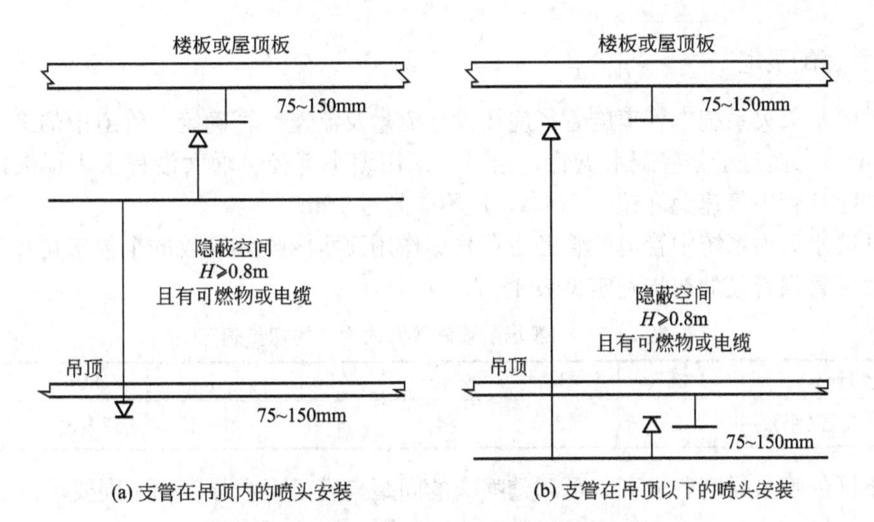

(a) 支管在吊顶内的喷头安装　　(b) 支管在吊顶以下的喷头安装

图 4.24　屋顶闷顶和楼板吊顶内的喷头安装

沿墙布置喷头时，其保护面积和间距应符合表 4－6。扩大覆盖面边墙型喷头应按生产厂家提供的数据布置。

表 4－6　边墙型喷头的保护面积和间距

建筑物的危险等级	每个喷头的最大保护面积(m^2)	喷头最大间距(m)	距端墙最大间距(m)
中危险级	8	3.6	1.3
轻危险级	14	4.6	2.3

当房间宽度大于 3.6m 时，可在对面墙边交错布置另一排边墙喷头；对房间宽度大于 7.2m 的场所，除两侧各布置一排边墙型喷头外，还应在房间中间布置标准喷头。

近来，国内外开发了一种扩大覆盖面边墙形喷头，其 K＝115～118，覆盖的射距可达 5.5m，可解决宽度为 3.6～5.5m 房间的喷洒问题。

“学中做”能力训练

在你学习了喷头的布置的内容后，请你完成工学结合能力训练【任务 3】，对喷头进行布置。

单元任务 4.4　自动喷水灭火系统的水力计算

【单元任务内容及要求】 通过本单元的学习，要求掌握自动喷水灭火系统管网的管径的确定，管段沿程阻力损失和局部水力损失的计算方法和计算步骤。

特别提示

水力计算是自动喷水灭火系统的设计的关键步骤，其关系到管道管径的确定、管道流量和管道水力损失的计算以及加压设备的选择。

4.4.1 管径的确定

自动喷水灭火系统中管道的管径应按设计流量及流速计算确定。管道中的最大流速不宜超过 5m/s，而对于某些配水支管，当可以采用缩小管径、增大沿程水头损失以达到减压的目的时，管中流速允许超过 5m/s，但不能超过 10m/s。

自动喷水灭火系统中管道的管径也可根据作用面积内喷头开放的个数来初步确定，一般场所喷洒管网管径的初步确定见表 4-7。

表 4-7 一般场所喷洒管网的管径的初步确定

管径(mm)	25	32	40	50	70	80	100
最多喷头数(个)	1	3	4	5～8	9～12	13～32	33～64

在不同的喷水强度要求下，可调整喷头的间距来满足喷水强度的不同要求。

4.4.2 管段流量及水头损失计算

在自动喷水灭火系统管网中，每一个喷头的出流量与其喷头特性系数 B、工作水头 H 有关。B 对某种口径的喷头而言为一常数，因此在自动喷水灭火系统管网中，由于每个喷头处工作水头的不同，出水量也不相同。

自动喷水灭火系统管网的水力计算，因管道中同时有许多喷头出水，而每个喷头出流量又不相同，故采用一般的枝状管网计算方法较为困难，为了简化计算，常采用式(4.5)进行确定：

$$q=\sqrt{BH} \quad h=AlQ^2 \tag{4.5}$$

式中 q——喷头或节点处的流量，L/s；

H——喷头处水压，mH_2O($1mH_2O=9.8\times10^3$Pa)；

B——喷头特性系数，与流量系数和喷头口径有关，$L^2/(s^2\cdot m)$；

h——管段沿程水头损失，mH_2O；

l——管段长度，m；

Q——管段中流量，L/s；

A——比阻抗，s^2/L^2。

在管径初步决定后，即可按流量、压力、水头损失间的关系进行水力计算。

【例 4.1】 图 4.25 为一个自动喷水灭火系统管网，设喷头 1、5、6 系统为管系Ⅰ，喷头 a、b、6 系统为管系Ⅱ，管系Ⅰ管段的水力计算列于表 4-8，试做水力计算分析。

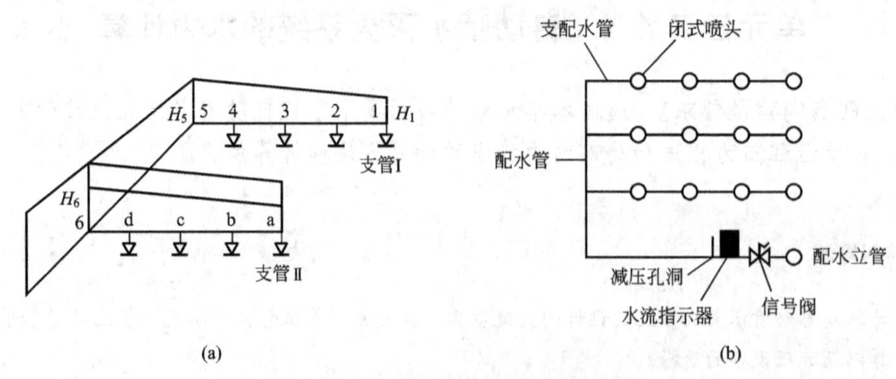

图 4.25 自动喷水灭火管网

表4-8 管系Ⅰ管段的水利计算

节点喷头	管段	喷头特性系数 B	喷头或节点处的压力 (mH_2O)	喷头或节点处的流量 (L/s)	管段内的流量 Q (L/s)	Q^2	管道直径 d	管道比阻值 A	管段长度 l (m)	管段水头损失 h (mH_2O)
1		B	$q_1=\sqrt{BH_1}$							
	2-1				$Q_{2.1}=q$	Q_{2-1}^2	d_{2-1}	A_{2-1}	l_{2-1}	$\Delta H_{2-1}=A_{2-1}l_{2-1}Q_{2-1}^2$
2			$H_2=H_1+\Delta H_{2-1}$	$q_2=\sqrt{B(H_1+\Delta H_{2-1})}$						
	3-2				$Q_{3.2}=q_1+q_2$	Q_{3-2}^2	d_{3-2}	A_{3-2}	l_{3-2}	$\Delta H_{3-2}=A_{3-2}l_{3-2}Q_{3-2}^2$
3			$H_3=H_2+\Delta H_{3-2}$	$q_3=\sqrt{B(H_2+\Delta H_{3-2})}$						
	4-3				$Q_{4.3}=q_1+q_2+q_3$	Q_{4-3}^2	d_{4-3}	A_{4-3}	l_{4-3}	$\Delta H_{4-3}=A_{4-3}l_{4-3}Q_{4-3}^2$
4			$H_4=H_3+\Delta H_{4.3}$	$q_4=\sqrt{B(H_3+\Delta H_{4-3})}$						
	5-4				$Q_{5.4}=q_1+q_2+q_3+q_4$	Q_{5-4}^2	d_{5-4}	A_{5-4}	l_{5-4}	$\Delta H_{5-4}=A_{5-4}l_{5-4}Q_{5-4}^2$

注：$1mH_2O=9.8\times10^3Pa$。

【解】 支管Ⅰ，在节点5只有转输流量而没有支出流量，则

$$Q_{6-5}=Q_{5-4} \tag{4.6(a)}$$

由表4-8知：

$$\Delta H_{5-4}=H_5-H_4=A_{5-4}l_{5-4}Q_{5-4}^2 \tag{4.6(b)}$$

与管系Ⅰ计算方法相同，对管系Ⅱ可得：

$$\Delta H_{6-d}=H_6-H_d=A_{6-d}l_{6-d}Q_{6-d}^2 \tag{4.6(c)}$$

将式(4.6(b))与式(4.6(c))相除，并设支管Ⅰ和支管Ⅱ水力条件(管材、管长、喷头口径及位置等)相同，可得：

$$Q_{6-d}=Q_{5-4}\sqrt{\frac{\Delta H_{6-d}}{\Delta H_{5-4}}} \tag{4.6(d)}$$

如图4.25所示，根据管中水流连续性原理，可得节点6的转输流量为：

$$q_6-Q_{5-4}+Q_{6-d} \tag{4.6(e)}$$

将式(4.6(d))代入式(4.6(e))可得：

$$q_6=Q_{5-4}\left(1+\sqrt{\frac{\Delta H_{6-d}}{\Delta H_{5-4}}}\right) \tag{4.6(f)}$$

将式(4.6(a))代入式(4.6(f))可得：

$$q_6=Q_{6-d}\left(1+\sqrt{\frac{\Delta H_{6-d}}{\Delta H_{5-4}}}\right) \tag{4.6(g)}$$

因为节点6的水压 $H_6=H_d+\Delta H_{6-d}=H_5+H_{6-5}$，将其中 $\Delta H_{6-d}=H_6-H_d$ 及式(4.6(b))代入式(4.6(g))可得：

$$q_6=Q_{6-5}\left(1+\sqrt{\frac{H_6-H_d}{H_5-H_4}}\right) \tag{4.6(h)}$$

按式(4.6(h))求 q_6 值是比较繁杂的。简化计算，令 $\sqrt{\frac{H_6-H_d}{H_5-H_4}}=\sqrt{\frac{H_6}{H_5}}$ 可得：

$$q_6=Q_{6-5}\left(1+\sqrt{\frac{H_6}{H_5}}\right) \tag{4.7}$$

式中

q_5——管网上节点6处的转输流量，L/s；

Q_{6-5}——管段6.5中的流量，L/s；

H_6——节点6的水压，mH_2O；

H_5——节点5的水压，mH_2O($1mH_2O=9.8\times10^3Pa$)。

式(4.7)的意义：计算点6所供给的两股流量中，由于节点6实际水压为 H_6，故其供给支管Ⅱ的流量必为 Q_{6-5} 的 $\sqrt{\frac{H_6}{H_5}}$ 倍，$\sqrt{\frac{H_6}{H_5}}$ 称为调整系数。

按式(4.6)简化计算各管段(节点)的转输流量值，直到达到消防用水量标准为止。

如自动喷水灭火系统管网在作用面积范围内左部尚有对称布置喷头，则左部不必重新计算，否则仍按上述方法继续进行计算。这样便可求出管网所需的流量以及所需的起点压力。

此外，计算过程中应注意必须遵守下列规定。

(1) 喷洒系统最不利点处喷头的工作水头在任何情况下不得小于5m。

(2) 管网允许流速，钢管一般不大于5m/s，铸铁管为不大于3m/s。计算中可用表4-9所列的流速系数值直接乘以流量，校核流速是否超过允许值。如不满足要求，即应对初定管径进行调整。流速按式(4.7)计算：

$$v_p=K_cQ_P \tag{4.8}$$

式中 V_p——流速，m/s；

K_c——流速系数，m/L；

Q_p——流量，L/s。

表4-9 流速系数值 K_c 单位：m/L

镀锌管道管径(mm)	15	20	25	32	40	50	70	80	100	125	150
K_c(m/L)	5.852	3.105	1.833	1.054	0.796	0.471	0.284	0.201	0.115	0.057	0.053

4.4.3 自动喷水灭火系统所需的水压

自动喷水灭火系统中供水管或消防水泵处所需的水压，可按式(4.9)计算：

$$H_{pb}=H_P+H_{pj}+\sum h_p+H_{KP} \tag{4.9}$$

式中 H_{pb}——供水管或消防泵处压力，mH_2O（$1mH_2O=9.8\times10^3Pa$，下同）；

H_P——最高最远喷头的工作水头，mH_2O；

H_{pj}——最高最远喷头与供水管或消防泵中心之间的几何高差，m；

$\sum h_p$——自动喷水灭火系统的沿程损失和局部损失之和，mH_2O；

H_{KP}——控制信号阀的压力损失，mH_2O，其值可按式(4.10)计算：

$$H_{KP}=B_K Q^2 \tag{4.10}$$

式中 B_K——设备的比阻值，可参考表4-10确定；

Q——以L/s计。

表4-10 各种报警阀的比阻值

名称 \ 比阻值	公称直径d(mm)	
	100	150
湿式报警器	0.00302	0.000869
干式报警器	—	0.0016
干湿式报警器	0.00726	0.00208
双圆盘雨淋阀(成组作用阀)	0.00643	0.0014
隔膜式雨淋阀	0.00664	0.00122

自动喷水灭火系统管网的水头损失分为两个部分：沿程水头损失和局部水头损失。沿程水头损失按式(4.11)计算：

$$h_y=\sum iL \tag{4.11}$$

式中 h_y——管段的沿程水头损失，mH_2O；

L——计算管段的长度，m；

i——管道单位长度的水头损失，mH_2O。

对给水钢管按式(4.12)计算：

$$i=0.00107\frac{v^2}{d^{1.3}} \tag{4.12}$$

式中 v——管道平均水流速度，m/s；

d——管道计算内径，m。

局部水头损失可采用当量长度法来计算或取沿程损失值的20%来计算。

"学中做"能力训练

在你学习了自动喷水灭火系统的水力计算内容后，请你完成工学结合能力训练【任务4】，对自动喷水灭火系统进行水力计算。

单元任务4.5 自动喷水灭火系统的供水设施

【单元任务内容及要求】 通过本单元的学习，要求掌握自动喷水灭火系统中使用的稳压设施和增压设施的类型、特点。

特别提示

供水设施是自动喷水灭火系统的动力装置，稳压设施和增压设施的流量、扬程、启停压力都是自动喷水灭火系统的重要参数，是系统选型的基本依据。

4.5.1 自动喷水灭火系统的稳压设施

自动喷水灭火系统最不利点喷头的工作压力应为 0.10MPa，其最低工作压力不应低于 0.05MPa。在临时高压给水系统中，如果水箱的设置高度不能满足上述要求，需设置稳压设施。稳压设施常采用稳压泵或气压罐给水装置。

1. 稳压设施采用稳压泵

在稳压设施中，稳压泵既能满足防火规范的要求，同时与其他稳压设施相比，还具有能耗低、投资省、占地小等优势。其工作特点是低流量、高扬程。

稳压泵的工作原理是以上、中、下三个控制点来控制其工作状态的。管网中的压力平时为上限值；当管网局部出现渗漏，压力逐渐降低，当降至中限时，稳压泵即自动启动，向管网补水，当管网中的压力上升至上限时，稳压泵就自动停止运行；在发生火灾时，自动喷水灭火系统进行喷水灭火，喷出水量大于补水量，管网中的压力急剧下降，当管网中的压力降至下限时，就自动启动消防泵。

稳压泵的流量按消防水泵流量的 2%～5%确定，一般为 1L/s；压力开关下限值为保证自动喷水灭火系统最不利点喷头的工作压力，为避免压差太低而导致稳压泵启动频繁，稳压泵启闭的中限值与上限值相差 5m，中限值与下限值相差 5m。

2. 稳压设施采用气压罐给水装置

采用稳压泵作为自动喷水灭火系统的稳压设施，由于水的可压缩性很小，管道的密闭性又很好，造成稳压泵频繁启动，故稳压设施常采用气压罐给水装置。气压罐给水装置在自动喷水灭火系统中的工作原理和在消火栓给水系统中一样。

1）稳压泵的流量

由于稳压设施只扑灭初期火灾，故考虑初期火灾时，自动喷水灭火系统只开启一个喷头，所以稳压泵的流量为 1L/s。

2）稳压泵的扬程

稳压泵的扬程按在气压罐内消防贮水容积下限时，能保证自动喷水灭火系统最不利点喷头的工作压力所需水压来计算。

3）气压罐容积

就火灾初期而言，自动喷水灭火系统按 5 个喷头出水，每个喷头流量按 1L/s 计，消防水泵启动时间为 8～13s，按 15s 计，考虑 2 倍安全系数，则气压罐的调节容积为 2×1×15×5 =150L。气压罐应设有消防贮水容积、稳压水容积、缓冲水容积等，其气压罐的总容积计算和在给水系统中一样。

4）增压泵的启、停压力

增压泵启动压力 P_{S1} 按 $P_{S1}=P_2+0.02\text{MPa}$，增压泵停止压力 P_{S2} 按 $P_{S2}=P_{S1}+0.05\text{MPa}$ 取值，同时应保证稳压水容积不小于 0.05m^3。气压给水设备的选用表见表 4-11。

表 4-11 气压给水设备选用表

气压罐罐体直径 DN (mm)	罐体总容积 V (L)	有效储水容积 V_x(L)	最低工作压力 P_1(MPa)	消防加压泵启泵压力 P(MPa)	增压泵开泵压力 P_{S1}(MPa)	增压泵停泵压力 P_{S2}(MPa)
800	840	150	0.10h	0.15h	0.17h	0.22h
	1000	150	0.10h	0.14h	0.16h	0.21h
600	370	150	0.10h	0.24h	0.26h	0.31h

注：(1) 表中"最低工作压力 P_1"指保证最不利喷头的水量，最不利喷头的最低工作压力(含管道阻力损失)；

(2) 表中 P_1、P_2、P_{s1}、P_{S2} 均按稳压设施位于屋顶间计算而得，如稳压设施位于地下室或其他地点，应重新计算；

(3) 表中 h 为消防水箱的最低水位与最不利喷头的几何高差，MPa；

(4) 本表中气压水罐采用立式罐，当采用卧式罐时，须重新计算。

4.5.2 自动喷水灭火系统的加压设施

自动喷水灭火系统若采用临时高压消防给水系统，应设置加压设施，其加压设施通常采用消防泵。选择消防泵的主要技术参数是流量和扬程。

1. 消防泵的流量

消防泵的流量应不小于自动喷水灭火系统的设计秒流量，按式(4.1)计算。

2. 消防泵的扬程

消防泵的扬程应不小于自动喷水灭火系统所需的水压，按式(4.8)计算。

"学中做"能力训练

在学习了自动喷水灭火系统的供水设施内容后，请你完成工学结合能力训练【任务 5】，对供水设施进行选型和计算。

单元任务 4.6 自动喷水灭火系统的减压、超压及特殊喷头

【单元任务内容及要求】 通过本单元的学习，要求掌握自动喷水灭火系统减压、超压的处理措施，了解自动喷水灭火系统的一些特殊喷头的类型、组成和适用范围。

特别提示

高层建筑自动喷水灭火系统中，在静水压力的作用下，下层的管道系统会产生水锤、噪声和振动，容易使系统总的设备遭到损坏，因此必须要进行减压处理。

4.6.1 自动喷水灭火系统的减压和超压

1. 自动喷水灭火系统的减压

在自动喷水灭火系统中，每一层中的管道始端和末端存在着压力差，层与层之间的管

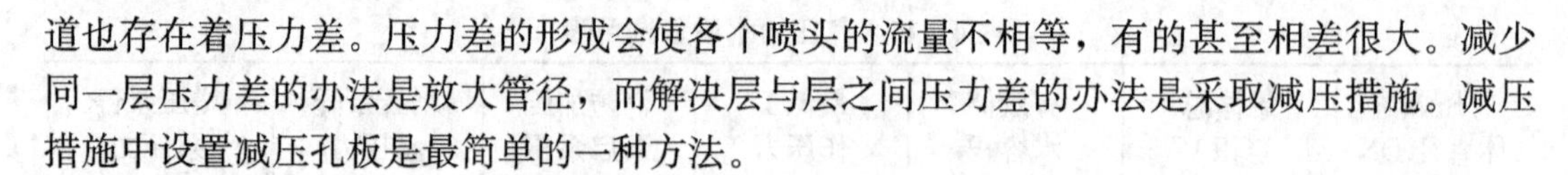

道也存在着压力差。压力差的形成会使各个喷头的流量不相等，有的甚至相差很大。减少同一层压力差的办法是放大管径，而解决层与层之间压力差的办法是采取减压措施。减压措施中设置减压孔板是最简单的一种方法。

2. 自动喷水灭火系统的超压

在火灾的初期，自动喷水灭火系统往往只有几个喷头动作，或者自动喷水灭火系统在进行末端试水时，自动喷水灭火系统所需要的流量都很小，而自动喷水灭火系统的加压泵是按设计秒流量来选择的，两者相差好几倍，此时加压泵在小流量下工作，会造成加压泵扬程大幅度升高，使自动喷水灭火系统的管网超压。另外，高层建筑中，自动喷水灭火系统中静压水头很大，也会使管网超压。

解决自动喷水灭火系统超压的办法有：选用流量扬程曲线平缓的水泵；对自动喷水灭火系统进行竖向分区，使自动喷水灭火系统的管网工作压力不超过 1.20MPa。

4.6.2 特殊喷头

1. 大水滴喷头

大水滴喷头有一个复式溅水盘，从喷口喷出的水流经溅水盘后形成一定比例的大小水滴，均匀地喷向保护区，其中大水滴能有效地穿过火焰，直接接触着火物，能有效地降低着火物表面的温度。该喷头一般直立安装，适用于湿式、预作用等自动喷水灭火系统，特别是保护那些火灾时燃烧较猛烈的大空间场所。大水滴喷头的温级一般为 138℃，安装环境温度不得超过 107℃，喷头孔口直径为 16.3mm，溅水盘直径为 92.1mm，喷头的流量特性系数 $K=160$。

2. 快速反应喷头

快速反应喷头主要用于住宅、医院等场所，以减少由于热烟气的迅速产生而造成的人员伤亡，从而保护人身生命安全。用易熔合金元件制作的这种喷头的感温元件采用薄而面积大、强度高的金属片(集热片)和熔点低的易熔合金焊锡制成。玻璃球喷头则用直径 3mm 及以下的玻璃球来制作，这种喷头具有在火灾时能快速感应火灾并迅速出水灭火的特性，能减少喷头的启动次数和灭火所需的水量。快速反应喷头灭火快，火灾损失小，灭火耗水量也小。

3. 自动启闭喷头

自动启闭喷头一般由喷头本体、溅水盘、先导阀、活塞、弹簧、节流板、O 形环以及感温元件等组成。

双金属圆片自动启闭喷头的感温元件是双金属圆片。活塞式自动启闭喷头的感温元件是活塞室内的充填物，即利用物态热胀冷缩原理推动活塞，由活塞控制先导阀。不管哪种自动启闭喷头，其启闭原理基本相同。

自动启闭喷头的优点如下。

(1) 节省水。当发生火灾时，喷头能自动开启，灭火后能自行关闭，节省用水。

(2) 避免水害，减少水渍引起的损失。

(3) 节省系统成本。安装该喷头后，可减少设备规模，节省投资。

其缺点是喷头动作灵敏度受外界干扰大，容易造成滞后开启和提早关闭，且结构

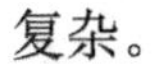

复杂。

4. 其他喷头

鹤嘴柱式玻璃球喷头。此种喷头的溅水盘较小，不易被灰尘、纤维堵塞，喷头的保护面积较小，一般用于排气箱、输气管、风道等场所，也可用于纤维或粉尘较多的工厂车间。

无溅水盘多孔喷头。这是一种新的普及型喷头，适用于有装饰要求的场合。

大口径喷头。此种喷头常用在大面积的防火区域，每个喷头的保护面积可达 $30m^2$ 以上。

“学中做”能力训练

在你学习了自动喷水灭火系统的减压和特殊喷头的内容后，请你完成工学结合能力训练【任务6】，掌握自动喷水灭火系统的减压对策，了解自动系统中使用到的特殊喷头。

情境小结

通过本情境的学习和实践，要求掌握以下几方面内容。

(1) 自动喷水灭火系统分类，开式自动喷水灭火系统的组成和适用范围，闭式自动喷水灭火系统的组成和适用范围，喷头的分类、形式，参数和选型；水流指示器的位置和类型；报警阀的分类、组成和工作原理；延迟器的作用；压力开关的作用；自动喷水灭火系统和火灾自动报警系统的关系。

(2) 湿式自动喷水灭火系统的水量确定，喷头的布置方法，最不利点的喷头的确定，作用面积的确定，管网管径的确定，管道的流量和水头损失的计算，系统所需水压的计算，沿程阻力损失和局部水力损失的计算。

(3) 自动喷水灭火系统的稳压设施类型和选择，自动喷水灭火系统的加压设施的选择。

(4) 自动喷水灭火系统的减压，自动喷水灭火系统超压的解决办法。

(5) 自动喷水灭火系统的特殊喷头类型，适用场所。

工学结合能力训练

【任务1】 自动喷水灭火系统设计

1. 设计依据

(1) 设计委托任务书、城建各管理部门对本项日初步设计的有关批复、审查意见等。

(2) 所采用的本专业的设计规范、法规。

①《自动喷水灭火设计规范》GB 50084—2001。

②《自动喷水灭火设计规范施工及验收规范》GB 50261—2005

(3) 本工程其他专业提供的设计资料。

2. 相关设计基础资料与设计范围

(1) 相关设计基础资料。

(在设计基础资料中找出与室内给水设计相关的内容，并完整列出这些内容。)

(2) 设计范围。

(地下室车库。)

3. 系统设计

(1) 本工程引入管设置在____________，引入本工程自动喷淋用水。

(2) 根据城市供水水压，本工程采用____________给水方式。

(说明给水方式的具体分区供水情况。)

(3) 给水设备的设置。

(说明设置的给水增压贮水设备的种类及设置的位置。)

(4) 其他。

4. 管道材料

(1) 自动喷水灭火系统给水管采用____________，连接方式为____________。

(2) 自动喷水灭火系统工作压力的确定。

5. 阀门及附件

(1) 自动喷水灭火系统报警阀组选用____________。

(2) 消防水箱进水阀采用100X型水力遥控浮球阀；消防水泵出水管上的止回阀采用300X型缓闭式止回阀；每层楼的配水支管应设置____________和____________。

(3) 消防水泵出口端的各种阀门工作压力应不小于1.6MPa，其余阀门的工作压力应不小于1.00MPa。

(4) 各种阀门当阀体材料不是铜或不锈钢时，可以采用球墨铸铁或铸钢阀体的阀门。

(5) 每组阀门应至少在一侧配套设置可曲挠橡胶接头或不锈钢波纹伸缩节，以方便阀门检修。可曲挠橡胶接头或不锈钢波纹伸缩节的工作压力不应小于阀门的工作压力。

6. 其他设备和器材

(1) 水泵选用____________，扬程____________，流量____________，功率____________；消防水泵均应设置隔振基础。

(2) 末端试水装置中的压力表采用Y-150型压力表，其量程应为系统最高压力的两倍。

(3) 消防水箱采用不锈钢水箱；消防水池等的溢流管、通气管口均应装设不锈钢防虫网。

(4) 消防水泵应配套设置控制箱及电源总开关，并与火灾自动报警器联动。

7. 管道敷设与安装要求

(1) 各类管道在安装时应尽量靠墙、柱及贴近板底安装，为使用和二次装修留出空间，并应与其他专业的管道、桥架等密切配合，确保管道安装顺利实施。在安装过程中如发生管道交叉，应按照“小管让大管、有压管让无压管”的原则进行调整。

(2) 在对非管道井内的管道进行封包和隐蔽时，应在管道的阀门、检修口等处设置便于开启的检修活门或检修孔，以免在管道需要检修时造成破坏性检修而带来不必要的损失。

(3) 所有管道在穿越地下室外墙、水池池壁时，均应设置____________，防水套管类型采用刚性防水套管；室内管道在穿越楼板和墙体时，也应设置__________，套管管径以大两号为宜，穿楼板的套管上口宜高出楼板面__________。

(4) 水泵房内的管道支吊架应采用弹性支吊架，以保证隔振、隔声效果。

(5) 消防给水管道在安装时，应按__________的坡度坡向立管。

8. 管道保温和防腐

(1) 提出对给水管道防结露处理、保温材料及施工要求。

(2) 根据所选管材要求确定是否做防腐措施。

(3) 所有管道在经防腐处理完毕后，给水管道面漆颜色或标识的设置如下：自喷系统管道为红色字样；管道表面标注出的系统分区、管道类别等信息和字样间距应不大于2.0米。

9. 管道试压

(1) 管道的试压按《自动喷水灭火系统施工验收规范》(GB 50242—2002)的规定执行。

(2) 消防水箱按国标图集《矩形给水箱》(02S101)的要求做满水试验。

10. 其他

(1) 图中所注标高为管中心标高，所注立管、水平管距离为管中心距离。

(2) 所注标高单位为m，所注管径单位为mm。

(3) 本子项的±0.000标高相当于绝对标高__________ m。

(4) 业主、施工等各方在选定报警阀组设备、管材和附件时，应把好质量关。在符合使用功能要求、满足设计及系统要求的前提下，应优先选用高效率、低能耗的优质产品，不得选用淘汰和落后的产品。

(5) 本说明与各图纸上的分说明不一致时，以各图纸上的分说明为准。

(6) 本说明未提及者，均按照国家施工验收有关规范、规定执行。

【任务2】 室内给水系统设计计算过程

(1) 设计准备，熟悉设计基础资料。

(2) 判断建筑物性质和火灾危险等级(轻、中、严重)。

(3) 选择设计参数：喷水强度、作用面积、最小水压。

(4) 确定喷头的安装形式(下垂型、直立型、装饰型、边墙型)和保护面积。

(5) 在给定的建筑平面图上布置喷头确定喷头的布置形状和间距。

(6) 在建筑平面图上布置水平干管、立管和配水支管。

(7) 绘制系统图，根据系统图绘制计算简图(确定最不利点，确定计算管线：最不利点—配水支管—配水横管—立管—报警阀组—喷淋泵—吸水口)。

(8) 水力计算。

① 确定最不利点喷头的压力(0.1MPa)，计算第一个喷头的流量。

② 计算第一个喷头到第二个喷头的水头损失。

③ 确定第二个喷头的工作压力。

④ 重复上述计算过程，一直计算到作用面积内的最后一个喷头，把计算过程和计算

结果填到水力计算表(4-12)中。

⑤ 根据计算结果，确定系统的水压和水量。

⑥ 确定不计算管段的管径(按表4-7确定)。

表4-12　自动喷水灭火系统管网水力计算表

节点喷头	管段	喷头特性系数 B	喷头或节点处的压力 (mH_2O)	喷头或节点处的流量 (L/s)	管段内的流量 Q (L/s)	Q^2	管道直径 d	管道比阻值 A	管段长度 l (m)	管段水头损失 h (mH_2O)
1										
2										
3										
4										

⑦ 校核流速，调整管径(经济流速小于5m/s)。

⑧ 选择喷淋泵，满足计算流量和水压的要求。

⑨ 确定消防水箱容积，容积为10min消防用水量，确定消防水箱高度，满足最不利点喷头出水压力的要求，若不满足，应增设加压装置。

⑩ 选择加压、稳压设备。

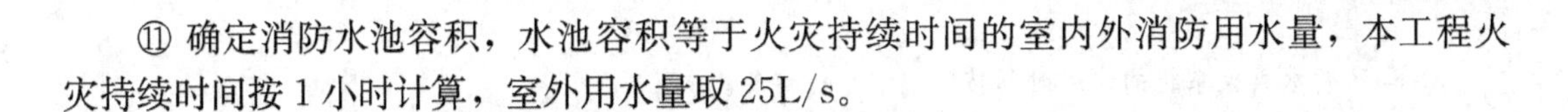

⑪ 确定消防水池容积，水池容积等于火灾持续时间的室内外消防用水量，本工程火灾持续时间按 1 小时计算，室外用水量取 25L/s。

⑫ 进行水泵房工艺设计(确定水泵的基础，水泵基础的平面布置，绘制水泵管路系统图，材料统计表，控制说明)。

【任务 3】 自动喷水灭火系统绘图能力训练

(1) 目的：通过绘图训练，要求掌握自动喷水灭火系统平面图和系统图的绘制方法和技巧，具备给水施工图的绘图能力。

(2) 绘图要求如下。

① 使用 Auto CAD 绘图软件进行绘图。

② 使用 A3 图纸。

③ 要求划分好图层，图线、文字标注、线性、线宽，符合制图规范。

(3) 绘图内容如下。

地下室喷头布置平面图和自动喷水灭火系统图。

练 习 题

一、名词解释

自动喷水灭火系统　湿式自动喷水灭火系统　干式自动喷水灭火系统　预作用自动喷水灭火系统　循环启闭自动喷水灭火系统　雨淋系统　水幕系统　作用面积　快速响应喷头

二、填空题

1. 在环境温度不低于 4℃、不高于 70℃的建筑物和场所适用________自动喷水灭火系统。

2. 按照《自动喷水灭火系统设计规范》GB 50084—2001 的规定，建筑物的火灾危险等级分为________、________、________。

3. 高位消防水箱的容量应满足室内火灾________________________消防用水量的要求。

4. ____________是表示自动喷水灭火系统在单位时间内向保护区域的单位面积上所能洒的最小水量。

5. 作用面积应选在建筑的______________部位。

6. 当作用面积为长方形时，其长边的长度应等于或大于作用面积平方根的____________倍。

7. 选用喷头时，一般要求喷头的动作温度比预测环境的最高温度高________℃。

8. 洒水喷头的布置形式主要有________、________和________三种。

9. 除吊顶型喷头和安装在吊顶下的喷头外，直立型、下垂型标准喷头，其溅水盘与顶板的距离不应小于____________，而且不应大于____________。

10. 自动喷水灭火系统管道内流速应采用经济流速，一般不超过________，但对于某些配水支管，为了减压，必须增加沿程水力损失，就需要减小管径，加大流速，但不应大于________。

11. 根据《建筑给排水设计规范》GB 50015—2003 的规定，当消防与生活、生产共用给水管网时，其局部阻力损失按沿程阻力损失的________计取。

12. 喷头在管道上的安装形式主要有____________、____________、____________、____________。

三、单选题

1. 湿式自动喷水灭火系统中，一个湿式报警阀后控制的喷头数量不应超过(　　)。

A. 500　　B. 1000　　C. 800　　D. 750

2. 水流指示器的工作电压一般为(　　)V。

A. 12　　B. 24　　C. 48　　D. 36

3. 自动喷水灭火系统的作用时间按(　　)小时计算。

A. 1　　B. 2　　C. 0.5　　D. 1.5

4. K=80 的标准边墙型喷头适用于宽度不大于(　　)m 的狭长房间、走廊。

A. 4.0　　B. 6.0　　C. 3.6　　D. 4.5

5. 水压在 0.1MPa 时，延迟器的容积为 5～9L，能起到(　　)s 的延时作用。

A. 30　　B. 10　　C. 20　　D. 49

6. 消防水箱中应储存(　　)的消防水量。

A. 10 min　　B. 15min　　C. 20min　　D. 25min

7. 自动喷水灭火系统最不利点喷头的工作压力为(　　)MPa。

A. 0.2　　B. 0.3　　C. 0.1　　D. 0.25

8. 在临时高压给水系统中，如果水箱的设置高度不能满足最不利点处喷头工作压力时，应设置(　　)。

A. 启泵装置　　B. 报警装置　　C. 稳压装置　　D. 末端试水装置

9. 稳压泵的流量按照消防水泵流量的 2%～(　　)来确定，一般为 1L/s。

A. 10%　　B. 5%　　C. 3%　　D. 7%

10. 一类公共建筑消防水箱的消防储水量不应小于(　　)m^3。

A. 6　　B. 12　　C. 16　　D. 18

11. 干式系统中有排气装置时，一个干式报警阀后的喷头数量不超过(　　)。

A. 800　　B. 500　　C. 250　　D. 125

12. 有压充气管道的快速排气阀入口前应设(　　)。

A. 排水阀　　B. 电动阀　　C. 排烟阀　　D. 信号阀

13. 不做吊顶的场所，当配水支管布置在梁下时，应采用(　　)。

A. 快速反应喷头　　B. 装饰型喷头　　C. 直立型喷头　　D. 下垂型喷头

14. 自动喷水灭火系统应有备用喷头，其数量不应少于总数的 1%，且每种型号均不得少于(　　)只。

A. 5　　B. 10　　C. 15　　D. 20

四、多选题

1. 具有下列(　　)要求之一的场所应采用预作用系统。

A. 系统处于准工作状态时，严禁管道漏水　　B. 严禁系统误喷

C. 替代干式系统　　D. 替代湿式系统

E. 环境温度高于 70℃

2. 具有下列(　　)要求之一的场所应采用雨淋系统。

A. 火灾的水平蔓延速度快、闭式喷头的开放不能及时使喷水有效覆盖着火区域

B. 必须迅速扑救初期火灾

C. 严重危险级Ⅱ级

D. 严重危险级Ⅰ级

E. 中危险级Ⅱ级

3. (　　)系统的配水管道应设快速排气阀。

A. 干式系统　　B. 湿式系统

C. 预作用系统　　D. 循环启闭式预作用系统

E. 雨淋系统

4. 吊顶下布置的喷头，应采用(　　)喷头。

A. 直立型　　B. 下垂型　　C. 吊顶型　　D. 普通型

E. 快速反应型

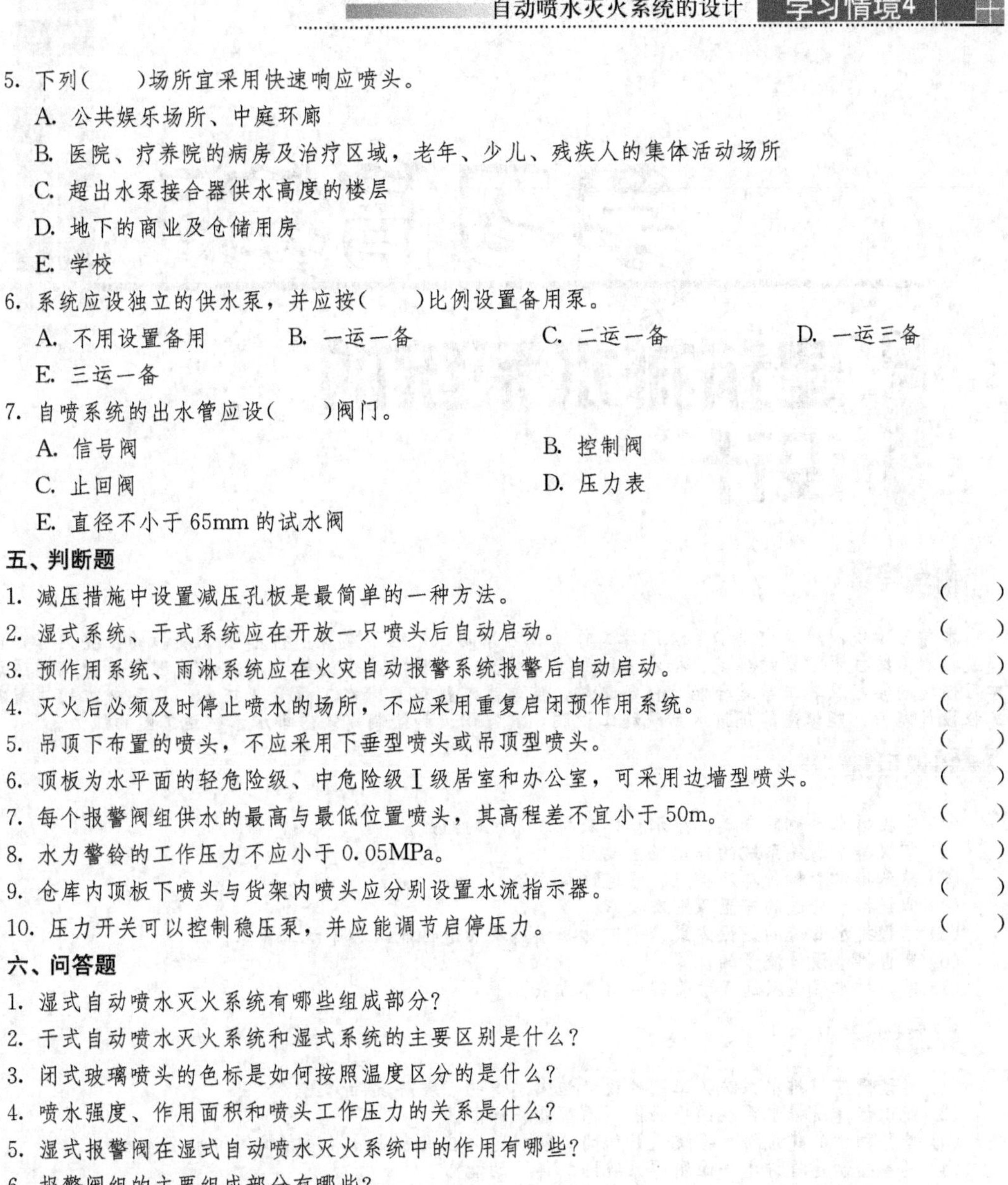

5. 下列(　　)场所宜采用快速响应喷头。

A. 公共娱乐场所、中庭环廊

B. 医院、疗养院的病房及治疗区域，老年、少儿、残疾人的集体活动场所

C. 超出水泵接合器供水高度的楼层

D. 地下的商业及仓储用房

E. 学校

6. 系统应设独立的供水泵，并应按(　　)比例设置备用泵。

A. 不用设置备用　　B. 一运一备　　C. 二运一备　　D. 一运三备

E. 三运一备

7. 自喷系统的出水管应设(　　)阀门。

A. 信号阀　　B. 控制阀

C. 止回阀　　D. 压力表

E. 直径不小于 65mm 的试水阀

五、判断题

1. 减压措施中设置减压孔板是最简单的一种方法。(　　)
2. 湿式系统、干式系统应在开放一只喷头后自动启动。(　　)
3. 预作用系统、雨淋系统应在火灾自动报警系统报警后自动启动。(　　)
4. 灭火后必须及时停止喷水的场所，不应采用重复启闭预作用系统。(　　)
5. 吊顶下布置的喷头，不应采用下垂型喷头或吊顶型喷头。(　　)
6. 顶板为水平面的轻危险级、中危险级Ⅰ级居室和办公室，可采用边墙型喷头。(　　)
7. 每个报警阀组供水的最高与最低位置喷头，其高程差不宜小于 50m。(　　)
8. 水力警铃的工作压力不应小于 0.05MPa。(　　)
9. 仓库内顶板下喷头与货架内喷头应分别设置水流指示器。(　　)
10. 压力开关可以控制稳压泵，并应能调节启停压力。(　　)

六、问答题

1. 湿式自动喷水灭火系统有哪些组成部分?
2. 干式自动喷水灭火系统和湿式系统的主要区别是什么?
3. 闭式玻璃喷头的色标是如何按照温度区分的是什么?
4. 喷水强度、作用面积和喷头工作压力的关系是什么?
5. 湿式报警阀在湿式自动喷水灭火系统中的作用有哪些?
6. 报警阀组的主要组成部分有哪些?
7. 压力开关和水流指示器在自动喷水灭火系统中的作用有哪些?
8. 延时器的作用原理是什么?
9. 列举四种喷头安装形式的水量分布情况。
10. 简述自动喷水灭火系统的分类。
11. 解决自动喷水灭火系统超压的办法有哪些?

七、绘图题

1. 画出湿式自动喷水灭火系统的工作原理图。
2. 画出预作用系统的系统示意图。

建筑排水系统的设计

情境导读

本学习情境以建筑内排水系统设计工作过程为导向，介绍了建筑内排水系统设计的主要内容，包括建筑排水系统技术方案的确定、排水管网的水力计算、并对污废水的提升及污水处理进行介绍。通过本学习情境的学习及其工学结合能力任务训练，使学生掌握建筑排水工程专业技术，具备初步的建筑排水工程设计能力，能读懂建筑排水系统施工说明，具备识读和绘制建筑内排水系统施工图的能力。

知识目标

(1) 掌握排水系统的分类、排水体制及排水系统的组成。
(2) 掌握排水通气系统的作用及主要形式。
(3) 熟悉排水管材种类及特点、管道连接方法。
(4) 掌握排水管道的布置原则及要求。
(5) 掌握排水管道的敷设方式、管道防护措施及管道性能试验等施工要求。
(6) 掌握排水设计流量的计算。
(7) 掌握排水管道及通气管管径的计算方法。

能力目标

(1) 能读懂建筑排水系统施工图的设计施工总说明，理解设计意图。
(2) 能识读建筑排水系统的平面图、系统图、详图。
(3) 具备初步的建筑排水系统设计能力，能规范地应用专业技术语言编写排水设计方案。
(4) 具备绘制建筑排水平面图、系统图、详图的能力。
(5) 团队协作与沟通能力。

工学结合能力培养学习设计

<table>
<tr><th></th><th>知识点</th><th>学习型工作子任务及内容</th><th></th></tr>
<tr><td rowspan="6">排水总体方案设计过程</td><td>排水体制</td><td rowspan="3">确定建筑室内排水系统的技术方案</td><td rowspan="6">将各项设计内容汇总后，编写设计施工说明</td></tr>
<tr><td>排水系统的组成</td></tr>
<tr><td>排水系统的通气方式</td></tr>
<tr><td>排水管材及连接方法</td><td>确定排水管材及连接方式</td></tr>
<tr><td>排水管道的布置</td><td>对建筑内排水管道、通气管道进行布置，并绘出平面图、系统图及详图</td></tr>
<tr><td>排水管道的敷设方式、管道安装要求、管道系统防护的措施及管道性能试验要求</td><td>提出建筑内排水系统的施工要求</td></tr>
<tr><td rowspan="3">排水设计计算过程</td><td>排水定额、最大时排水量、排水设计秒流量的计算公式</td><td>计算最大小时排水量，正确选择设计秒流量计算公式</td><td rowspan="3">将各项设计内容汇总后，编写设计计算书</td></tr>
<tr><td>确定排水器具支管管径、横干管、排水立管的水力计算及通气系统管道管径</td><td>排水管道的水力计算及通气管道管径的确定</td></tr>
<tr><td>化粪池容积、隔油池、污水处理构筑物</td><td>水处理设备的设计计算</td></tr>
</table>

单元任务5.1　建筑排水系统技术方案的确定

【单元任务内容及要求】 建筑内排水系统技术方案的确定就是根据工程设计基础资料和业主要求，在满足技术经济的前提下确定排水体制、排水系统的组成及排水系统的通气方式。

特别提示

建筑排水系统包括建筑室内排水系统与建筑小区排水系统，通过建筑内、外排水管道系统、附件、设备、构筑物等设施，将建筑内的生活污水、工业废水、屋面和小区雨、雪水收集起来，有组织地、及时畅通地排至室外排水管网及污水处理构筑物，再通过市政管网排至污水厂进行处理。本学习情境主要针对建筑内排水系统，根据建筑设计规范的规定，屋面雨水系统应单独设置系统排除。

知识链接

按系统排除的污、废水种类的不同，可将建筑内排水系统分为以下几类。

1. 粪便污水排水系统

排除大便器(槽)、小便器(槽)以及与此相似的卫生设备产生的含有粪便和纸屑等杂物的粪便污水的排水系统。

2. 生活废水排水系统

排除洗涤盆(池)、淋浴设备、盥洗设备及厨房等卫生器具排出的含有洗涤剂和细小悬浮杂质、污染程度较轻的废水排水系统。

3. 生活污水排水系统

排除粪便污水和生活废水合流排出的排水系统。

4. 生产污水排水系统

排除生产过程中被污染较重的工业废水的排水系统。生产污水需经过处理后才允许回用或排放，如含酚污水，含氰污水，含酸、碱污水等。

5. 生产废水排水系统

排除生产过程中只有轻度污染或水温提高、只需经过简单处理即可循环或重复使用的较洁净的工业废水的排水系统，如冷却废水、洗涤废水等。

6. 屋面雨水排水系统

排除降落在屋面的雨、雪水的排水系统。

5.1.1　建筑室内排水体制

1. 排水体制

建筑室内排水体制分为分流制和合流制两种，分别称为建筑室内分流排水和建筑室内合流排水。

1）分流制排水

建筑产生的污水、废水按不同性质分别设置管道排至室外，称为分流制排水。室内分流制排水是指居住建筑和公共建筑中的粪便污水和生活废水、工业建筑中的生产污水和生产废水各自由单独的排水管道系统排除。

2）合流制排水

建筑中产生的两种或两种以上的污、废水合用一套排水管道系统排除到室外，称为合流制排水。

2. 排水体制的选择

建筑内部排水体制的确定应根据污水性质和污染程度，结合建筑外部排水系统体制、是否有利于综合利用、中水系统和开发和污水的处理要求等方面因素考虑。

(1) 下列情况，宜采用生活污水与生活废水分流的排水体制。

① 建筑物使用性质对卫生标准要求较高时。

② 生活废水量较大，且环卫部门要求生活污水需经化粪池处理后才能排入城镇排水管道时。

③ 生活废水需回收利用时。

(2) 下列建筑排水应单独排水至水处理或回收构筑物。

① 职工食堂、营业餐厅的厨房含有大量油脂的洗涤废水。

② 机械自动洗车台冲洗水。

③ 含有大量致病菌，放射性元素超过排放标准的医院污水。

④ 水温超过 40℃的锅炉、水加热器等加热设备排水。

⑤ 用作回用水水源的生活排水。

⑥ 实验室有害、有毒废水。

5.1.2 室内排水系统的组成

建筑室内排水系统的任务是要能迅速通畅地将污水排到室外，并能保持系统气压稳定，同时将管道系统内有害、有毒气体排到一定空间而保证室内的环境卫生，建筑室内排水系统的组成如图 5.1 所示。一个典型完整的排水系统可由以下部分组成。

1. 卫生器具和生产设备受水器

卫生器具是建筑内部排水系统的起点，用以满足人们日常生活或生产过程中各种卫生要求，并收集和排出污、废水的设备。

2. 排水管道

排水管道包括器具排水管(指连接卫生器具和横支管的一段短管，除坐式大便器外，其间含有一个存水弯)、横支管、立管、埋地干管和排出管。

3. 通气管道

设置通气系统的作用是由于建筑内部排水系统是气水两向流动，当卫生器具排水时，需向排水管道内补给空气，以减小气压变化，防止卫生器具水封破坏，使水流通畅，同时也需将排水管道内的有毒气体排放到一定空间的大气中去，补充新鲜空气，减缓管道的腐蚀速度。另外，设置通气管道也能增大立管的排水能力。

4. 清通设备

为保障建筑室内排水管道畅通，常需设置检查口、清扫口、带清扫门的 90°弯头或三通、室内埋地横管干管上的检查井等。

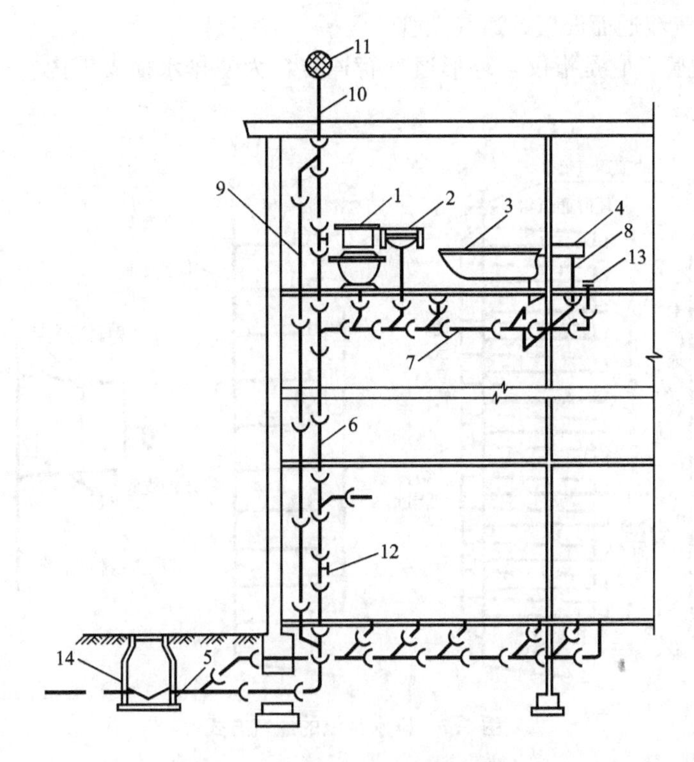

图 5.1 建筑室内排水系统的组成

1—大便器；2—洗脸盆；3—浴盆；4—洗涤盆；5—排出管；6—立管；
7—横支管；8—支管；9—通气立管；10—伸顶通气管；11—网罩；
12—检查口；13—清扫口；14—检查井；15—地漏

5. 提升设备

建筑物的地下室及地下室机房、人防工程等地下建筑物的污、废水不能自流至室外，常须设污、废水抽升设备。

6. 污水局部处理构筑物

当建筑内部污水未经处理不能排入其他管道或市政排水管网和水体时，须设污水局部处理构筑物。民用建筑的地下室、人防建筑物、高层建筑地下室机房、工厂车间的地下室和地铁等地下建筑的污、废水不能自流排至室外检查井，须设污、废水提升设备，如污水泵。

5.1.3 排水系统通气方式

(1) 按通气立管的特点，排水系统的通气方式主要有以下几种方式，如图 5.2 所示。

① 仅设伸顶通气管的方式。适用于层数不高、卫生器具不多的建筑物，可将排水立管上端延长并伸出屋顶，这一段管叫伸顶通气管。

② 设专用通气管的通气方式。它是指仅与排水立管连接，为污水立管内空气流通而设置的垂直通气立管。适用于层数较高、卫生器具较多的建筑物，因排水量大，空气的流动过程易受排水过程干扰，需将排水管和通气管分开，设专用通气管道。

③ 设主通气管的通气方式。它是指与环形通气管和排水立管连接，并为排水横支管

和排水立管内空气流通而设置的通气立管。

④ 副通气立管。它是指仅与环形通气管连接，为使排水横支管内空气流通而设置的通气立管。

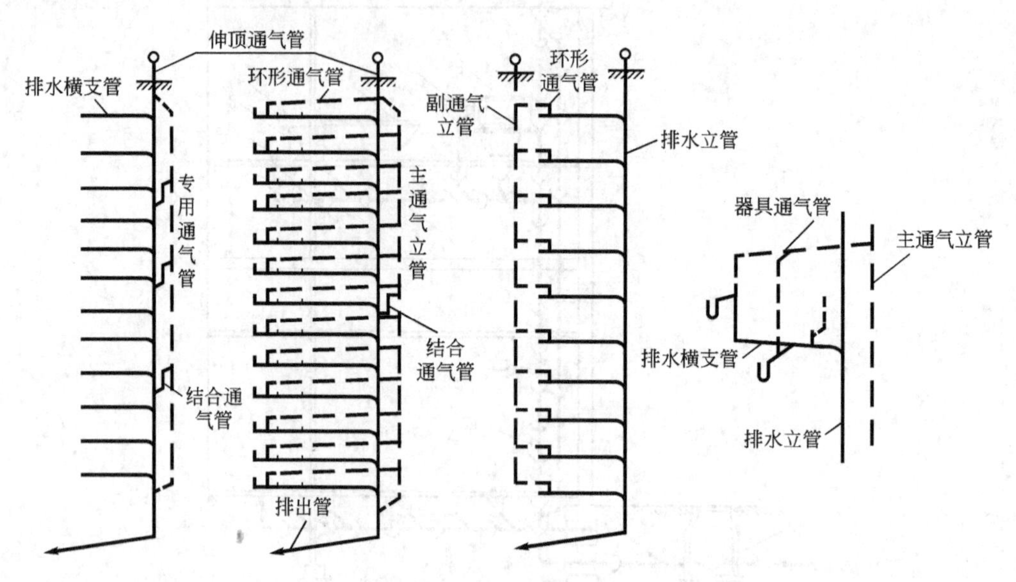

图 5.2　排水系统的通气方式

（2）如图 5.3 所示，按通气立管的组合方式，排水系统的组合类型主要如下。

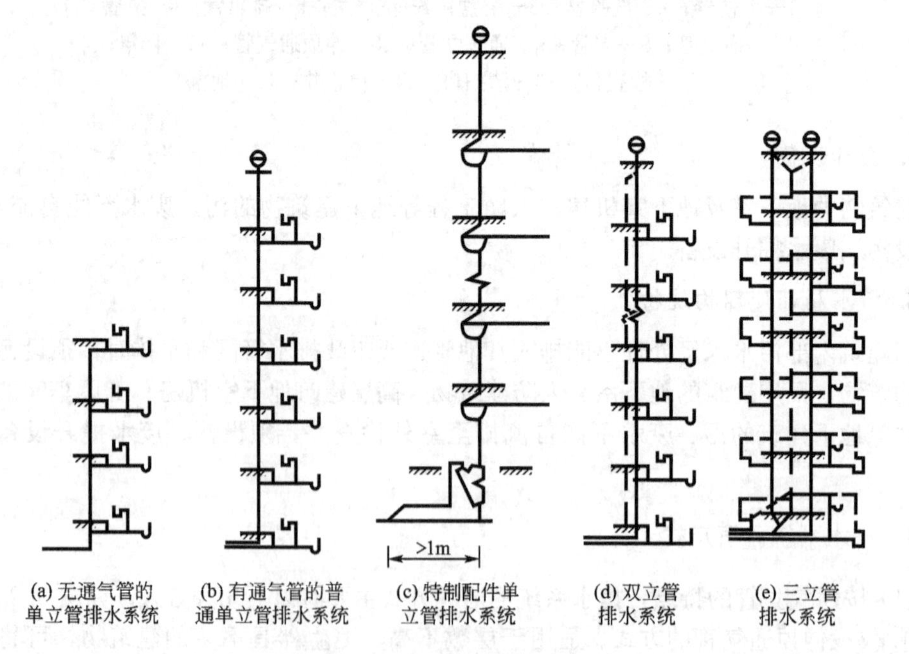

图 5.3　排水系统的组合类型

① 单立管排水系统。单立管排水系统也称为内通气系统，这种系统只设一根排气立管，不设专用通气立管。它利用排水立管本身与其相连接的横支管进行气流交换，通常根据建筑层数和卫生器具的多少，单立管排水系统又分为三种。

a. 无通气管的单立管排水系统。这种形式的立管顶部不与大气相通，当排水系统中的立管短、卫生器具少、排水量少、立管顶端不便伸出屋面时采用这种形式。

b. 有通气管的普通单立管排水系统。排水立管向上延伸至屋面一定高度与大气相通，适用于一般多层建筑。

c. 特制配件单立管排水系统。这种内通气系统是利用特殊结构改变水流方向和状态，且在横支管与立管连接处、立管底部与横干管或排出管连接处设置特制配件；在排水立管管径不变的情况下，改善管内水流与通气状态，增大排水流量。适用于各类多层、高层建筑。

② 双立管排水系统。双立管排水系统是由一根排水立管和一根通气立管组成。双立管排水系统利用排水立管进行气流交换，改善管内水流状态，适用于污、废水合流的各类多层和高层建筑。

③ 三立管排水系统。三立管排水系统是由一根生活污水立管和一根生活废水立管，或两根生活污水管或两根生活废水管共用一根通气立管。适用于生活污水和生活废水需分别排出室外的各类多层和高层建筑。

知识链接

在排水系统通气系统中除前述排气立管外，还有以下几种起辅助作用的通气管。

(1) 环形通气管是指在多个卫生器具的排水横支管上，从最始端卫生器具的下游端接至通气立管的那一段通气管段。

(2) 器具通气管是指卫生器具存水弯出口端，在高于卫生器具上一定高度处与主通气立管连接的通气管段。

(3) 结合通气管是指排水立管与通气立管的连接管段。

单元任务 5.2 卫生器具的设置和布置

【单元任务内容及要求】 卫生器具的设置和布置主要是根据业主和规范要求选择合适的类型和数量的卫生器具，并对卫生器具进行布置，包括平面位置的确定及安装高度的要求。

卫生器具是建筑内部排水系统的重要组成部分。随着建筑标准的不断提高，人们对建筑卫生器具的功能要求和质量要求越来越高，卫生器具一般采用不透水、无气孔、表面光滑、耐腐蚀、耐磨损、耐冷热、便于清扫、有一定强度的材料制造，如陶瓷、搪瓷生铁、塑料、复合材料等。卫生器具正向着冲洗功能强、节水消声、设备配套、便于控制、使用方便、造型新颖、色彩协调等方面发展。

5.2.1 卫生器具的种类

1. 便溺器具

便溺器具设置在卫生间和公共厕所，用于收集粪便污水。便溺器具包括便器和冲洗设备。

1）大便器

大便器是排除粪便的卫生器具，其作用是把粪便和便纸快速排入下水道，同时要防臭。常用的大便器有坐式大便器、蹲式大便器和大便槽三种。

(1) 坐式大便器，按冲洗的水力原理可分为冲洗式和虹吸式两种，分别如图 5.4(a)、图 5.4(b) 所示。

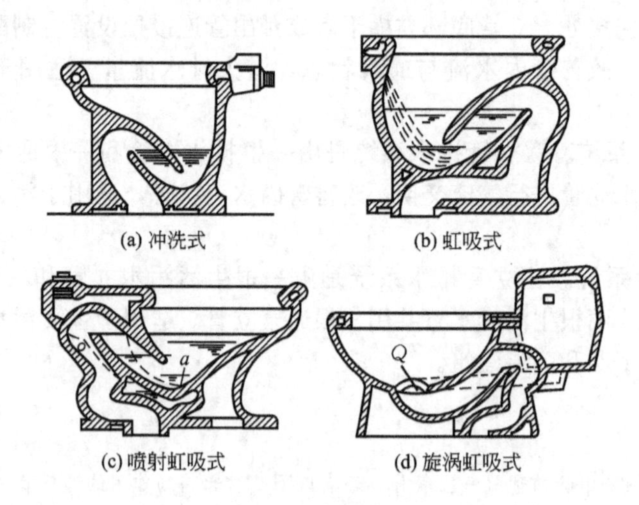

(a) 冲洗式　(b) 虹吸式　(c) 喷射虹吸式　(d) 旋涡虹吸式

图 5.4　坐式大便器

冲洗式坐便器环绕便器上口是一圈开有很多小孔口的冲水洗槽。冲洗开始时，水进入冲洗槽，经小孔沿便器表面冲下，便器内水面涌高，将粪便冲出存水弯边缘。冲洗式便器的缺点是受污面积大、水面面积小，每次冲洗不一定能保证将污物冲洗干净。

虹吸式坐便器是靠虹吸作用，把粪便全部吸出。在冲洗槽进水口处有一个冲水缺口，部分水从缺口处冲射下来，加快虹吸作用。虹吸式坐便器为了使冲洗水冲下时有力，流速很大，所以会发生较大噪声。虹吸式坐便器又有两种新类型：一种叫喷射虹吸式坐便器，一种为旋涡虹吸式坐便器。为了尽快造成强有力的虹吸作用，喷射虹吸式坐便器除了部分水从空心边沿孔门流下外，另一部分水从大便器边部的通道 *o* 处冲下来，由 *a* 口中向上喷射，如图 5.4(c)所示。其特点是冲洗作用快，噪声较小。

由于构造特点，旋涡虹吸式坐便器(图 5.4(d))上圈下来的水量很小，其旋转已不起作用，因此在水道冲水出口 *Q* 处，形成弧形水流成切线冲出，形成强大旋涡，将漂浮的污物借助于旋涡向下旋转的作用，迅速下到水管入口处，并在入口底受反作用力的影响下，迅速进入排水管道，从而大大加强了虹吸能力，有效地降低了噪声。坐式大便器都自带存水弯。

坐式大便器安装图如图 5.5 所示。

(2) 蹲式大便器，一般用于普通住宅、集体宿舍、公共建筑的公用厕所，防止接触传染的医院内厕所。蹲式大便器的压力冲洗水经大便器周边的配水孔，将大便器冲洗干净。蹲式大便器可分为高位水箱蹲式大便器和底层蹲式大便器两种，其安装图分别如图 5.6、图 5.7 所示。蹲式大便器比坐式大便器的卫生条件好。蹲式大便器一般不带存水弯，设计安装时需另外配置存水弯。

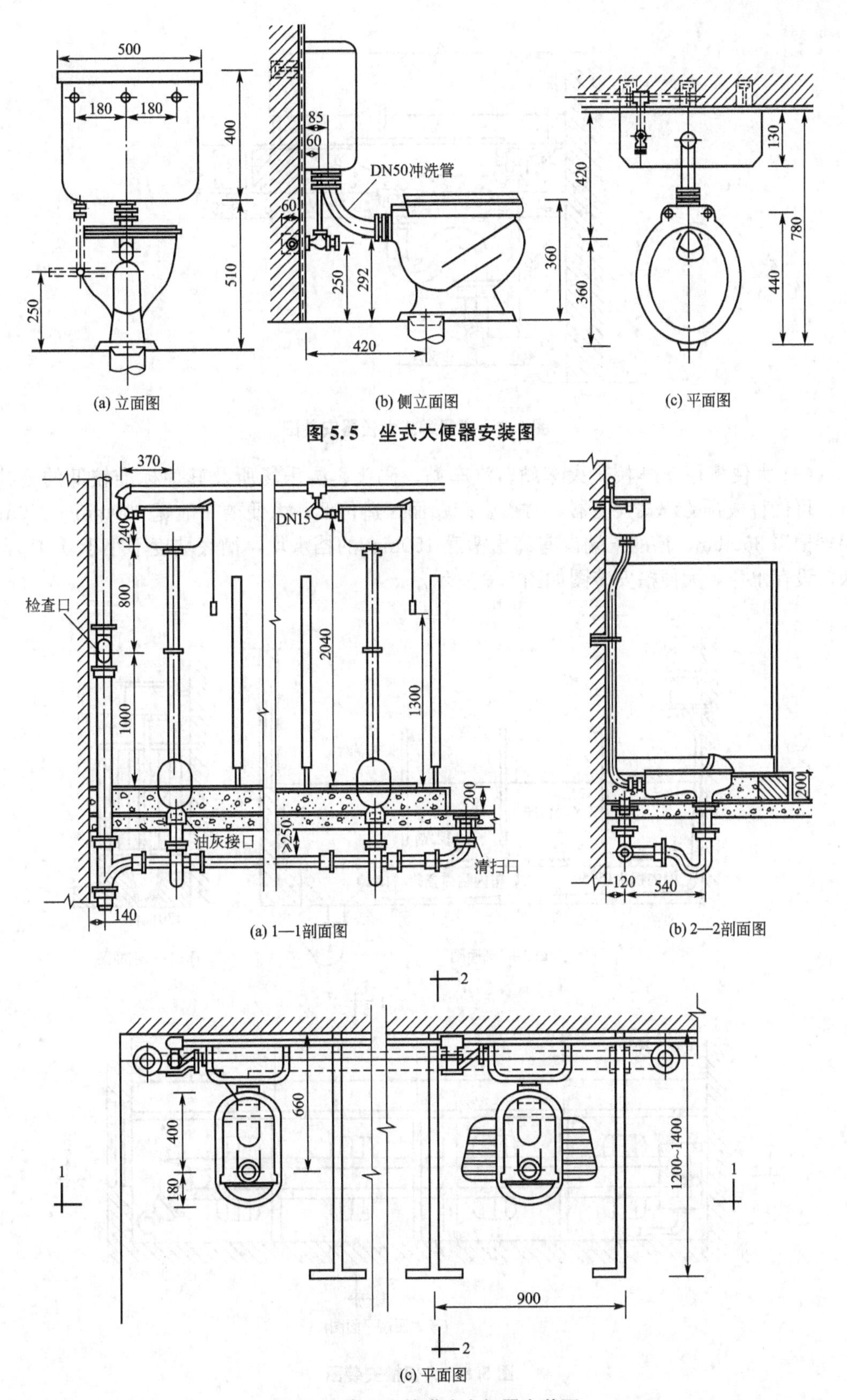

图 5.5 坐式大便器安装图

图 5.6 高位水箱蹲式大便器安装图

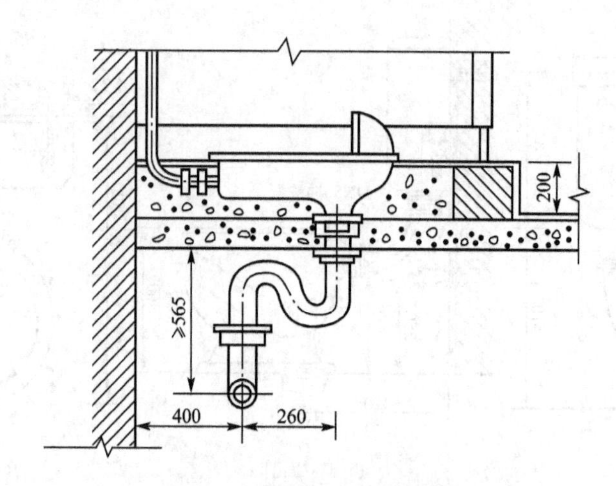

图 5.7　底层蹲式大便器安装图

(3) 大便槽用于学校、火车站、汽车站、码头、游乐场所及其他标准较低的公共厕所，可代替成排的蹲式大便器，常用瓷砖贴面，造价低。大便槽一般宽 200mm～300mm，起端槽深 350mm，槽的末端设有高出槽底 150mm 的挡水坎，槽底坡度不小于 0.015，排水口设存水弯，大便槽安装图如图 5.8 所示。

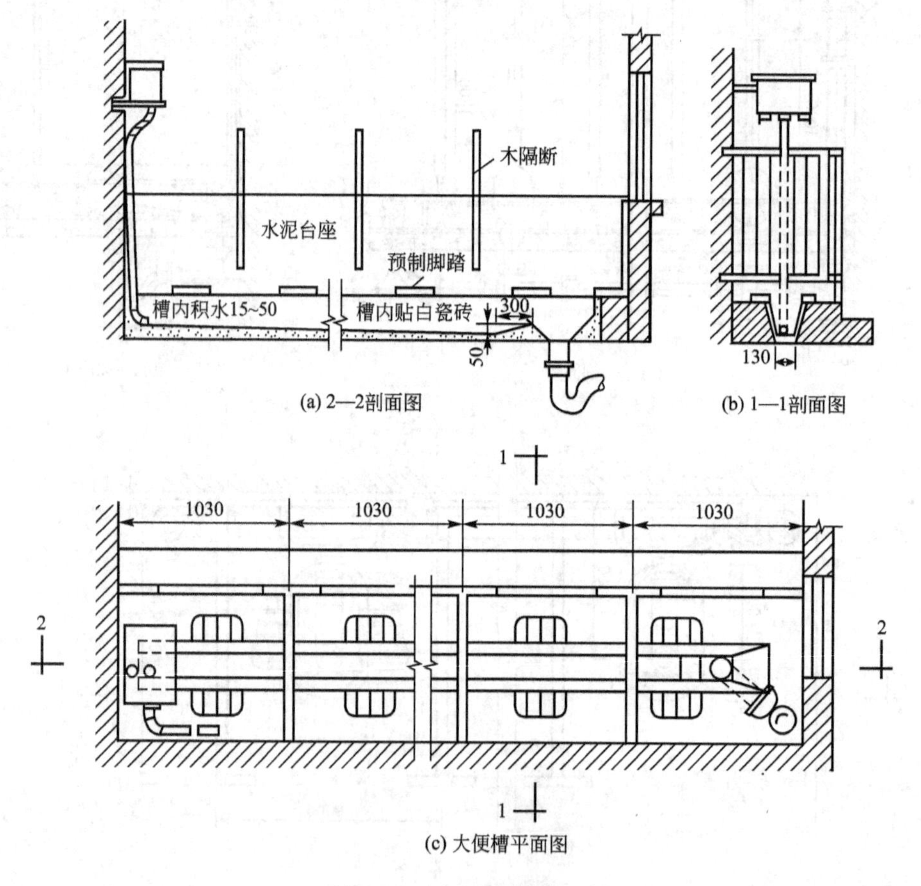

图 5.8　大便槽安装图

2）小便器

设于公共建筑的男厕所内，有的住宅卫生间内也设置。小便器有挂式、立式和小便槽3类，其中立式小便器用于标准高的建筑，小便槽用于工业企业、公共建筑和集体宿舍等建筑的卫生间。此三类小便器的安装图分别如图5.9、图5.10、图5.11所示。

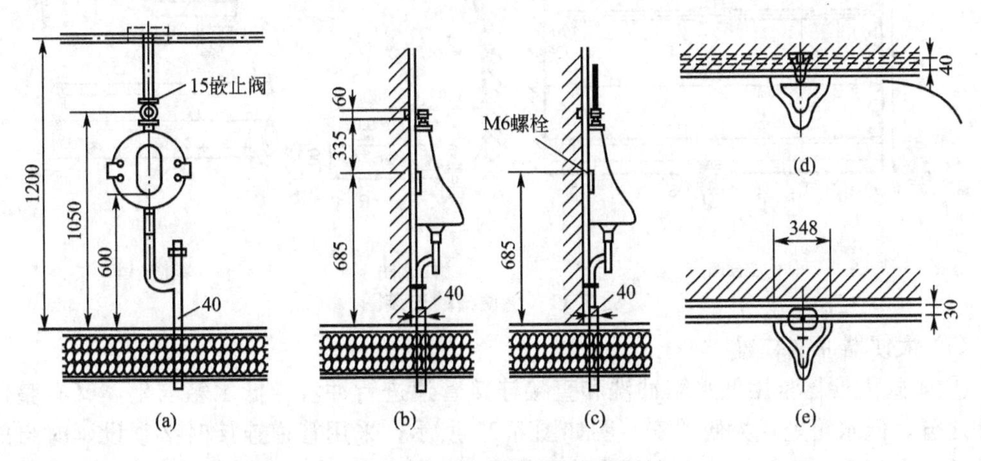

图5.9　挂式小便器安装图

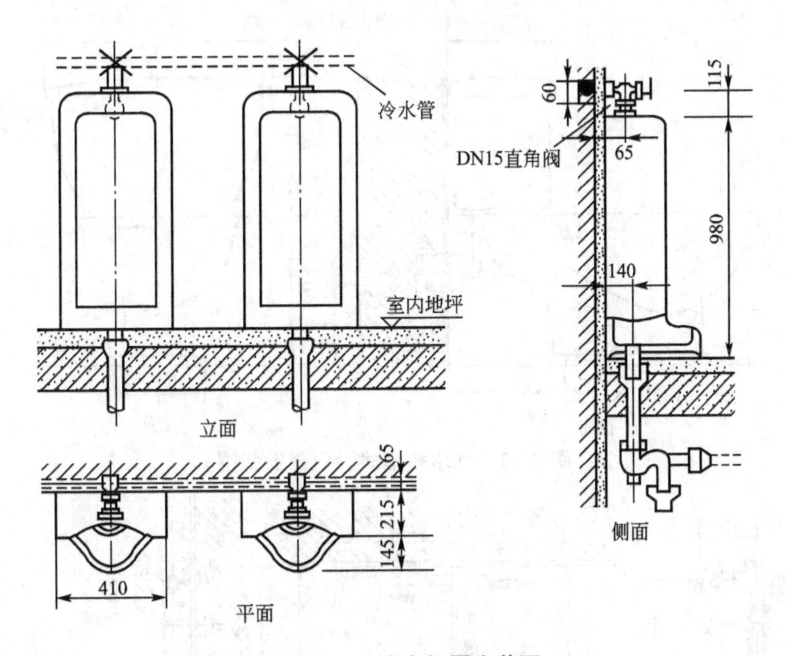

图5.10　立式小便器安装图

3）冲洗设备

冲洗设备是便溺器具的配套设备，有冲洗水箱和冲洗阀两种。冲洗水箱分高位水箱和低位水箱。高位水箱用于蹲式大便器和大、小便槽，公共厕所宜用自动式冲洗水箱，住宅和旅馆多用手动式；低位水箱用于坐式大便器，一般为手动式。冲洗阀直接安装在大、小便器冲洗管上，多用于公共建筑、工厂及火车厕所里。确定卫生器具冲洗装置时，应考虑节水型产品，在公共场所设置的卫生器具，应选用定时自闭式冲洗阀和限流节水型装置。

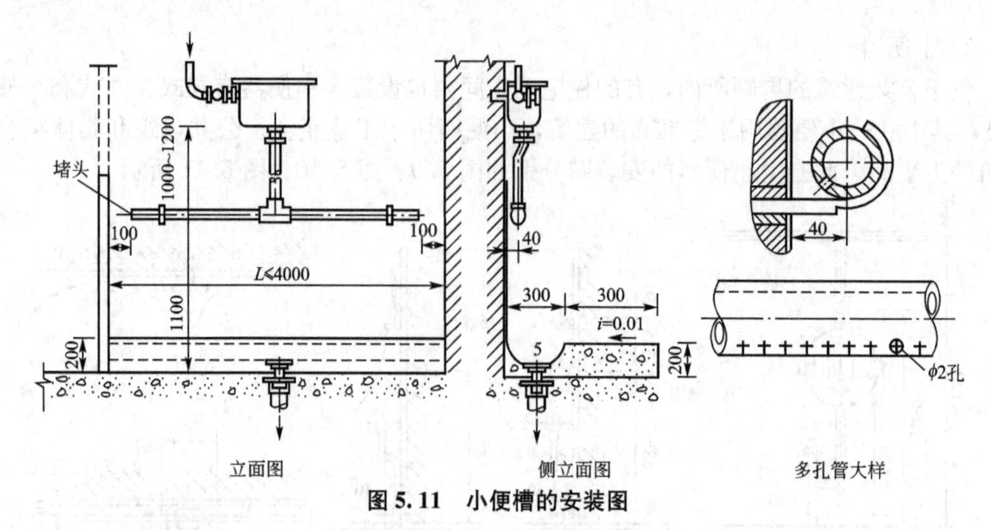

图 5.11 小便槽的安装图

(1) 大便器冲洗装置。

① 坐式大便器常用低水箱冲洗和直接连接管道进行冲洗，低水箱与坐体又有整体和分体之分。低水箱坐式大便器安装图如图 5.12 所示；采用管道连接时必须设延时自闭式冲洗阀，自闭式冲洗阀坐式大便器安装图如图 5.13 所示。

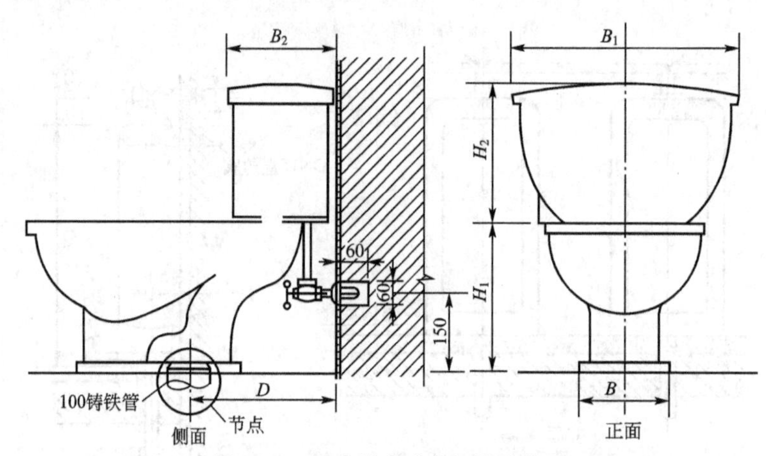

图 5.12 低水箱坐式大便器安装图

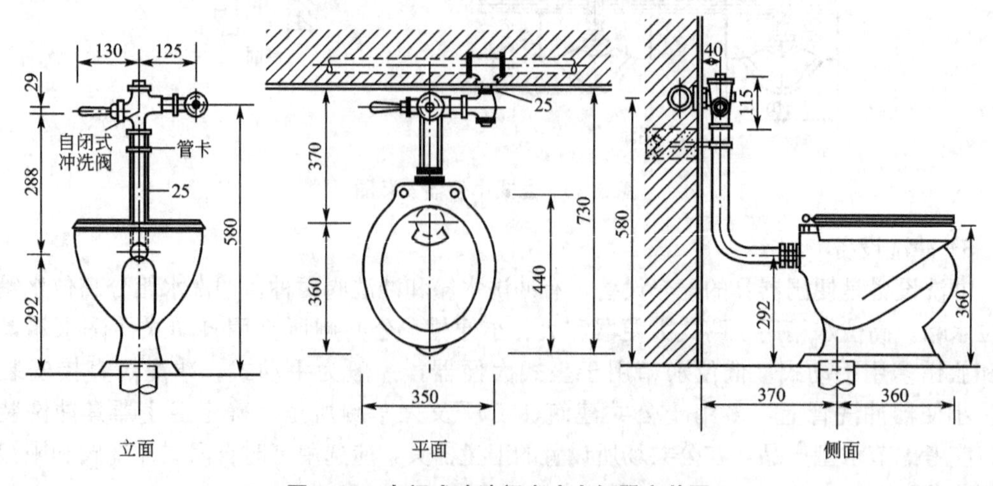

图 5.13 自闭式冲洗阀坐式大便器安装图

② 蹲式大便器冲洗装置有高位水箱和直接连接给水管加延时自闭式冲洗阀两种，为节约冲洗水量，有条件时应尽量设置自动冲洗水箱，手动冲洗水箱和延时自闭式冲洗阀安装图分别如图 5.14、图 5.15 所示。

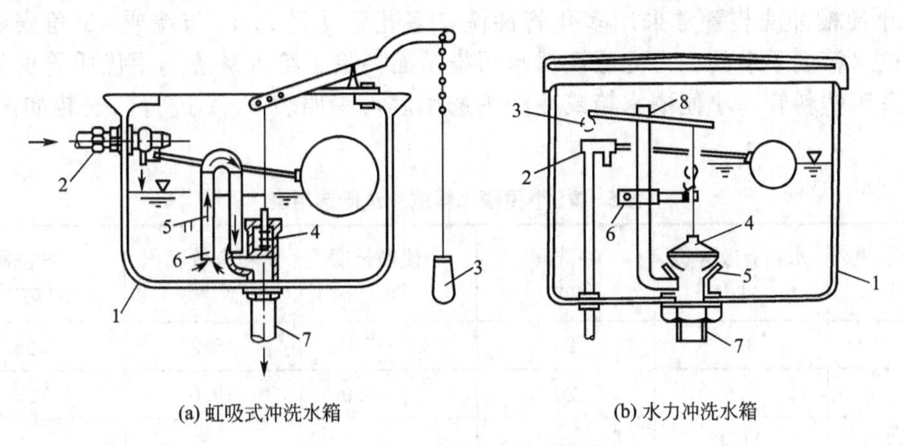

图 5.14 手动冲洗水箱安装图

1—水箱；2—浮球阀；3—拉链-弹簧；4—橡胶球阀；5—虹吸管；6—ϕ5 小孔；7—冲洗管

1—水箱；2—浮球阀；3—板手；4—橡胶球阀；5—阀座；6—导向装置；7—冲洗管；8—溢流管

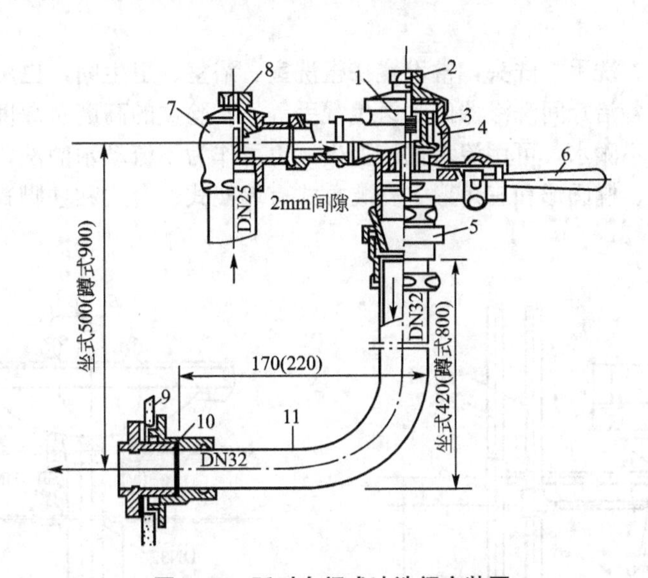

图 5.15 延时自闭式冲洗阀安装图

③ 大便槽冲洗装置常在大便槽起端设置高位自动冲洗水箱，或采用延时自闭式冲洗阀，如图 5.8 所示。大便槽冲洗水量、冲洗水管及排水管管径的确定见表 5-1。

表 5-1 大便槽冲洗水量、冲洗水管及排水管管径的确定

蹲位数(个)	每蹲位冲洗水量(L)	冲洗管管径 DN(mm)	排水管管径 DN(mm)
3～4	12	40	100
5～8	10	50	150
9～12	9	70	150

(2) 小便器和小便槽冲洗装置。

① 小便器冲洗装置常采用按钮式延时自闭式冲洗阀、感应式冲洗阀等自动冲洗装置，既满足了冲洗要求，又节约冲洗水量，参见图 5.9、图 5.10 所示。

② 小便槽冲洗装置常采用多孔管冲洗，多孔管孔径 2mm 与墙成 45°角安装，可设置高位水箱或手动阀。为克服铁锈水污染贴面，除了给水系统选用优质管材外，多孔管常采用塑料管。小便槽水箱或冲洗阀选用表可参照表 5-2 进行，安装如图 5.11 所示。

表 5-2　小便槽水箱或冲洗阀选用表

小便槽长度(m)	水箱有效容积(L)	冲洗阀(mm)	小便槽长度(m)	水箱有效容积(L)	冲洗阀(mm)
1	3.8	20	3.6～5.0	15.2	25
1.1～2.0	7.6	20	5.1～6.0	19.0	25
2.1～3.5	11.4	20			

2. 盥洗器具

1) 洗脸盆

一般用于洗脸、洗手、洗头，常设置在盥洗室、浴室、卫生间，也用于公共洗手间或厕所内洗手，医院各治疗间洗涤器皿和医生洗手等。洗脸盆的高度及深度应适宜，盥洗不用弯腰，较省力，不溅水，可用流水比较卫生，也可作为不流动水盥洗，灵活性较好。洗脸盆形状有长方形、椭圆形和三角形。安装方式有墙架式、台式和柱脚式，洗脸盆安装图如图 5.16 所示。

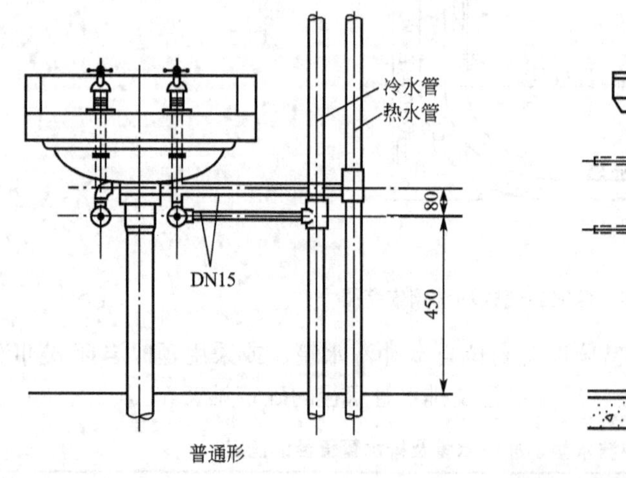

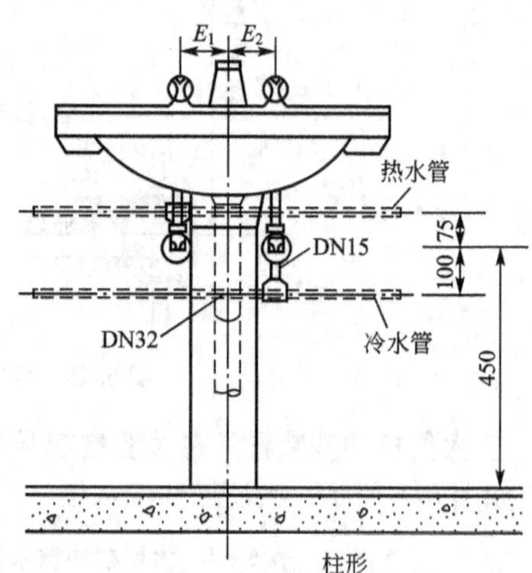

图 5.16　洗脸盆安装图

2) 净身盆

与大便器配套安装，供便溺后洗下身用，更适合妇女或痔疮患者使用。一般用于标准较高的旅馆客房卫生间，也用于医院、疗养院、工厂的妇女卫生室内等，净身盆安装图如图 5.17 所示。

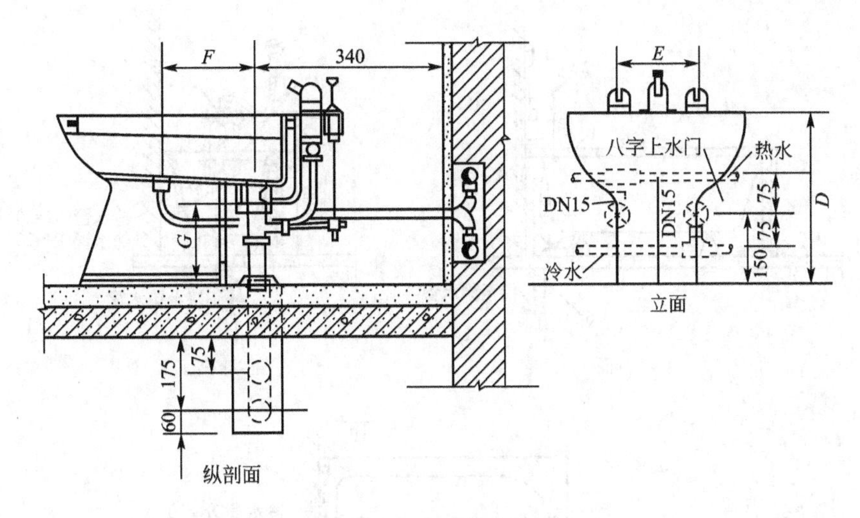

图 5.17 净身盆安装图

3）盥洗台

有单面和双面之分，常设置在同时有多人使用的地方，如集体宿舍、教学楼、车站、码头、工厂生活间内。通常采用砖砌抹面、水磨石或瓷砖贴面现场建造而成。单面盥洗台安装图如图 5.18 所示。

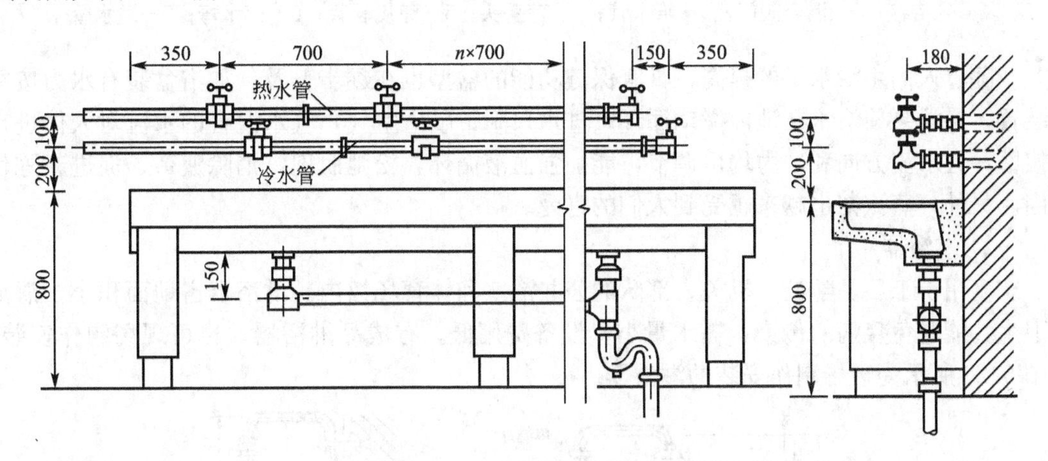

图 5.18 单面盥洗台安装图

3. 沐浴器具

1）浴盆

设在住宅、宾馆、医院等卫生间或公共浴室，供人们清洁身体用。浴盆配有冷热水或混合水嘴，并配有淋浴设备。浴盆有长方形、方形、斜边形和任意形；规格有大型(1830mm×810mm×440mm)、中型((1680～1520mm)×750mm×(410～350mm))、小型(1200mm×650mm×360mm)；材质有陶瓷、搪瓷钢板、塑料、复合材料等，尤其是亚克力的浴盆与肌肤接触的感觉较舒适；根据功能要求有裙板式、扶手式、防滑式、坐浴式和普通式；浴盆的色彩种类很丰富，主要为满足卫生间装饰色调的需求，浴盆安装图如图 5.19 所示。

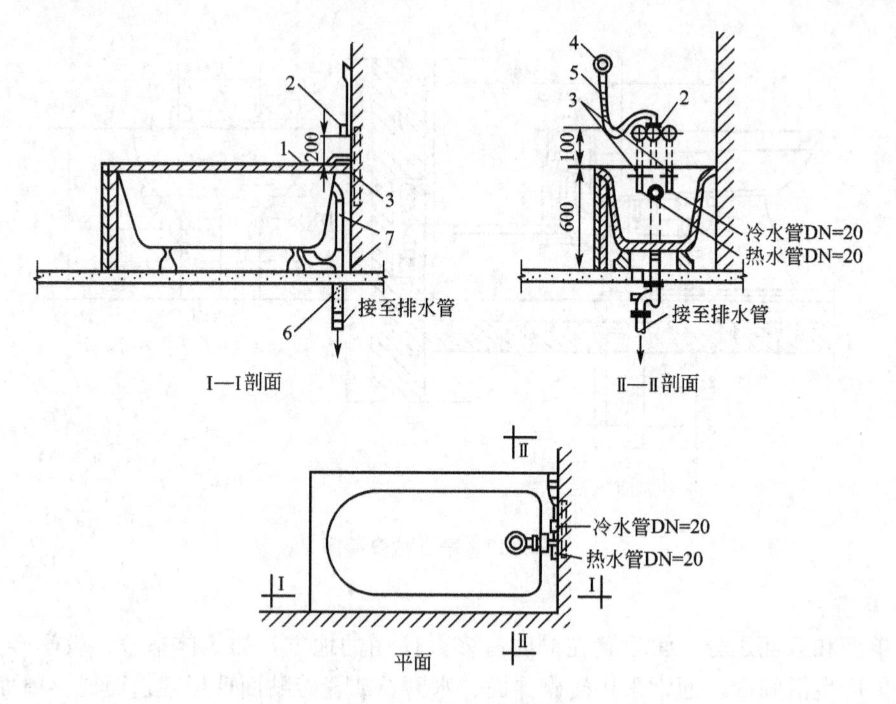

图 5.19 浴盆安装图

1—浴盆；2—混合阀门；3—给水管；4—莲蓬头；5—蛇皮软管；6—存水弯；7—溢水管

随着人们生活水平的提高，具有保健功能的盆型也在逐步普及，如浴盆装有水力按摩装置，旋涡泵使浴水在池内搅动循环，进水口附带吸入空气，气水混合的水流对人体进行按摩，且水流方向和冲力均可调节，能加强血液循环，松弛肌肉，消除疲劳、促进新陈代谢。另外，蒸汽浴也越来越受到人们的喜爱。

2）淋浴器

多用于工厂、学校、机关、部队的公共浴室和体育场馆内。淋浴器占地面积小，清洁卫生，能避免疾病的传染，耗水量小，设备费用低。有成品淋浴器，也可现场制作安装。图 5.20 所示为现场制作安装的淋浴器。

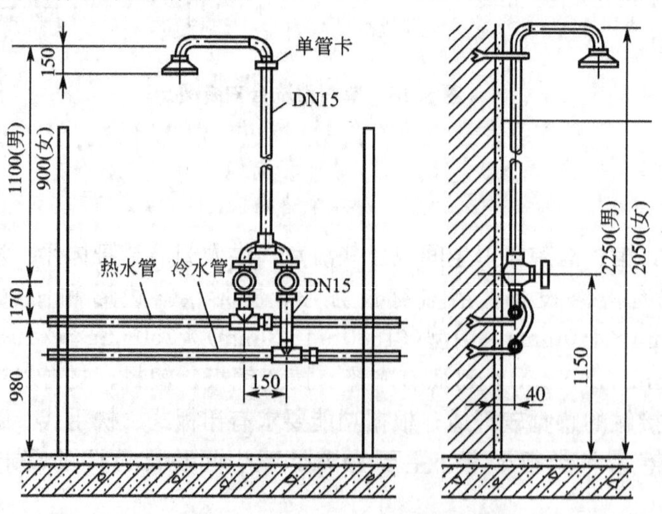

图 5.20 现场制作的淋浴器安装图

在建筑标准较高的建筑内的淋浴间内，也可采用光电式淋浴器，利用光电打出光束，使用时人体挡住光束，淋浴器即出水，人体离开时即停水，如图 5.21(a) 所示。在医院或疗养院为防止疾病传染可采用脚踏式淋浴器，如图 5.21(b)所示。

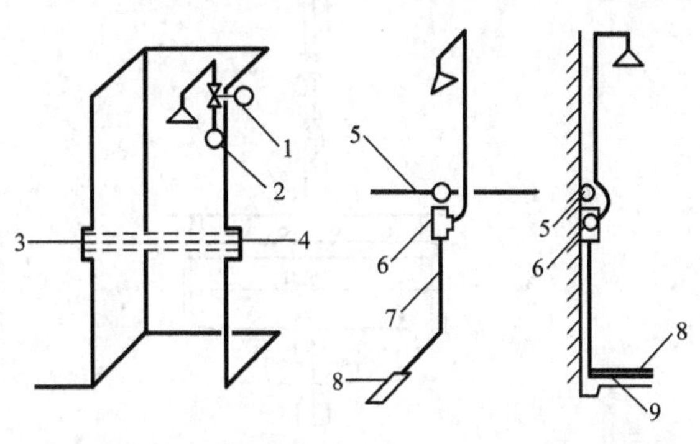

(a) 光电式淋浴器　　(b) 脚踏式淋浴器

图 5.21　淋浴器安装图

1—电磁阀；2—恒温水管；3—光源；4—接收器；5—恒温水管；6—拉杆；7—脚踏板；8—排水沟

4. 洗涤器具

1) 洗涤盆

常设置在厨房或公共食堂内，用来洗涤碗碟、蔬菜等。医院的诊室、治疗室等处也需设置洗涤盆。洗涤盆有单格和双格之分，双格洗涤盆一格洗涤，另一格泄水，双格洗涤盆安装如图 5.22 所示。洗涤盆规格尺寸有大小之分，材质多为陶瓷或砖砌后瓷砖贴面，较高质量的为不锈钢制品。

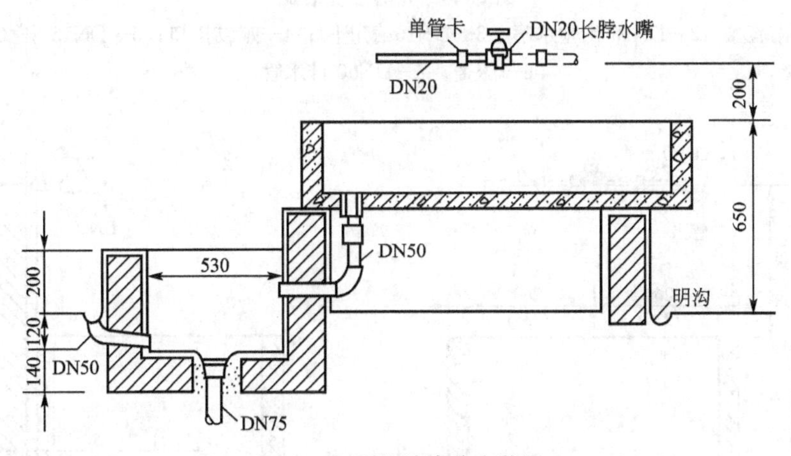

图 5.22　双格洗涤盆安装图

2) 化验盆

设置在工厂、科研机关和学校的化验室或实验室内，根据需要可安装单联、双联、三联鹅颈水嘴，化验盆安装图如图 5.23 所示。

3) 污水盆

又称为污水池，常设置在公共建筑的厕所、盥洗室内，供洗涤拖把、打扫卫生或倾倒污水等。多为砖砌贴瓷砖现场制作安装，污水盆安装如图 5.24 所示。

5.2.2　卫生器具的设置和布置

住宅和不同功能的公共建筑中卫生器具的设置数量和质量，将直接体现出建筑物的质量标准。卫生器具除满足使用功能要求外，其材质、造型、色彩须与所在房间协调，力求做到舒适、方便、实用。在布置时应充分考虑节约建筑面积，以及为排水系统管道布置留有余地。因此，卫生器具的设置和布置是建筑排水系统设计中一个重要的组成部分。

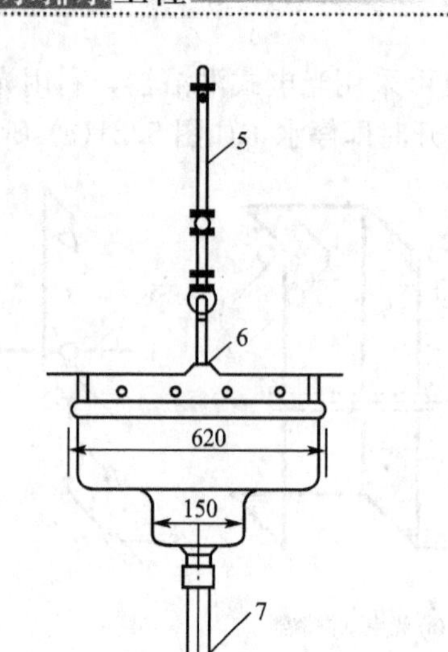

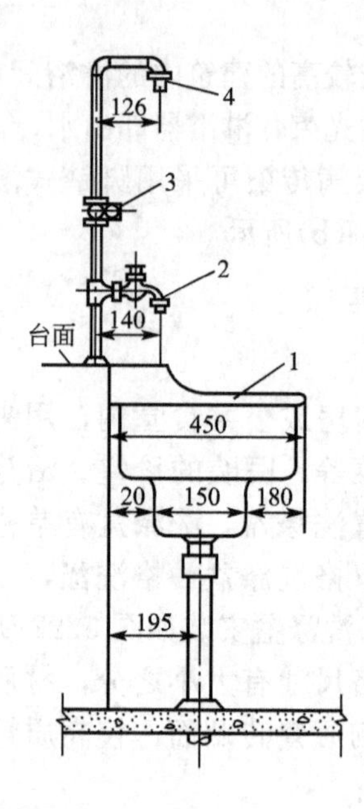

图 5.23　化验盆安装图

1—化验盆；2—DN15 化验水嘴；3—DN15 截止阀；4—螺纹接口；5—DN15 出水管；6—压盖；7—DN50 排水管

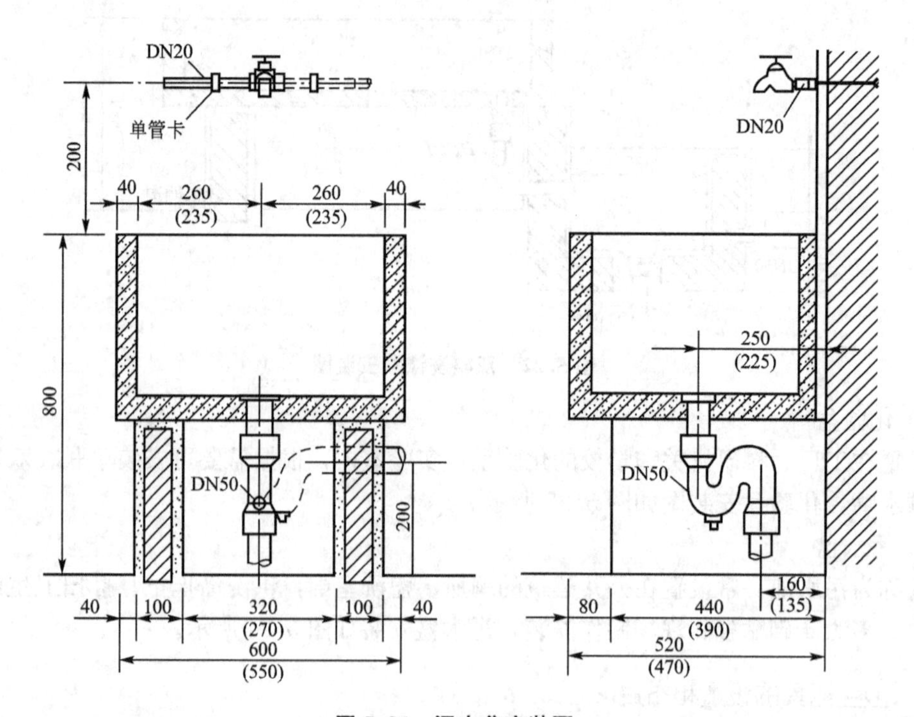

图 5.24　污水盆安装图

1. 卫生器具的设置

卫生器具的设置主要解决不同建筑内应设置卫生器具的种类和数量这两个问题。

(1) 工业建筑内卫生器具的设置，应根据《工业企业设计卫生标准》，并结合建筑设计的要求确定。

① 卫生特征1级、2级的车间应设车间浴室；卫生特征3级的车间宜在车间附近或在厂区设置集中浴室；可能发生化学性灼伤及经皮肤吸收引起急性中毒的工作地点或车间，应设事故淋浴，并应保证不断水。

② 女浴室和卫生特征1级、2级的车间浴室，不得设浴池。

③ 女工卫生室的等候间应设洗手设备及洗涤池。处理间内应设温水箱及冲洗器。

(2) 民用建筑内卫生器具的设置。民用建筑分为住宅和公共建筑，住宅分为普通住宅和高级住宅。公共建筑卫生器具设置主要区别在于客房卫生间和公共卫生间。

① 普通住宅卫生器具的设置。普通住宅通常需在卫生间和厨房设置必需的卫生器具，每套住宅至少应配置便器、洗浴器、洗面器这三件卫生洁具。厨房内应设置洗涤盆(单格或双格)和隔油具。

② 高级住宅卫生器具的位置。高级住宅包括别墅，一般都建有两个卫生间。在小卫生间内通常只设置一个蹲式大便器，在大卫生间内设置浴盆、洗脸盆、坐式便器和净身盆；如果只建有一个面积较大的卫生间时，在卫生间内若设置了坐式大便器，则需考虑增设小便器和污水盆。厨房内应设两个单格洗涤盆、隔油具，有的还带设置小型贮水设备。

③ 公共建筑内卫生器具的设置。客房卫生间内应设浴盆、洗脸盆、坐式大便器和净身盆。考虑到使用方便，还应附设浴巾、毛巾架、洗漱用具置物架、化妆板、衣帽钩、洗浴液盒、手纸盒、化妆镜、浴帘、剃须插座、烘手器、浴霸等。

公共建筑内的公共卫生间内常设便溺用卫生器具、洗脸盆或盥洗槽、污水盆等。需要时可增设镜子、烘手器、洗手液盒等。

④ 公共浴室卫生器具的设置。浴室内一般设有淋浴间、盆浴间，有的淋浴间还设有浴池，但女淋浴间不宜设浴池。淋浴间分为隔断的单间淋浴室和无隔断的通间淋浴室。单间淋浴室内常设有淋浴盆、洗脸盆和躺床。公共淋浴间内应设置冲脚池、洗脸盆及置放洗浴用品的平台。

公共浴室内洗浴器具的数量一般可根据洗浴器具的负荷能力估算，浴盆2人/(h·个)，单间淋浴器2～3人/(h·个)，通间淋浴器4～5人/(h·个)，带隔断的单间淋浴器4～5人/(h·个)，洗脸盆10～15人/个。其平面布置既要紧凑，又要合理，应设置出入淋浴间不会相互干扰的通道。通间淋浴室应尽量避免淋浴者之间相互溅水而影响卫生，淋浴器中心距为900～1100mm。

不同建筑内卫生间由于使用情况不同，设置卫生器具的数量也不相同，除住宅和客房卫生间在设计时可统一设置外，各种用途的工业和民用建筑内公共卫生间的卫生器具应设置定额，每一个卫生器具使用人数可按表5-3采用。

表5-3 每一个卫生器具使用人数

建筑物名称		大便器		小便器	洗脸盆	盥洗水嘴	淋浴器	妇洗器	饮水器
		男	女						
集体宿舍	职工	10、大于10时每20人增加一个	8、大于8时每15人增加一个	20	每间至少设1个	8、大于8时每12人增加一个			
	中小学	70	12	20	同上	12			

（续）

建筑物名称	大便器		小便器	洗脸盆	盥洗水嘴	淋浴器	妇洗器	饮水器
	男	女						
旅馆、公共卫生间	18	12	18	同上	8	30		
中小学教学楼 中师、中学、幼师	40～50	20～25	20～25	同上				50
中小学教学楼 小学	40	20	20	同上				50
医院 疗养院	15	12	15	同上	6～8	北方 15～20 南方 8～10		
医院 综合医院 门诊 病房	120 16	75 12	60 16		12～15	12～15		
办公楼	50	25	50	同上				
图书阅览楼 成人 儿童	60 50	30 25	30 25	60 60				
电影院 ＜600座位 601～1000座位 ＞1000座位	150 200 300	75 100 150	75 100 150	每间至少设一个，且每4个蹲位设1个				
剧场	75	50	25～40	100				
商店 顾客用 ＜400座位	200	100	100					
商店 顾客用 400～650座位	400	200	200					
商店 顾客用 ＞650座位								
商店 店员内部用	50	30	50					
公共食堂厨房炊事员用（职工数）	500	500	＞500	每间至少设1个		250		
餐厅 顾客用 ＜400座位	100	100	50	同上				
餐厅 顾客用 400～650座位	125	100	50					
餐厅 顾客用 ＞650座位	250	100	50					
餐厅 炊事员卫生间	100	100	100					
公共浴室 工业企业车间 卫生特征 Ⅰ Ⅱ Ⅲ Ⅳ	50个衣柜	30个衣柜	50个衣柜	按入浴人数4%计		3～4 5～8 9～12 13～24	100～200 ＞200时每增200人增1具	
公共浴室 商业用浴室	50个衣柜	30个衣柜	50个衣柜	5个衣柜		40		

（续）

建筑物名称			大便器		小便器	洗脸盆	盥洗水嘴	淋浴器	妇洗器	饮水器
			男	女						
体育场	运动员		50	30	50	每间至少设1个		20		
	观众	小型	500	100	100					
		中型	750	150	150					
		大型	1000	200	200					
体育馆游泳池（按游泳人数计）	运动员		30	20	30	30(女20)		10～15		
	观众		100	50	50					
	更衣室		50～75	75～100	25～40	每间至少设1个				
	游泳池旁		100～150	100～150	50～100					
	观众		100	100	100					
幼儿园			5～8		5～8		3～5	10～12 浴盆可替代		
工业企业车间	≤100人		25	20	同大便器					
	＞100人		25，每增加50人增1具	20，每增加35人增1具						

2. 卫生器具的布置

1）平面布置

卫生器具的布置应根据厨房、卫生间、公共厕所的平面位置、房间面积大小、建筑质量标准、有无管道竖井或管槽、卫生器具数量及单件尺寸等，既要满足使用方便、容易清洁、占房间面积小，还要充分考虑为管道布置提供良好的水力条件，尽量做到管道少转弯、管线短、排水通畅，即卫生器具应顺着一面墙布置，如卫生间、厨房相邻，应在该墙两侧设置卫生器具，有管道竖井时，卫生器具应紧靠管道竖井的墙面布置，这样会减少排水横管的转弯或减少管道的接入根数。

根据《住宅设计规范》的规定，每套住宅应设卫生间。第四类住宅宜设两个或两个以上卫生间，每套住宅至少应配置三件卫生器具。不同卫生器具组合时应保证设置和卫生活动的最小使用面积，避免蹲不下或坐不下、靠不拢等问题。

卫生器具的布置应在厨房、卫生间、公共厕所等的建筑平面图上(大样图)用定位尺寸加以明确。

图5.25所示为卫生器具平面布置图，可供设计时参考。

2）卫生器具距地面的安装高度

卫生器具距地面的安装高度按表5-4采用。

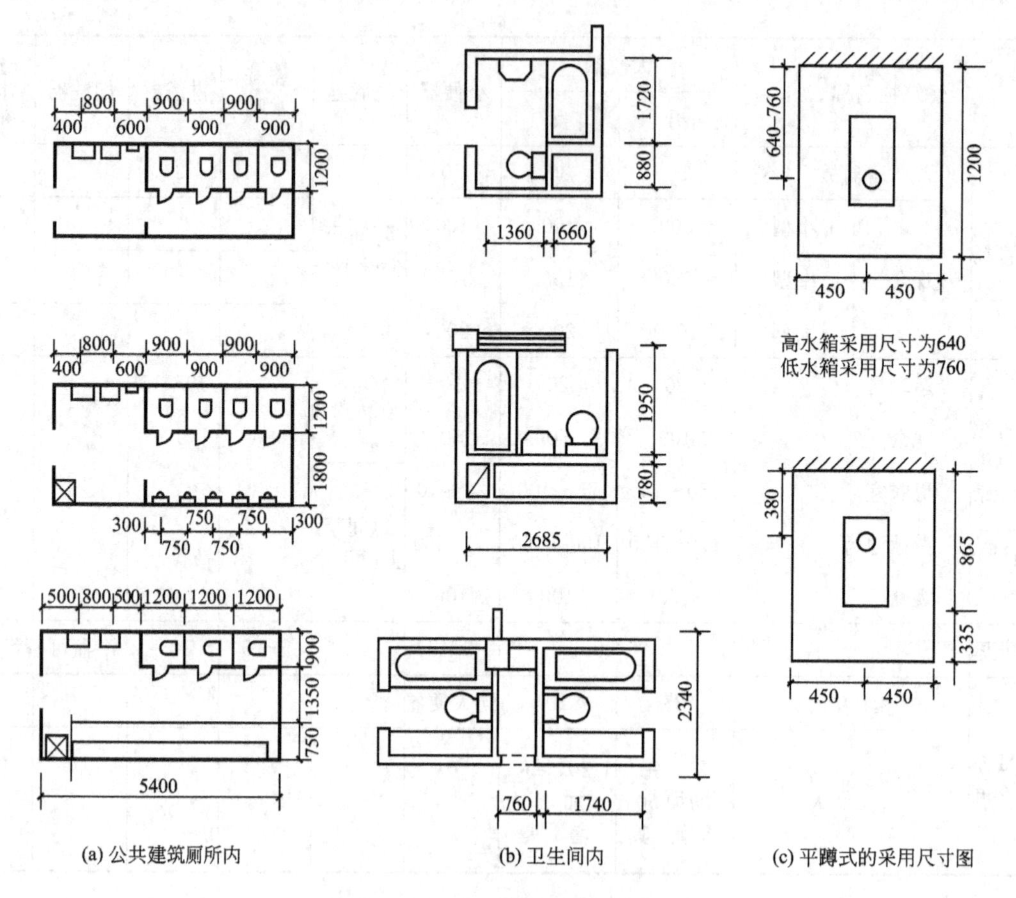

(a) 公共建筑厕所内　　(b) 卫生间内　　(c) 平蹲式的采用尺寸图

图 5.25　卫生器具平面布置图

表 5－4　卫生器具距地面的安装高度

序号	卫生器具名称	卫生器具边缘离地高度(mm)	
		居住和公共建筑	幼儿园
1	架空式污水盆(池)(至上边缘)	800	800
2	落地式污水盆(池)(至上边缘)	500	500
3	洗涤盆(池)(至上边缘)	800	800
4	洗手盆(至上边缘)	800	500
5	洗脸盆(至上边缘)	800	500
6	盥洗槽(至上边缘)	800	500
7	一般浴盆(至上边缘)	480	—
	残障人用浴盆(至上边缘)	450	
	按摩浴盆(至上边缘)	450	—
	沐浴盆(至上边缘)	100	—

（续）

序号	卫生器具名称	卫生器具边缘离地高度(mm)	
		居住和公共建筑	幼儿园
8	蹲、坐式大便器(从台阶面至高水箱底)	1800	1800
9	蹲式大便器(从台阶面至低水箱底)	900	900
10	坐式大便器(至低水箱底)		
	外露排出管式	510	—
	虹吸喷射式	470	370
	冲落式	510	—
	旋涡连体式	250	—
11	坐式大便器(至上边缘)		—
	外露排出管式	400	
	旋涡连体式	360	
	残障人用	450	
12	蹲便器(至上边缘) 2 踏步 1 踏步	 320 200～270	 — —
13	大便槽(从台阶面至冲洗水箱底)	不低于 2000	—
14	立式小便器(至受水部分上边缘)	100	—
15	挂式小便器(至受水部分上边缘)	600	450
16	小便槽(至台阶面)	200	150
17	化验盆(至上边缘)	800	—
18	净身器(至上边缘)	360	—
19	饮水器(至上边缘)	1000	—

单元任务 5.3 排水管材及附件的选择

【单元任务内容及要求】 根据设计任务的技术经济要求，选择适当的排水管材，明确排水管道的连接方式。

5.3.1 排水管材及连接方式

建筑室内排水管道应采用建筑排水塑料管或柔性接口机制排水铸铁管及相应管件。当排水温度大于 40℃时，应采用金属排水管或耐热型塑料排水管。

1. 排水铸铁管

排水铸铁管的管壁较给水铸铁管要薄，不能承受高压，常用作建筑生活污水管、雨水管等，也可用作生产排水管。排水铸铁管的优点是耐腐蚀、具有一定的强度、使用寿命长和价格便宜等；缺点是性脆、自重大，每根管的长度短，管接口多，施工复杂。

排水铸铁管连接方式多为承插连接，管径在 50mm～200mm 之间，常用的接口材料有普通水泥接口、石棉水泥接口和膨胀水泥接口等，如图 5.26 所示。

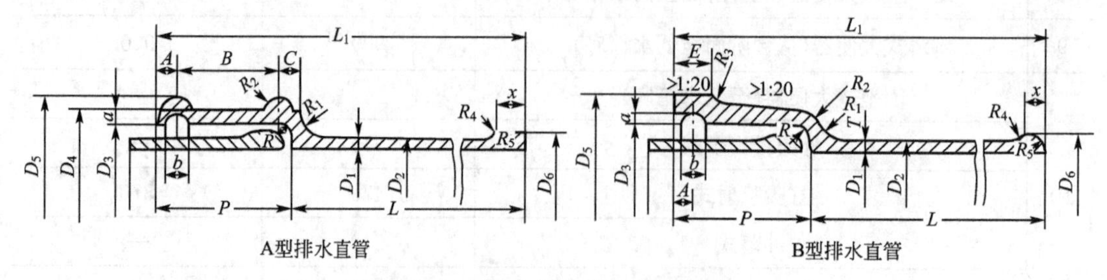

图 5.26　排水铸铁管承插连接图

承插连接的管件有弯头、三通、四通、大小头、存水弯、检查口等，常用铸铁排水管件如图 5.27 所示。常用排水管件连接方式如图 5.28 所示。

柔性抗震排水铸铁管广泛应用于高层和超高层建筑室内排水，它是采用不锈钢卡箍、橡胶圈密封和螺栓紧固，具有较好的挠曲性、伸缩性、密封性及抗震性能，且便于施工和维修。柔性抗震排水铸铁管如图 5.29 所示。

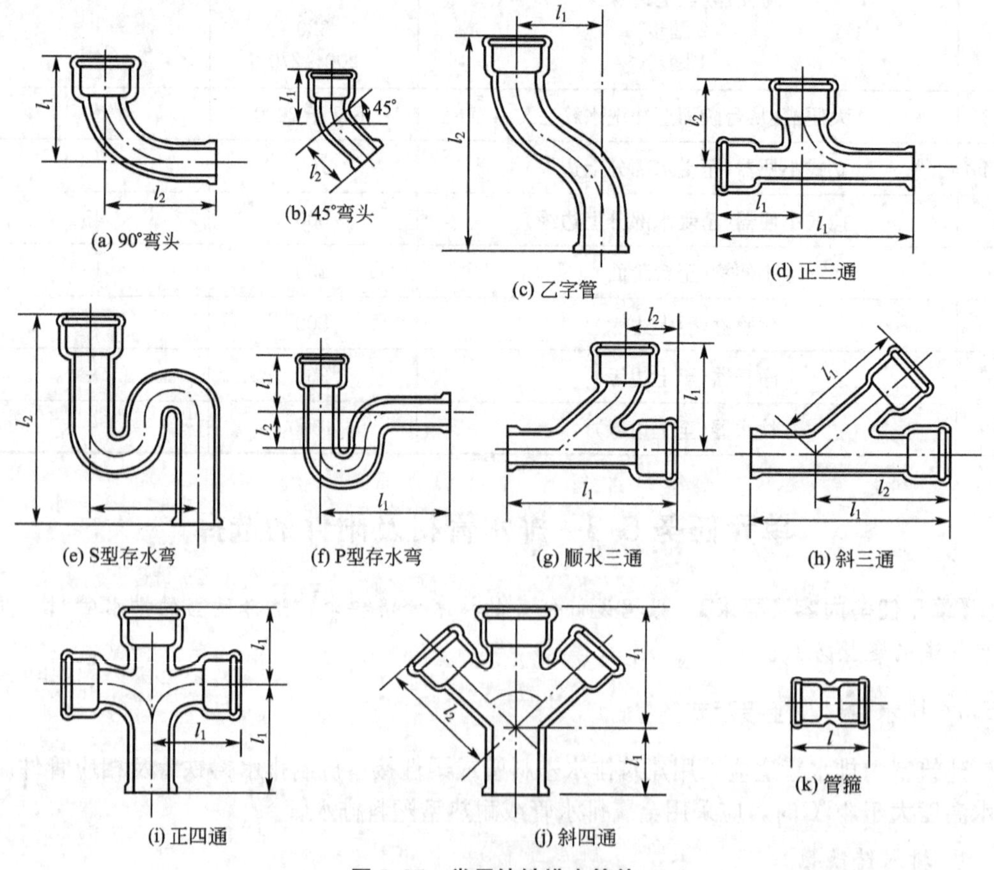

图 5.27　常用铸铁排水管件

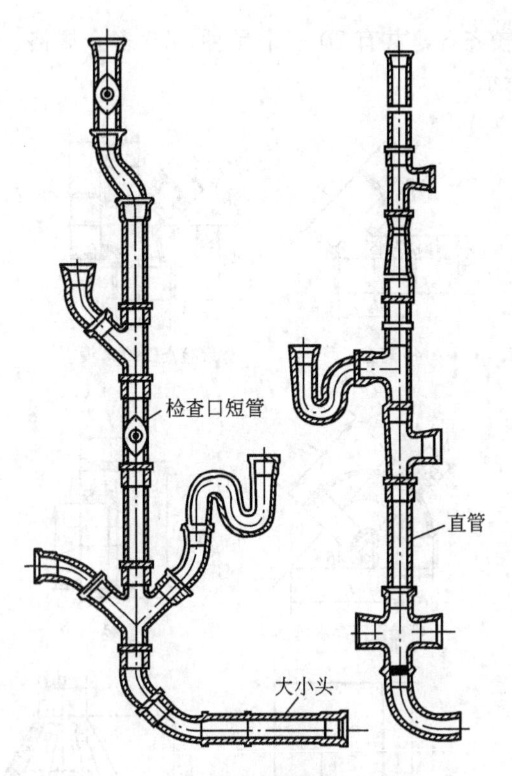

图 5.28 常用排水管件连接方式

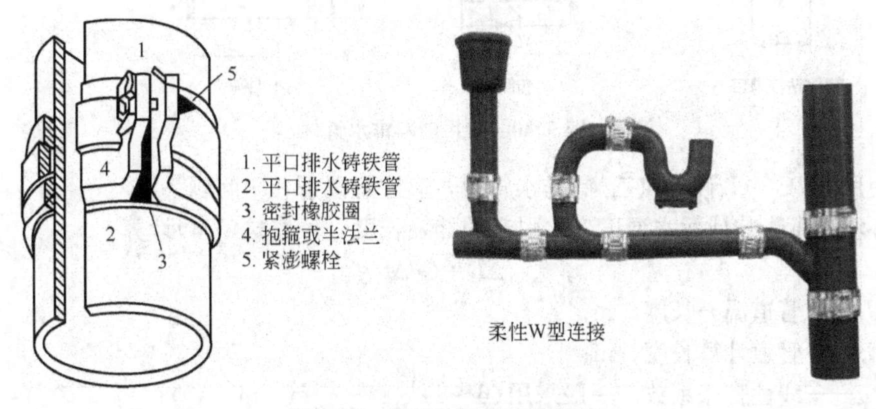

图 5.29 柔性抗震排水铸铁管

2. 塑料管

塑料管包括 PVC－U(硬聚氯乙烯)管、UPVC 隔音空壁管、UPVC 心层发泡管、ABST 等多种管道，适用于建筑高度不大于 100m、连续排放温度不大于 40℃、瞬时排放温度不大于 80℃的生活污水系统及雨水系统，也可用作生产排水管。常用胶粘剂承插连接，或弹性圈承插连接。其优点是耐腐蚀、质量轻、施工简单、水力条件好、不易堵塞；但缺点是强度低、易老化、耐温性差、普通 PVC－U 管噪音大等。目前最常用的是 PVC－U(硬聚氯乙烯)管。

PVC－U (硬聚氯乙烯)管的水力条件比铸铁管好，泄流能力大，确定管径时，应使用塑料排水管的参数进行水力计算或查看相应的水力计算表。

排水塑料管的管件较齐备，共有 20 多个品种，70 多个规格，应用非常方便，常用塑料排水管件如图 5.30 所示。

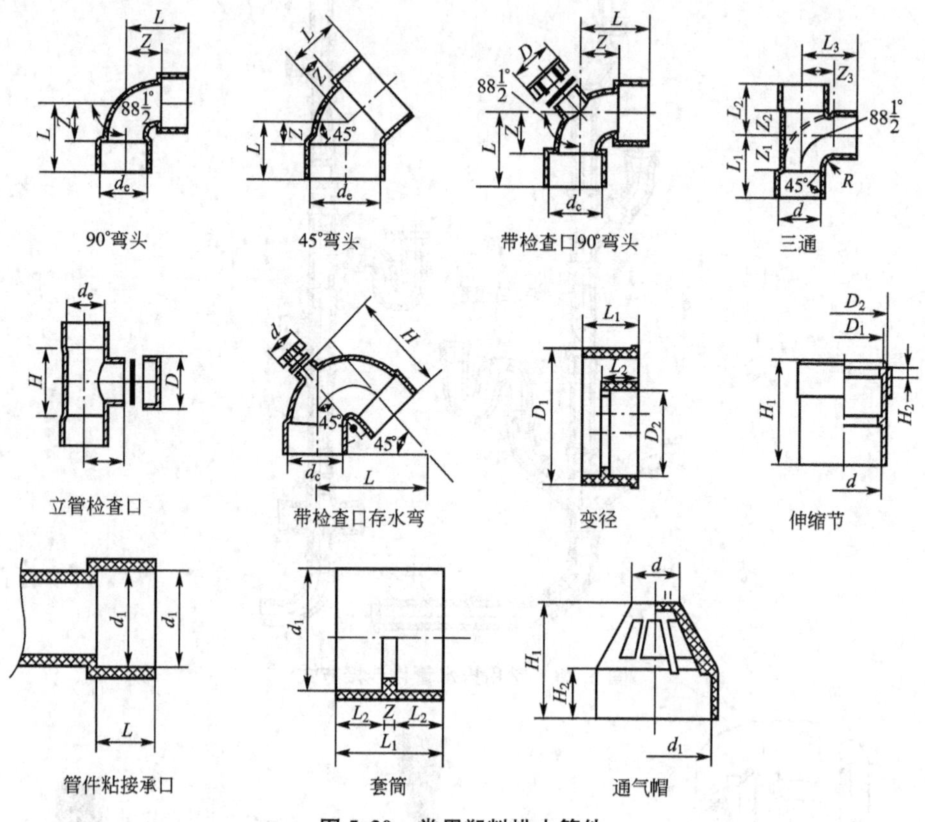

图 5.30　常用塑料排水管件

在使用 PVC - U(硬聚氯乙烯)排水管时，应注意以下几个问题。

受环境温度影响或污水温度变化引起的伸缩长度，可按式(5.1)计算：

$$\Delta L = L\alpha\Delta t \tag{5.1}$$

式中　ΔL——管道温升长度，m；

L——管道计算长度，m；

α——线性膨胀系数，一般采用$(6\sim8)\times10^{-5}$，m/(m·℃)；

Δt——温差,℃。

Δt 受两方面因素影响，即管道周围空气的温度变化和管道内水温的变化，可按式(5.2)计算：

$$\Delta t = 0.65\Delta t_s + 0.1\Delta t_g \tag{5.2}$$

式中　Δt_s——管道内水的最大温度差，℃；

Δt_g——管道外空气的最大变化温度差,℃。

PVC - U(硬聚氯乙烯)管道受温度影响引起的伸缩量，通常采用设置伸缩节的办法予以解决。排水立管、通气立管应每层设一个伸缩节；横支管上汇流配件至立管的直线管段大于 2m 时应设置伸缩节，但伸缩节之间最大间距不得超过 4m；伸缩节应设置在汇合配件处，横干管伸缩节应设置在汇合配件上游端；横管伸缩节应采用承压橡胶密封圈或横管专用伸缩节。伸缩节的设置与安装如图 5.31 所示。

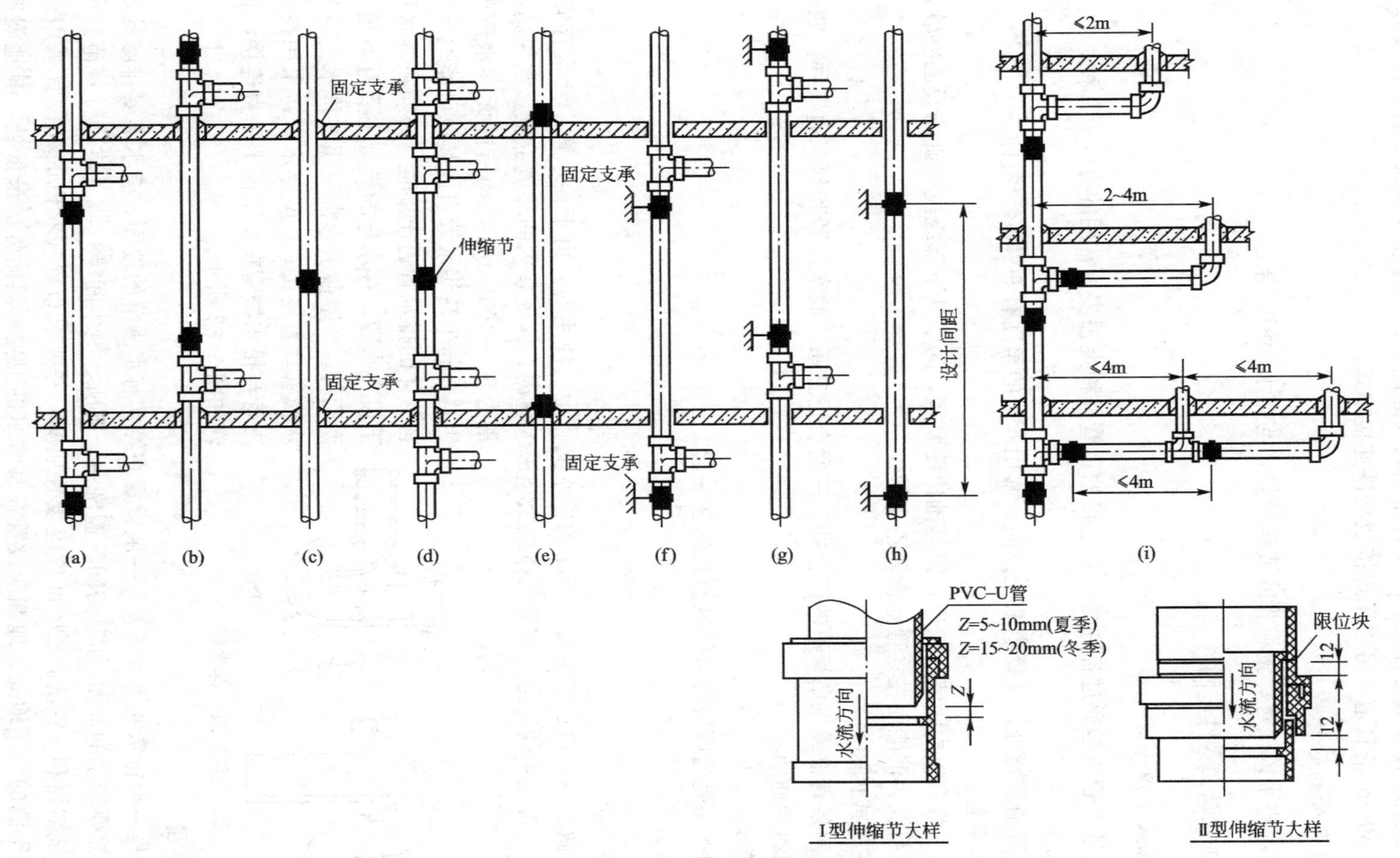

图 5.31 伸缩节的设置与安装

3. 钢管

用作卫生器具排水支管及生产设备振动较大的地点、非腐蚀性排水支管，以及管径小于或等于50mm的管道，可采用焊接或配件连接方式。

4. 通气管的管材

可采用排水铸铁管、塑料管或镀锌管等，与排水管相配合。

5.3.2 排水管道管件与附件

1. 排水管道管件

室内排水管道是通过各种管件来连接的。管件种类很多，常用的有以下几种。

1) 弯头

用在管道转弯处，使管道改变方向。常用弯头的角度有90°和45°两种。

2) 乙字管

排水立管在室内距墙比较近，但基础比墙要宽，为了到下部绕过基础需设乙字管，或高层排水系统为消能而在立管上设置乙字管。

3) 三通或四通

用在两条管道或三条管道的汇合处。三通有正三通、顺水三通和斜三通三种。四通有正四通和斜四通两种。

4) 管箍

它的作用是将两段排水铸铁直管连在一起。

2. 附件

1) 存水弯

也叫做水封，设在卫生器具下面的排水支管上。使用时，由于存水弯中经常存有水，可防止排水管道中的有毒、有害气体或虫类进入室内，保证室内的环境卫生。水封高度通常为50～100mm。凡构造内无存水弯的卫生器具与生活污水管道或其他可能性产生有害气体的排水管道连接时，必须在排水口以下设存水弯。存水弯的类型主要有S型和P型两种。S型存水弯常采用在排水支管与排水横管垂直连接；P型存水弯常采用在排水支管与排水横管在水平面上垂直连接，存水弯如图5.32所示。

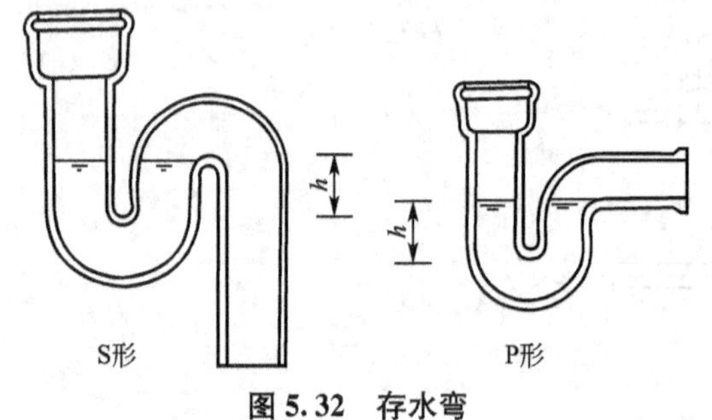

图5.32 存水弯

2) 地漏

地漏是一种特殊的排水装置，一般设置在经常有水溅落的地面、有水需要排除的地面和经常需要清洗的地面(如淋浴间、盥洗室、厕所、卫生间等)。《住宅设计规范》中规定，布置洗浴器和布置洗衣机的部位应设置地漏，并要求布置洗衣机的部位宜采用能防止溢流和干涸的专用地漏。地漏应设置在易溅水的卫生器具附件的最低处，其地漏箅子应低于地面5～10mm，带有水封的地漏其水封深度不得小于50mm。地漏的选择应符合下列要求。

(1) 应优先采用直通式地漏，直通式地漏下必须设置存水弯。

(2) 卫生要求高或非经常使用地漏排水的场所，应设量密闭式地漏。

(3) 食堂、厨房和公共浴室等地方排水宜设置网框式地漏。

各类型地漏如图 5.33 所示。

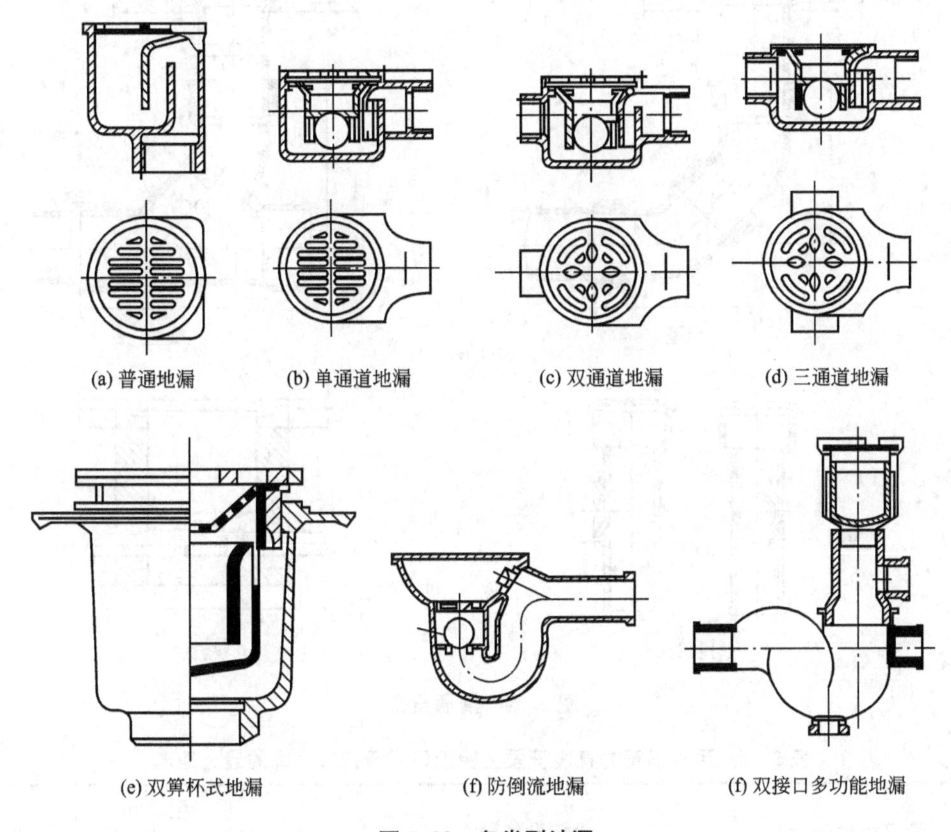

(a) 普通地漏　(b) 单通道地漏　(c) 双通道地漏　(d) 三通道地漏

(e) 双箅杯式地漏　(f) 防倒流地漏　(f) 双接口多功能地漏

图 5.33　各类型地漏

3) 检查口和清扫口

检查口和清扫口属于清通设备，为保障室内排水管道排水畅通，一旦堵塞可以方便疏通，因此在排水立管和横管上都应设清通设备。

(1) 检查口设置在立管上，铸铁排水立管上检查口之间的距离不宜大于 10m；塑料排水立管宜每六层设置一个检查口。但在立管的最低层和设有卫生器具的两层以上建筑物的最高层应设检查口，当立管水平拐弯或有乙字弯管时，应在该层立管拐弯处和乙字弯管上部设检查口。检查口设置高度一般距地面 1.0m，且检查口向外，以方便清通。

(2) 清扫口一般设置在横管上，横管上连接的卫生器具较多时，横管起点应设清扫口(有时用可清掏的地漏代替)。在连接两个及两个以上的大便器或 3 个及 3 个以上的卫生器具的污水横管、水流转角小于 135°的铸铁排水横管上，均应设置清扫口。在连接 4 个及 4 个以上的大便器塑料排水横管上宜设置清扫口。排水横管起点的清扫口与其端部相垂直的墙面的距离不得小于 0.15m。排水管起点设置堵头代替清扫口时，堵头与墙面应有不小于 0.4m 的距离。污水横管的直线管段上检查口或清扫口之间的最大距离按表 5－5 采用。从污水立管或排出管上的清扫口至室外检查井中心的最大长度大于表 5－6 的数值时应在排出管上设清扫口。室内埋地横干管上应设检查口井。清通设备如图 5.34 所示。

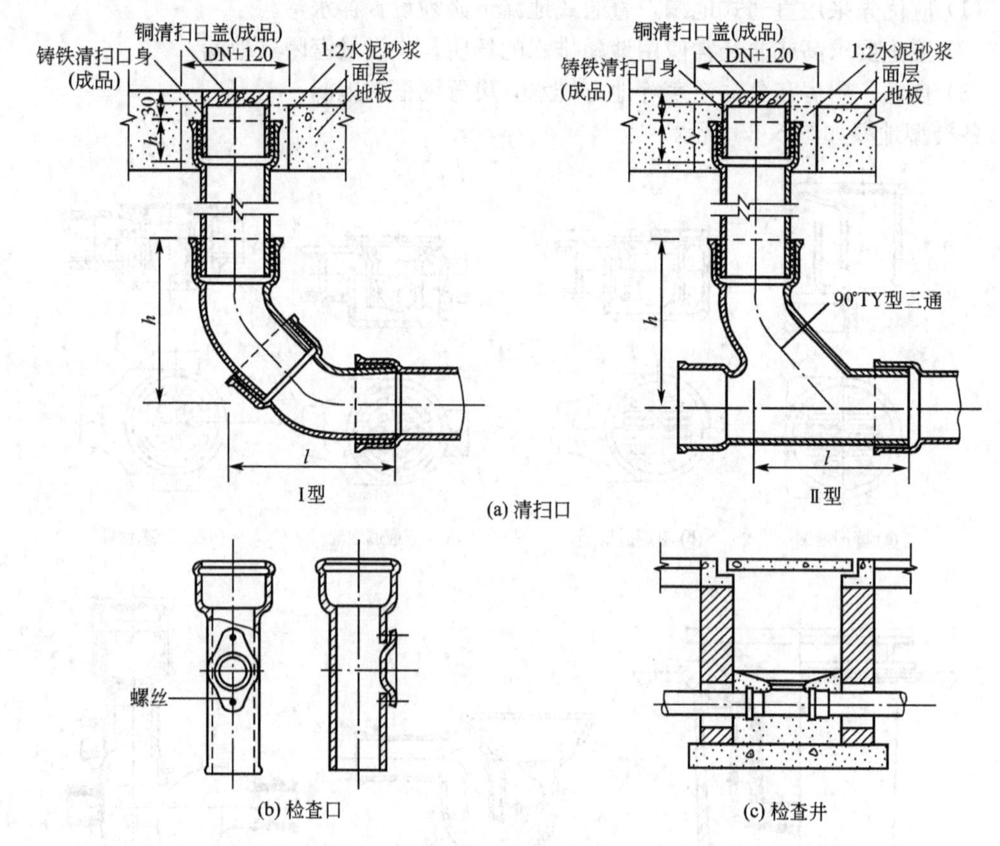

(a) 清扫口

(b) 检查口

(c) 检查井

图 5.34 清通设备

表 5-5 污水横管的直线管段上检查口或清扫口之间的最大距离

管道管径(mm)	清扫设备种类	距离(m)	
		生活废水	生活污水
50～75	检查口	15	12
	清扫口	10	8
100～150	检查口	20	15
	清扫口	15	10
200	检查口	25	20

表 5-6 污水立管或排出管上的清扫口至室外检查井中心的最大长度

管径/mm	50	75	100	100 以上
最大长度/m	10	12	15	20

4）滤毛器和集污器

常设在理发室、游泳池和浴室内，挟带毛发或絮状物的污水应先通过滤毛器或集污器后排入管道，以避免堵塞管道，滤毛器如图 5.35 所示，集污器如图 5.36 所示。

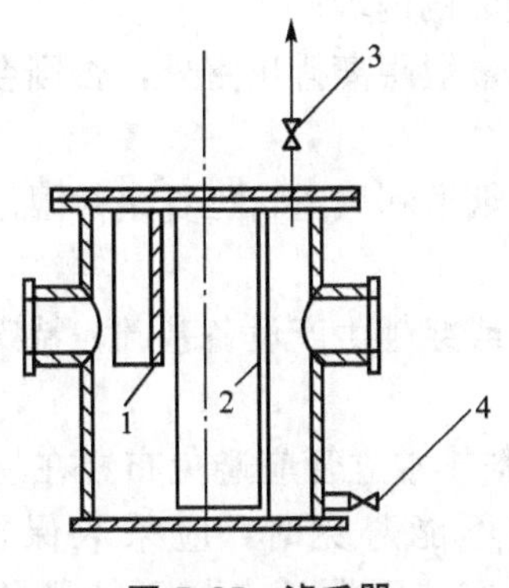

图 5.35 滤毛器

1—缓冲板；2—滤网；3—放气阀；4—排污阀

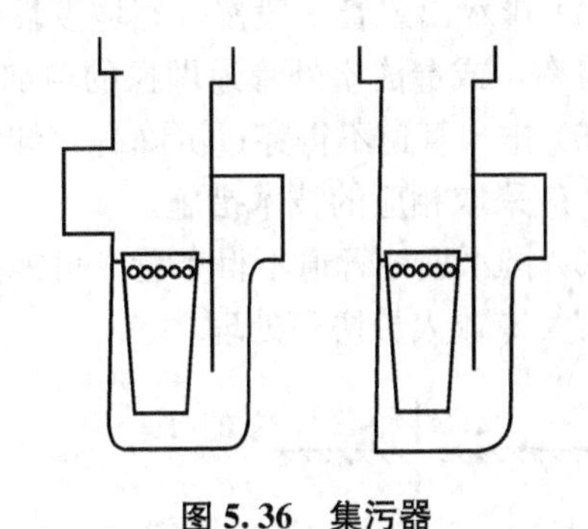

图 5.36 集污器

5）吸气阀

在使用PVC-U管材的排水系统中，当无法设通气管时为保持排水管道系统内压力平衡，可在排水横支管上装设吸气阀。吸气阀分Ⅰ型和Ⅱ型两种，其设置的位置、数量和安装详见相应的给水排水标准图集。

单元任务 5.4 排水管道的布置

【单元任务内容及要求】 根据所给的设计资料、排水系统通气方式及排水管道布置的技术要求，对排水管道及通气管道进行布置，并绘制出排水系统平面布置图、系统图和详图。

排水管道的布置就是确定室内排水管道的位置和走向，其基本要求是使排水管道排水通畅，具备良好的水力条件；使用安全可靠，防止环境污染，不影响室内环境卫生；施工维修方便，经济、美观，同时兼顾给水管道、热水管道、供热通风管道、燃气管道、电力照明线路、通信线路等管线的布置，对这些因素进行综合考虑。

5.4.1 排水系统管道的布置

1. 室内排水管道布置要求

(1) 自卫生器具至排出管的距离应最短，管道转弯应最少，排水横管应尽量作直线布置，力求减少不必要的转角和曲折。如受条件限制必须偏置时，宜用乙字管或两个 45°弯头连接来实现。

(2) 排水立管应布置在污水最集中、水质最脏的排水点处，并使横支管最短，以便尽快转入立管后排出室外。如立管附近设大便器，应尽快地接纳横支管带来的污水而减少管道的堵塞。

(3) 排水管道不得布置在遇水容易引起燃烧、爆炸或损坏的原料、产品和设备的上面；架空管道不得布置在生产工艺或卫生有特殊要求的厂房内，以及食品的贵重商品库、通风小室和变配电间内；排水横管不得布置在食堂、饮食业的主副食操作烹调和跃层住宅厨房间内的上方，若实在无法避免，应采取防护措施；生活污水立管不得穿越卧室、病房等对卫生、安静要求较高的房间，并不宜靠近与卧室相邻的内墙。

(4) 排水出户管一般按一定坡度埋设于地下，应以最短距离排出室外，否则会增加堵塞的机率，或造成室外管道埋探的增加。

(5) 排水管道不得穿过沉降缝、伸缩缝、变形缝、烟道和风道，当受条件限制必须穿过时，应采取相应的技术措施。

(6) 排水埋地管道不得布置在可能受重压易损坏处或穿越生产设备基础，特殊情况下应与有关专业人员协商处理。

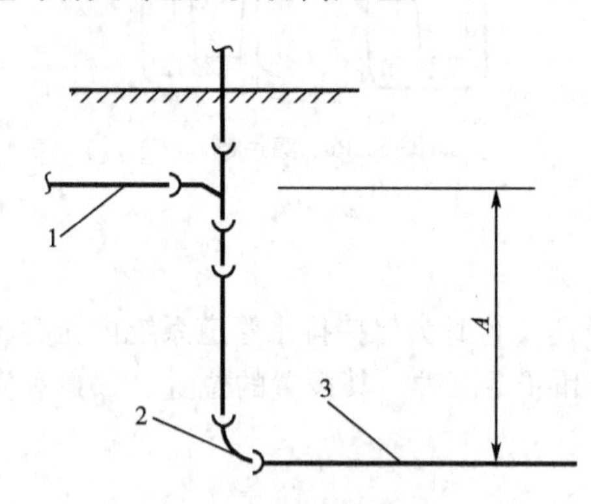

图 5.37　最低横支管与排出管起点内底的垂直距离

1—最低横支管；2—立管底部；3—排出管

(7) 塑料排水立管应避免布置在易受机械撞击处，如不能避免时，应采取保护措施；应避免布置在热源附近，如不能避免，且管道表面受热温度大于 60°时，应采取隔热措施。塑料排水立管与家用灶具边净距不得小于 0.4m。

(8) 排水立管仅设伸顶通气管时，最低排水横支管与立管连接处距排出管或排水横干管起点内底的垂直距离如图 5.37 所示，不得小于表 5-7 的规定；若当与排出管连接的立管底部放大一号管径或横干管比与之连接的立管大一号管径时，可将表中垂直距离缩小一档。

表 5-7　最低横支管与立管连接处至立管管底的距离

立管连接卫生器具的层数(层)	垂直距离(m)	立管连接卫生器具的层数(层)	垂直距离(m)
≤4	0.45	13～19	3.00
5～6	0.75	≥40	6.00
7～12	1.20		

(9) 排水横支管连接在排出管或排水横干管上时，连接点距立管底部水平距离不得小于 3.0m，如图 5.38 所示。若靠近排水立管底部的排水支管满足不了表 5-7 和图 5.38 的要求时，则排水支管应单独排出室外。

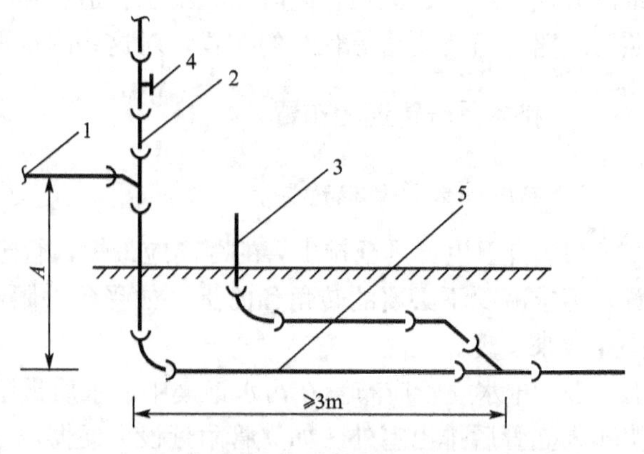

图 5.38　排水横支管与排出管或横干管的连接

1—排水横支管；2—排水立管；3—排水支管；4—检查口；3—排水横干管(或排出管)

(10) 生活饮用水贮水箱(池)的泄水管和溢流管，开水器、热水器排水，医疗灭菌消毒设备的排水，蒸发式冷却塔、空调设备冷凝水的排水，贮存食品或饮料的冷藏库房的地面排水和冷风机溶霜水盘的排水不得与污、废水管道直接连接，应采取间接排水的方式。设备间接排水宜排入邻近的洗涤盆、地漏。如不可能时，可设置排水明沟、排水漏斗或容器。其间接排水口最小空气间隙见表 5-8。间接排水的漏斗或容器不得产生溅水、溢流，并应布置在易检查、清洁的位置。

表 5-8 间接排水口最小空气间隙

间接排水管管径(mm)	排水口最小空气间隙(mm)	间接排水管管径(mm)	排水口最小空气间隙(mm)
≤25	50	>50	150
32～50	100		

(11) 凡生活废水中含有大量悬浮物或沉淀物的情况需经常冲洗、设备排水支管很多用管道连接有困难、设备排水点的位置不固定及地面需要经常冲洗的情况时，可采用有盖的排水沟排除。但室内排水沟与室外排水管道连接处应设水封装置。

2. 通气管道的布置

(1) 伸顶通气管高出屋面应不小于 0.3m，且应大于该地区最大积雪厚度，屋顶有人停留时，应大于 2 m。

(2) 排水立管的排水流量超过表 5-8 中设普通伸顶通气的立管最大排水能力时应设置专用通气立管。建筑标准要求较高的多层住宅和公共建筑，10 层及 10 层以上高层建筑的生活污水立管宜设置专用通气立管。

(3) 连接 4 个及 4 个以上卫生器具且长度大于 12 m 的排水横支管，连接 6 个及 6 个以上大便器的污水横支管，排水横支管段上应设置环形通气管。环形通气管应在横支管始端的两个卫生器具之间接出，并应在排水横支管中心线以上与排水横支管呈垂直或 45°连接。建筑物内各层的排水管道上设有环形通气管时，应设置连接各层环形通气管的主通气立管或副通气立管。

(4) 对卫生、安静要求较高的建筑物，生括排水管道宜设器具通气管。器具通气管应设在存水弯出口端。

(5) 器具通气管和环形通气管应在卫生器具上边缘以上不小于 0.15m 处按不小于 0.01 的上升坡度与通气立管连接。

(6) 专用通气立管应每隔两层、主通气立管每隔 8～10 层应设结合通气管与排水立管连接。结合通气管下端宜在排水横支管以下与排水立管以斜三通连接，上端可在卫生器具上边缘以上不小于 0.15m 处与通气立管以斜三通连接。

(7) 专用通气立管和主通气立管的上端可在最高层卫生器具上边缘或检查口以上与排水立管通气部分以斜三通连接，下端应在最低排水横支管以下与排水立管以斜三通连接。

(8) 通气立管不得接纳污水、废水和雨水，不得与风道和烟道连接。

(9) 根据建筑功能的要求，几根通气立管可以汇合成一根，通过伸顶通气管排出屋面。

5.4.2 排水管道布置的基本形式

排水管道的布置首先根据建筑设计的情况确定排出管的位置、排水干管设置的位置以及考虑底层是否需要单独设置排水管道。排水管道一般有以下几种布置形式。

1. 排水管道布置的基本形式

(1) 对于普通建筑层数不多、楼层不高且无地下室时，排出管布置应考虑室外污水管的位置；排水干管布置在底层楼地面下。

(2) 对于建筑层数较多，无地下室，除考虑室外污水管的位置布置排出管，排水干管布置在底层楼地面下外，还应按要求在底层设置单独排水。

(3) 对于使用功能较复杂且有地下室的高层建筑，应考虑排水系统分区。排出管的布置应要考虑室外污水管及化粪池的设置位置，排水横干管可考虑布置在转换层内或在地下室顶板下，底层一般按规定设置单独排出管。对地下室以下的污废水，还应根据要求设置污水泵提升排出，形成压力污水、废水的排放方式。

2. 通气管布置的基本形式

(1) 根据确定的通气方式进行布置，可设置为无通气管的方式，或仅设伸顶通气管、专用通气管、主通气管或副通气管方式。根据建筑功能的要求，几根通气立管可以汇合成一根，通过伸顶通气管排出屋面。

(2) 可每根立管设置一个通气管，也可两根排水立管共用一根通气立管。

单元任务 5.5　排水系统的施工要求

【单元任务内容及要求】 对排水管道的敷设的方式、安装要求、管道防护、防冻、防结露、防腐、防止水质二次污染及防渗漏等分别提出施工要求。

5.5.1　管道敷设形式

(1) 排水干管道一般应地下埋设或在地面上楼板下明设，《住宅设计规范》规定住宅的污水排水横管宜设于本层套内(即同层排水)，若必须敷设在下一层的套内空间时，其清扫口应设于本层，并应进行夏季管道外壁结露验算，采取相应的防止结露的措施。

(2) 如建筑或工艺有特殊要求时，可把管道敷设在管道竖井、管槽、管沟或吊顶内暗设。

(3) 排水立管与墙、柱应有 25～35mm 净距，便于安装和检修。在气温较高、全年不结冻的地区，也可设置在建筑物外墙，但应征得建筑专业人员同意。

(4) 排出管和室外排水管衔接时，排出管管底标高应大于或等于室外排水管管底标高，以防止室外排水管道超负荷运行时影响排出管的排水量，导致室内卫生器具冒泡或满溢。为保证畅通的水力条件，避免水流相互干扰，在衔接处水流转角不得小于 90°，但当落差大于 0.3m 时，水流转角的影响已不明显，可不受此限制。高层建筑排水系统一般污水立管要接一根管道布置贯穿上下。

5.5.2　排水管道的施工要求

1. 排水管道的安装要求

(1) 管道在安装时，必须采取固定支撑措施，以保证排水管道的安全稳定性。管道固定可用管卡、吊环、托架等，其间距应满足施工规范的要求。

(2) 排水管道连接时，应充分考虑水力条件，符合规定。卫生器具排水管与排水横管垂直连接时，应采用 90°斜三通；横管与横管、横管与立管连接，宜采用 45°三通或 45°四通和 90°斜三通或 90°斜四通，或直角顺水三通和直角顺水四通；排水管若需轴线偏置，宜用乙字管或两个 45°弯头连接。

(3) 排水横干管及横支管在安装时必须保证其设计坡度，以确保排水通畅。

(4) 排水立管与排出管端部的连接宜采用两个 45°弯头或弯曲半径不小于 4 倍管径的

90°弯头，并按设计或施工规范的要求在立管上设置检查口。

(5) 排水立管必须按照施工规范每层设置符合要求的立管卡，在立管连接横干管的部位还应设置承重固定支架。

(6) 排出管至室外第一个检查井的距离不宜小于3m，污水横管的直线管段上检查口或清扫口之间的最大距离及排水立管或排出管上的清扫口至室外检查井中心的最大长度分别按表5-5、表5-6的规定采用。

(7) 塑料排水管在穿越楼层、防火墙、管道井井壁时，应设置阻火圈或防火套管(详见给水排水标准图集)。

2. 排水管道的防护要求

(1) 当排水管穿过地下室外墙或地下构筑物的墙壁处，应预留孔洞，且管顶上部净空不得小于建筑物沉降量，一般不宜小于0.15m，并应采取防水措施。

(2) 当建筑物沉降，可能导致排出管倒坡时，应采取防沉降措施。采取的措施有在排出管外墙一侧设置柔性接头；在排出管外墙处，从基础标高砌筑过渡检查井，出户管的敷设如图5.39所示。

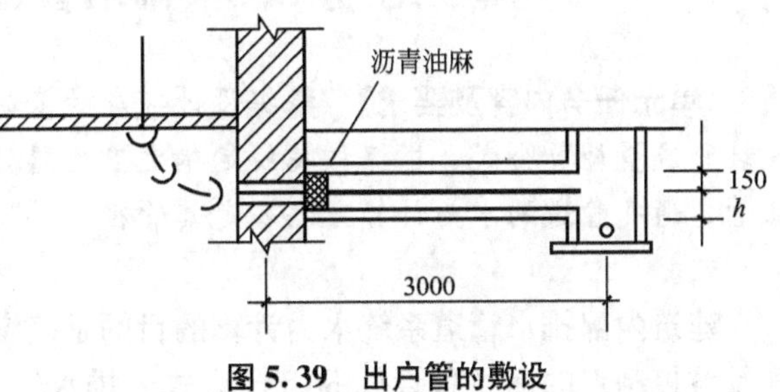

图5.39 出户管的敷设

(3) 排水管应尽量避免穿过伸缩缝、沉降缝，若必须穿越时，应采用相应的技术措施。

(4) 排水管穿楼层或墙时，应预埋保护套管，套管应比管道大1～2个规格。

(5) 在一般的厂房内，为防止管道受机械损坏，埋地排水管的最小覆土厚度按表5-9确定。

表5-9 埋地排水管道的最小覆土厚度

管材	地面到管顶的距离(m)		管材	地面到管顶的距离(m)	
	素土夯实、缸砖、木砖地面	水泥、混凝土、沥青混凝土、菱苦土地面		素土夯实、缸砖、木砖地面	水泥、混凝土、沥青混凝土、菱苦土地面
排水铸铁管	0.70	0.40	带釉陶土管	1.00	0.60
混凝土管	0.70	0.50	硬聚氯乙烯管	1.00	0.60

(6) 尽量采用带检查口的弯头、存水弯。

3. 管道的防腐措施

金属排水管道应进行防腐处理，常规做法是涂刷防锈漆和面漆，面漆可按需要调配成各种颜色。

4. 给水管道的防冻与防结露措施

排水管道设置在有防结露要求的建筑内或部位，应采取防结露措施，常用保温材料进行绝热处理。

5. 管道防渗漏措施

如果管道管材质量和施工质量低劣，都可能导致管道漏水，会造成室内严重的环境污染。因此，排水管道安装完毕后还应按照施工质量规范的要求进行灌水试验和通球试验，以检验排水管道安装的严密性及排水的畅通性。

知识链接

按照施工质量规范的要求，排水管道安装完毕后，应进行灌水试验。灌水试验为强制性条款，可见其在排水管道施工中的重要性。按照《建筑给水排水及采暖工程施工质量验收规范》GB 50242—2002 第 3.3.16、第 5.2.1 的要求，非承压管道系统应做灌水试验。

单元任务 5.6　排水管道系统的水力计算

【单元任务内容及要求】 根据设计任务的基础资料计算排水最大小时流量，正确选择设计秒流量计算公式，根据相关规定确定卫生器具支管管径、根据排水横干、支管、排水立管、通气管道的水力计算方法确定其管径。

建筑内部排水管道系统水力计算的目的是确定排水系统各管段的管径、横向管道的坡度及各控制点的标高和管件的组合形式。排水管道系统的水力计算应在排水管道布置定位，绘出管道轴测图后进行。

5.6.1　排水定额

建筑内部排水定额有两种，一种是以每人每日为标准，另一种是以卫生器具为标准。

每人每日排放的污水量和时变化系数与气候、建筑内卫生设备的完善程度有关，由于人们在用水过程中散失水量较少，所以生活排水定额和时变化系数与生活给水相同。

卫生器具排水定额是经过多年实测资料整理后制定的，主要用于计算各排水管段的排水设计秒流量，进而确定管径。结合计算公式需要，便于计算，以污水盆的排水流量 0.33L/s 作为一个排水当量，将其他卫生器具的排水流量与 0.33L/s 的比值作为该种卫生器具的排水当量。同时考虑到卫生器具排水突然、迅速、流率大的特点，一个排水当量的排水流量是工业废水排水量标准和时变化系数应按生产工艺要求确定。各种卫生器具的排水流量、当量和排水管的管径见表 5-10。

表 5-10　各种卫生器具的排水流量、当量和排水管的管径

序号	卫生器具名称	排水流量(L/s)	当量	排水管管径(mm)
1	洗涤盆、污水盆(池)	0.33	1.00	50
2	餐厅、厨房洗菜盆(池)			
	单格洗涤盆(池)	0.67	2.00	50
	双格洗涤盆(池)	1.00	3.00	50
3	盥洗槽(每个水嘴)	0.33	1.00	50～75
4	洗手盆	0.10	0.30	32～50
5	洗脸盆	0.25	0.75	32～50
6	浴盆	1.00	3.00	50

(续)

序号	卫生器具名称	排水流量(L/s)	当量	排水管管径(mm)
7	淋浴器	0.15	0.45	50
8	大便器			
	冲洗水箱	1.50	4.50	100
	自闭式冲洗阀	1.20	3.60	100
9	医用倒便器	1.50	4.50	100
10	小便器			
	自闭式冲洗阀	0.10	0.30	40～50
	感应式冲洗阀	0.10	0.30	40～50
11	大便槽			
	≤4个蹲位	2.50	7.50	100
	>4个蹲位	3.00	9.00	150
12	小便槽(每米长)			
	自动冲洗水箱	0.17	0.50	—
13	化验盆(无塞)	0.20	0.60	40～50
14	净身器	0.10	0.30	40～50
15	饮水器	0.05	0.15	25～50
16	家用洗衣机	0.50	1.50	50

注：家用洗衣机下排水软管直径为30mm，上排水软管内径为19mm。

5.6.2 排水设计流量

建筑内部排水系统设计流量常用生活污水最大时排水量和生活污水设计秒流量两类。

1. 最大时排水量

建筑内部生活污水最大时排水量的大小是根据生活给水量的大小确定的，理论上建筑内部生活给水量略大于生活污水排水量，但考虑到散失量很小，故生活污水排水定额和时变化系数完全与生活给水定额和时变化系数相同。其生活排水平均时排水量和最大时排水量的计算方法与建筑内部的生活给水量计算方法相同，计算结果主要用于设计选型污水泵、化粪池、地埋式生化处理装置的型号规格等。

2. 排水设计秒流量

建筑内部排水设计秒流量与卫生器具的排水特点和同时排水的卫生器具的数量有关，为保证最不利时刻的最大排水量安全、及时排放，应以设计秒流量来确定各管段管径。

建筑内部排水管道的设计流量是确定各管段管径的依据，因此，排水设计流量的确定应符合建筑内部排水规律。建筑内部排水流量与卫生器具的排水特点和同时排水的卫生器具数量有关，具有历时短、瞬时流量大、两次排水时间间隔长、排水不均匀的特点。为保证最不利时刻的最大排水量能迅速、安全地排放，某管段的排水设计流量应为该管段的瞬时最大排水流量，又称为排水设计秒流量。

按建筑物的类型，我国生活排水设计秒流量计算公式有两个。

(1) 住宅、集体宿舍、旅馆、医院、疗养院、幼儿园、养老院、办公楼、商场、会展中心、中小学校教学楼等建筑用水设备使用不集中，用水时间长，同时排水百分数随卫生器具数量增加而减少，其设计秒流量计算公式为：

$$q_P = 0.12\alpha\sqrt{N_P} + q_{max} \tag{5.3}$$

式中 q_P——计算管段排水设计秒流量，L/s；

N_P——计算管段卫生器具排水当量总数；

q_{max}——计算管段上最大一个卫生器具的排水流量，L/s；

α——根据建筑物用途而定的系数，参表 5-11 采用。

表 5-11 根据建筑物用途而定的系数

建筑物名称	集体宿舍、旅馆和其他公共建筑的公共盥洗室和厕所	住宅、宾馆、医院、疗养院、幼儿园、养老院的卫生间
α 值	2.0～2.5	1.5

当按式(5.3)计算排水设计秒流量时，若计算所得流量值大于该管段上按卫生器具排水流量累加值时，应按卫生器具排水流量累加值确定设计秒流量。

(2) 工业企业生活间、公共浴室、洗衣房、职工食堂或营业餐厅的厨房、实验室、影剧院、体育场、候车(机、船)厅等建筑的卫生设备使用集中，排水时间集中，同时排水百分数大，其排水设计秒流量计算公式为：

$$q_P = \sum q_0 n_0 b \tag{5.4}$$

式中 q_P—— 计算管段排水设计秒流量，L/s；

q_0—— 同类型的一个卫生器具排水流量，L/s；

n_0—— 同类型卫生器具数；

b——卫生器具的同时百分数，冲洗水箱大便器的同时排水百分数按 12%计算，其他卫生器具同给水百分数。

对于有大便器接入的排水管网起端，因卫生器具较少，大便器的同时排水百分数较小(如冲洗水箱大便器仅定为 12%)，按式(5.4)计算的排水设计秒流量可能会小于一个大便器的排水流量，这时应按一个大便器的排水量作为该管段的排水设计秒流量。

5.6.3 排水管网水力计算

按排水管道的特点不同，确定方法也不同，排水管道管径一般按以下几种情况确定。

1. 器具排水管的确定

不同卫生器具，其排水流量、排水当量不同，与其连接的器具支管按表 5-10 的规定采用。

2. 排水横管的水力计算

(1) 排水横管的水力计算，应按下列式(5.5)计算：

$$q_u = \omega \cdot v \tag{5.5}$$

$$v = \frac{1}{n} \cdot R^{2/3} \cdot I^{1/2} \tag{5.6}$$

式中 q_u——排水设计流量，L/s；

ω——水流断面面积，m^2；

v——流速，m/s；

R ——水力半径，m；

I ——水力坡度；

n——管道的粗糙系数，铸铁管、陶土管为 0.013；混凝土管、钢筋混凝土管为 0.013～0.014；钢管为 0.012；塑料管为 0.009。

为便于设计计算，根据式(5.5)和式(5.6)及各项设计规定，编制了建筑室内排水塑料管及铸铁管的水力计算表。表 5－12、表 5－13 分别为建筑内部排水塑料管、铸铁管水力计算表。

表 5－12　建筑内部排水塑料管水力计算表(n=0.009)

坡　度	h/D=0.5						h/D=0.6	
	De=50		De=75		De=110		De=160	
	q	ν	q	ν	q	ν	q	ν
0.002							6.48	0.60
0.004					2.59	0.62	9.68	0.85
0.006					3.17	0.75	11.86	1.04
0.007			1.21	0.63	3.43	0.81	12.80	1.13
0.010			1.44	0.75	4.10	0.97	15.30	1.35
0.012	0.52	0.62	1.58	0.82	4.49	1.07	16.77	1.48
0.015	0.58	0.69	1.77	0.92	5.02	1.19	18.74	1.65
0.020	0.66	0.80	2.04	1.06	5.79	1.38	21.65	1.90
0.026	0.76	0.91	2.33	1.21	6.61	1.57	24.67	2.17
0.030	0.81	0.98	2.50	1.30	7.10	1.68	26.51	2.33
0.035	0.88	1.06	2.70	1.40	7.67	1.82	28.63	2.52
0.040	0.94	1.13	2.89	1.50	8.19	1.95	30.61	2.69
0.045	1.00	1.20	3.06	1.59	8.69	2.06	32.47	2.86
0.050	1.05	1.27	3.23	1.68	9.16	2.17	34.22	3.01
0.060	1.15	1.39	3.53	1.84	10.04	2.38	37.49	3.30
0.070	1.24	1.50	3.82	1.98	10.84	2.57	40.49	3.56
0.080	1.33	1.60	4.08	2.12	11.59	2.75	43.29	3.81

注：表中单位 q——L/s；v——m/s；De——mm。

表 5－13　建筑内部排水铸铁管水力计算表(n=0.013)

坡度	生产污水															
	h/D=0.6				h/D=0.7						h/D=0.8					
	DN=50		DN=75		DN=100		DN=125		DN=150		DN=200		DN=250		DN=300	
	q	ν	q	ν	q	ν	q	ν	q	ν	q	ν	q	ν	q	ν
0.003															52.50	0.87
0.0035													35.00	0.83	56.70	0.94
0.004											20.60	0.77	37.40	0.89	60.60	1.01
0.005											23.00	0.86	41.80	1.00	67.90	1.11
0.006									9.70	0.75	25.20	0.94	46.00	1.09	74.40	1.24
0.007									10.50	0.81	27.10	1.02	49.50	1.18	80.40	1.33
0.008									11.20	0.87	29.00	1.09	53.00	1.26	85.80	1.42
0.009									11.90	0.92	30.80	1.15	56.00	1.33	91.00	1.51

（续）

坡度	生产污水															
	h/D=0.6				h/D=0.7						h/D=0.8					
	DN=50		DN=75		DN=100		DN=125		DN=150		DN=200		DN=250		DN=300	
	q	ν	q	ν	q	ν	q	ν	q	ν	q	ν	q	ν	q	ν
0.01							7.80	0.86	12.50	0.97	32.60	1.22	59.20	1.41	96.00	1.59
0.012					4.64	0.81	8.50	0.95	13.70	1.06	35.60	1.33	64.70	1.54	105.00	1.74
0.015					5.20	0.90	9.50	1.06	15.40	1.19	40.00	1.49	72.50	1.72	118.00	1.95
0.02			2.25	0.83	6.00	1.04	11.00	1.22	17.70	1.37	46.00	1.72	83.60	1.99	135.80	2.25
0.025			2.51	0.93	6.70	1.16	12.30	1.36	19.80	1.53	51.40	1.92	93.50	2.22	151.00	2.51
0.03	0.97	0.79	2.76	1.02	7.35	1.28	13.50	1.50	21.70	1.68	56.50	2.21	102.50	2.44	166.00	2.76
0.035	1.05	0.85	2.98	1.10	7.95	1.38	14.60	1.60	23.40	1.81	61.00	2.28	111.00	2.64	180.00	2.98
0.04	1.12	0.91	3.18	1.17	8.50	1.47	15.60	1.73	25.00	1.94	65.00	2.44	118.00	2.82	192.00	3.18
0.045	1.19	0.96	3.38	1.25	9.00	1.56	16.50	1.83	26.60	2.06	69.00	2.58	126.00	3.00	204.00	3.38
0.05	1.25	1.01	3.55	1.31	9.50	1.64	17.40	1.93	28.00	2.17	72.60	2.72	132.00	3.15	214.00	3.55
0.06	1.37	1.11	3.90	1.44	10.40	1.80	19.00	2.11	30.60	2.38	79.60	2.98	145.00	3.45	235.00	3.90
0.07	1.48	1.20	4.20	1.55	11.20	1.95	20.00	2.28	33.10	2.56	86.00	3.22	156.00	3.73	254.00	4.20
0.08	1.58	1.28	4.50	1.66	12.00	2.08	22.00	2.44	35.40	2.74	93.40	3.47	165.50	3.94	274.00	4.40

坡度	生产废水															
	h/D=0.6				h/D=0.7						h/D=1.0					
	DN=50		DN=75		DN=100		DN=125		DN=150		DN=200		DN=250		DN=300	
	q	ν	q	ν	q	ν	q	ν	q	ν	q	ν	q	ν	q	ν
0.003															53.00	0.75
0.0035													35.40	0.72	57.30	0.81
0.004											20.80	0.66	37.80	0.77	61.20	0.87
0.005									8.85	0.68	23.25	0.74	42.25	0.86	68.50	0.97
0.006							6.00	0.67	9.70	0.75	25.50	0.81	46.40	0.94	75.00	1.06
0.007							6.50	0.72	10.50	0.81	27.50	0.88	50.00	1.02	81.00	1.15
0.008					3.80	0.66	6.95	0.77	11.20	0.87	29.40	0.94	53.50	1.09	86.50	1.23
0.009					4.02	0.70	7.36	0.82	11.90	0.92	31.20	0.99	56.50	1.15	92.00	1.30
0.01					4.25	0.74	7.80	0.86	12.50	0.97	33.00	1.05	59.70	1.22	97.00	1.37
0.012					4.64	0.81	8.50	0.95	13.70	1.06	36.00	1.15	65.30	1.33	106.00	1.50
0.015			1.95	0.72	5.20	0.90	9.50	1.06	15.40	1.19	40.30	1.28	73.20	1.49	119.00	1.68
0.02	0.79	0.46	2.25	0.83	6.00	1.04	11.00	1.22	17.70	1.37	46.50	1.48	84.50	1.72	137.00	1.94
0.025	0.88	0.72	2.51	0.93	6.70	1.16	12.30	1.36	19.80	1.53	52.00	1.65	94.40	1.92	153.00	2.71
0.03	0.97	0.79	2.76	1.02	7.35	1.28	13.50	1.50	21.70	1.68	57.00	1.82	103.50	2.11	168.00	2.38
0.035	1.05	0.85	2.98	1.10	7.95	1.38	14.60	1.60	23.40	1.81	61.50	1.96	112.00	2.28	181.00	2.57
0.04	1.12	0.91	3.18	1.17	8.50	1.47	15.60	1.73	25.00	1.94	66.00	2.10	120.00	2.44	194.00	2.75
0.045	1.19	0.96	3.38	1.25	9.00	1.56	16.50	1.83	26.60	2.06	70.00	2.22	127.00	2.58	206.00	2.91
0.05	1.25	1.01	3.55	1.31	9.50	1.64	17.40	1.93	28.00	2.17	73.50	2.34	134.00	2.72	217.00	3.06
0.06	1.37	1.11	3.90	1.44	10.40	1.80	19.00	2.11	30.60	2.38	80.50	2.56	146.00	2.98	238.00	3.36
0.07	1.48	1.20	4.20	1.55	11.20	1.95	20.60	2.28	33.10	2.56	87.00	2.77	158.00	3.22	256.00	3.64
0.08	1.58	1.28	4.50	1.66	12.00	2.08	22.00	2.44	35.40	2.74	93.00	2.96	169.00	3.44	274.00	3.88

（续）

坡度	生活污水											
	h/D=0.5								h/D=0.7			
	DN=50		DN=75		DN=100		DN=125		DN=150		DN=200	
	q	v	q	v	q	v	q	v	q	v	q	v
0.003												
0.0035												
0.004												
0.005											15.35	0.80
0.006											16.90	0.88
0.007									8.46	0.78	18.20	0.95
0.008									9.04	0.83	19.40	1.01
0.009									9.56	0.89	20.60	1.07
0.01							4.97	0.81	10.10	0.94	21.70	1.13
0.012					2.90	0.72	5.44	0.89	11.10	1.02	23.80	1.24
0.015			1.48	0.67	3.23	0.81	6.08	0.99	12.40	1.14	26.60	1.39
0.02			1.70	0.77	3.72	0.93	7.02	1.15	14.30	1.32	30.70	1.60
0.025	0.65	0.66	1.90	0.86	4.17	1.05	7.85	1.28	16.00	1.47	35.30	1.79
0.03	0.71	0.72	2.08	0.94	4.55	1.14	8.60	1.39	17.50	1.62	37.70	1.96
0.035	0.77	0.78	2.26	1.02	4.94	1.24	9.29	1.51	18.90	1.75	40.60	2.12
0.04	0.81	0.83	2.40	1.09	5.26	1.32	9.93	1.62	20.20	1.87	43.50	2.27
0.045	0.87	0.89	2.56	1.16	5.60	1.40	10.52	1.71	21.50	1.98	46.10	2.40
0.05	0.91	0.93	2.60	1.23	5.88	1.48	11.10	1.89	22.60	2.09	48.50	2.53
0.06	1.00	1.02	2.94	1.33	6.45	1.62	12.14	1.98	24.80	2.29	53.20	2.77
0.07	1.08	1.10	3.18	1.42	6.97	1.75	13.15	2.14	26.80	2.47	57.50	3.00
0.08	1.18	1.16	3.35	1.52	7.50	1.87	14.05	2.28	30.44	2.73	65.40	3.32

注：表中单位 q——L/s；v——m/s；DN——mm。

（2）为保证管道系统有良好的水力条件，稳定管内气压，防止水封破坏，保证良好的室内环境卫生，在设计计算横支管和横干管时，须符合下列规定。

① 最大设计充满度。建筑内部排水横管按非满流设计，以便使污、废水释放出的气体能自由流动排入大气，调节排水管道系统内的压力，接纳意外的高峰流量。建筑内部排水横管的最大设计充满度见表 5－14。

表 5－14　建筑内部排水横管的最大设计充满度

排水管道类型	管径/mm	最大设计充满度
生活排水管道	≤125 150～200	0.5 0.6
生产废水管道	50～75 100～150 ≥200	0.6 0.7 1.0
生产污水管道	50～75 100～150 ≥200	0.6 0.7 0.8

② 管道坡度。排水管道属重力流管道，主要是靠管道坡度排水。一般污水中都含有相当量的杂质，如果管道坡度过小，污水的流速慢，固体杂物会在管内沉淀淤积，造成排水不畅或管道堵塞。为此，根据长期工程实践经验，对管道坡度作了相应规定，排水管道在设计和施工时必须满足坡度的要求。建筑内部生活排水管道的坡度有标准坡度和最小坡度两种，见表 5-15。标准坡度是指正常条件下应予以保证的坡度，最小坡度为必须保证的坡度。一般情况下应采用标准坡度，当横管过长或建筑空间受限制时，可适当调整排水横管的坡度，但不得小于最小坡度。塑料排水横管的标准坡度均为 0.026。

工业废水的水质与生活污水不同，其排水横管的标准坡度和最小坡度见表 5-16。

表 5-15　生活排水铸铁横管的标准坡度和最小坡度

管径/mm	坡度	
	标准坡度	最小坡度
50	0.035	0.025
75	0.025	0.015
100	0.020	0.012
125	0.015	0.010
150	0.010	0.007
200	0.008	0.005

表 5-16　工业废水排水管道的标准坡度和最小坡度

管径(mm)	生产废水		生产污水	
	标准坡度	最小坡度	标准坡度	最小坡度
50	0.025	0.020	0.035	0.030
75	0.020	0.015	0.025	0.020
100	0.015	0.008	0.020	0.045
125	0.010	0.006	0.015	0.040
150	0.008	0.005	0.010	0.006
200	0.006	0.004	0.007	0.004
250	0.005	0.0035	0.006	0.0035
300	0.004	0.003	0.005	0.003

③ 自清流速。污水中含有固体杂质，如果流速过小，杂质会在管内沉淀，减小过流断面，造成排水不畅甚至堵塞。为此，规定了对于不同性质的污废水在不同管径和最大计算充满度的条件下的最小流速，即自清流速。根据设计秒流量确定管径时应同时在满足管道坡度、最大充满度条件下，还应校核其流速应满足自清流速，各种排水管道的自清流速值见表 5-17。

表 5-17 各种排水管道的自清流速值

污废水类别	生活污水在下列管径时(mm)			明渠(沟)	雨水管道及合流制水管
	$d<150$	$d=150$	$d=200$		
自清流速(m/s)	0.6	0.65	0.7	0.40	0.75

特别提示

关于最小管径的规定如下。

室内排水管的管径和管道坡度在一般情况下是根据卫生器具的类型和数量计算确定的。按工程实践经验，为了排水通畅，防止管道堵塞，保障室内环境卫生，规定了各种建筑内部排水管的最小管径，作为设计时的基本要求。

一般情况，建筑内部排水管的最小管径为50mm。医院、厨房、浴室以及大便器排放的污水水质特殊，其最小管径应大于50mm。医院洗涤盆和污水盆内往往有一些棉花球、纱布、玻璃渣和竹签等杂物落入，为防止管道堵塞，管径不小于75mm。

厨房排放的污水中含有大量的油脂和泥沙，容易在管道内壁附着聚集，减小管道的过水面积。为防止管道堵塞，多层住宅厨房间的排水立管管径最小为75mm，公共食堂厨房排水管实际选用的管径应比计算管径大一号，且干管管径不小于100mm，支管管径不小于75mm。浴室泄水管的管径宜为100mm。

小便槽或连接3个及3个以上的小便器排水管，应考虑冲洗不及时而结尿垢的影响，管径不得小于75mm。

大便器具是唯一没有十字栏栅的卫生器具，瞬时排水量大，污水中的固体杂质多。凡连接大便器的支管，即使仅有1个大便器，其最小管径也为100mm。

大便槽的排水管管径最小应为150mm。

浴池的泄水管管径宜采用100mm。

3. 立管的水力计算

立管的水力计算首先以立管底部因排水所承担的所有排水当量计算出相应的设计秒流量，以该设计秒流量来确定立管管径。

排水立管的通水能力与管径、系统是否通气、通气的方式和管材有关，不同管径、不同通气方式、不同管材排水立管的最大允许排水流量见表5-18。

表 5-18 排水立管的最大允许排水注意

通气方式	管材	立管工作高度(m)	通水能力(L/s)							
			管　径(mm)							
			50	75	90	100	110	125	150	160
仅设伸顶通气管	铸铁管	—	1.0	2.5	—	4.5	—	7.0	10.0	—
	塑料管	—	1.2	3.0	3.8	—	5.4	7.5	—	12.0
	螺旋管	—	—	3.0	—	6.0	—	—	13.0	—
设有通气立管	铸铁管	—	—	5.0	—	9.0	—	14.0	25.0	—
	塑料管	—	—	—	—	—	10.0	16.0	—	28.0

(续)

通气方式	管材	立管工作高度(m)	通水能力(L/s)							
			管　径(mm)							
			50	75	90	100	110	125	150	160
不通气单立管		≤2	1.00	1.70	—	3.80	3.80	5.00	7.00	7.00
		3	0.64	1.35	—	2.40	2.40	3.40	5.00	5.00
		4	0.50	0.92	—	1.76	1.76	2.70	3.50	3.50
		5	0.40	0.70	—	1.36	1.36	1.90	2.80	2.80
		6	0.40	0.50	—	1.00	1.00	1.50	2.20	2.20
		7	0.40	0.50	—	0.76	0.76	1.20	2.00	2.00
		≥8	0.40	0.50	—	0.64	0.64	1.00	1.40	1.40

4. 通气管道管径的计算

(1) 单立管排水系统的伸顶通气管管径可与污水管相同，但在最冷月平均气温低于−13℃的地区，为防止伸顶通气管口结露，减少通气管断面，应在室内平顶或吊顶以下0.3m处将管径放大一号。

(2) 双立管排水系统中，当通气立管长度小于或等于50m时，通气管最小管径可按表5-19确定。当通气立管长度大于50m时，空气在管内流动时阻力损失增加，为保证排水时管内气压稳定，通气立管管径应与排水立管相同。

表5-19　通气管最小直径

管材	通气管名称	排水管管径(mm)									
		32	40	50	75	90	100	110	125	150	160
铸铁管	器具通气管	32	32	32			50		50		
	环形通气管			32	40		50		50		
	通气立管			40	50		75		100	100	
塑料管	器具通气管		40	40				50			
	环形通气管			40	40	40		50	50		
	通气立管							75	90		110

(3) 三立管排水系统，即两根排水立管共用一根通气立管，应按最大一根排水立管管径查表确定共用通气立管管径，但同时应保持共用通气立管的管径不小于其余任何一根排水立管管径。

(4) 结合通气管管径不宜小于通气立管管径。

(5) 汇合通气管或总伸顶通气管的断面积应不小于要汇合的通气管中最大一根通气立管断面积与0.25倍的其余通气立管断面积之和，可按式(5.7)计算：

$$DN \geqslant \sqrt{d_{max}^2 + 0.25\sum d_i^2} \tag{5.7}$$

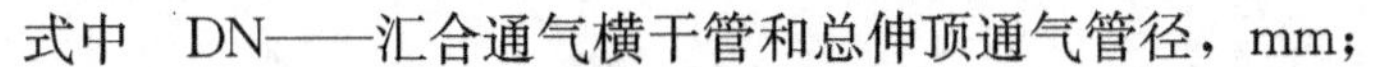

式中　DN——汇合通气横干管和总伸顶通气管径，mm；

$d_{\max}$——最大一根通气管管径，mm；

d_i——其余通气立管管径，mm。

5. 室内排水系统设计计算案例

【例 5.1】 有一幢 13 层宾馆，2～13 层为客房，每客房内的卫生间设有低位水箱坐式大便器、浴盆和洗脸盆各一件，卫生间内大样图和排水轴测图如图 5.40、图 5.41 所示。管材选用铸铁管，柔性卡箍连接。试进行排水系统设计。

【解】 (1) 首先确定排水技术方案。

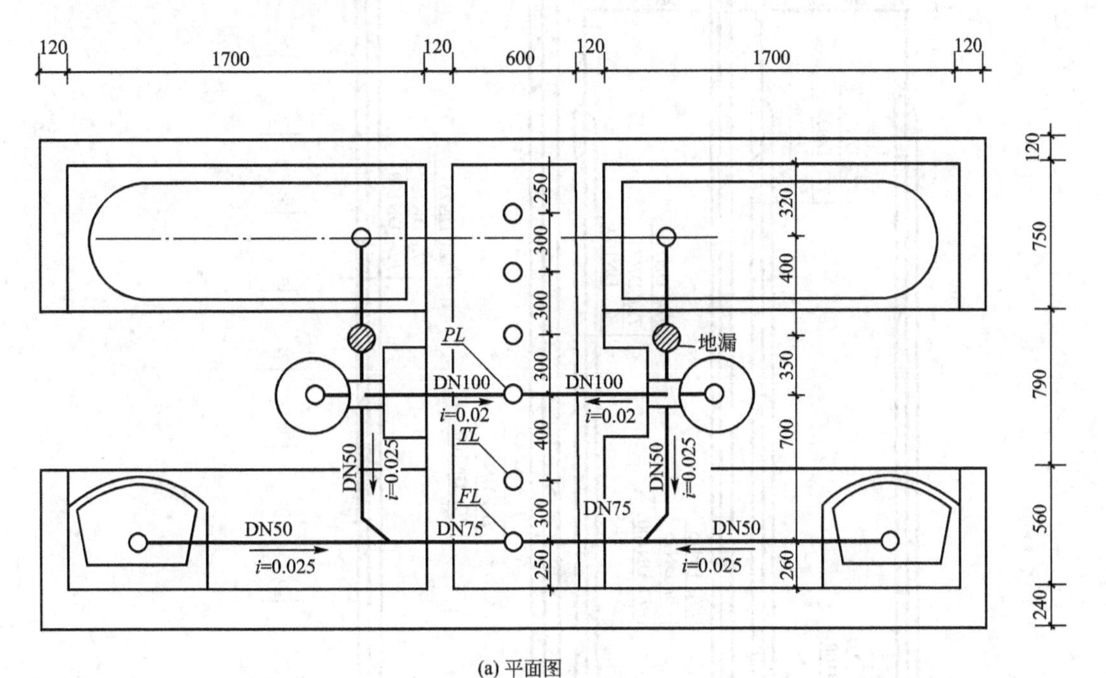

(a) 平面图

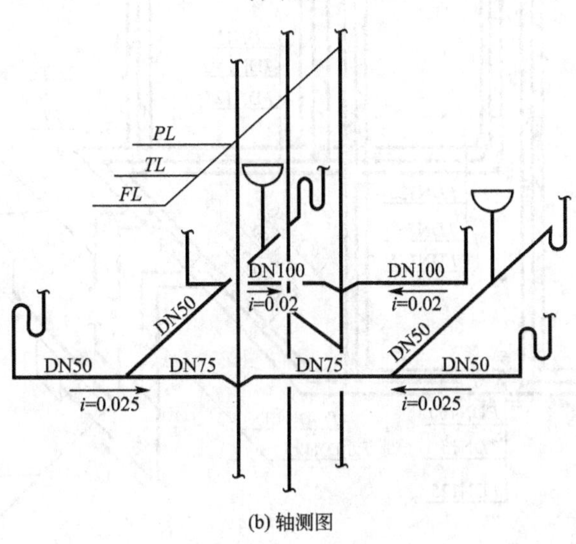

(b) 轴测图

图 5.40　卫生间大样图

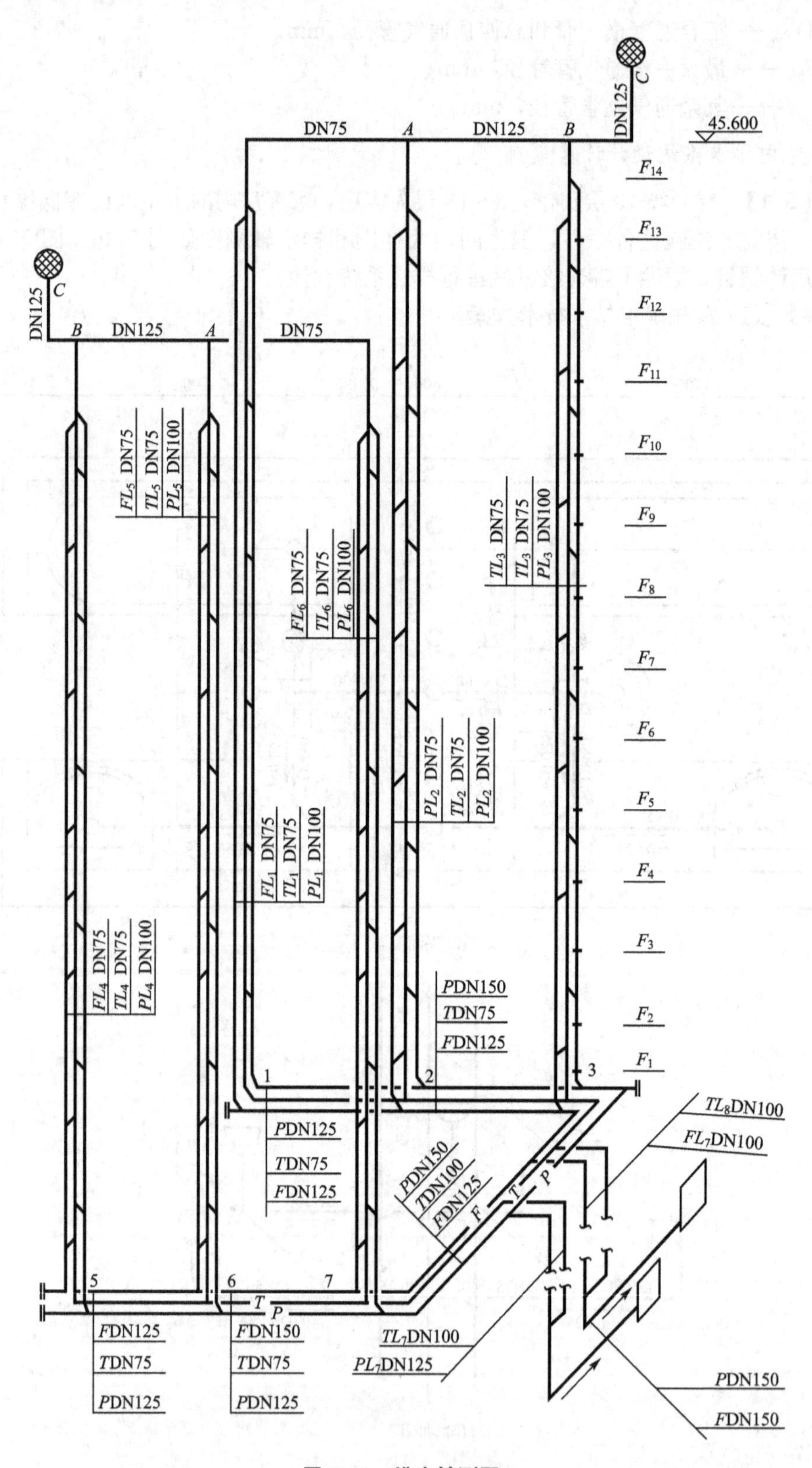

DN125
C
45.600
DN75
A
DN125
B
F_{14}
F_{13}
F_{12}
F_{11}
F_{10}
F_9
F_8
F_7
F_6
F_5
F_4
F_3
F_2
F_1
DN125
C
B
DN125
A
DN75
FL_5 DN75
TL_5 DN75
PL_5 DN100
FL_6 DN75
TL_6 DN75
PL_6 DN100
TL_3 DN75
TL_3 DN75
PL_3 DN100
PL_2 DN75
TL_2 DN75
PL_2 DN100
FL_1 DN75
TL_1 DN75
PL_1 DN100
FL_4 DN75
TL_4 DN75
PL_4 DN100
PDN150
TDN75
FDN125
1
2
3
PDN125
TDN75
FDN125
PDN150
TDN100
FDN125
F
T
P
TL_8DN100
FL_7DN100
5
6
7
T
P
FDN125
TDN75
PDN125
FDN150
TDN75
PDN125
TL_7DN100
PL_7DN125
PDN150
FDN150

图 5.41　排水轴测图

① 根据建筑使用功能，可知排水系统将排出洗涤废水和粪便污水，根据设计基础资料，采取合流制排水。

② 通气方式采用设置专用通气管，且洗涤废水立管与粪便污水立管合用一根通气立管，每层分别在两处设连接管，使以上每种立管和通气管隔层连接。

(2) 对卫生间及其排水管进行布置，并绘出设计草图，如卫生间详图及排水系统图。

(3) 计算排水系统水力。

① 卫生间内卫生器具的排水流量和当量分别为：

低位水箱坐式大便器 2.00L/s $N_u=6.0$；浴盆 1.00L/s $N_u=3.0$；

洗脸盆 0.25L/s $N_u=0.75$。

② 器具排水支管管径为：

大便器 DN=100mm； 浴盆 DN=50mm； 洗脸盆 DN=50mm。

③ 排水横支管管径为：

污水为 DN=100mm；

废水为 $q_u=0.12\times2.5\times\sqrt{3.75}+1=1.58$(L/s)；

查水力计算表确定 DN=75mm，$I=0.025$，h/DN=0.5。

④ 生活污水排水系统。

a. 立管 $PL_1\sim PL_6$ 排水当量总数和立管最下段流量分别：

$$N_u=6\times2\times12=144$$

$$q_u=0.12\times2.5\times\sqrt{144}+2=5.6(\text{L/s})$$

因为每个污水立管考虑配置专用通气立管，查表 5-18 得各污水立管管径皆为 DN=100mm。

b. 立管 PL_7 排水当量总数和立管流量分别为：

$$N_u=144\times6=864$$

$$q_u=0.12\times2.5\times\sqrt{864}+2=10.82(\text{L/s})$$

因为每个污水立管考虑配置专用通气立管，查表 5-18 得各污水立管管径皆为 DN=125mm。

c. 横干管各管段的流量、坡度、充满度、管径分别为(查表 5-13)：

1—2(5—6) $q_{u1-2}=5.6$L/s $I=0.015$ h/DN=0.5 DN=125mm

2—3(6—7) $q_{u2-3}=0.12\times2.5\times\sqrt{2\times144}+2=7.09$(L/s)

$I=0.010$ h/DN=0.6 DN=150mm

3—4(7—4) $q_{u3-4}=0.12\times2.5\times\sqrt{3\times144}+2=8.24$(L/s)

$I=0.010$ h/DN=0.6 DN=150mm

排出管 $q_u=10.82$(L/s)

$I=0.012$ h/DN=0.6 DN=150mm

为了施工方便，横干管的坡度取值皆为 0.015。

⑤ 洗涤废水排水系统。

a. 立管 $FL_1\sim FL_6$ 排水当量总数和立管最下段流量分别如下。

$$N_u=3.75\times2\times12=90$$

$$q_u=0.12\times2.5\times\sqrt{90}+1=3.85(\text{L/s})$$

因为每个废水立管考虑配置专用通气立管，查表 5－18 得各废水立管管径皆为 DN＝75mm。

b. 立管 FL_7 排水当量总数和立管流量分别为：

$$N_u=90\times6=540$$

$$q_u=0.12\times2.5\times\sqrt{540}+1=7.97(L/s)$$

因为每个废水立管考虑配置专用通气立管，查表 5－18 得各废水立管管径皆为 DN＝100mm。

c. 横干管各管段的流量、坡度、充满度、管径分别为(查表 5－13)：

1—2(5—6)　$q_{u1-2}=3.85L/s$　$I=0.010$　$h/DN=0.5$　DN＝125mm

2—3(6—7)　$q_{u2-3}=0.12\times2.5\times\sqrt{2\times90}+1=5.02(L/s)$

$I=0.012$　$h/DN=0.5$　DN＝125mm

3—4(7—4)　$q_{u3-4}=0.12\times2.5\times\sqrt{3\times90}+1=5.93(L/s)$

$I=0.015$　$h/DN=0.5$　DN＝125mm

排出管　$q_u=7.97/L/s$

$I=0.007$　$h/DN=0.6$　DN＝150mm

为了施工方便，横干管的坡度取值皆为 0.015。

⑥ 通气管道系统。

a. 通气主立管共计 6 根，以及横干、总干管的通气管，按规定及查表 5－19 分别为 DN＝75mm，DN＝100mm。

b. 通气立管汇合管段计算：

$$DN_{A-B}=\sqrt{75^2+0.25\times100^2}=84mm\quad 取为 100mm$$

$$DN_{B-C}=\sqrt{125^2+0.25\times(2\times100^2)}=107mm\quad 取为 125mm$$

(4) 化粪池的计算。

$$V=\frac{623\times30\times24}{24\times1000}+\frac{0.4\times623\times180\times0.05\times0.8\times1.2}{0.1\times1000}=40m^3$$

结合其他实际情况选用标准图。

单元任务 5.7　污水、废水的提升和局部处理

【单元任务内容及要求】 根据设计任务的基础资料和排水技术方案，确定污水处理构筑物的设计参数并进行选型。

5.7.1　污水、废水的提升

民用和公共建筑的地下室、人防建筑、消防电梯底部集水坑内以及工业建筑内部标高低与室外地坪的车间和其他用水设备房间排放的污、废水，若不能自流排至室外检查井时，必须提升排出，以保持室内良好的环境卫生。建筑内部污、废水提升包括污水泵的选择、污水集水池容积的确定和排水泵房的设计。

1. 排水泵房

排水泵房应设在靠近集水池，通风良好的地下室或底层单独的房间内，以控制和减少

对环境的污染。对卫生环境有特殊要求的生产厂房和公共建筑内，有安静和防振要求房间的邻近和下面不得设置排水泵房。排水泵房的位置应使室内排水管道和水泵出水管尽量简洁，并考虑维修、检测的方便。

2. 排水泵

建筑物内使用的排水泵有潜水排污泵、液下排水泵、立式污水泵和卧式污水泵等。因潜水排污泵和液下排水泵在水面以下运行，无噪声和振动，水泵在集水池内，不占场地，自灌问题也自然解决，所以，应优先选用，其中液下排污泵一般在重要场所使用。当潜水排污泵电机功率大于或等于7.5kW或出水口管径大于或等于DN100时，可采用固定式；当潜水排污泵电机功率小于7.5kW或出水口管径小于DN100时，可设软管移动式。立式污水泵和卧式污水泵因占用场地，要设隔振装置，必须设计成自灌式，所以较少使用。

排水泵的流量应按生活排水设计秒流量选定；当有排水量调节时，可按生活排水最大小时流量选定。消防电梯集水池内的排水泵流量不小于10L/s。排水泵的扬程按提升高度、管道水头损失和0.02～0.03MPa的附加自由水头确定。排水泵吸水管和出水管流速应为0.7～2.0m/s。

公共建筑内应以每个生活排水集水池为单元设置一台备用泵，平时宜交替运行。设有两台及两台以上排水泵排除地下室、设备机房、车库冲洗地面的污、废水时可不设备用泵。

为使水泵各自独立、自动运行，各水系应有独立的吸水管。当提升带有较大杂质的污、废水时，不同集水池内的潜水排污泵出水管不应合并排出。当提升一般废水时，可按实际情况考虑不同集水池的潜水排污泵出水管合并排出。排水泵较易堵塞，其部件易磨损，需要经常检修，所以，当两台或两台以上的水泵共用一条出水管时，应在每台水泵出水管上装设阀门和止回阀；单台水泵排水有可能产生倒灌时，应设止回阀。不允许压力排水管与建筑内重力排水管合并排出。

如果集水池不设事故排出管，水泵应有不间断的动力供应；如果能关闭排水进水管时，可不设不间断动力供应，但应设置报警装置。

排水泵应能自动启闭或现场手动启闭。多台水泵可并联交替运行，也可分段投入运行。

3. 集水池

在地下室卫生间和淋浴间的底板下或邻近、地下室水泵房和地下车库内及地下厨房和消防电梯井附近应设集水池。消防电梯集水池池底应低于电梯井底且不小于0.7m。为防止生活饮用水受到污染，集水池与生活给水贮水池的距离应在10m以上。

集水池容积不宜小于最大一台水泵5min的出水量，且水泵1h内启动次数不宜超过6次。设有调节容积时，有效容积不得大于6h生活排水平均小时流量。消防电梯井集水池的有效容积不得小于2.0m^3。工业废水按工艺要求确定。

为保持泵房内的环境卫生，防止管理和检修人员中毒，设置在室内地下室的集水池池盖应密闭，并设与室外大气相连的通气管；汇集地下车库、泵房、空调机房等处地面排水的集水池和地下车库坡道处的雨水集水井可采用敞开式集水池(井)，但应设强制通风装置。

集水池的有效水深一般取1～1.5m，保护高度取0.3～0.5m。因生活污水中有机物分解成酸性物质，腐蚀性大，所以生活污水集水池内壁应采取防腐、防渗漏措施。池底应坡向吸水坑，坡度不小于0.05，并在池底设冲洗管，利用水泵出水进行冲洗，防止污泥沉淀。为防止堵水泵，收集含有大块杂物排水的集水池入口处应设格栅，敞开式集水池(井)顶应设置格栅盖板；否则，潜水排污泵应带有粉碎装置。为便于操作管理，集水池应设置水位指示装置，必要时应设置超警戒水位报警装置，将信号引至物业管理中心。污水泵、阀门、管道等应选择耐腐蚀、大流通量、不易堵塞的设备器材。

5.7.2 污水、废水的局部处理

1. 化粪池

化粪池是一种具有结构简单、便于管理、不消耗动力和造价低等优点，局部处理生活污水的构筑物。当生活污水无法进入集中污水处理厂进行处理，在排入水体或城市排水管网前，至少应经过化粪池简单处理后，才允许排放。

生活污水中有大量粪便、纸屑、病原虫等杂质，化粪池将这些污染物进行沉淀和厌氧发酵，能去除50%～60%的悬浮物，沉淀下来的生污泥经过3个月以上的厌氧消化，将污泥中的有机物进行氧化降解，转化成稳定的无机物，易腐败的生污泥转化为熟污泥，改变了污泥结构，便于清掏外运，并可用作肥料。

化粪池有矩形和圆形两种，视地形、修建地点、面积大小而定。矩形化粪池有双格和三格之分，视其日需处理的污水量大小确定，当日处理污水量小于10m^3 时，采用双格，当日处理污水量大于10m^3 时，采用三格。化粪池的材质可用砖砌、水泥砂浆抹面、条石砌筑、钢筋混凝土建造，地下水位较高时应采用钢筋混凝土建造。双格化粪池如图5.42所示。

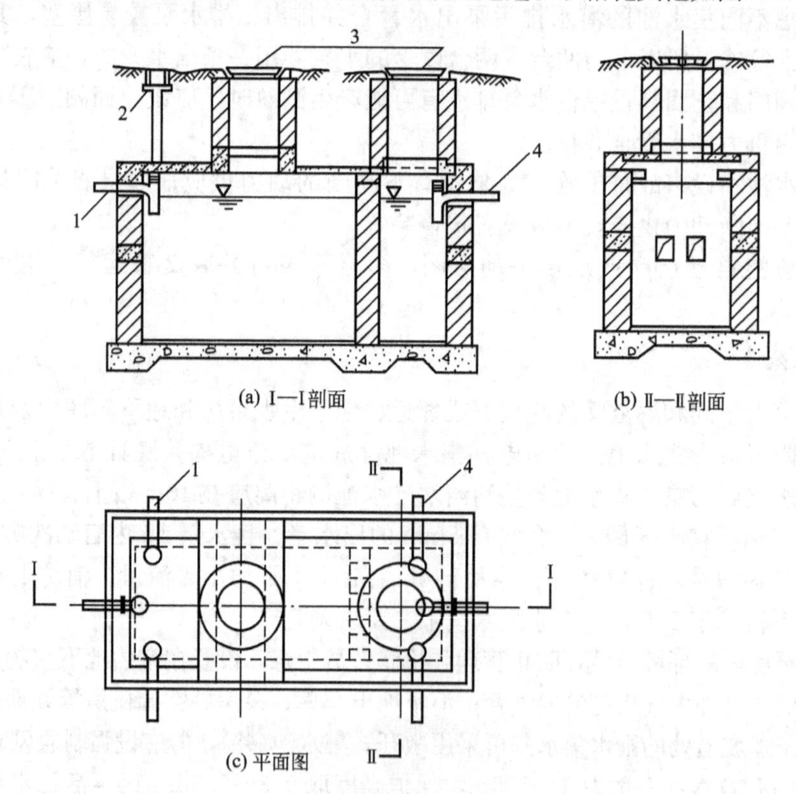

图5.42 双格化粪池

1—进入管(三个方向任选一个)；2—清扫口；3—井盖；4—出水管(三个方向任选一个)

化粪池距建筑外墙而一般为 5m，距地下水取水构筑物不得小于 30m，且应防渗漏。化粪池的设计主要是计算出化粪池容积，按国家建筑设计《给水排水标准图集》选用。化粪池总容积由有效容积 V 和保护容积 V_3 组成，保护容积根据化粪池大小确定，一般保护层高度为 0.25～0.45m。化粪池有效容积 V 由污水所占容积 V_1 和污泥所占容积 V_2 组成，按式(5.8)、式(5.9) 计算：

$$V=V_1+V_2 \tag{5.8}$$

$$V=\frac{a\cdot N\cdot q\cdot t}{24\times 1000}+\frac{a\cdot N\cdot n\cdot T\cdot(1-b)\cdot k\cdot m}{(1-c)\times 1000} \tag{5.9}$$

式中 V——化粪池有效容积，m^3；

N——设计总人数(或床位数、座位数)；

a——化粪池实际使用人数占设计总人数的百分比，它与人们在建筑内停留时间有关，医院、疗养院、养老院、有住宿的幼儿园取 100%；住宅、集体宿舍、旅馆取 70%；办公楼、教学楼、试验楼、工业企业生活间取 40%；职工食堂、餐饮业、影剧院、体育场(馆)、商场和其他场所(按座位)取 10%；

q——每人每天排水量，L/(人·d)。当生活污水与生活废水合流排出时，同生活用水量标准；单独排放时，生活污水量取 20～30L/(人·d)；

n——每人每日污泥量，L/(人·d)，生活污水与生活废水合流排出时取 0.7L/(人·d)，单独排出时取 0.4L/(人·d)；

t——污水在化粪池内停留时间，h，取 12～24h；化粪池作为医院污水消毒前的预处理时，停留时间不少于 36h；

T——污泥清掏周期，d，宜采用 90～360d。当化粪池作为医院污水消毒前的预处理时宜为 1 年；

b——新鲜污泥含水率，取 95%；

c——化粪池内发酵浓缩后污泥含水率，取 90%；

k——污泥发酵后体积缩减系数，取 0.8；

m——清掏污泥后遗留的熟污泥系数，取 1.2。

将 b、c、k、m 值代入式(5.9)，化粪池有效容积计算公式简化为式(5.10)：

$$V=aN\left(\frac{qt}{24}+0.84nT\right)\times 10^{-3} \tag{5.10}$$

化粪池有 13 种规格，容积从 $2m^3$ 到 $100m^3$，设计时依据有关设计手册，可根据各种规格化粪池的最大允许实际使用人数选用化粪池。

为安全起见，污泥清掏周期应稍长于污泥发酵时间，一般为 3～12 个月。清掏污泥后应保留 20%的污泥量，以便为新鲜污泥提供厌氧菌种，保证污泥腐化分解效果。

化粪池多设于建筑物背向大街一侧靠近卫生间的地方，应尽量隐蔽，不宜设在人们经常活动之处。化粪池距建筑物的净距不小于 5m。因化粪池出水处理不彻底，含有大量细菌，为防止污染水源，化粪池距地下取水构筑物不得小于 30m。

2. 隔油池

公共食堂和饮食业排放的污水中含有植物和动物油脂。污水中含油量的多少与地区、生活习惯有关，一般在50～150mg/L。厨房洗涤水中含油约750mg/L。据调查，含油量超过400mg/L的污水进入排水管道后，随着水温的下降，污水中挟带的油脂颗粒开始凝固，并粘附在管壁上，使管道过水断面减小，最后完全堵塞管道。所以，公共食堂和饮食业的污水在排入城市排水管网前，应去除污水中的可浮油(占总含油量的65%～70%)，目前一般采用隔油池。设置隔油池还可以回收废油脂，制造工业用油，变废为宝。

汽车洗车台、汽车库及其他类似场所排放的污水中含有汽油、煤油、柴油等矿物油。汽油等轻油进入管道后挥发并聚集于检查井，达到一定浓度后会发生爆炸引起火灾，破坏管道，所以也应设隔油池进行处理，隔油池示意图如图5.43所示。

3. 小型沉淀池

汽车库冲洗废水中含有大量的泥沙，为防止堵塞和淤积管道，在污、废水排入城市排水管网之前应进行沉淀处理，一般宜设小型沉淀池。

小型沉淀池的有效容积包括污水和污泥两部分容积，应根据车库存车数、冲洗水量和设计参数确定。

4. 降温池

温度高于40℃的废水，在排入城镇排水管道之前应采取降温处理；否则，会影响维护管理人员身体健康和管材的使用寿命。一般采用设于室外的降温池处理。对于温度较高的废水，宜考虑将其所含热量回收利用。

降温池降温的方法主要有二次蒸发、水面散热和加冷水降温。以锅炉排污水为例，当锅炉排出的污水由锅炉内的工作压力骤然减到大气压力时，一部分热污水汽化蒸发(二次蒸发)，减少了排污水量和所带热量，再加入冷却水与剩余的热污水混合，使污水温度降至40℃后排放。降温采用的冷却水应尽量利用低温废水，降温池图5.44所示。

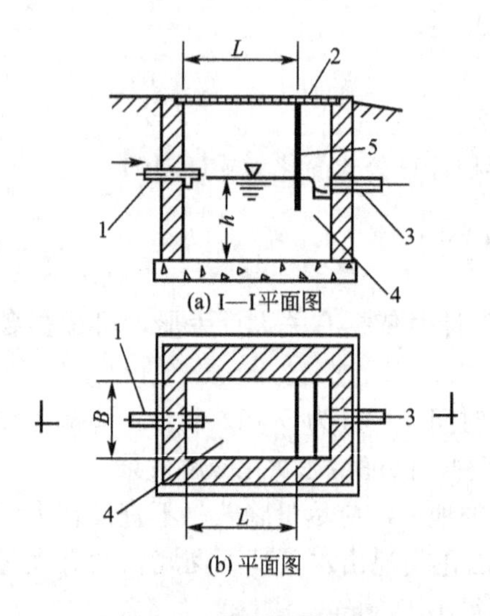

图5.43 隔油池示意图

1—进入管；2—盖板；3—出水管；
4—出水间；5—隔板

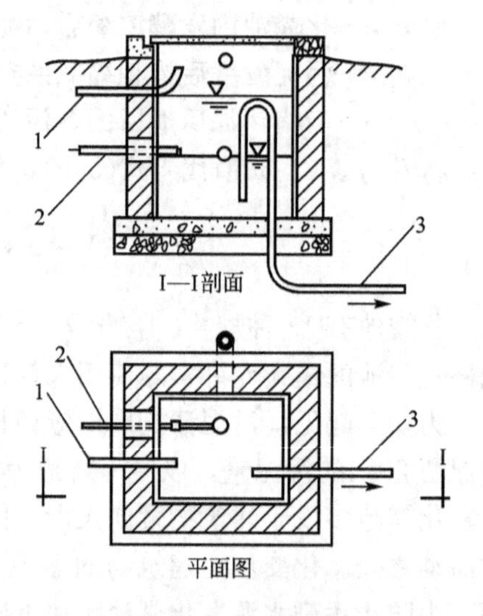

图5.44 降温池

1—锅炉排污管；2—冷却水管；
3—排水管

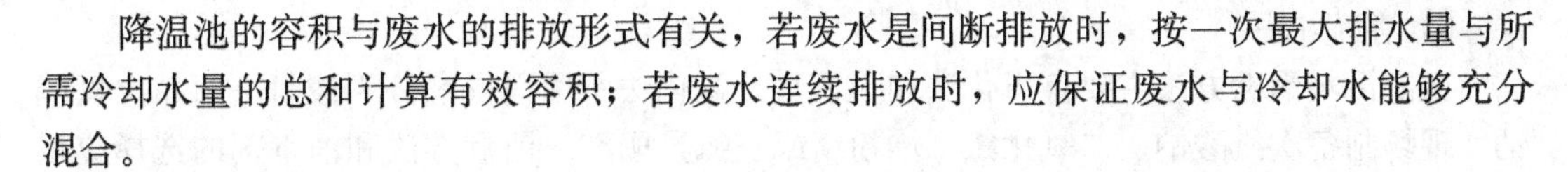

降温池的容积与废水的排放形式有关，若废水是间断排放时，按一次最大排水量与所需冷却水量的总和计算有效容积；若废水连续排放时，应保证废水与冷却水能够充分混合。

5. 医院污水处理

医院污水处理包括消毒处理、放射性污水处理、重金属污水处理、废弃药物污水处理和污泥处理。其中消毒处理是最基本的处理，也是最低要求的处理。

需要消毒处理的医院污水是指医院(包括综合医院、传染病医院、专科医院、疗养病院)和医疗卫生的教学及科研机构排放的被病毒、病菌、螺旋体和原虫等病原体污染了的水。这些水如不进行消毒处理，排入水体后会污染水源，导致传染病流行，危害很大。

1) 医院污水水量和水质

医院污水包括住院病房排水和门诊、化验、制剂、厨房、洗衣房的排水。医院污水排水量按病床床位计算，日平均排水量标准和小时变化系数与医院的性质、规模、医疗设备完善程度有关。

医院污水的水质与每张病床每日的污染物排放量有关，应实测确定；无实测资料时，每张病床每日污染物排放量可按下列数值选用：BOD_5 为 60g/(床・d)，COD 为 100～150g/(床・d)，悬浮物为 50～100g/(床・d)。

医院污水经消毒处理后，应连续三次取样 500mL 进行检测，不得检出肠道致病菌和结核杆菌；每升污水的总大肠杆菌数不得大于 500 个；若采用氯消毒时，接触时间和余氯量应满足要求。达到这三个要求后方可排放。

医院污水处理过程中产生的污泥需进行无害化处理，使污泥中蛔虫卵死亡率大于 95%，粪大肠菌值不小于 10^{-2}；每 10g 污泥中不得检出肠道致病菌和结核杆菌。

2) 医院污水处理

医院污水处理由预处理和消毒两部分组成。预处理可以节约消毒剂的用量，并使消毒彻底。医院污水所含的污染物中有一部分是还原性的，若不进行预处理去除这些污染物，直接进行消毒处理会增加消毒剂用量。医院污水中含有大量的悬浮物，这些悬浮物会把病菌、病毒和寄生虫卵等致病体包藏起来，阻碍消毒剂作用，使消毒不彻底。

根据医院污水的排放去向，预处理方法分为一级处理和二级处理。当医院污水处理是以解决生物性污染为主，消毒处理后的污水排入有集中污水处理厂的城市排水管网时，可采用一级处理。一级处理主要去除漂浮物和悬浮物，主要构筑物有化粪池、调节池等。

一级处理去除的悬浮物较多，一般为 50%～60%，去除的有机物较少，BOD_5 仅去除 20%左右，在后续消毒过程中，消毒剂耗费多，接触时间长。因工艺流程简单，运转费用和基建投资少，所以，当医院所在城市有污水处理厂时，宜采用一级处理。

当医院污水处理后直接排入水体时，应采用二级处理或三级处理。医院污水二级处理主要经过调节池、沉淀池和生物处理构筑物，医院污水经二级处理后，有机物去除率在 90%以上，所以，消毒剂用量少，仅为一级处理的 40%，而且消毒彻底。为了防止造成环境污染，中型以上的医疗卫生机构和医院污水处理设施的调节池、初次沉淀池、生化处理构筑物、二次沉淀池、接触池等应分两组，每组按 50%的负荷计算。

3）消毒方法

医院污水消毒方法主要有氯化法和臭氧法。氯化法所用消毒剂分为液氯、商品次氯酸钠、现场制备次氯酸钠、二氧化氯、漂粉精或三氯异尿酸。消毒方法和消毒剂的选择应根据污水量、污水水质、受纳水体对排放污水的要求及投资、运行费用、药剂供应、处理站离病房和居民区的距离、操作管理水平等因素，经技术经济比较后确定。

氯化法具有消毒剂货源充沛、价格低、消毒效果好，且消毒后在污水中保持一定的余氯，能抑制和杀灭污水中残留的病菌等优点，已广泛应用于医院污水消毒处理。

液氯法具有成本低、运行费用低的优点，但要求安全操作，如有泄漏会危及人身安全。所以，污水处理站离居民区保持一定距离的大型医院可采用液氯法。

漂粉精投配方便，操作安全，但价格较贵，适用于小型或局部污水处理。漂白粉含氯量低，操作条件差，投加后有残渣，适用于县级医院或乡镇卫生院。次氯酸钠法安全可靠，但运行费用高，适用于处理站离病房和居民区较近的情况。

为满足对排放污水中余氯量的要求，预处理为一级处理时，加氯量为 30～50mg/L；预处理为二级处理时，加氯量为 15～25mg/L。加氯量不是越多越好。处理后水中余氯过多，会形成氯酚等有机氯化物，造成二次污染。而且，余氯过多也会腐蚀管道和设备。

臭氧消毒灭菌具有快速和全面的特点，不会生成危害很大的三氯甲烷，能有效去除水中色、臭、味及有机物，降低污水的浊度和色度，增加水中的溶解氧。但臭氧法同时也存在投资大、制取成本高、工艺设备腐蚀严重、管理水平要求高的缺点。当处理后污水排入有特殊要求的水域，不能用氯化法消毒时，可考虑用臭氧法消毒。

4）污泥处理

医院污水处理过程中产生的污泥中含有大量的病原体，所有污泥必须经过有效的消毒处理。经消毒处理后的污泥不得随意弃置，也不得用于根块作物的施肥。处理方法有加氯法、高温堆肥法、石灰消毒法和加热法，也可用干化法和焚烧法处理。当污泥采用氯化法消毒时，加氯量应通过试验确定，当无资料时，可按单位体积污泥中有效氯投加量为 2.5g/L 设计，消毒时应充分搅拌，混合均匀，并保证有不小于 2h 的接触时间。当采用高温堆肥法处理污泥时，堆温保持在 60℃以上且时间不小于 1d，并保证堆肥的各部分都能达到有效消毒。当采用石灰消毒时，石灰投加量可采用 15g/L（以 $Ca(OH)_2$ 计），污泥的 pH 值在 12 以上的时间不少于 7d。若有废热可以利用，可采用加热消毒，但应有防止臭气扩散污染环境的措施。

6. 埋地式污水处理装置

埋地式污水处理装置是一种局部污水处理装置。目前，在我国推广的有两类，一类是引进国外技术（主要是日本）的需要动力的埋地式水处理装置，这种装置若运行管理好，其出水水质能达到二级生化处理标准。另一类是国内各地研究开发的无动力消耗的埋地处理装置，其类型较多，可根据建筑物地形、位置和污水水质特点选用，HJ 埋地式污水处理装置如图 5.45 所示，采用厌氧—好氧（即 A/O）的工艺原理，排放的生活污水通过泥渣截留池，去除垃圾、泥砂、油脂及其他悬浮物后，经厌氧—水解酸化以提高污水的可生化性，再经厌氧生物过滤、好氧生物过滤（塔式生物滤池）处理。管理运行好，其出水水质能达到综合排放标准。

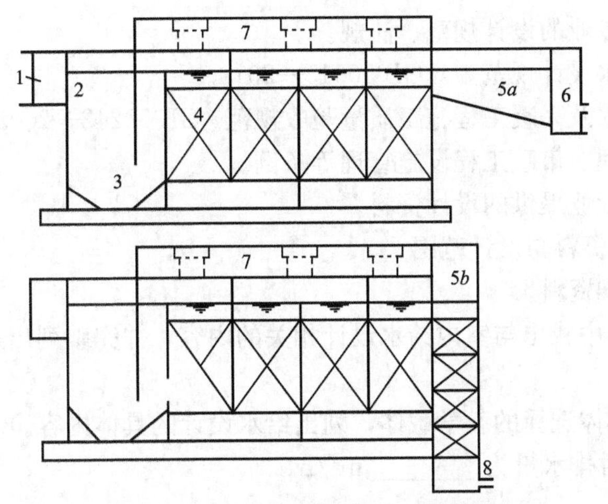

图5.45 HJ埋地式污水处理装置

1—进水管；2—配水井；3—沉渣池；4—厌氧池；5a—阶梯式生物滤池；5b—塔式生物滤池；6—检查取样井；7—废气吸附层(根据地形可埋入地坪下)；8—出水管

情境小结

通过本情境的学习和实践，要求掌握以下内容。

(1) 建筑室内排水系统技术方案的主要内容应包括排水体制、排水系统的组成及通气方式。建筑室内排水系统技术方案的确定应以技术经济为原则。

(2) 建筑排水系统管材主要有铸铁排水管和塑料排水管。排水铸铁管的连接方式有承插连接和卡箍连接；塑料排水管的连接方法主要用粘接。铸铁排水管和塑料排水管有多种管件，是保证排水水流良好的水力条件。

(3) 排水管道布置应保证排水流畅，水力条件好，保证建筑内设备安全和卫生，防止排水管道破坏，同时便于排水管道的安装和维修。

(4) 排水管道系统的施工要求主要是从设计角度提出对排水管道的敷设方式、管道安装、管道防护、给水管道防冻、防结露及灌水试验等施工要求。

(5) 排水系统水力计算主要是通过水力计算确定排水管道及通气管道的直径。排水管道的计算可分为器具支管、排水横管及立管来计算。器具支管可通过查相关规定确定，排水横管须通过设计秒流量查水力计算表确定，并要求满足流速、充满度和坡度的规定。立管须通过立管底部设计秒流量，根据通气方式查表确定。

(6) 污水处理设备的设计参数须进行计算确定。

工学结合能力训练

【任务1】 室内排水系统设计施工总说明

1. 设计依据

(1) 设计委托任务书、城建各管理部门对本项目初步设计的有关批复、审查意见等。

(2) 所采用的本专业的设计规范、法规。

①《建筑给水排水设计规范》 GB 50015—2010。

②《建筑给水排水及采暖工程施工质量验收规范》GB 50242—2002。

(3) 城市供水管理、市政工程设施管理等条例。

(4) 本工程其他专业提供的设计资料。

2. 相关设计基础资料与设计范围

(1) 相关设计基础资料。

(在设计基础资料中找出与室内给水设计相关的内容，并完整列出这些内容。)

(2) 设计范围。

(根据任课教师具体选择的教学载体，列出给水设计的具体内容。)

(3) 本项目最大时排水量为________ m^3/h。

3. 系统设计

(1) 根据设计基础资料，排水系统采用雨、污分流排水体系，生活污水与雨水分系统进行组织排放，卫生间的排水采用__________排水体制，即__________(说明生活污水与生活废水排出的方式)。

(2) 本工程排水系统主要设施有：______________。

(说明排水系统的组成部分及室外的污水处理设施)。

(3) 为使污水排水畅通，本工程设置__________根排出管，将污水排至室外污水井。

(说明排出管的设置位置和排出污水的范围。)

(4) 其他。

4. 管道材料

(1) 排水管采用____________，连接方式为____________。

(2) 排水管件要求：________________________。

5. 卫生设备

(1) 卫生间中均采用陶瓷制品卫生洁具，选用的卫生洁具应符合《节水型生活用水器具》(CJ 164—2002)标准的要求。在土建施工时，应根据所选卫生洁具要求的留洞尺寸配合留洞，避免事后敲打。

(2) 卫生洁具的品牌及款式由业主方确定，但应符合使用功能和系统设置要求。

(3) 蹲便器采用本体不带水封的蹲便器，配自闭式冲洗阀。

(4) 公共卫生间中的洗手盆配用____________水龙头。

(5) 各卫生间中的小便器采用____________，配用____________冲洗阀。

(6) 卫生设备的安装应按照国家标准图执行。

6. 管道敷设与安装要求

(1) 排水管道采用____________的敷设方式，在安装时应尽量靠墙、柱及靠近板底安装，为使用和二次装修留出空间，排水管道须与墙面保持规定的距离。

在安装过程中如发生管道交叉，应按照“小管让大管、有压管让无压管”的原则进行调整。

(2) 底层排水横支管及横干管应____________敷设，其他楼层的排水横支管敷设在该楼层的____________。

(3) 排水立管上按规范设置检查口，排水横支管上按规定设置清扫口，以便于排水管道堵塞时进行维护。排水立管上的检查口安装高度距安装处地面1.00m。

(4) 排水管道在穿越____________时，应设置防水套管，防水套管类型采用刚性防水套管；室内排水管道在穿越楼板和墙体时，也应设置套管，套管管径以大两号为宜，穿楼板的套管上口宜高出楼板面20mm。

(5) 排水管道上的90°三通和四通均采用90°斜三通和斜四通；水平干管转90°弯、立管底部和出户管等转弯处采用两个45°弯头连接。

(6) 管径为DN100及其以上的UPVC排水立管在穿越楼板处应安装阻火圈，采用板下安装式。UPVC排水管道穿越防火分区时，在防火分区两侧安装阻火圈或防火套管，做法详国标图纸。当层高小于4.0m时，UPVC排水和通气立管应每层设置一个伸缩节，当层高大于4.0m时，每层应设两个伸缩节；排水横管上当直线管段超过2.0m时，应设置横管专用伸缩节，且两个伸缩节的间距不应超过4.0m。

7. 管道试压

污水立管、水平干管按《建筑给水排水及采暖工程施工质量验收规范》(GB 50242—2002)的要求做通球试验，立管做灌水试验。

8. 其他

(1) 图中所注标高为管中心标高，所注立管、水平管距离为管中心距离。

(2) 所注标高单位为m，所注管径单位为mm。

(3) 业主、施工等各方在选定排水设备、管材和器材时，应把好质量关；在符合使用功能要求、满足设计及系统要求的前提下，应优先选用高效率、低能耗的优质产品，不得选用淘汰和落后的产品。

(4) 本说明与各图纸上的分说明不一致时，以各图纸上的分说明为准。

(5) 本说明未提及者，均按照国家施工验收有关规范、规定执行。

【任务2】 室内排水系统设计计算过程

1. 设计准备

(1) 熟悉设计基础资料。

(2) 首先根据所给设计基础资料和平面图对男、女卫生间进行平面布置。

特别提示

(1) 卫生间布置内容有：

①分隔卫生间及前室；②进行大便器蹲位分隔，布置大便器；③布置小便器或小便槽；④在前室内布置洗脸盆和污水盆；⑤在卫生间及前室分别布置地漏。

(2) 布置要求：①符合设计规范；②对称、美观；③便于安装、维修和使用。

(3) 将卫生器具布置结果绘制成平面布置图。

2. 进行排水管道布置

根据所提供的建筑平面图和室外管网资料，以及确定的排水技术方案，对排水管道进行布置，要求将布置结果绘制成平面布置图及系统图，并标识出管段编号。

1) 平面图

平面图包括底层、标准层及顶层平面图。

2) 系统图

按分区或立管绘制排水系统图。

3) 详图

绘排水设备布置图或卫生间布置详图。

3. 室内排水管道水力计算

(1) 室内排水最大时流量：

$$Q_d=$$

(2) 选择设计秒流量的计算公式为：

$$q_p=$$

4. 排水管道的确定

1) 卫生器具支管管径的确定

(1) 大便器。

(2) 小便器。

(3) 洗脸盆。

(4) 污水盆。

2) 排水横干管及横支管管径的确定

(1) 男卫生间。

(2) 女卫生间。

3) 排水立管的确定

(1) 男卫生间。

(2) 女卫生间。

5. 化粪池容积的计算

$$V=V_1+V_2$$

$$V=\frac{a \cdot N \cdot q \cdot t}{24\times 1000}+\frac{a \cdot N \cdot n \cdot T \cdot (1-b) \cdot k \cdot m}{(1-c)\times 1000}$$

代入各参数计算得化粪池的容积为：

【任务3】 室内排水系统绘图能力训练

(1) 实训目的：通过绘图训练，使学生掌握室内排水管道平面图和系统图的绘制方法，从而具备给水施工图的绘图能力。

(2) 绘图要求。

① 用绘图工具(图板、丁字尺、三角板、铅笔)或用AutoCAD绘图软件进行绘图。

② 全部内容在一张A3图纸上。

③ 图纸要写仿宋字，要求条理清晰、主次分明、字迹工整、纸面干净。

(3) 绘图题目。

① 根据图5.46给出的卫生间排水平面图，按照图5.47给出的WL-1系统图示例，完成WL-2、JL-3、JL-4系统图的绘制。

② 根据图5.48给出的卫生间平面图以及排水立管标出的位置，完成WL-5、WL-6、WL-7、WL-8所在卫生间的排水平面图和系统图的绘制。

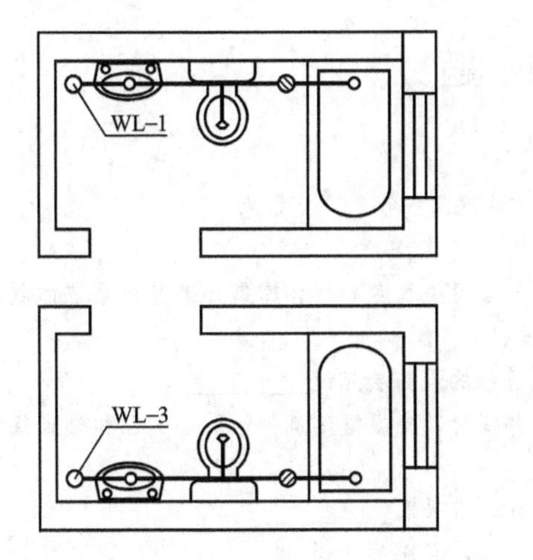

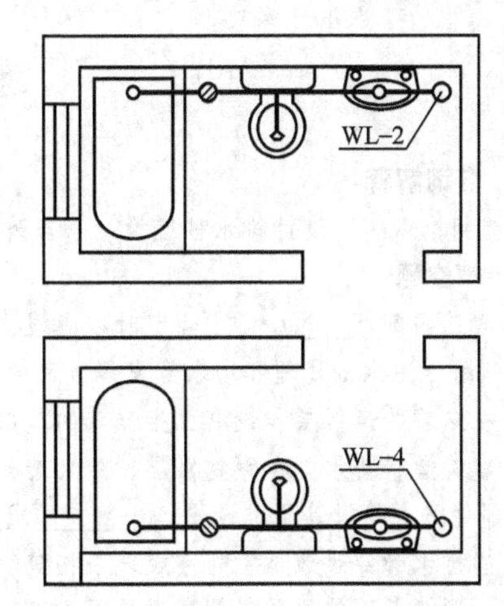

图 5.46 卫生间排水平面图

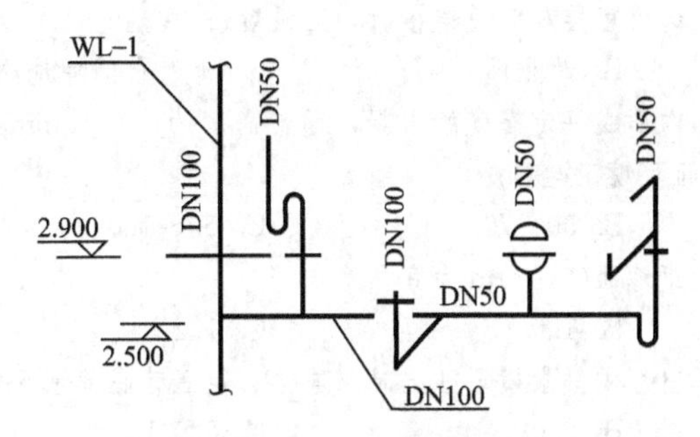

图 5.47 WL-1 系统图示例

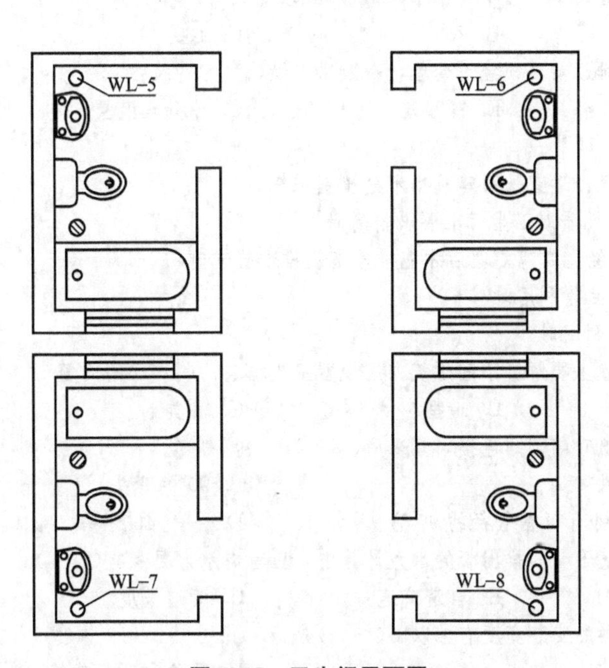

图 5.48 卫生间平面图

练 习 题

一、名词解释

分流制排水　　设计排水秒流量　　自清流速　　伸顶通气管　　化粪池

二、填空题

1. 建筑内部＿＿＿＿＿＿确定时，应根据污水性质、污染程度，结合建筑外部排水系统体制、有利于综合利用、污水的处理和中水开发等方面的因素考虑。

2. 在立管的最低层和设有卫生器具的二层以上建筑物的最高层应设＿＿＿＿＿。

3. 建筑塑料排水管在穿越楼层、防火墙、管道井井壁时，应根据建筑物性质、管径和设置条件，以及穿越部件防火等级等要求设置＿＿＿＿＿或＿＿＿＿＿。

4. 当排水管穿过地下室外墙或地下构筑物的墙壁处，应采取＿＿＿＿＿。

5. 一般情况下伸顶通气管高出屋面不得小于＿＿＿＿，且必须大于＿＿＿＿＿＿＿，通气管顶端应装设＿＿＿＿＿＿＿。

三、单选题

1. 蹲式大便器冲洗装置选用直接和管道连接时，应设置(　　)。
   A. 冲洗阀　　B. 截止阀　　C. 延时自闭冲洗阀　　D. 冲洗水箱

2. 存水弯的作用是在其内形成一定高度的水封，通常高度为(　　)mm，阻止排水系统中的有毒有害气体或虫类进入室内，保证环境卫生。
   A. 30～50　　B. 50～70　　C. 50～100　　D. 50～80

3. 检查口设置高度一般距地面(　　)m为宜。
   A. 0.5　　B. 1.0　　C. 1.2　　D. 1.5

4. 排水横支管连接在排出管或排水横干管上时，连接点距立管底部水平距离不得小于(　　)m。
   A. 1.0　　B. 2.0　　C. 3.0　　D. 4.0

5. 建筑物内排水管最小管径不得小于(　　)mm。
   A. 50　　B. 75　　C. 100　　D. 125

6. 含油污废水在排放前必须经过处理，一般采取设(　　)的技术。
   A. 化粪池　　B. 降温池　　C. 水处理装置　　D. 隔油池

四、多选题

1. 下列(　　)情况，适宜采用建筑排水分流制系统。
   A. 建筑物使用性质对卫生标准要求较高时
   B. 生活污水需经化粪池处理后才能排入市政排水管道时
   C. 生活废水需回收利用时
   D. 雨水需回收利用时

2. 卫生器具的设置主要解决不同建筑内应设置卫生器具的(　　)的问题。
   A. 材质　　B. 造型　　C. 种类　　D. 数量

3. 排水立管与排出管端部的连接，宜采用(　　)。
   A. 两个45°弯头　　B. 90°的弯头
   C. 弯曲半径不小于4倍管径的90°弯头　　D. 一个45°弯头

4. 排水横支管、横干管和排出管的水力计算中，应考虑水力要素有(　　)。
   A. 充满度　　B. 自清流速　　C. 管道坡度　　D. 最小管径

5. 建筑内卫生器具的安装高度有按以下(　　)分。
   A. 成人使用高度　　B. 居住和公共建筑
   C. 幼儿园　　D. 幼儿

五、判断题

1. 钢管是一种常用的建筑排水管材，而且常常可以代替铸铁管。(　　)

2. 设备间接排水应排入相邻的排水管。(　　)

3. 由于人们在用水过程中散失水量较少，所以生活排水定额和时变化系数与生活给水相同。(　　)

4. 建筑内部排水定额一般以每人每天为标准。(　　)

5. 为了保持排水横管起始端与末端高差尽量减少，一般排水管道都采用最小坡度。(　　)

六、问答题

1. 建筑排水系统是如何分类的?

2. 试述建筑排水系统的组成部分。

3. 建筑排水系统中为什么要设置通气系统?

4. 如何进行建筑内排水管道的布置?

5. 如何计算集水坑排水泵的扬程?

七、综合题

1. 根据卫生间排水管道的平面布置图，画出排水管道的系统图。

2. 画出仅设伸顶通气管、设专用通气管、主通气管、副通气管的示意图。

3. 某男生宿舍6层楼，每层两端设有盥洗间、厕所各1个，每个盥洗间设有16个DN15配水嘴，一个污水池水嘴，每个厕所设有延时自闭式冲洗阀蹲式大便器8个，小便器4个，洗手盆两个。试计算其设计排水秒流量，分别以排水铸铁管和塑料排水管确定总排出管的管径。

学习情境6

屋面雨水系统的设计

情境导读

本情境以建筑屋面雨水系统设计工作过程为导向，介绍了建筑屋面雨水系统设计的主要内容，包括屋面雨水排水系统方案的设计、屋面雨水管道系统的水力计算。通过本学习情境的学习及其工学结合能力任务的训练，使学生掌握屋面雨水系统工程专业技术，具备初步的屋面雨水排水工程设计能力，能读懂屋面雨水施工图和绘制屋面雨水系统施工图的能力。

知识目标

(1) 掌握屋面雨水系统的分类与组成。
(2) 掌握屋面雨水系统排水方式及设计要求。
(3) 掌握屋面雨水系统管道及附件的布置。
(4) 掌握屋面雨水系统的施工要求。
(5) 掌握屋面雨水系统的设计计算。

能力目标

(1) 能读懂建筑屋面雨水系统施工图的设计施工说明，理解设计意图。
(2) 能识读建筑屋面雨水系统的平面图、系统图、详图。
(3) 具备初步的建筑屋面雨水系统设计能力，能规范地应用专业技术语言编写屋面雨水设计方案。
(4) 具备绘制建筑屋面雨水平面图、系统图、详图的能力。
(5) 具备团队协作与沟通能力。

工学结合学习设计

<table>
<tr><th></th><th>知识点</th><th colspan="2">学习型工作子任务</th></tr>
<tr><td rowspan="6">给水系统设计过程</td><td>雨水外排水系统的组成及特点</td><td rowspan="2">确定建筑屋面雨水系统技术方案</td><td rowspan="6">将各项设计内容汇总后，编写设计施工总说明</td></tr>
<tr><td>雨水内排水系统的组成及特点</td></tr>
<tr><td>屋面雨水及雨水斗的布置</td><td>进行建筑屋面雨水管道布置，并绘制平面图、系统图</td></tr>
<tr><td>屋面雨水管道管材与雨水斗的选材与布置</td><td>选择合适的屋面雨水管材，确定雨水斗的形式</td></tr>
<tr><td>雨水管道的敷设、安装和灌水试验</td><td>提出雨水管道的施工要求</td></tr>
<tr style="display:none"></tr>
<tr><td rowspan="3">给水系统设计计算过程</td><td>雨水量计算</td><td>雨水设计流量的计算</td><td rowspan="3">将各项设计内容汇总后，编写设计计算书</td></tr>
<tr><td>屋面雨水外排水系统的水力计算</td><td rowspan="2">屋面雨水系统的水力计算</td></tr>
<tr><td>屋面雨水内排水系统的水力计算</td></tr>
</table>

单元任务6.1 屋面雨水排水系统技术方案的确定

【单元任务内容及要求】 建筑屋面雨水排水系统技术方案的确定就是根据工程设计基础资料和业主要求，在满足技术经济的前提下确定屋面雨水排水方式及组成。

知识链接

降落在屋面的雨水和冰雪融化水，尤其是暴雨，会在短时间内形成积水，为了不造成屋面漏水和四处溢流，需要对屋面积水进行有组织地排放。传统的坡屋面一般为檐口散排，平屋面则需设置屋面雨水排水系统。根据建筑物的类型、建筑结构形式、屋面面积大小、当地气候条件和生产生活的要求，屋面雨水排水系统可以分为多种类型。屋面雨水的排除方式按雨水管道的位置分为外排水系统和内排水系统。

6.1.1 外排水系统

外排水系统是指屋面不设雨水斗，建筑物内部没有雨水管道的雨水排放系统。外排水系统分檐沟外排水系统和天沟外排水系统。

1. 檐沟外排水系统

檐沟外排水系统由檐沟和雨落管组成，如图6.1所示。降落到屋面的雨水沿屋面集流到檐沟，然后流入到隔一定距离沿外墙设置的雨落管排至地面或雨水口。檐沟外排水方式适用于普通住宅、一般公共建筑和小型单跨厂房等对建筑外立面美观要求不高的建筑。

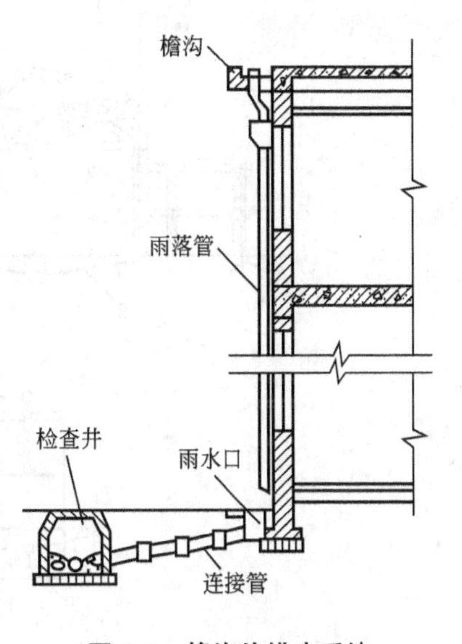

图6.1 檐沟外排水系统

2. 天沟外排水系统

由天沟、雨水斗和排水立管组成，天沟布置示意图如图6.2所示。天沟设置在两跨中间并坡向端墙，雨水斗沿外墙布置，如图6.3所示。降落到屋面上的雨水沿坡向天沟的屋面汇集到天沟，沿天沟流至建筑物两端(山墙、女儿墙)，流入雨水斗，经立管排至地面或雨水井。天沟外排水系统适用于长度不超过100m的多跨工业厂房。

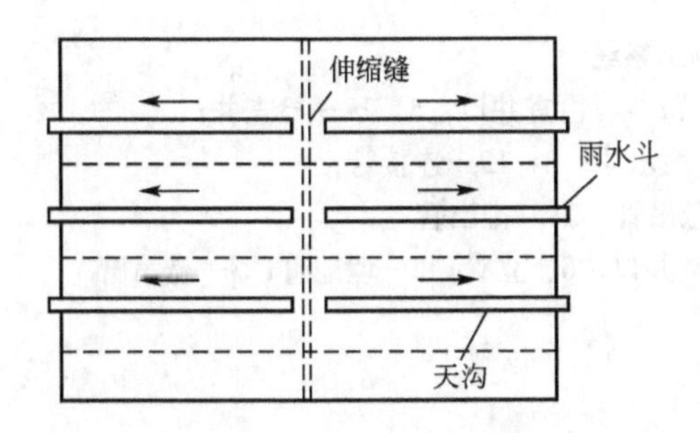

图6.2 天沟布置示意图

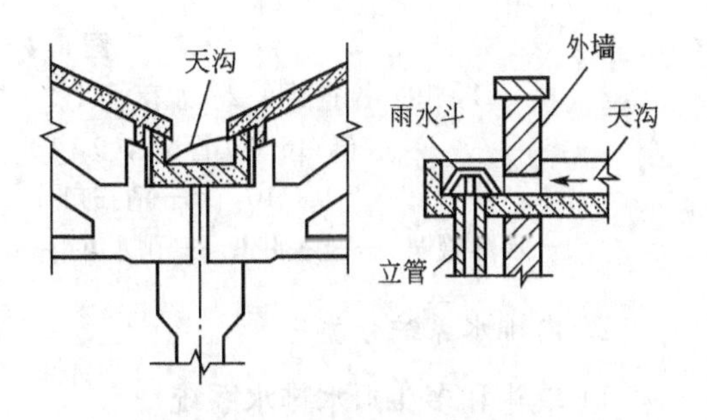

图6.3 天沟与雨水管连接图

采用天沟外排水方式，在屋面不设雨水斗，排水安全可靠，不会因施工不善而造成屋面漏水或检查井冒水，且节省管材，施工简便，有利于厂房内空间的利用，也可减小厂区雨水管道的埋深。但因为天沟有一定的坡度，而且较长，排水立管在山墙外，也存在着屋面垫层厚、结构负荷增大的问题，使得晴天屋面堆积灰尘多，雨天天沟排水不畅，在寒冷地区排水立管还有被冻裂的可能。

6.1.2 内排水系统

内排水系统是指屋面设雨水斗，建筑物内部有雨水管道的雨水排水系统。对于跨度大、长度特别长的多跨工业厂房，在屋面设天沟有困难的锯齿形或壳形屋面厂房及屋面有天窗的厂房，应考虑采用内排水方式。对于建筑立面要求高的建筑，大屋面建筑及寒冷地区的建筑，在墙外设置雨水排水立管有困难时，也可考虑采用内排水方式。

1. 内排水系统的组成

内排水系统的组成比外排水系统复杂，由雨水斗、连接管、悬吊管、立管、排出管、埋地干管和检查井组成，内排水系统如图 6.4 所示。降落到屋面上的雨水沿屋面流入雨水斗，经连接管、悬吊管进入排水立管，再经排出管流入雨水检查井，或经埋地干管排至室外雨水管道。

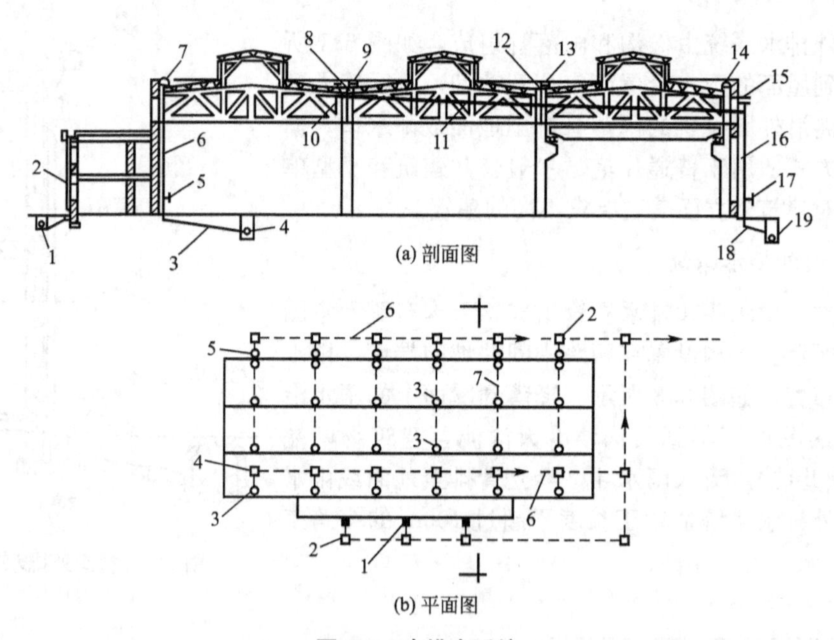

图 6.4 内排水系统

1，19—检查井；2—水落管；3—排出管；4—检查井口；5，17—检查井；
6，16—立管；7，9，13，14—雨水斗；8，12—连接管；
10，15—清扫口；11—悬吊管；18—排出管
1—水落管；2—检查井；3—雨水斗；4—检查井口；5—立管；6—埋地管；7—悬吊管

2. 内排水系统分类

1) 单斗和多斗雨水排水系统

按每根立管连接的雨水斗数量，内排水系统可分为单斗和多斗雨水排水系统两类。单

斗系统一般不设悬吊管，多斗系统中悬吊管将雨水斗和排水立管连接起来。

2）敞开式和密闭式雨水排水系统

按排除雨水的安全程度，内排水系统分为敞开式和密闭式两种排水系统。

敞开式内排水系统利用重力排水，雨水经排出管进入普通检查井。但由于设计和施工的原因，当暴雨发生时，会出现检查井冒水现象，造成危害。也有在室内设悬吊管、埋地管和室外检查井的做法，这种做法虽可避免室内冒水现象，但管材耗量大，且悬吊管外壁易结露。

密闭式内排水系统利用压力排水，埋地管在检查井内用密闭的三通连接。当雨水排泄不畅时，室内不会发生冒水现象。其缺点是不能接纳生产废水，需另设生产废水排水系统。为了安全可靠，一般宜采用密闭式内排水系统。

3）压力流(虹吸式)、重力伴有压流和重力无压流雨水排水系统

按雨水管中水流的设计流态，可分为压力流(虹吸式)、重力伴有压流和重力无压流雨水排水系统。

压力流(虹吸式)雨水系统采用虹吸式雨水斗，管道中呈全充满的压力流状态，屋面雨水的排泄过程是一个虹吸排水过程。工业厂房、库房、公共建筑的大型屋面雨水排水宜采用压力流(虹吸式)雨水系统。

重力伴有压流雨水系统中设计水流状态为伴有压流，系统的设计流量、管材、管道布置等考虑了水流压力的作用。

单元任务6.2　屋面雨水排水管道的布置

【单元任务内容及要求】 根据工程设计基础资料、业主要求和已确定的建筑屋面雨水排水系统技术方案，确定檐沟外排水系统雨落管的位置，或确定天沟外排水系统天沟的断面形式及尺寸；确定屋面内排水系统雨水斗的形式、确定连接管、悬吊管、立管、排出管、埋地管的敷设。

6.2.1　檐沟外排水系统

檐沟外排水系统的设计相对简单，主要是确定雨落管的位置，即根据降雨量和管道的通水能力确定一根雨落管服务的房屋面积，再根据屋面形状和面积确定雨落管间距。根据经验，民用建筑雨落管间距为8～12m，工业建筑为18～24m。

6.2.2　天沟外排水系统

1. 天沟断面形式

天沟排水断面形式根据屋面情况而定，一般多为矩形和梯形。

2. 天沟的坡度与长度

天沟坡度不宜太大，以免天沟起端屋顶垫层过厚而增加结构的荷重，但也不宜太小，以免天沟抹面时局部出现倒坡，雨水在天沟中聚集，造成屋顶漏水，所以天沟坡度一般在0.003～0.006。

天沟的长度应根据地区暴雨强度、建筑物跨度、天沟断面形式等进行水力计算确定，

一般不要超过 50m。

3. 其他要求

天沟内的排水分水线应设置在建筑物的伸缩缝或沉降缝处，为了排水安全，防止天沟末端积水太深，在天沟顶端设置溢流口，溢流口比天沟上檐低 50～100mm。

6.2.3 内排水系统

1. 雨水斗

布置雨水斗时，除了按水力计算确定雨水斗的间距和个数外，还应考虑建筑结构特点，使立管沿墙柱布置，间距一般可采用 12～24m。

多斗雨水排水系统的雨水斗宜在立管两侧对称布置，其排水连接管应接至悬吊管上。悬吊管上连接的雨水斗不得多于 4 个，且雨水斗不能设在立管顶端。当两个雨水斗连接在同一根悬吊管上时，应将较近立管的雨水斗口径减小一级。接入同一立管的雨水斗，其安装高度宜在同一标高层。

虹吸式雨水斗应设置在天沟或檐沟内，天沟的宽度和深度应按雨水斗的要求确定，一般沟的宽度不小于 550mm，沟的深度不小于 300mm。一个计算汇水面积内，不论其面积大小，均应设置不少于 2 个雨水斗，而且雨水斗之间的距离不应大于 20m。

2. 连接管

连接管是连接雨水斗和悬吊管的一段竖向短管。连接管一般与雨水斗同径，但不宜小于 100mm。连接管应牢固固定在建筑物的承重结构上，下端用斜三通与悬吊管连接。

3. 悬吊管

悬吊管连接雨水斗和排水立管是雨水内排水系统中架空布置的横向管遭，一般沿梁或管道下弦布置，其管径不小于雨水斗连接管管径，如沿屋架悬吊时，其管径不得大于 300mm。悬吊管长度大于 15m，为便于检修，在靠近柱、墙的地方应设检查口或带法兰盘的三通，其间距不得大于 20m。重力流雨水系统的悬吊管管道充满度不大于 0.8，敷设坡度不得小于 0.005，以利于流动而且便于清通。虹吸式雨水系统的悬吊管原则上不需要设坡度，但由于大部分时间悬吊管内可能处于非满流排水状态，宜设置不小于 0.003 坡度以便管道泄空。

悬吊管与立管间宜采用 45°三通或 90°斜三通连接。

对于一些重要的厂房，不允许室内检查井冒水，不能设置埋地横管时，必须设置悬吊管。在精密机械设备和遇水会产生危害的产品及原料的上空不得设置悬吊管，否则应采取预防措施。

4. 立管

雨水立管承接悬吊管或雨水斗流来的雨水，一根立管连接的悬吊管根数不多于两根，立管管径不得小于悬吊管管径。立管宜沿墙、柱安装，在距地面 1m 处设检查口。立管的管材和接口与悬吊管相同。

为避免排水立管发生故障时屋面雨水系统瘫痪，在设计时，建筑屋面各个汇水范围内雨水排水立管不宜少于两根。

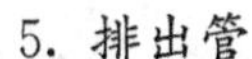

5. 排出管

排出管是立管和检查井间的一段有较大坡度的横向管道，其管径不得小于立管管径。排出管与下游埋地管在检查井中宜采用管顶平接，水流转角不得小于135°。

6. 埋地管

埋地管敷设于室内地下，承接立管的雨水并将其排至室外雨水管道。埋地管最小管径为200mm，最大不超过600mm。

7. 附属构筑物

常见的附属构筑物有检查井、检查井口和排气井，用于雨水管道的清扫、检修、排气。检查井适用于敞开式内排水系统，设置在排出管与埋地管连接处，埋地管转弯、变径及长度超过30m的直线管路上。检查井井深不小于0.7m，井内采用管顶平接，井底设高流槽，高流槽应高出管顶200mm。埋地管起端的几个检查井与排出管间应设排气井，排气井如图6.5所示。水流从排出管流入排气井，与溢流墙碰撞消能，流速减小，气水分离，水流经整流格栅稳压后平稳流入检查井，气体由放气管排出。密闭内排水系统的埋地管上设检查口，将检查口放在检查井内，便于清通检修，称为检查井口。

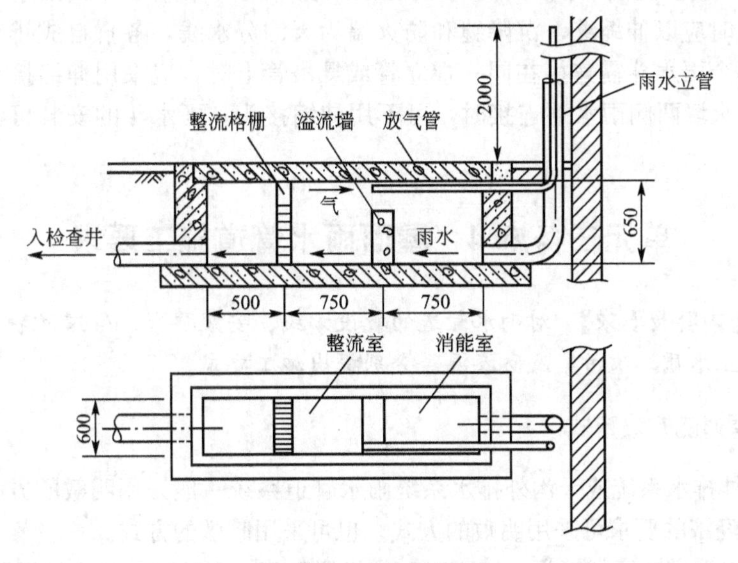

图6.5　排气井

单元任务6.3　屋面雨水管道管材选择与雨水斗

【单元任务内容及要求】 根据所确定的屋面雨水技术经济方案和业主的要求，确定屋面雨水排水系统的管材，并选择适当的雨水斗型式。

6.3.1　屋面雨水外排水系统管材

檐沟外排水系统的雨落管多用镀锌铁皮管或塑料管，镀锌铁皮管为方形，断面尺寸一般为80mm×100mm或20mm×120mm，塑料管管径为75mm或100mm。

天沟外排水系统的立管所选用的管材与檐沟外排水系统的雨落管相同。

6.3.2 屋面雨水内排水系统管材

屋面内排水系统的连接管、悬吊管和立管常选用相同的管材，一般可采用铸铁管。连接管要牢固地固定在屋面上，做好防水处理，悬吊管用铁箍、吊卡固定在建筑物的桁架或梁上。在管道可能受振动或生产工艺有特殊要求时，可采用钢管焊接连接。

排出管、埋地管一般埋地敷设，一般采用混凝土管、钢筋混凝土管、UPVC 管或陶土管，按生产废水管道最小坡度值计算其最小坡度。

6.3.3 雨水斗

雨水斗是一种专用装置，设在屋面雨水由天沟进入雨水管道的入口处。雨水斗有整流格栅装置，格栅的进水孔有效面积是雨水斗下连接管面积的 2～2.5 倍，能迅速排除屋面雨水。格栅还具有整流作用，避免形成过大的旋涡，稳定斗前水位，减少掺气，并拦隔树叶等杂物。整流格栅可以拆卸以便清理上面的杂物。

雨水斗有 65 型、79 型、87 型和虹吸雨水斗等，有 75mm、100mm、150mm 和 200mm 四种规格。在阳台、花台和供人们活动的屋面及窗井处可采用平箅式雨水斗。内排水系统布置雨水斗时应以伸缩缝、沉降缝和防火墙为天沟分水线，各自自成排水系统。如果分水线两侧两个雨水斗需连接在同一根立管或悬吊管上时，应采用伸缩接头，并保证密封不漏水。防火墙两侧雨水斗连接时，可不用伸缩接头。雨水斗的安装可参见相关标准图集。

单元任务 6.4 屋面雨水管道施工要求

【单元任务内容及要求】 对雨水管道的敷设方式、安装要求、管道防护、防冻、防结露、防腐、防止水质二次污染及防渗漏等分别提出施工要求。

6.4.1 雨水管道的敷设方式

(1) 檐沟外排水系统或天沟外排水系统雨水管道系统一般采用明敷的方式，而内排水系统根据技术经济的要求可采用明敷的方式，也可采用暗敷的方式。

(2) 内排水管道在穿越楼板、墙壁时，须设置套管，引到室外时应设置防水套管。

(3) 在屋面敷设雨水斗时，要配合土建做好套管预埋和防水处理。

6.4.2 雨水管道的安装要求

(1) 雨水管道安装一般在土建完工后，从下至上逐层安装，安装时做好管道所需的支、吊架的预埋和安装，并符合施工规范的要求。

(2) 检查雨水管道的管材种类、质量、规格是否符合设计要求。

(3) 悬吊管、埋地管及排出管必须满足设计要求的坡度，并且坡向为水流方向。

(4) 雨水横管、立管的安装必须牢固稳定，支吊架的设置必须满足相应规范的要求。

(5) 雨水横管、立管必须按要求设置检查口。

(6) 悬吊管与立管的连接，应采用 45°三通或 45°四通和 90°斜三通或 90°斜四通。

(7) 雨水管道安装完后应做灌水试验，灌水高度应到每根立管上部雨水斗处，并观察1h，不渗不漏为合格。埋地或暗装的排水管道，在隐蔽前必须做灌水试验，灌水高度不低于底层地面高度。灌水后观察15min，再灌满延续5min，液面不下降为合格。

单元任务6.5 屋面雨水管道系统水力计算

【单元任务内容及要求】 对于檐沟外排水系统确定雨落管的管径及位置；对于天沟外排水系统确定天沟的断面形式及长度；对内排水系统，根据当地气象条件，确定规定设计降雨强度的雨水设计流量，确定雨水斗型式、连接管、悬吊管、立管、埋地管及排出管的管径。

6.5.1 雨水量计算

1. 雨水量按式(6.1) 计算：

$$Q_y = K_1 \frac{F_w q_5}{100} \tag{6.1}$$

式中 Q_y——雨水设计流量，L/s；

F_w——汇水面积，m^2；

q_5——当地降雨历时5min的降雨强度，$L/(s \cdot 100m^2)$；

K_1——设计重现期为一年时屋面泄水能力系数，平屋面(坡度<2.5%)时 $K_1=1$；斜屋面(坡度≥2.5%)时 $K_1=1.5\sim2.0$。

或者也可按式(6.2)计算：

$$Q_y = K_1 \frac{F_w h_5}{3600} \tag{6.2}$$

式中 h_5——小时降雨厚度，mm/h。

其余符号意义同上。

由式(6.1)和式(6.2)得式(6.3)：

$$h_5 = 36 q_5 \tag{6.3}$$

2. 屋面汇水面积的计算

1) 屋面汇水面积的计算

屋面汇水面积应按屋面的水平投影面积计算。

2) 高出屋面的侧墙汇水面积计算

一面侧墙时，按侧墙面积的50%折算成汇水面积；两面相邻侧墙时，按两侧墙面积平方和的平方根的50%折算成汇水面积；两面相对并且高度相等的侧墙可不计入汇水面积；两面相对不同高度的侧墙，按高出低墙部分的50%折算成汇水面积；三面和四面互不相等的情况可认为是前四种基本情况的组合再推求汇水面积。

3. 废水量的换算

排入室内雨水管中的生产废水量如大于5%的雨水量时，雨水管的设计流量应以雨水量和生产废水量之和计，一般可将废水量换算成当量汇水面积，即按式(6.4)计算：

$$F_C = KQ \tag{6.4}$$

式中 F_C——当量汇水面积，m^2；

Q——生产废水流量，L/s；

K——换算系数，$m^2 \cdot s/L$，降雨强度与系数 K 的关系见表 6-1。

表 6-1　降雨强度与系数 K 的关系

小时降雨厚度(mm/h)	50	60	70	80	90	100	110	120	140	160	180	200
系数 K	72	60	51.4	45	40	36	32.7	30	25.7	22.5	20	18

注：降雨强度介于表中两数之间时，系数 K 按内插法确定。

6.5.2　雨水外排水系统的水力计算

1. 檐沟外排水设计计算

根据屋面坡向和建筑物立面要求，按经验布置雨落管，划分并计算每根雨落管的汇水面积，按式(6.1)或式(6.2)计算每根雨落管需排泄的雨水量。查表 6-2 确定雨落管管径。

表 6-2　雨水排水立管最大设计泄流量

管径(mm)	75	100	125	150	200
最大设计泄流量(L/s)	9	19	29	42	75

2. 天沟外排水设计计算

1) 计算公式

雨水流量计算公式见式(6.1)。

由天沟内流速 v、过水断面面积 ω 和汇水面积 F，计算公式如下：

$$v=\frac{1}{n}R^{\frac{2}{3}}i^{\frac{1}{2}} \tag{6.5}$$

$$\omega=\frac{Q}{v} \tag{6.6}$$

$$F=LB \tag{6.7}$$

式中 Q——天沟排除雨水流量，m^3/s；

F——屋面的汇水面积，m^2；

v——天沟中水流速度，m/s；

n——天沟的粗糙系数；

R——水力半径，m；

i——天沟坡度；

ω——天沟的过水断面面积，m^2；

L——天沟长度，m；

B——厂房跨度，m。

2) 粗糙系数 n 值

n 值的选用应根据天沟的材料及施工情况确定，各种材料天沟的 n 值见表 6-3。

表 6-3 各种材料天沟的 n 值

天沟壁面材料情况	表面粗糙系数 n 值
水泥砂浆光滑抹面混凝土槽	0.011
普通水泥砂浆抹面混凝土槽	0.012～0.013
无抹面混凝土槽	0.014～0.017
喷浆护面混凝土槽	0.016～0.021
表面不整齐的混凝土槽	0.020
豆砂沥青玛碲脂混凝土槽	0.025

3) 天沟断面及尺寸

天沟断面多是矩形或梯形，其尺寸应由计算确定。为了排水安全可靠，天沟应有不小于100mm的保护高度，天沟起点水深不应小于80mm。

4) 天沟排水立管

天沟排水立管的管径可按表6-2采用。

5) 溢流口

天沟末端山墙、女儿墙上设置溢流口，用以排泄立管来不及排除的雨水量，其排水能力可按宽顶堰计算：

$$Q=m \cdot b \cdot (2g)^{\frac{1}{2}} \cdot H^{\frac{3}{2}} \tag{6.8}$$

式中 Q——溢流水量，L/s；

b——堰口宽度，m；

H——堰上水头，m；

m——流量系数，可采用320。

6.5.3 雨水外排水系统的水力计算

传统屋面雨水内排水系统的计算包括雨水斗、连接管、悬吊管、立管、排出管和埋地管等的选择、计算。

1. 雨水斗

雨水斗的汇水面积与其泄流量的大小有直接关系，雨水斗的汇水面积可用下式计算：

$$F=KQ \tag{6.9}$$

式中 F——雨水斗的汇水面积，m^2；

Q——雨水斗的泄流量，L/s，见表6-4；

K——系数，取决于降雨强度，可用 $K=\frac{3600}{h}$ 计算；

h——小时降雨厚度，mm/h。

根据式(6.9)和表6-4，对于不同的小时降雨厚度，可计算出单斗的最大汇水面积，见表6-5，以及多斗的最大汇水面积，见表6-6。

表 6-4 屋面雨水斗最大泄水流量

斗 数	雨水斗规格(mm)	最大泄流量(L/s)
单 斗	75	9.5
	100	15.5
	150	31.5
	200	51.5
多 斗	75	7.9
	100	12.5
	150	25.9
	200	39.2

表 6-5 单斗的最大汇水面积(m^2)

雨水斗型式	雨水斗直径(mm)	降雨厚度(mm/h)											
		50	60	70	80	90	100	110	120	140	160	180	200
79型	75	884	570	489	428	380	342	311	285	244	214	190	171
	100	1116	930	797	698	620	558	507	465	399	349	310	279
	150	2268	1890	1620	1418	1260	1134	1031	945	810	709	630	567
	200	3708	3090	2647	2318	2060	1854	1685	1545	1324	1159	1030	927
65型	100	1116	930	797	698	620	558	507	465	399	349	310	279

表 6-6 多斗的最大汇水面积(m^2)

雨水斗型式	雨水斗直径(mm)	降雨厚度(mm/h)											
		50	60	70	80	90	100	110	120	140	160	180	200
79型	75	569	474	406	356	316	284	259	237	203	178	158	142
	100	929	774	663	581	516	464	422	387	332	290	258	232
	150	1865	1554	1331	1166	1036	932	847	777	666	583	518	466
	200	2822	2352	2016	1764	1568	1411	1283	1176	1008	882	784	706
65型	100	929	774	663	581	516	464	422	387	332	290	258	232

2. 连接管

一般情况下，一根连接管上接一个雨水斗，因此连接管的管径不必计算，可采用与雨水斗出口直径相同的值。

3. 悬吊管

悬吊管的排水流量与连接雨水斗的数量和雨水斗至立管的距离有关。连接雨水斗数量多，则水斗掺气量大，水流阻力大；雨水斗至立管远，则水流阻力大，所以悬吊管的排水流量小。一般单斗系统的泄水能力可比同样情况下的多斗系统增大20%左右。

悬吊管的最大汇水面积见表6－7。表中数值是按照小时降雨强度100mm/h，管道充满度0.8，敷设坡度不得小于0.005和管内壁粗糙系统$n=0.013$计算的。如果设计小时降雨厚度与此不同，则应将屋面汇水面积换算成相当100mm/h的汇水面积，然后再查表6－7确定分析所需的管径。

表6－7　悬吊管的最大汇水面积(m^2)

管　坡	管径(mm)				
	100	150	200	250	300
0.007	152	449	967	1751	2849
0.008	163	480	1034	1872	3046
0.009	172	509	1097	1086	3231
0.010	182	236	1156	2093	3406
0.012	199	587	1266	2293	3731
0.014	215	634	1368	2477	4030
0.016	230	678	1462	2648	4308
0.018	244	719	1551	2800	4569
0.020	257	758	1635	2960	4816
0.022	270	795	1715	3105	5052
0.024	281	831	1791	3243	5276
0.026	293	865	1864	3375	5492
0.028	304	897	1935	3503	5699
0.030	315	929	2002	3626	5899

注：(1)本表计算中$h/D=0.8$；(2)管道的$n=0.013$；(3)小时降雨厚度为100mm。

例如，当地的暴雨强度按5min降雨，历时1年重现期计算，其降雨厚度为h(mm/h)时，则其换算系数为$K=h/100=0.01h$，换算后面积为$F_{100}=Fh\times 0.01h=0.01Fh\cdot h(m^2)$。因单斗架空系统的悬吊管泄水能力可比多斗悬吊管增大20%，因此单斗的$F_{100}=1.2\times 0.01Fh\cdot h(m^2)$。

4．立管

掺气水流通过悬吊管流入立管形成极为复杂的流态，使立管上部为负压，下部为正压，因而立管处于压力流状态时，泄水能力较大。但考虑到降雨过程中常有可能超过设计重现期及水流掺气占有一定的管道容积，泄流能力必须留有一定的余量，以保证运行安全。不同管径的立管最大允许汇水面积见表6－8。

表6－8　立管最大允许汇水面积

管径(mm)	75	100	150	200	250	300
汇水面积(m^2)	360	720	1620	2880	4320	6120

表 6-8 是按照降雨厚度 100mm/h 列出的最大允许汇水面积。如设计降雨厚度不同，则可用换算成相当于 100mm/h 的汇水面积，再来确定其立管管径。

5. 排出管

排出管的管径一般采用与立管管径相同，不必另行计算。如果加大一号管径，可以改善管道排水的水力条件，减小水头损失，增加立管的泄水能力，对整个架空管系排水有利。

为了改善埋地管中水力条件，减小水流掺气，可在埋地管中起端几个检查井的排出管上设放气井，散放水中分离的空气，稳定水流，对防止冒水有一定的作用。

6. 埋地管

因架空管道系统流来的雨水掺有空气，抵达检查井时，水流速度降低，放出部分掺气则阻碍了水流的排放。为了排水畅通，埋地管中应留有过气断面面积，采用建筑排水横管的计算方法，控制最大计算充满度和最小坡度。此外，在起端几个检查井的排出管上设置放气井，以防检查井冒水。

埋地管的水力计算也可采用表 6-9 所列的埋地管最大允许汇水面积进行。该表是按重力流及降雨强度 100mm/h，按规定的最大充满度和坡度制成的。

表 6-9　埋地管最大允许汇水面积(m^2)

充满度 / 管径(mm) / 水力坡度	0.50						0.65			0.80	
	75	100	150	200	250	300	350	400	450	500	600
0.0010	13	27	81	174	315	512	1165	1663	2277	3902	6346
0.0015	15	33	98	212	385	626	1427	2037	2789	4779	7772
0.0020	18	39	114	245	445	723	1648	2352	3220	5519	8974
0.0025	20	43	127	274	497	809	1842	2630	3600	6170	10034
0.0030	22	47	140	300	545	886	2018	2881	3944	6759	10991
0.0035	24	51	150	325	588	957	2180	3112	4260	7300	11872
0.0040	25	55	161	345	629	1023	2330	3327	4554	7805	12692
0.0045	27	57	171	368	667	1085	2471	3529	4830	8298	13461
0.0050	28	61	180	388	703	1144	2605	3719	5092	8726	14190
0.0055	30	64	189	407	738	1200	2732	3900	5340	9152	14882
0.0060	31	67	197	423	771	1253	2854	4074	5578	9559	15544
0.0065	32	69	205	442	802	1304	2970	4241	5809	9949	16178
0.0070	33	72	213	459	832	1353	3084	4401	6025	10325	16789
0.0075	35	74	220	475	861	1400	3190	4555	6236	10687	17379
0.0080	36	77	228	491	890	1447	3295	4705	6441	11038	17949
0.0085	37	79	235	506	917	1491	3397	4850	6639	11377	18501

（续）

充满度 管径(mm) 水力坡度	0.50						0.65			0.80	
	75	100	150	200	250	300	350	400	450	500	600
0.009	38	82	242	520	944	1535	3495	4990	6832	11707	19037
0.010	40	86	255	549	995	1618	3684	5260	7201	12341	20067
0.011	42	91	267	575	1043	1697	3964	5517	7553	12943	21047
0.012	44	95	279	601	1090	1772	4036	5762	7888	13519	21983
0.013	46	99	290	626	1134	1844	4200	5997	8210	14070	22880
0.014	47	102	301	649	1177	1914	4359	6224	8520	14602	23744
0.015	49	106	312	672	1218	1981	4512	6442	8820	15114	24577
0.016	51	109	322	694	1258	2046	4660	6654	9109	15610	25383
0.017	52	113	332	715	1297	2109	4804	6858	9389	16090	26164
0.018	54	116	342	736	1335	2170	4943	7057	9661	16557	26923
0.019	55	119	351	756	1371	2230	5078	7250	9926	17010	27661
0.020	57	122	360	776	1407	2288	5210	7439	10184	17452	28379
0.021	58	125	369	795	1442	2344	5339	7623	10435	17883	29080
0.022	59	128	378	814	1475	2399	5465	7802	10681	18304	29765
0.023	61	131	386	832	1509	2453	5587	7977	10921	18715	30433
0.024	62	134	395	850	1541	2506	5708	8149	11156	19118	31088
0.025	63	137	403	867	1573	2558	5825	8317	11386	19512	31729
0.026	64	139	411	885	1604	2608	5941	8482	11611	19900	32357
0.027	66	142	419	902	1635	2658	6054	8643	11833	20278	32974
0.028	67	145	426	918	1665	2707	6165	8802	12050	20650	33579
0.029	68	147	434	934	1694	2755	6274	8958	12263	21015	34173
0.030	69	150	441	950	1723	2802	6381	9111	12473	21375	34757
0.031	70	152	449	966	1751	2848	6487	9261	12679	21728	35332
0.032	72	155	456	981	1779	2894	6591	9410	12882	22076	35897
0.033	73	157	463	997	1807	2938	6693	9555	13081	22418	36454
0.034	74	159	470	1012	1834	2983	6793	9699	13278	22755	37002
0.035	75	162	477	1026	1861	3026	6893	9841	13472	23087	37542
0.036	76	164	483	1040	1887	3069	6990	9980	13663	23415	38075
0.037	77	166	490	1055	1913	3111	7087	10118	13852	23738	38600
0.038	78	168	497	1070	1939	3153	7182	10254	14038	24056	39118

（续）

水力坡度 \ 管径(mm) \ 充满度	0.50						0.65			0.80	
	75	100	150	200	250	300	350	400	450	500	600
0.039	79	171	503	1083	1965	3195	7276	10388	14221	24370	39630
0.040	80	173	510	1097	1990	3235	7368	10520	14402	24681	40134
0.042	82	177	522	1124	2039	3315	7550	10780	14758	25291	41126
0.044	84	181	534	1151	2087	3393	7728	11034	15105	25886	42093
0.046	86	185	546	1177	2133	3470	7902	11282	15445	26468	43039
0.048	88	189	558	1202	2179	3544	8072	11524	15777	27037	43905
0.050	90	193	570	1227	2224	3617	8238	11762	16102	27594	44872
0.055	94	202	597	1287	2333	3793	8640	12336	16888	28941	47062
0.060	98	212	624	1344	2437	3962	9024	12884	17639	30228	49154
0.065	102	220	650	1399	2536	4124	9393	13410	18359	31462	51161
0.070	106	228	674	1451	2632	4280	9747	13917	19052	32650	53093
0.075	110	236	698	1502	2724	4430	10090	14405	19721	33796	54956
0.080	113	244	720	1552	2813	4575	10420	14878	20368	34904	56758

注：本表降雨强度按 100mm/h 计算，管道粗糙系数取 0.014。

6.5.4 虹吸式屋面雨水排水系统设计计算

虹吸式屋面雨水排水系统按压力流进行计算，应充分利用系统提供的可利用水头，以满足流速和水头损失允许值的要求。水力计算的目的是合理确定管径，降低造价，使系统各节点由不同支路计算的压力差限定在一定的范围内，保证系统安全、可靠、正常地工作。

1. 虹吸式雨水系统水力计算的一般规定

为了保证虹吸式雨水排水系统能够维持正常的压力流排水状态，压力流雨水排水系统应符合以下规定。

1）雨水斗的设置

虹吸式雨水斗应设置在天沟或檐沟内，天沟的宽度和深度应按雨水斗的安装要求确定，一般沟的宽度不小于 550mm，沟的深度不小于 300mm。一个计算汇水面积内，不论其面积大小，均应设置不少于两个雨水斗，而且雨水斗之间的距离不应大于 20m。屋面汇水最低处应至少设置一个雨水斗，同一系统中的雨水斗宜在同一水平面上。

2）几何高度

悬吊管应低于雨水斗的出口 1m 以上，雨水排水管道中的总水头损失与流出水头之和不得大于雨水管进、出口的几何高差。

3）水流速度

系统中的所有管段，管道内的设计最小流速应大于 1m/s，以使管道有良好的自净能

力。最大流速常发生在立管上，立管的设计流速宜小于6m/s，但不宜小于2.2m/s，以减小水流动时的噪声，最大不宜大于10m/s。立管底部接至室外管井的排出管管内流速不宜大于1.5m/s。雨水管系的出口应放大管径，出口的水流速度不宜大于1.8m/s，以减少水流对排水井的冲击。如出口速度大于1.8m/s，应采取消能措施，宜通过消能井溢流至室外排水管道。

4）水头损失

雨水排水系统的总水头损失和流速水头之和应小于雨水斗天沟底面与排水管出口的几何高差，其压力余量宜稍大于100Pa。压力流屋面雨水排水系统悬吊管与立管交点(转折点)处的最大负压值，对于金属管道不得大于80kPa；对于塑料管道应视产品的力学性能而定，但不得大于70kPa。管段计算所得压力值应基本平衡，即系统中各节点的上游不同支路的计算水头损失之差，在管径小于或等于DN75时，不应大于10kPa；管径小于或等于DN100时，不应大于5kPa。否则应调整管径重新计算。

2. 计算公式

1）额定流量下雨水斗的水头损失与局部阻力系数

雨水斗的局部阻力系数因雨水斗的结构、尺寸、材质不同而有所差别。国产虹吸式雨水斗的局部阻力系数见表6-10，雨水斗额定流量与斗前水深见表6-11。

表6-10　国产虹吸式雨水斗的局部阻力系数

雨水斗型号	YT50	YG50	YT75	YG75	YG100
局部阻力系数	1.3	1.3	2.4	2.4	5.6

表6-11　雨水斗额定流量与斗前水深

雨水斗型号、规格	压力流(虹吸式)雨水斗		
	*DN*50	*DN*75	*DN*100
额定流量(L/s)	6.0	12.0	25.0
斗前水深(mm)	45	70	
排水状态	淹没泄流		

2）管道压力计算

虹吸式雨水系统管道中任一断面处的压力水头按伯努利方程进行计算。如图6.6所示天沟水面和任一计算断面x断面之间的伯努利方程：

$$H+\frac{P_1}{\gamma}+\frac{u_1^2}{2g}=H_x+\frac{P_x}{\gamma}+\frac{u_x^2}{2g}+h_{1-x} \tag{6.10}$$

由于式(6.10)中$P_1=0$，$u_1=0$，$h_x=H-H_x$，则有：

$$\frac{P_x}{\gamma}=h_n-\frac{u_x^2}{2g}-h_{1-n} \tag{6.11}$$

式中　P_1——天沟水面处的压力为大气压，$P_1=0$；

$\frac{P_x}{\gamma}$——管道计算断面z断面处的压力水头，mH_2O；

h_x——天沟水面至管道z-z断面的高差，mH_2O；

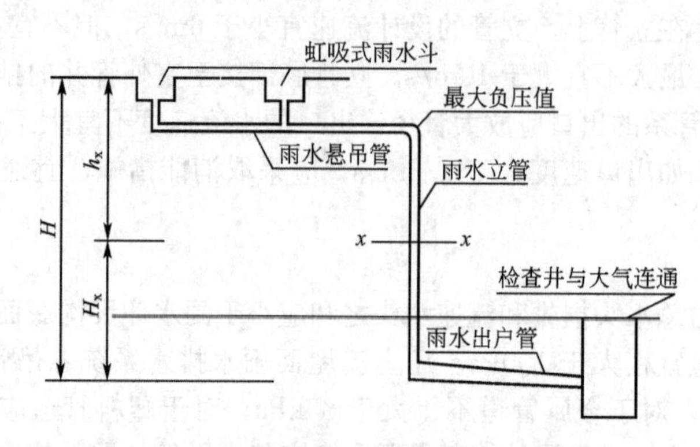

图 6.6　虹吸式屋面雨水排水系统水力分析

H——天沟水面距离雨水系统排出口的高差，m；

H_x——计算断面—断面距离雨水系统排出口的高差，mH_2O；

u_1——天沟水面的下降速度，可忽略不计，m/s；

u_x——$x-x$ 断面处管道中的水流速度，m/s；

h_{1-x}——天沟水面至管道 $x-x$ 断面之间的水头损失，m/s。

3) 沿程水头损失

虹吸式屋面雨水排水系统一般使用内壁喷塑柔性排水承压铸铁管或钢塑复合管及承压塑料管等，应采用海澄—威廉公式计算管道的沿程水头损失。

$$i=\frac{11785\times q_y^{1.85}\times 10^6}{C^{1.85}\times d_j^{4.87}} \tag{6.12}$$

式中　i——单位长度水头损失，mH_2O/m；

q_y——流量，L/s；

d_j——计算内径，mm；

C——管道材质系数，铸铁管 $C=100$，钢管 $C=120$，塑料管 $C=140\sim150$。

局部阻力损失用当量长度或局部阻力系数计算。虹吸式屋面雨水排水系统管道的局部阻力系数见表 6-12。

表 6-12　局部阻力系数

管件名称	内壁涂塑铸铁管或钢管	塑料管
90°弯头	0.8	1
45 弯头	0.3	0.4
干管上斜三通	0.5	0.35
支管上斜三通	1	1.2
转变为重力流处出口	1.8	1.8
压力流(虹吸式)雨水斗	厂商提供	

3. 水力计算方法

(1) 计算汇水面积。根据建筑物的设计图，计算排水屋面的水平投影面积和汇水面积。

(2) 计算总的降雨量，确认当地气象资料，如降雨强度和重现期。虹吸式屋面雨水排

水系统按满管压力流进行计算，降雨强度计算中建议采用较大的重现期。

(3) 布置雨水斗。选择压力流雨水斗的规格和额定流量，计算各汇水面积需要雨水斗的数量。

(4) 绘制水力计算管系图。确定雨水斗、悬吊管、立管和排出管(接至室外检查井)的平面和空间位置，绘制雨水排水系统的水力计算管系图，并确定节点和管段，为各节点和管段编号。

(5) 计算系统中雨水斗至系统出口之间的高度差 H，最远的雨水斗到系统出口的管道长度 L，并确定系统的计算管长 L_A。铸铁管的局部水头损失当量长度为管道长度的 0.2，塑料管当量长度为管道长度的 0.6，故金属管计算管长可按 $L_A=1.2L$ 估算，塑料管计算管长可按 $L_A=1.6L$ 估算。

(6) 估算单位长度的水头损失，即水力坡度 i。

$$i=\frac{H}{L_A} \tag{6.13}$$

(7) 根据管段流量和水力坡度，查压力流雨水排水系统水力计算图(图 6.7)确定管径，水流速度应不小于 1m/s。

(8) 检查系统的高度 H 和立管管径的关系应满足设计要求。

(9) 计算系统的压力降 $h_f=iL_A$。有多个计算管段时，应逐段计算后累计。

(10) 检查是否满足：$H-h_f\geqslant 1m$，并计算系统的立管最高处的最大负压值，检查各节点压力的平衡状况。如果负压值或节点压力平衡不满足要求，应调整管径，重新计算，达到要求为止。

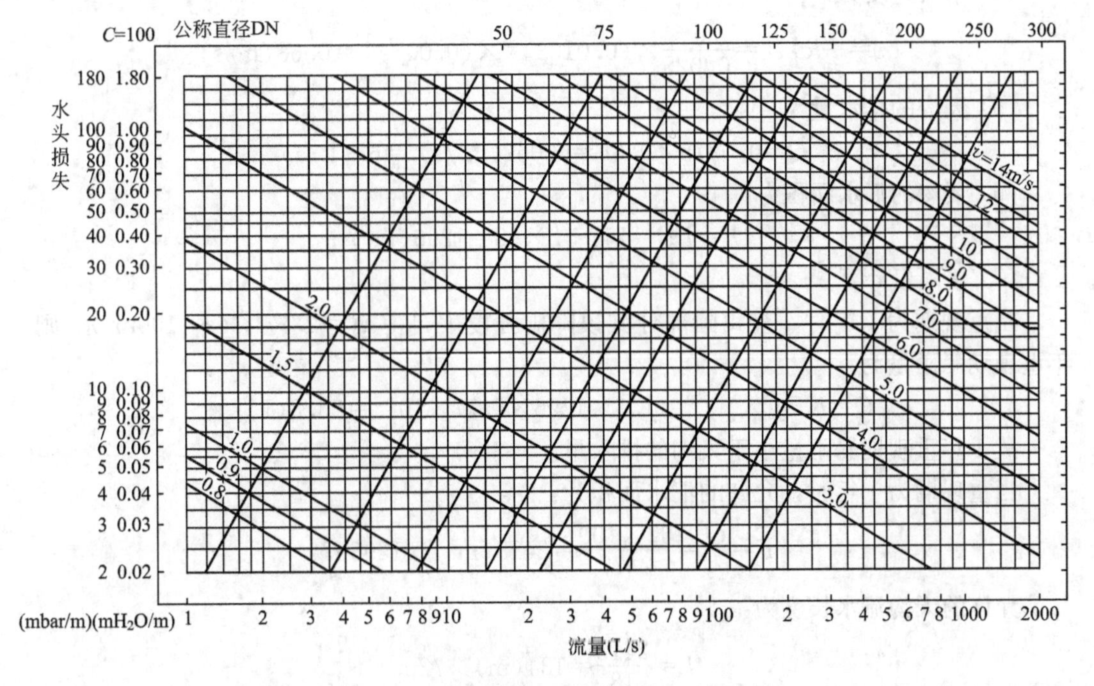

图 6.7 压力流雨水排水系统水力计算图

【例 6.1】 天津某金工车间天沟外排水设计。

天津某厂金工车间全长为 144m，跨度为 18m；利用拱形屋架及大型屋面板所形成的矩形凹槽作为天沟，无沟槽宽度为0.65m，积水深度为0.15m；天沟坡度为0.006；天沟表面铺绿豆砂，粗糙系数n为0.025。天沟布置示意图如图6.8所示。计算天沟的排水流量是否满足要求，确定立管直径和溢流口泄流量。

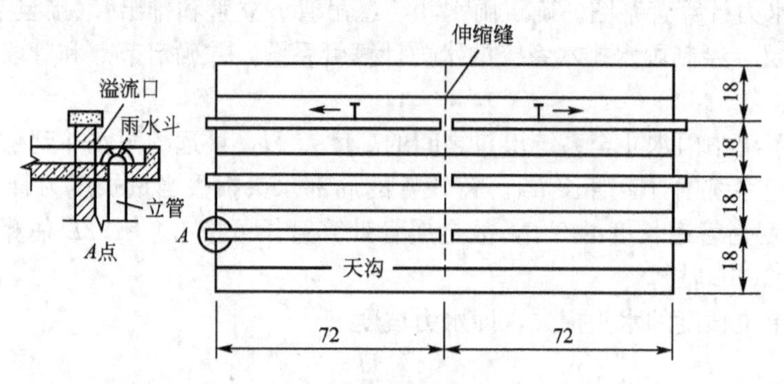

图6.8　天沟布置示意图(单位：m)

【解】 (1) 天沟的过水断面面积为：

$$\omega=0.65\times0.15=0.0975(\mathrm{m}^2)$$

(2) 湿周过流断面上流体与固体壁面接触的周界线为：

$$x=0.65+0.15\times2=0.95(\mathrm{m})$$

(3) 水力半径为：

$$R=0.0975\div0.95=0.103(\mathrm{m})$$

(4) 水流速度为：

$$v=\frac{1}{n}R^{\frac{2}{3}}i^{\frac{1}{2}}=\frac{1}{0.025}\times(0.0103)^{\frac{2}{3}}\times(0.006)^{\frac{1}{2}}=0.68(\mathrm{m/s})$$

(5) 天沟的排水量为：

$$Q=0.0975\times0.68=0.067(\mathrm{m}^3/\mathrm{s})=67(\mathrm{L/s})$$

(6) 天沟的汇水面积为：

$$F=LB=144\div2\times18=1296(\mathrm{m}^2)$$

(7) 暴雨量计算。

当重现期为1年时，查我国部分城镇降雨强度表，得$q_5=2.77\mathrm{L/(s\cdot100m^2)}$，则1年重现期暴雨量为：

$$Q=KFq_5\times10^{-2}=1.5\times1296\times2.77\times10^{-2}=53.8(\mathrm{L/s})$$

故1年重现期暴雨量小于天沟的排水量。

当重现期为1年时，允许的汇水面积为：

$$F=\frac{Q}{q_5}=\frac{67\times100}{2.77}=2418(\mathrm{m}^2)>1296\mathrm{m}^2$$

允许的天沟流水长度为：

$$L=\frac{2418}{18}=134(\mathrm{m})>72\mathrm{m}$$

由以上天沟长度的核算说明设计的天沟是安全可用的。

(8) 雨水排水立管。

查表6-8，如立管管径采用200mm，则允许排水流量为75 L/s，能满足1年重现期的暴雨流量 53.8L/s 的排水要求。

(9) 溢流口。

在天沟端墙上开一个溢流口，口宽 $b=0.65\text{m}$。堰上水头采用 $H=0.15\text{mH}_2\text{O}$，流量系数 $m=320$，则溢流口的排水流量为：

$$Q=mb(2g)^{\frac{1}{2}}H^{\frac{1}{2}}=320\times0.65\times(2\times9.81)^{\frac{1}{2}}\times0.15^{\frac{2}{3}}=53.5(\text{L/s})$$

【例 6.2】 某厂房室内雨水管道设计

某厂房室内雨水管道系统如图 6.9 所示，雨水内排水系统设计计算如下。

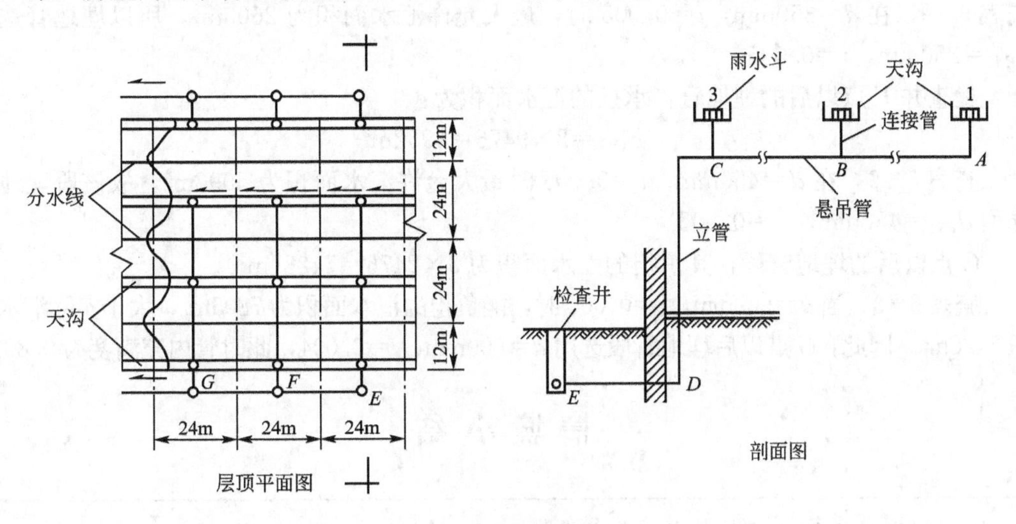

图 6.9 雨水管道系统

(1) 降雨强度。根据我国部分城镇降雨强度表查得当地降雨强度，得 $q_s=4.78\text{L/(s}\cdot100\text{m}^2)$，$h=172\text{mm}$。

(2) 雨水斗的选择。取天沟水深为 0.08m，1、2 号雨水斗的汇水面积均为 $24\times24=578(\text{m}^2)$，3 号雨水斗的汇水面积为 $12\times24=288(\text{m}^2)$。

由 $h=172\text{mm/h}$，查表 6-6，采用 79 型雨水斗。在 $h=180\text{mm/h}$，$d=200\text{mm}$ 时，最大汇水面积为 784m^2，能够满足需要，所以 1、2 号雨水斗选用 79 型，$d_1=d_2=200\text{mm}$。同样 3 号雨水斗选用 79 型，$d_3=150\text{mm}$。其最大允许汇水面积为 518m^2(大于 288m^2)。

(3) 连接管的选择。连接管选用与雨水斗相同的直径，即 1、2 号雨水斗的连接管选用 $d_{1-A}=d_{2-B}=200\text{mm}$，3 号雨水斗的连接管选用 $d_{3-C}=150\text{mm}$。

(4) 悬吊管的选择。降雨强度换算系数为：

$$K=172\div100=1.72$$

各段悬吊管负担的汇水面积换算成 $h=100\text{mm/h}$ 时的面积为：

$$F_{A\text{-}B}=576\times1.72=991(\text{m}^2)$$

$$F_{A\text{-}B}=2\times576\times72=195(\text{m}^2)$$

查表 6-7，当 $d=200\text{mm}$，$i=0.008$ 时，最大允许汇水面积为 1034m^2，所以 $A-B$ 段悬管选用 $d_{A\text{-}B}=200\text{mm}$，$i_{A-B}=0.008$；当 $d=250\text{mm}$，$i=0.009$，最大允许汇水面积为 1986m^2，所以 $B-C$ 段悬吊管选用 $d_{B\text{-}C}=350\text{mm}$，$i_{B\text{-}C}=0.009$。

(5) 立管的选择。3 号雨水斗的汇水面积换算成 100mm/h 的汇水面积为：

$$F_3=288\times1.72=495(\text{m}^2)$$

立管负担的总汇水面积为：

$$F_{C\text{-}D}=1981+495=2476(m^2)$$

查表6-8，当$d=200$mm时，立管最大允许汇水面积为$2880m^2$，所以立管管径采用200mm已能满足泄水要求。但规范规定立管管径不得小于悬吊管管径，因此立管选用与悬吊管相同的管径$d_{C\text{-}D}=250$mm。

(6) 排出管选择。排出管选用与立管相同的管径$d=250$mm。

(7) 埋地管选择。检查井E、F间的埋地管$E-F$，承受汇水面积为$F_{E\text{-}F}=2476m^2$。查表6-9，在$d=350$mm，$i=0.005$时，最大允许汇水面积为$2605m^2$，所以埋地管选用$d_{E\text{-}F}=350$mm，$i=0.005$。

检查井F点以后的埋地管，承担的汇水面积为：

$$F_{F\text{-}G}=2\times 9476=4952m^2$$

查表6-9，在$d=450$mm，$i=0.005$时最大允许汇水面积为$5092m^2$，故该段埋地管选用$d_{F\text{-}G}=450$mm，$i=0.005$。

G点以后的埋地管段，其承担的汇水面积为$3\times 2476=7428(m^2)$。

查表6-9，当$d=500$mm，$i=0.004$时，能负担的汇水面积为$7805m^2$，大于实际汇水面积$7428m^2$。因此，G点以后埋地管段选用$d=500$mm，$i=0.004$，此时管内充满度为0.80。

情境小结

通过本情境的学习和实践，要求掌握以下内容。

(1) 屋面雨水系统分为外排水系统和内排水系统。檐沟外排水系统适合于普通建筑、一般公共建筑和小型厂房；天沟外排水系统一般适合于大跨度的工业厂房。而内排水系统则适合于建筑立面要求高的建筑及大屋面建筑及寒冷地区的建筑。

(2) 屋面檐沟外排水系统主要由檐沟和雨落管组成，最为简单；天沟外排水系统由天沟、雨水斗和排水立管组成，天沟的断面形式及长度应在设计中按规定确定。

(3) 屋面雨水内排水系统组成复杂，由雨水斗、连接管、悬吊管、立管、埋地管及排出管组成。其设计计算较为复杂，须按设计规定确定雨水斗的型式及管道规格。

工学结合能力训练

【任务1】 屋面雨水系统设计施工总说明

1. 设计依据

(1) 设计委托任务书、城建各管理部门对本项目初步设计的有关批复、审查意见等。

(2) 所采用的本专业的设计规范、法规。

①《建筑给水排水设计规范》GB 50015—2010。

②《建筑给水排水及采暖工程施工质量验收规范》GB 50242—2002。

(3) 城市供水管理、市政工程设施管理等条例。

(4) 本工程其他专业提供的设计资料。

2. 相关设计基础资料与设计范围

(1) 相关设计基础资料。

(在设计基础资料中找出与屋面雨水设计相关的内容，并完整列出这些内容。)

(2) 设计范围。

(根据任课教师具体选择的教学载体，列出雨水设计的具体内容。)

(3) 查资料，确定本地暴雨强度公式为：$Q=\frac{2806(1+0.803\lg P)}{(t+12.3P^{0.231})^{0.768}}l/s.ha$。

3. 系统设计

(1) 屋面雨水采用有组织排放，采用________________雨水排放系统。

(2) 裙房及主楼的屋面雨水排水系统均采用重力流雨水排除系统。

(3) 根据本工程确定屋面雨水排水系统的设计暴雨强度的重现期。

4. 雨水系统管材及雨水斗

(1) 本工程屋面雨水排水系统采用重力流排水系统，排水管采用________，连接方法为________。

(2) 屋面雨水排水系统中的雨水斗采用________雨水斗。

5. 管道敷设与安装要求

(1) 明敷管道应沿外墙垂直敷设，并按规范采用适当方法对雨水管道进行固定。暗敷管道应布置在管道井中，按规范规定设置固定支架固定。

(2) 安装在室内的雨水管道安装后应按规范要求做灌水试验，灌水高度必须到每根立管上部的雨水斗。灌水试验持续 1h，不渗不漏。

(3) 悬吊式雨水管道的敷设坡度不得小于 0.005，埋地雨水管道的最小坡度应符合规范要求。

(4) 雨水管道不得与生活污水管道连接。

(5) 雨水斗和连接应牢固固定在屋面承重结构上。雨水斗边缘与屋面相连接处应严密不漏。悬吊式雨水管道的检查口或带法兰堵口的三通的间距应满足规范要求。

【任务2】 屋面雨水系统设计计算过程

1. 设计的准备

(1) 熟悉设计基础资料。

(2) 设计内容：对雨水斗和雨水管道进行布置，并确定雨水斗的型式和管道的规格。

2. 进行给水管道和设备的布置

根据所提供的建筑平面图和室外管网资料，以及确定的雨水系统技术方案，对雨水管道进行布置，要求将布置结果绘制成平面布置图及系统图，并标识出管段编号。

(1) 檐沟外排水系统的设计计算内容：确定雨落管的位置及管径。

(将结果布置后，绘成施工图，并加以说明。)

(2) 天沟外排水系统的设计计算内容如下。

① 在屋面上布置天沟的位置，并计算出每根天沟的汇水面积 F。

② 确定天沟的断面形式、尺寸及坡度，并计算出天沟的排水能力 Q。

③ 根据选择的雨水重现期和当地暴雨强度公式，计算设计雨水量：

$Q_y=$

④ 根据设计雨水量的大小和天沟排水能力，进行水力条件校核，判断天沟的设计布置是否可行。

(3) 内排水系统的设计计算内容如下。

① 确定降雨强度，得 $q_5=$__________，并得小时降雨厚度为 $h=$__________。

② 布置雨水斗，并确定每个雨水斗的汇水面积，对雨水斗进行选型，并对其进行汇水面校核。

③ 根据雨水斗规格确定连接管的规格。

④ 悬吊管的设计计算，确定其坡度和管径。

降雨强度换算系数：$K=$

计算各悬吊管的汇水面积，并换算成 $h=100\text{mm/h}$ 时的汇水面积。

确定各悬吊管的管经及坡度，并对其汇水面积进行校核。

⑤ 立管的设计计算。

确定定立管的汇水面积，并换算成 $h=100\text{mm/h}$ 时的汇水面积。

计算立管的总汇水面积(一个立管可不止承接一个雨水斗的来水)。

查表确定满足立管汇水面积的管径，并且该立管管径不能小于悬吊管管径。

⑥ 排出管的选择。

排出管选用与立管相同的管径。

⑦ 埋地管选择。

确定埋地管的管径及埋设坡度，并要求每段埋地管的汇水面积符合设计规定。

【任务3】 屋面雨水系统绘图能力训练

如图 6.10 所示为某办公大楼的平面图，屋面雨水斗布置如图，试绘出 Y－1 的系统图。

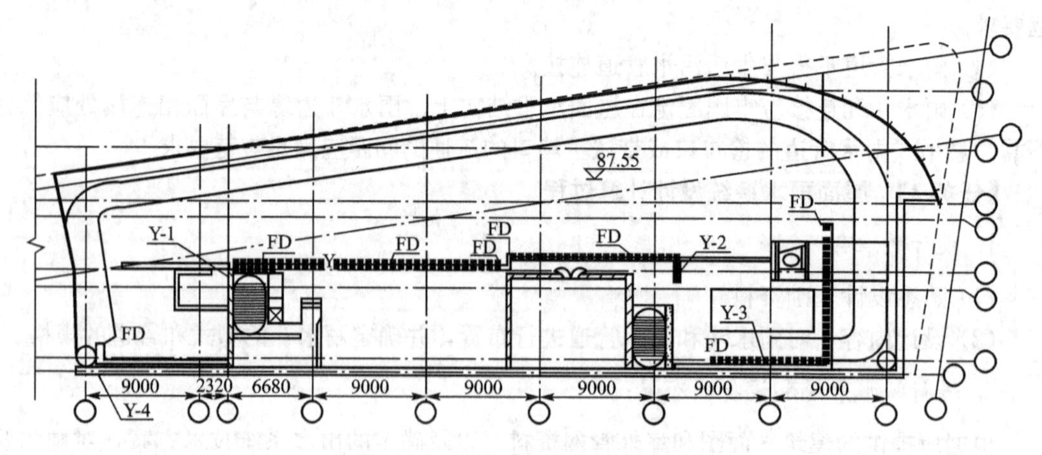

图 6.10 屋顶平面雨水斗布置图

练 习 题

一、名词解释

檐沟外排水系统　　天沟外排水系统　　屋面内排水系统　　悬吊管　　雨水斗

二、填空题

1. 外排水系统是指屋面___________，建筑物内部___________的雨水排放系统。
2. 天沟外排水系统由___________、___________和___________组成。
3. 雨水立管承接___________或___________流来的雨水。
4. 雨水斗的作用除了迅速排除屋面雨水外，其格栅还具有___________，避免形成过大的旋涡，稳定斗前水位，减少掺气，并拦隔树叶等杂物。
5. 根据经验，民用建筑雨落管间距为___________，工业建筑为___________。

三、单选题

1. 天沟的长度一般不要超过(　　)。

A. 20m　　B. 30m　　C. 40m　　D. 50m

2. 密闭式内排水系统的缺点是(　　)。

A. 室内冒水　　B. 不能接纳生产废水

C. 需设置密闭的三通连接　　D. 掺气

3. 雨水内排水系统的一根排水立管连接的悬吊管根数不多于(　　)。

A. 1 根　　B. 2 根　　C. 3 根　　D. 4 根

4. 为了排水安全可靠，天沟应有不小于(　　)的保护高度。

A. 100mm　　B. 200mm　　C. 300mm　　D. 400mm

5. 悬吊管敷设坡度不得小于(　　)。

A. 0.002　　B. 0.003　　C. 0.004　　D. 0.005

四、多选题

1. 雨落管管材可选用(　　)。

A. 热镀锌钢管　　B. 镀锌铁皮　　C. 塑料管　　D. 无缝钢管

2. 按水力流态内排水雨水系统可分为(　　)。

A. 压力流　　B. 重力无压流　　C. 虹吸流　　D. 气水二相流

3. 悬吊管与立管间宜采用(　　)连接。

A. 45℃三通　　B. 90℃斜三通　　C. 乙字弯　　D. 来回弯

4. 以下属于内排水系统组成部分的有(　　)。

A. 雨水斗　　B. 连接管　　C. 水落管　　D. 排出管

5. 为了排水畅通，埋地管中应留有过气断面，采用排水横管的计算方法，并控制(　　)。

A. 最大计算充满度　　B. 最小坡度　　C. 设计流速　　D. 水流阻力

五、判断题

1. 雨水立管管径不得小于悬吊管。(　　)
2. 为保证雨水排水的安全可靠性，设计时建筑屋面各个汇水范围内雨水排水立管不宜少于 4 根。(　　)
3. 连接管管径一般不宜小于 DN80。(　　)
4. 埋地管最小管径为 200mm。(　　)
5. 虹吸式屋面雨水系统属于重力流。(　　)

六、问答题

1. 屋面雨水排水系统有哪些类型?
2. 试述内排水系统的组成。
3. 怎样选择雨水斗?
4. 天沟外排水系统对天沟的设置有何要求?

学习情境7

室内热水供应系统的设计

情境导读

本学习情境以室内热水供应系统设计工作过程为导向，介绍了室内热水供应系统设计的主要内容，包括室内热水供应系统技术方案的确定、热水供回水管道系统的水力计算、热水热源设备的选择和管道系统增压设备的设计计算。通过本学习情境的学习及其工学结合能力任务的训练，使学生掌握室内热水供应系统专业技术，具备室内热水系统初步的设计能力，能读懂室内热水供应系统设计施工说明，具备识读和绘制室内热水系统施工图的能力。

知识目标

(1) 掌握热水供应系统的组成、技术特点、加热和贮热设备的选用和布置要求。
(2) 掌握热水供应系统常用管材的选用及各种附件的作用。
(3) 掌握热水供应系统管道及设备布置的技术要求。
(4) 掌握热水系统的施工要求。
(5) 掌握热水供应系统设计水温、水质的要求。
(6) 掌握热水量、耗热量和设备供热量的计算方法。
(7) 掌握管网水力计算。
(8) 掌握给水设备设计计算。

能力目标

(1) 能读懂建筑热水供应系统施工图的设计施工说明，理解设计意图。
(2) 能识读建筑热水供应系统的平面图、系统图、详图。
(3) 具备绘制建筑热水供应系统平面图、系统图、详图的能力。
(4) 具备团队协作与沟通能力。

工学结合学习设计

	知识点	学习型工作子任务	
热水系统设计过程	热水供应系统的组成	热水供应系统技术方案的确定	将各项设计内容汇总后，编写设计施工总说明
	热水的加热方式、运行时间模式、压力工况、循环方式、加热设备的选择和布置		
	热水供应系统管材及附件	选择热水管道材料及相应附件	
	热水系统管道及设备布置的基本要求	确定热水管道布置的基本形式，对管道和设备进行布置，并画出平面布置图、系统图和机房详图	
	热水管道的敷设方式及要求、热水管道安装要求、防腐、保温和水压试验	提出热水供应系统的施工要求	
给水系统设计计算过程	给水设计流量	计算给水系统设计流量	将各项设计内容汇总后，编写设计计算书
	热水用水定额、水温和水质、热水耗热量	热水供应系统的设计计算	
	热水量的计算、热媒耗量的计算		
	热水管网的水力计算，包括第一循环管网及第二循环网的水力计算		
	热水供应系统的设计计算		

单元任务 7.1 室内热水供应系统技术方案的确定

【单元任务内容及要求】 热水供应系统的设计包括确定热水系统组成、加热方式、运行时间模式、循环方式，选择加热、贮热和贮水设备等内容。

建筑室内热水供应系统是指水的加热、储存和输配设施的总称，其任务是满足建筑内人们在生产和生活中对热水的需求。

知识链接

热水供应系统按供应热水的范围可分为局部热水供应系统、集中热水供应系统和区域热水供应系统类。

1. 局部热水供应系统

采用小型加热器在用水场所就地加热，供局部范围内一个或几个配水点使用的热水系统称为局部热水供应系统。如小型电热水器、燃气热水器及太阳能热水器等，供给单个厨房、浴室等用水。

局部热水供应系统的特点是热水管路短，热损失小，造价低，设施简单，维护管理方便灵活。但供水范围小，热水分散制备，热效率低，制备热水成本高，使用不够方便、舒适，每个用水场所均需设置加热装置，占用建筑面积较大。一般在靠近用水点设置小型加热设备供给一个或几个用水点使用。

局部热水供应系统适用于热水用量较小且较分散的建筑，如单元式住宅、小型饮食店、理发馆、医院、诊所等公共建筑和车间、卫生间热水点分散的建筑。

2. 集中热水供应系统

在锅炉房或热交换站将水集中加热后，通过热水管网输送到整幢或几幢建筑的热水供应系统称为集中热水供应系统。

集中热水供应系统的特点是供水范围大，加热器及其他设备集中，可集中管理，加热效率高，热水制备成本低，占地面积小，设备容量小，使用较为方便、舒适，但系统复杂，管线长，热损失大，投资较大，需要专门的维护管理人员，建成后改建、扩建较困难。

集中热水供应系统适用于热水用量较大、用水点比较集中的建筑，如标准较高的住宅、高级宾馆、医院、公共浴室、疗养院、体育馆、游泳池、大酒店等公共建筑和用水点布置较集中的工业建筑。

3. 区域热水供应系统

在热电厂或区域锅炉房将水集中加热后，通过城市热力管网输送到居住小区、街坊、企业及单位的热水供应系统称为区域热水供应系统。区域热水供应系统一般采用二次供水。

区域热水供应系统的特点是便于热能的综合利用和集中维护管理，有利于减少环境污染，可提高热效率和自动化程度，热水成本低，占地面积小，使用方便、舒适，供水范围大，安全性高，但热水在区域锅炉房中的热交换站制备，管网复杂，热损失大，设备多，自动化程度高，一次性投资大。

区域热水供应系统一般用于城市片区、居住小区的整个建筑群，目前在发达国家应用较多。

7.1.1 热水系统的组成

集中热水供应系统由热源、热媒管网、热水输配管网、循环水管网、热水贮存水箱、

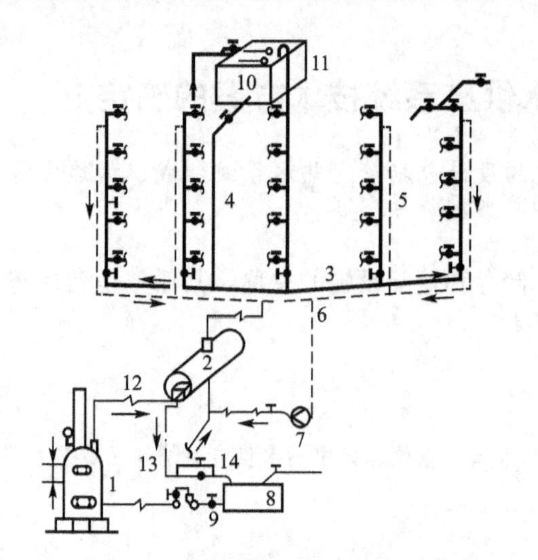

图 7.1　集中热水供应系统组成示意图

1—锅炉；2—水加热器；3—配水干管；4—配水立管；5—回水立管；6—回水干管；7—循环泵；8—凝结水池；9—凝结水泵；10—给水水箱；11—膨胀排气管；12—热媒蒸汽管；13—凝水管；14—疏水器

循环水泵、加热设备及配水附件等组成，如图 7.1 所示。锅炉产生的蒸汽经热媒管送入水加热器把冷水加热，凝结水回凝结水池，再由凝结水泵打入锅炉加热成蒸汽。由冷水箱向水加热器供水，加热器中的热水由配水管送到各用水点。为保证热水温度，补偿配水管的热损失，需设热水循环管。

热水供应系统由以下三部分构成。

1. 热媒循环管网(第一循环系统)

由热源、水加热器和热媒管网组成。锅炉产生的蒸汽(或高温水)经热媒管道送入水加热器，加热冷水后变成凝结水，靠余压经疏水器流回到凝结水池，冷凝水和补充的软化水由凝结水泵送入锅炉重新加热成蒸汽，如此循环完成水的加热过程。

2. 热水配水管网(第二循环系统)

由热水配水管网和循环管网组成。配水管网将在加热器中加热到一定温度的热水送到各配水点，冷水由高位水箱或给水管网补给。为保证用水点的水温，支管和干管设循环管网，用于使一部分水回到加热器重新加热，以补充管网所散失的热量。

3. 附件和仪表

为满足热水系统中控制和连接的需要，常使用的附件包括各种阀门、水嘴、补偿器、疏水器、自动温度调节器、温度计、水位计、膨胀罐和自动排气阀等。

7.1.2　热水的加热方式

热水的加热方式可分为直接加热方式和间接加热方式，加热方式如图 7.2 所示。

(1) 直接加热方式也称为一次换热，是利用燃气、燃油、燃煤为燃料的热水锅炉把冷水直接加热到所需温度，或者是将蒸汽或高温水通过穿孔管或喷射器直接与冷水接触混合制备热水。热水锅炉直接加热具有热效率高、节能的特点；蒸汽直接加热方式具有设备简单、热效率高、无需冷凝水管的优点，但存在噪声大、对蒸汽质量要求高、冷凝水不能回收、热源需要大量经水质处理的补充水、运行费用高等缺点。此种方式仅适用于有高质量的热媒、对噪声要求不严格，或定时供应热水的公共浴室、洗衣房、工矿企业等用户。

(2) 间接加热方式也称为二次换热，是利用热媒通过水加热器把热量传递给冷水，把冷水加热到所需的热水温度，而热媒在整个加热过程中与被加热水不直接接触。这种加热方式回收的冷凝水可重复利用，补充水量少，运行费用低，加热时噪声小，被加热水不会造成污染，运行安全可靠，适用于要求供水安全稳定且噪声低的旅馆、住宅、医院、办公楼等建筑。

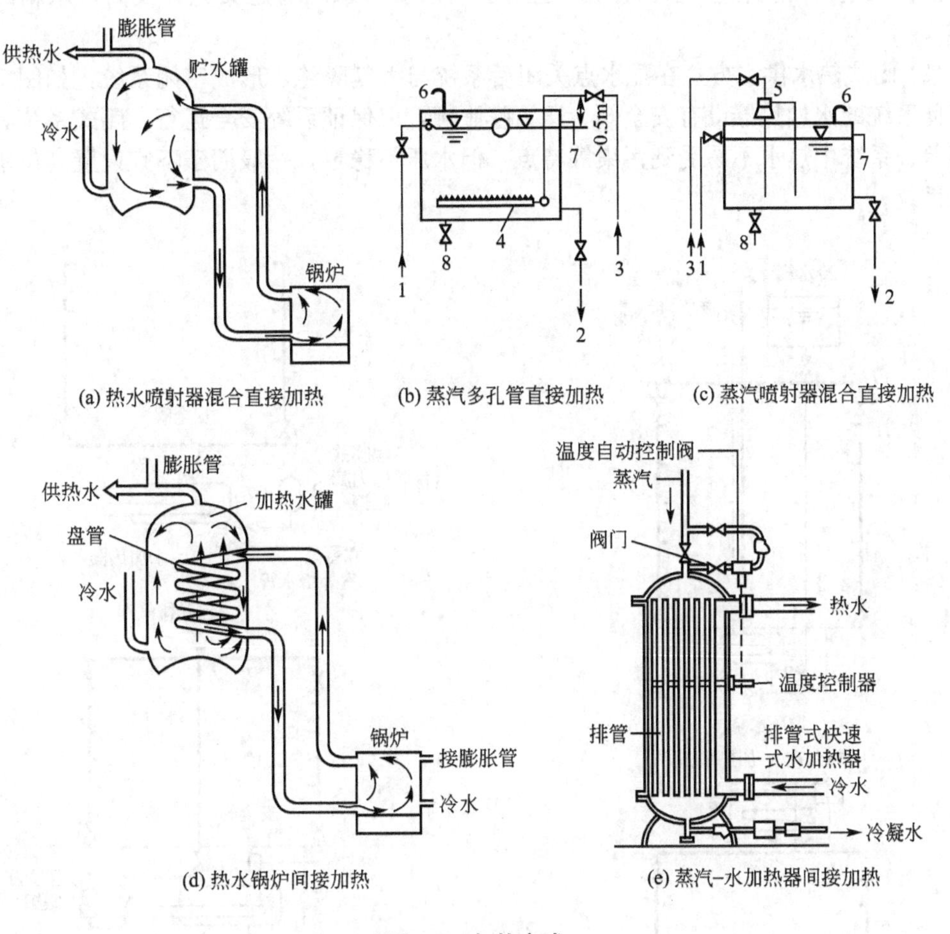

图 7.2 加热方式

1—给水；2—热水；3—蒸汽；4—多孔管；5—喷射器；
6—通气管；7—溢水管；8—泄水管

7.1.3 热水系统运行的时间模式

按热水供应的时间分为全日供应方式和定时供应方式。

(1) 全日供应方式是指热水供应管网在全天任何时刻都保持设计的循环水量，热水配水管网全天任何时刻都可正常供水，并能保证配水点的水温。

(2) 定时供应方式是指热水供应系统每天定时供水，其余时间系统停止运行。此方式在供水前利用循环水泵将管网中已冷却的水强制循环到水加热器进行加热，达到一定温度才能使用。

7.1.4 热水的供应系统的压力工况

根据热水管网的压力工况不同，可分为开式系统和闭式系统两类。

(1) 开式热水供水方式在配水点关闭后系统仍与大气相通，如图 7.3 所示。此方式一般在管网顶部设有开式热水箱或冷水箱和膨胀管，水箱的设置高度决定系统的压力，而不受外网水压波动的影响，供水安全可靠，用户水压稳定，但开式水箱易受外界污染，且占用建筑面积和空间。此方式适用于用户要求水压稳定又允许设高位水箱的热水系统。

(2) 闭式热水供水方式在配水点关闭后系统与大气隔绝，形成密闭系统，如图 7.4 所示。此系统的水加热器设有安全阀、压力膨胀罐，以保证系统安全运行。闭式系统具有管路简单、系统中热水不易受到污染等特点，但水压不稳定，一般用于不宜设置高位水箱的热水系统。

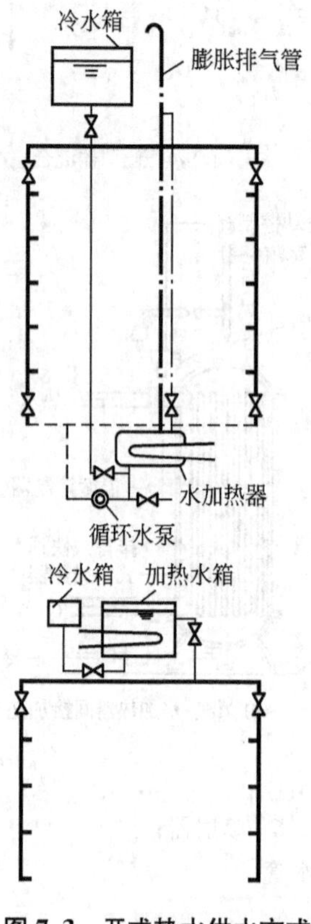

图 7.3　开式热水供水方式

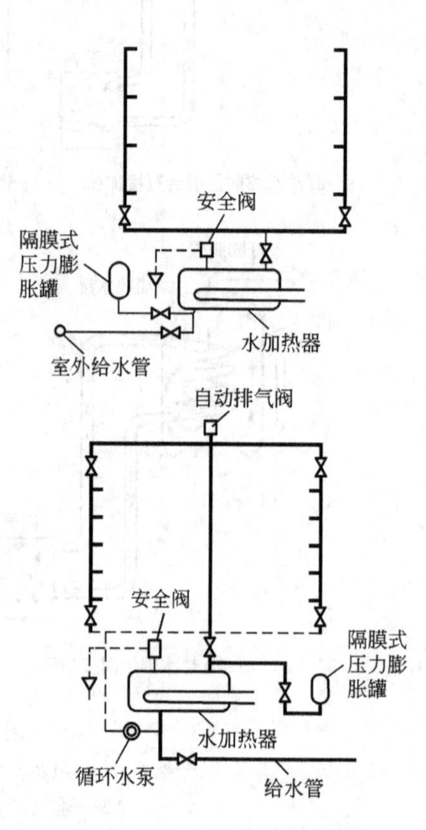

图 7.4　闭式热水供水方式

7.1.5　热水供应系统的循环方式

(1) 根据热水供应系统是否设置循环管网或如何设置循环管网，可分为全循环、半循环和无循环热水供应方式。

① 全循环热水供应方式是指热水供应系统中热水配水管网的水平干管、立管甚至配水支管都设有循环管道。该系统设循环水泵，用水时不存在使用前放水和等待时间，适用于高级宾馆、饭店、高级住宅等高标准建筑中，全循环热水供应方式如图 7.5 所示。

② 半循环热水供应方式又有立管循环和干管循环之分，如图 7.6 所示。干管循环热水供应系统中只在热水配水管网的水平干管设循环管道，该方式多用于定时供应热水的建筑中，打开配水龙头时需放掉立管和支管的冷水才能流出符合要求的热水。立管循环指热

水立管和干管均设置循环管道，保持热水循环，打开配水龙头时只需放掉支管中的少量存水，就能获得规定温度的热水，此方式多用于设有全日供应热水的建筑和设有定时供应热水的高层建筑。

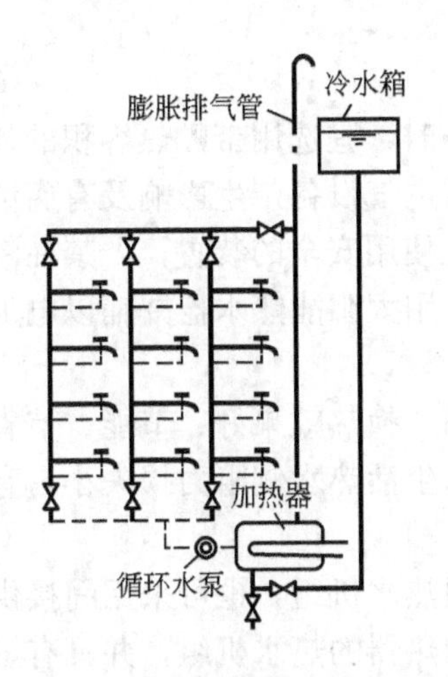

图 7.5　全循环热水供应方式

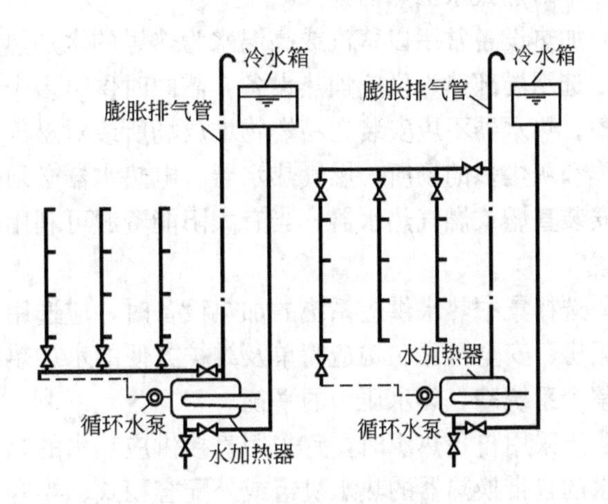

图 7.6　半循环热水供应方式

③ 无循环热水供应方式是指热水供应系统中热水配水管网的水平干管、立管、配水支管都不设任何循环管道。这种方式适用于小型热水供应系统和使用要求不高的定时热水供应系统或连续用水系统，如公共浴室、洗衣房等，无循环热水供应方式如图 7.7 所示。

(2) 热水供应管网按循环动力不同，可分为自然循环方式和机械循环方式。

① 自然循环方式是利用配水管和回水管内的温度差所形成的压力差，使管网维持一定的循环流量，以补偿热损失，保持一定的供水温度，如图 7.36 所示。因配水管与回水管内的水温差一般为 5～10℃，自然循环水头值很小，实际使用中应用不多。一般用于热水供应量小，用户对水温要求不严格的系统中。

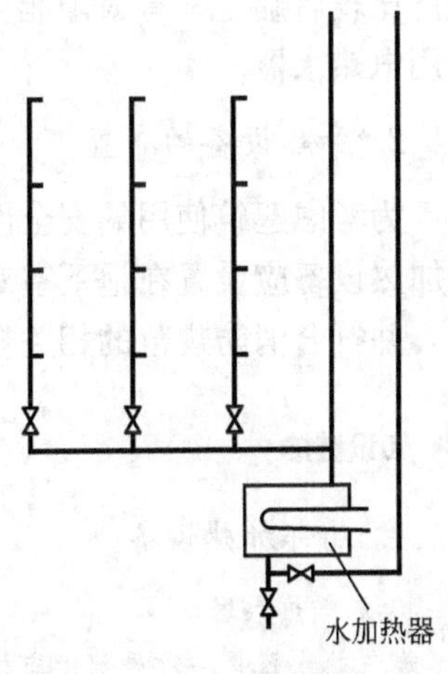

图 7.7　无循环热水供应方式

② 机械循环方式是在回水干管上设循环水泵强制一定量的水在管网中循环，以补偿配水管道的热损失，保证满足用户对热水温度的要求，如图 7.5、图 7.6 所示。目前实际运行的热水供应系统多采用机械循环方式，特别是用户对热水温度要求严格的大、中型热水供应系统。

7.1.6　加热和贮热设备的选用与布置

1. 加热和贮热设备的选用

在热水供应系统中，将冷水加热常采用加热设备来完成。加热设备是热水供应系统的重要组成部分，需根据热源条件和系统要求进行合理选择。

热水系统的加热设备分为局部加热设备和集中热水供应系统的加热和贮热设备。其中局部加热设备包括燃气热水器、电热水器、太阳能热水器等；集中加热设备包括燃煤(燃油、燃气)、热水锅炉、热水机组、容积式水加热器、半容积式水加热器、快速式水加热器和半即热式水加热器等。

加热设备常用以蒸汽或高温水为热媒的水加热设备。

选用局部热水供应加热设备，需同时供给多个用水设备时，宜选用带贮热容积的加热设备。热水器不应安装在易燃物堆放场所或对燃气管、表或电气设备产生影响及有腐蚀性气体和灰尘多的场所。燃气热水器、电热水器必须带有保证使用安全的装置，严禁在浴室内安装直燃式燃气热水器。当有太阳能资源可利用时，宜选用太阳能热水器并辅以电加热装置。

选择集中热水供应系统的加热设备时，应选用热效率高、换热效果好、节能、节省设备用房、安全可靠、构造简单及维护方便的水加热器；要求生活热水侧阻力损失小，有利于整个系统冷、热水压力的平衡。

当采用自备热源时，宜采用直接供应热水的燃气、燃油热水机组，也可采用间接供应热水的自带换热器的热水机组或外配容积式、半容积式水加热器的热水机组，并具有燃料燃烧完全、消烟除尘、自动控制水温、火焰传感、自动报警等功能。当采用蒸汽或高温水为热源时，间接水加热设备的选择应结合热媒的情况、热水用途及水量大小等因素经技术经济比较后确定。有太阳能可利用时宜优先采用太阳能水加热器，电力供应充足的地区可采用电热水器。

2. 加热设备的布置

为考虑建筑使用的安全性，加热设备的布置必须满足相关规范及产品样本的要求。一般加热设备应设置在地下室专用机房内，如果设有地下室，则应在建筑外设置专用设备机房，并符合消防规范的相关规定。

知识链接

1. 局部加热设备

1) 燃气热水器

燃气热水器是一种局部供应热水的加热设备，按其构造可分为直流式和容积式两种。

直流快速式燃气热水器一般带有自动点火和熄火保护装置，冷水流经带有翼片的蛇形管时，被热烟气加热到所需温度的热水供生活用，直接快速式燃气热水器构造图如图 7.8 所示。直流快速式燃气热水器一般安装在用水点就地加热，可随时点燃并可立即取得热水，供一个或几个配水点使用，常用于厨房、浴室、医院手术室等局部热水供应。

容积式燃气热水器是能贮存一定容积热水的自动水加热器，使用前应预先加热。

2) 电热水器

电热水器通常以成品在市场上销售，分快速式和容积式两种。快速式电热水器无贮水容积，使用时不需预先加热，通水通电后即可得到被加热的热水，具有体积小、质量轻、热损失少、效率高、安装方便、易调节水量和水温等优点，但电耗大，在缺电地区受到一定限制。

容积式电热水器具有一定的贮水容积，其容积大小不等，在使用前需预先加热到一定温度，可同时供应几个热水用水点在一段时间内使用，具有耗电量小、使用方便等优点，但热损失较大，适用于局部热水供应系统。容积式电热水器的构造如图 7.9 所示。

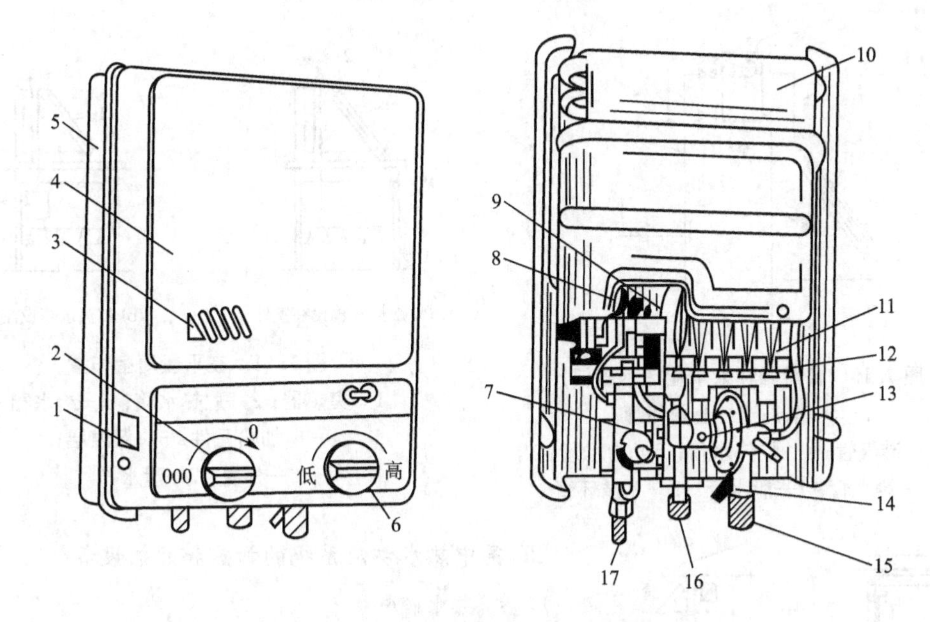

图 7.8　直接快速式燃气热水器构造图

1—气源名称；2—燃气开关；3—观察窗；4—上盖；5—底壳；6—水温调节阀；
7—压电元件点火器；8—点火燃烧器(常明火)；9—熄火保护装置；10—热交换器；
11—主燃烧器；12—喷嘴；13—水—气控制阀；14—过压保护装置(放水)；
15—冷水出口；16—热水出口；17—燃气进口

3）太阳能热水器

太阳能作为一种取之不尽、用之不竭且无污染的能源越来越受到人们的重视。利用太阳能集热器集热是太阳能利用的一个主要方面。它具有结构简单、维护方便、使用安全、费用低廉等特点，但受天气、季节等影响不能连续稳定运行，需配贮热和辅助电加热设施，且占地面积较大。

太阳能热水器是将太阳能转换成热能并将水加热的装置，集热器是太阳能热水器的核心部分，由真空集热管和反射板构成，目前采用双层高硼硅真空集热管为集热元件和优质进口镜面不锈钢板做反射板，使太阳能的吸收率高达92%以上，同时具有一定的抗冰雹冲击的能力，使用寿命可达15年以上。

贮热水箱是太阳能热水器的重要组件，其构造同热水系统的热水箱。贮热水箱的容积按每平方米集热器采光面积配置贮水箱的容积。

太阳能热水器主要由集热器、贮热水箱、反射板、支架、循环管、给水管、热水管、泄水管等组成，自然循环太阳能热水器如图 7.10 所示。

太阳能热水器常布置在平屋顶或顶层阁楼上，倾角合适时也可设在坡屋顶上，在平屋顶上布置太阳能热水器如图 7.11 所示。对于家庭用集热器，也可利用向阳晒台栏杆和墙面设置，如图 7.12 所示。

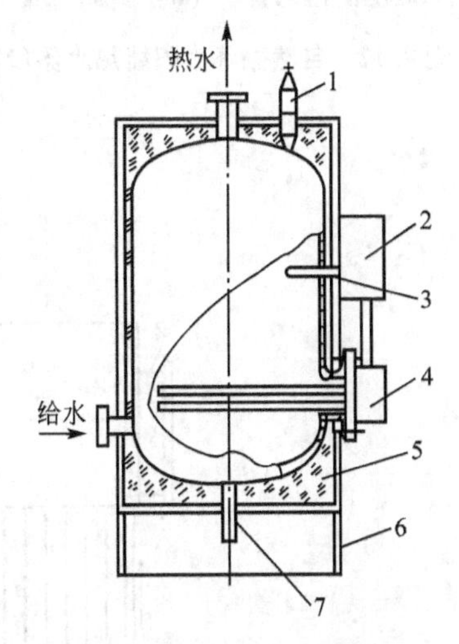

图 7.9　容积式电热水器的构造

1—安全阀；2—控制箱；
3—测温元件；4—电加热元件；
5—保温层；6—外壳；7—泄水口

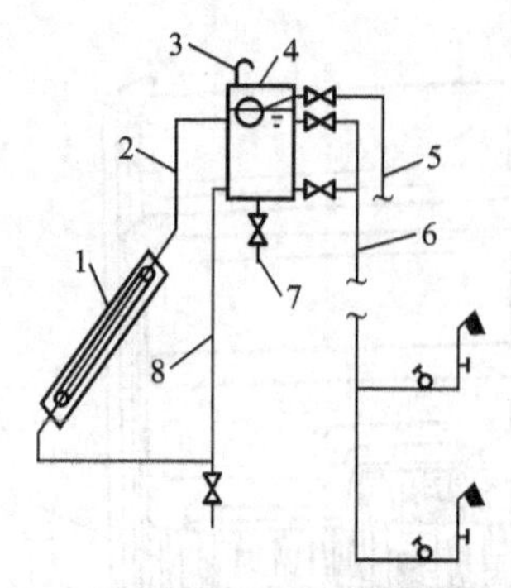

图 7.10　自然循环太阳能热水器(1)

1—集热器；2—上循环管；
3—透气管；4—贮热水箱；5—给水管；
6—热水管；7—泄水管；8—下循环管

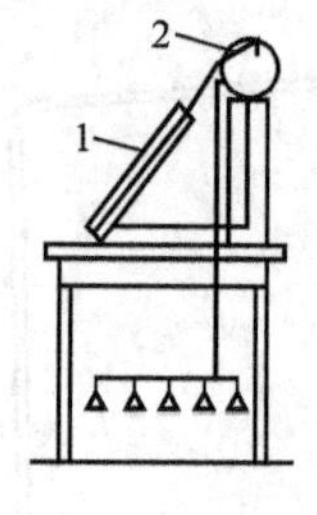

(a) 贮热水箱设在室外

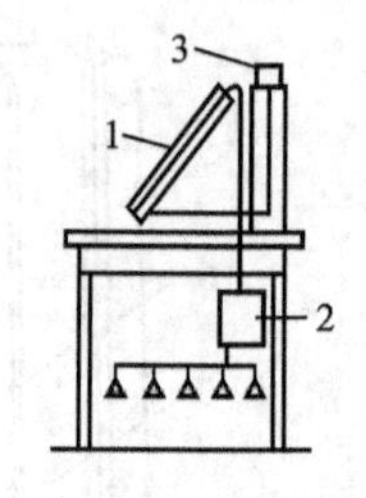

(b) 贮热水箱设在室内

图 7.11　在平屋顶上布置

1—集热器；2—贮热水箱；3—给水箱
4—电加热元件；5—保温层；
6—外壳；7—泄水口

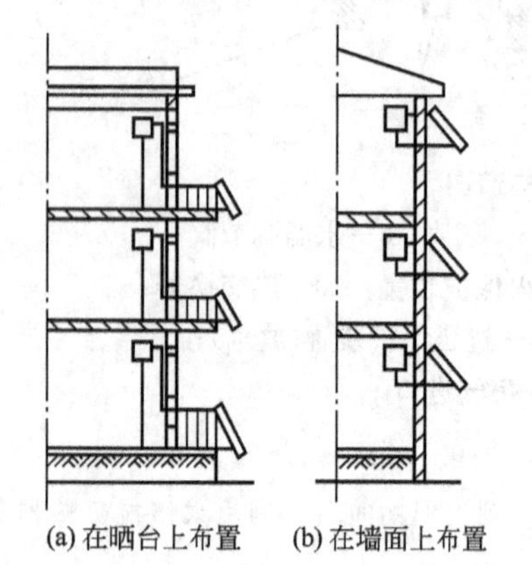

(a) 在晒台上布置　(b) 在墙面上布置

图 7.12　自然循环太阳能热水器(2)

2. 集中热水供应系统的加热和贮热设备

1) 燃煤热水锅炉

集中热水供应系统采用的小型燃煤热水锅炉分立式和卧式两种。图 7.13 所示为快装卧式内燃锅炉构造示意图。燃煤锅炉燃料价格低，运行成本低，但存在烟尘和煤渣，会对环境造成污染。目前许多城市已开始限制或禁止在市区内使用燃煤锅炉。

2) 燃油(燃气)热水锅炉

燃油(燃气)锅炉的构造如图 7.14 所示，通过燃烧器向正在燃烧的炉膛内喷射雾状油或燃气，燃烧迅速、完全，且具有构造简单、体积小、热效高、排污总量少、管理方便等优点。目前燃油(燃气)锅炉的使用越来越广泛。

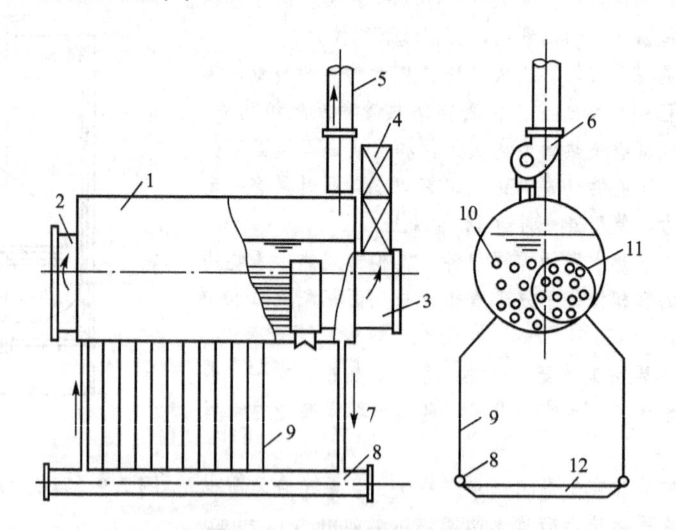

图 7.13　快装卧式内燃锅炉构造示意图

1—锅炉；2—前烟箱；3—后烟箱；4—省煤器；5—烟囱；
6—引风机；7—下降管；8—联箱；9—鳍片式水冷壁；
10—第 2 组烟管；11—第 1 组烟管；12—炉壁

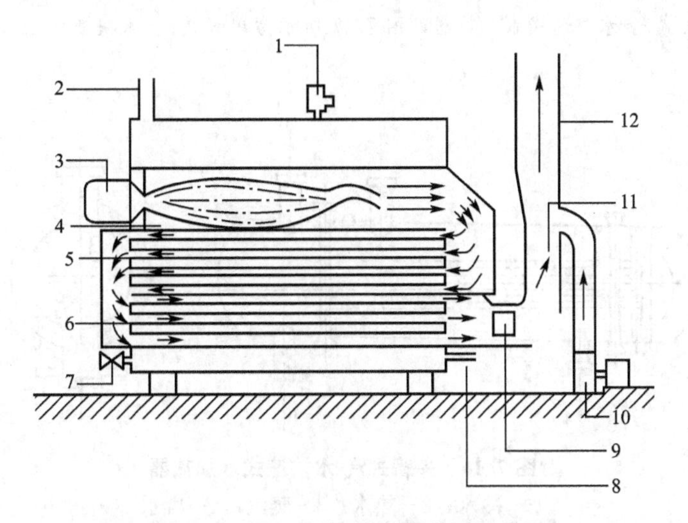

图 7.14 燃油(燃气)锅炉的构造示意图

1—安全阀；2—热媒出口；3—油(煤气)燃烧器；4——级加热管；
5—二级加热管；6—三级加热管；7—渠空阀；8—回水(或冷水)入口；
9—导流器；10—风机；11—风挡；12—烟道

3) 容积式水加热器

容积式水加热器是一种间接加热设备，内设换热管束并具有一定的贮热容积，既可加热冷水又可贮备热水，常用热媒为饱和蒸汽或高温水，分立式和卧式两种，容积式水加热器构造示意图如图 7.15 所示。容积式水加热器的主要优点是具有较大的贮存和调节能力，被加热水流速低，压力损失小，出水压力平稳，水温较稳定，供水较安全。但该加热器传热系数小，热交换效率较低，体积庞大。常用的容积式水加热器有传统的 U 形管型容积式水加热器和导流型容积式水加热器。

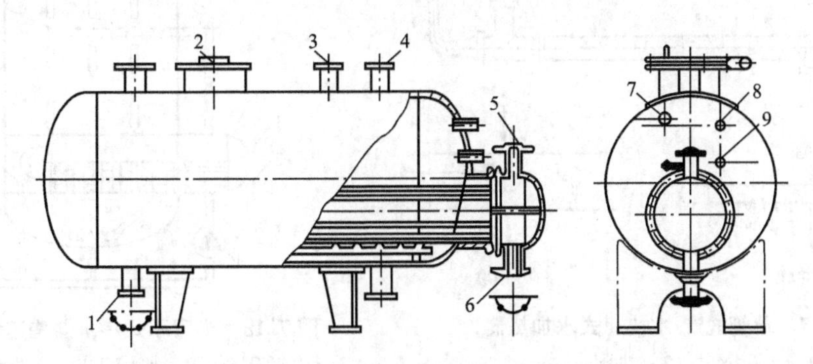

图 7.15 容积式水加热器构造示意图

1—进水管；2—人孔；3—安全阀接口；4—出水管；5—蒸汽(热水)入口；
6—冷凝水；7—接温度计管箍；8—接压力计算箍；9—温度调节器接管

4) 快速式水加热器

在快速式水加热器中，热媒与冷水通过较高速度流动，进行紊流加热，提高了热媒对管壁及管壁对被加热水传热系数，提高了传热效率。由于热媒不同，有汽-水、水-水两种类型水加热器。加热导管有单管式、多管式、波纹板式等多种形式。快速式水加热器是热媒与被加热水通过较大速度的流动进行快速换热的间接加热设备。

根据加热导管的构造不同，分为单管式、多管式、板式、管壳式、波纹板式及螺旋板式等多种形式。

图 7.16 所示为多管式汽-水快速式水加热器；图 7.17 所示为单管式汽-水快速式水加热器，可多组并联或串联。

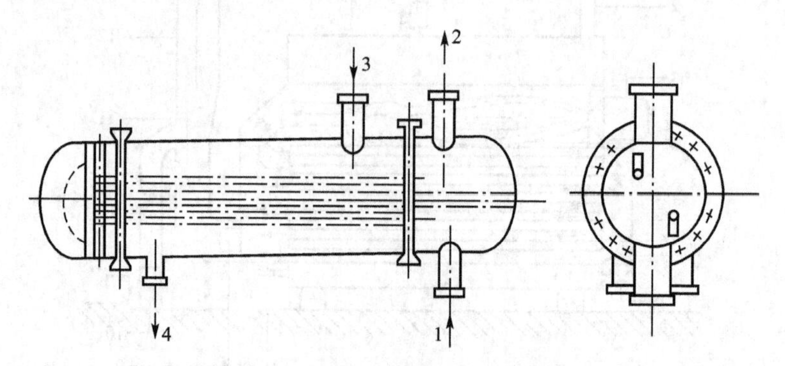

图 7.16　多管式汽-水快速式水加热器

1— 冷水；2—热水；3—蒸汽；4—凝水

快速式水加热器体积小、安装方便、热效高，但不能贮存热水，水头损失大，出水温度波动大，适用于用水量大且比较均匀的热水供应系统。

5）半容积式水加热器

半容积式水加热器是带有适量贮存与调节容积的内藏式容积式水加热器，是从国外引进的设备。其贮水罐与快速换热器隔离，冷水在快速换热器内迅速加热后进入热水贮罐。当管网中热水用水量小于设计用水量时，热水一部分流入罐底部被重新加热。半容积式热水器构造示意图如图 7.18 所示。

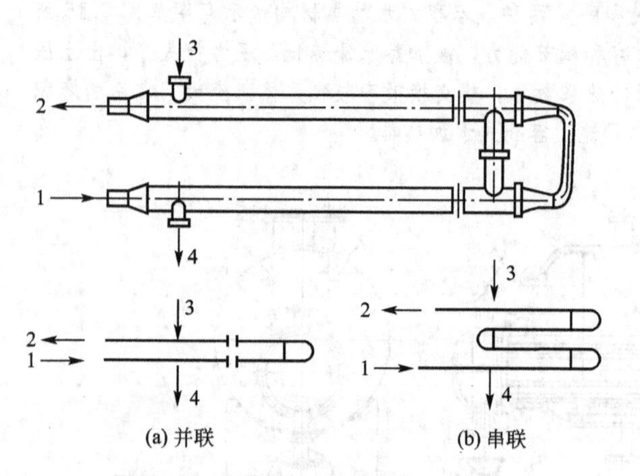

图 7.17　单管式汽-水快速式水加热器

1—冷水；2—热水；3—蒸汽；4—凝水

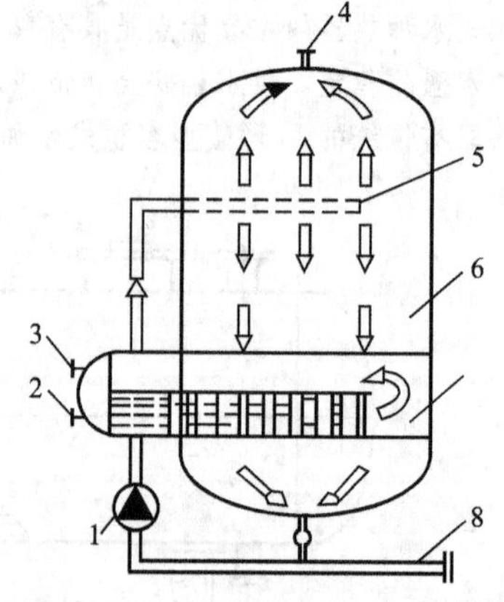

图 7.18　半容积式热水器构造示意图

1—内循环泵；2—热媒入口；3—热媒出口；4—热水出口；5—配水管；6—贮热水罐；7—快速换热器；8—冷水进口

我国研制的 HRV 型半容积式水加热器的构造如图 7.19 所示，其特点是取消了内循环泵，被加热水进入快速换热器后被迅速加热，然后由下降管强制送到贮热水罐的底部，再向上流动，以保持整个贮罐内的热水温度相同。

6）半即热式水加热器

半即热式水加热器是带有超前控制，具有少量贮水容积的快速式水加热器，图 7.20 所示为其构造示意图。

热媒由底部进入各并联盘管，冷凝水经立管从底部排出，冷水经底部孔板流入罐内，并有少量冷水经分流管至感温管。冷水经转向器均匀进入罐底并向上流过盘管得到加热，热水由上部出口流出，同时

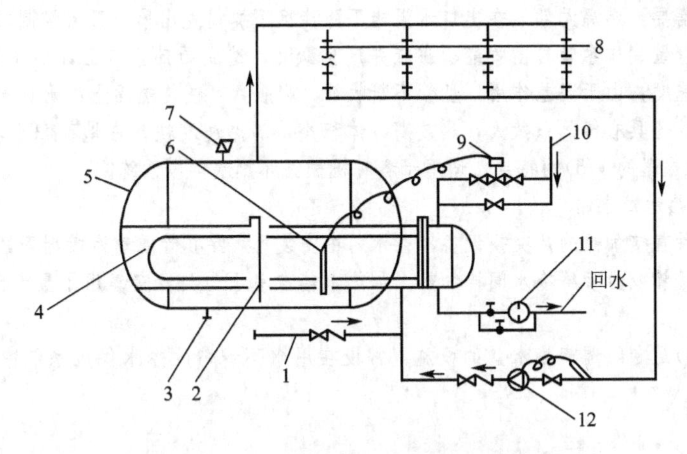

图 7.19 HRV 型半容积式水加热器的构造

1—冷水管；2—下降管；3—泄水管；4—快速换热器；5—贮热水罐；
6—温包；7—安全阀；8—管网配水系统；9—温度调节阀；
10—热媒入口；11—疏水器；12—系统循环泵

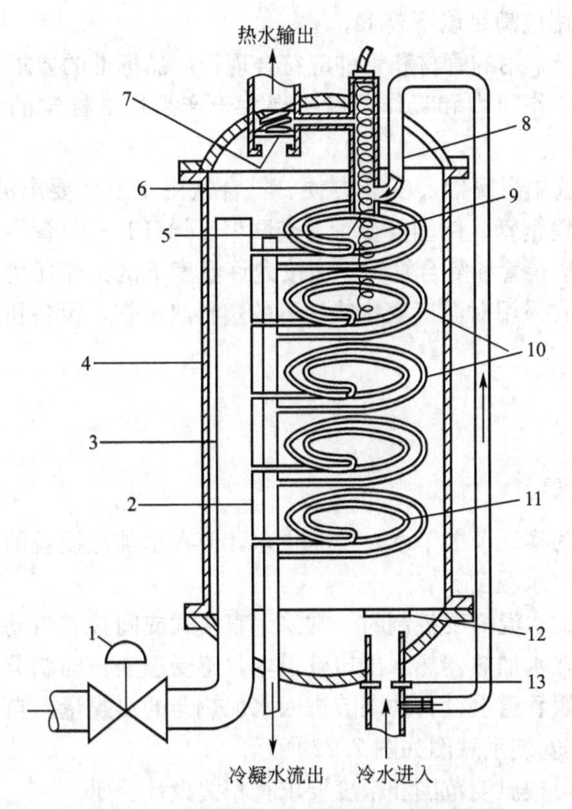

图 7.20 半即热式水加热器构造示意图

1—蒸汽控制阀；2—冷凝水立管；3—蒸汽立管；4—壳体；5—热水至感温管；
6—感温管；7—弹簧止回阀；8—冷水至感温管；9—感温元件；
10—换热盘管；11—分流管；12—转向盘；13—孔板

部分热水进入感温管开口端。冷水以与热水用水量成比例的流量由分流管同时进入感温管，感温元件读出感温管内冷、热水的瞬间平均温度，向控制阀发送信号，按需要调节控制阀，以保持所需热水温度。

只要配水点有用水需要，感温元件能在出口水温未下降情况下提前发出信号开启控制阀，即有了预测性。加热时多排螺旋形薄壁铜质盘管自由收缩、膨胀并产生颤动，造成局部紊流区，形成紊流加热，增大传热系数，加快换热速度，由于温差作用，盘管不断收缩、膨胀，可使传热面上的水垢自动脱落。

半即热式水加热器具有传热系数大，热效高，体积小，加热速度快，占地面积小，热水贮存容量小(仅为半容积式水加热器的1/5)的特点，适用于各种机械循环热水供应系统。

7) 加热水箱和热水贮水箱

加热水箱是一种直接加热的热交换设备，在水箱中安装蒸汽穿孔管或蒸汽喷射器，给冷水直接加热。也可在水箱内安装排管或盘管给冷水间接加热。加热水箱常用于公共浴室等用水量大而均匀的定时热水供应系统。

热水贮水箱(罐)是专门调节热水量的设施，常设在用水不均匀的热水供应系统中，用以调节水量、稳定出水温度。

单元任务7.2　热水系统的管材及附件的选择

7.2.1　管材和管件

管材和管件的选用应满足以下要求。

(1) 热水供应系统采用的管材和管件应符合现行产品标准的要求。

(2) 热水管道的工作压力和工作温度不得大于产品标准标定的允许工作压力和工作温度。

(3) 热水管道应选用耐腐蚀、安装方便、符合饮用水卫生要求的管材及相应的配件，可采用薄壁铜管、不锈钢管、铝塑复合管、交联聚乙烯(PE－X)管等。

(4) 当选用热水塑料管和复合管时，应按允许温度下的工作压力选择，管件宜采用与管道相同的材质，不宜采用对温度变化较敏感的塑料热水管，设备机房内的管道不宜采用塑料热水管。

7.2.2　附件

1. 自动温度调节器

热水供应系统中为实现节能节水、安全供水，应在水加热设备的热媒管道上安装自动温度调节装置来控制出水温度。

当水加热器出口的水温需要控制时，常采用直接式或间接式自动温度调节器，它实质上是由阀门和温包放在水加热器热水出口管道内，感受温度自动调节阀门的开启及开启度大小，阀门放置在热媒管道上，自动调节进入水加热器的热媒量。自动温度调节器构造原理如图7.21所示，其安装示意图如图7.22所示。

自动温度调节器可按温度范围和精度要求查相关设计手册。

2. 疏水器

疏水器的作用是自动排出管道和设备中的凝结水，同时又阻止蒸汽流失。在用蒸汽设备的凝结水管道的最低处应每台设备设疏水器，当水加热器的换热能确保凝结水回水温度不大于80℃时，可不设疏水器。热水系统常采用高压疏水器。常用的疏水器有机械型浮桶式疏水器和热动力式疏水器，分别如图7.23和图7.24所示。

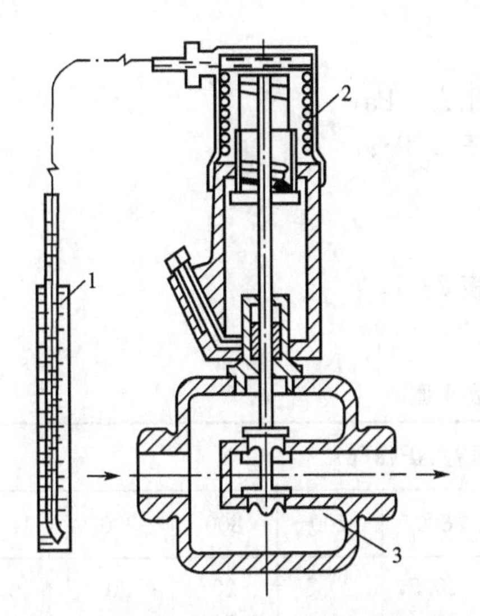

图 7.21 自动温度调节器构造原理图

1—温包；2—感温元件；3—调压阀

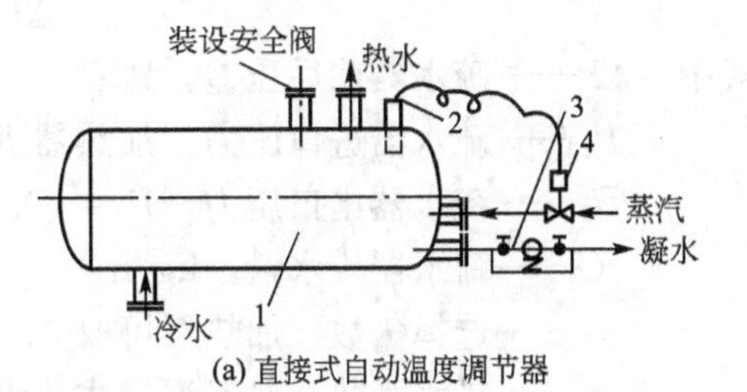

(a) 直接式自动温度调节器

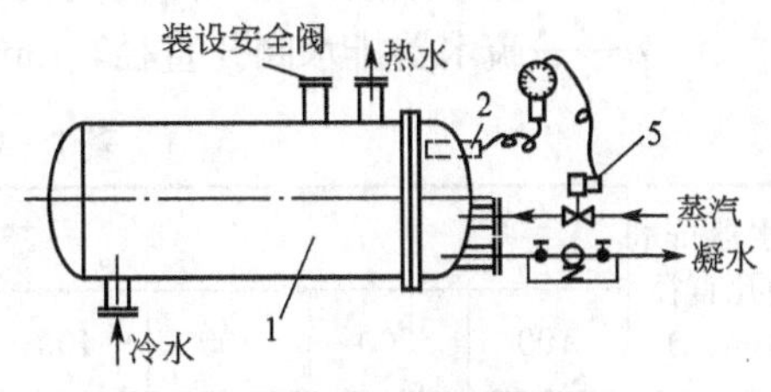

(b) 间接式自动温度调节器

图 7.22 自动温度调节器安装示意图

1—加热设备；2—温包；3—疏水器；4—自动调节器；5—齿轮传动变速开关阀门

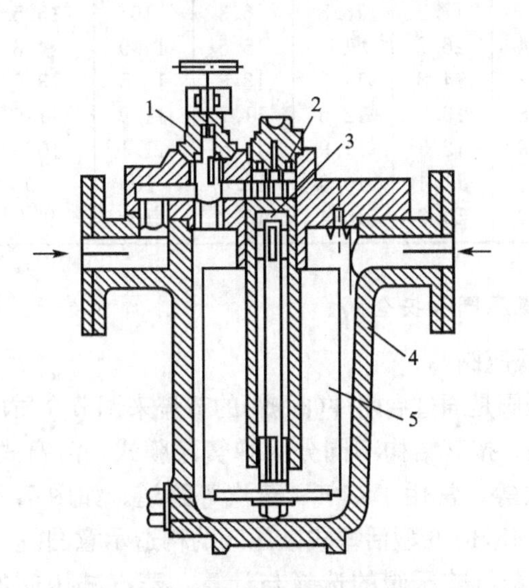

图 7.23 机械型浮桶式疏水器

1—放气阀；2—阀孔；3—顶针；4—外壳；5—浮桶

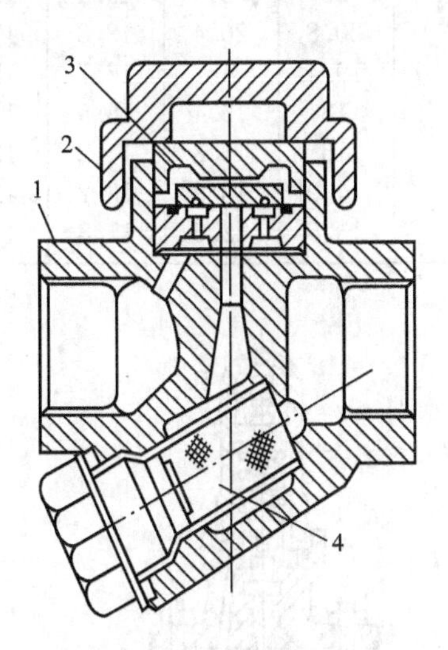

图 7.24 热动力式疏水器

1— 阀体；2—阀盖；3—阀片；4—过滤

浮桶式疏水器属机械型疏水器的一种，它依靠蒸汽和凝结水的密度差来工作。

热动力式疏水器是利用相变原理靠蒸汽和凝结水热动力学特性的不同来工作的。

疏水器可按水加热设备的最大凝结水量和疏水器进出口的压差按产品样本进行选择。同时应考虑当蒸汽的工作压力 $P \leqslant 0.6\text{MPa}$ 时，可采用浮桶式疏水器；当蒸汽的工作压力 $P \leqslant 1.6\text{MPa}$，凝结水温度 $t \leqslant 100℃$时，可选用热动力式疏水器。

疏水器的选型参数按式(7.1)、式(7.2)计算。

$$G = KAd^2\sqrt{\Delta P} \tag{7.1}$$

$$\Delta P = P_1 - P_2 \tag{7.2}$$

式中 ΔP——疏水器前后压差，Pa；

P_1——疏水器进口压力，加热器进口蒸汽压力，Pa；

P_2——疏水器出口压力，$P_2=(0.4\sim0.6)P_1$，Pa；

G——疏水器排水量，kg/h；

K——选择倍数，加热器可取 3；

A——排水系数，对于浮桶式疏水器可查表 7-1；

d——疏水器排水阀孔直径，mm。

表 7-1 排水系数 A 值

疏水器排水阀孔直径 d(mm)	疏水器前后压差 ΔP(kPa)									
	100	200	300	400	500	600	700	800	900	1000
2.6	25	24	23	22	21	20.5	20.5	20	20	19.8
3	25	23.7	22.5	21	21	20.4	20	20	20	19.5
4	24.2	23.5	21.6	20.6	19.6	18.7	17.8	17.2	16.7	16
4.5	23.8	21.3	19.9	18.6	18.3	17.7	17.3	16.9	16.6	16
5	23	21	19.4	18.5	18	17.3	16.8	16.3	16	15.5
6	20.8	20.4	18.8	17.9	17.4	16.7	16	15.5	14.9	14.3
7	19.4	18	16.7	15.9	15.2	14.8	14.2	13.8	13.5	13.5
8	18	16.4	15.5	14.5	13.8	13.2	12.6	11.7	11.9	11.5
9	16	15.3	14.2	13.6	12.9	12.5	11.9	11.5	11.1	10.6
10	14.9	13.9	13.2	12.5	12	11.4	10.9	10.4	10	10
11	13.6	12.6	11.8	11.3	10.9	10.6	10.4	10.2	10	9.7

3. 减压阀和安全阀

1) 减压阀

减压阀是通过启闭件(阀瓣)的节流来调节介质压力的阀门。按其结构不同分为弹簧薄膜式、活塞式、波纹管式等，常用于空气、蒸汽等管道。如图 7.25 所示为 Y43H-6 型活塞式减压阀的构造示意图。

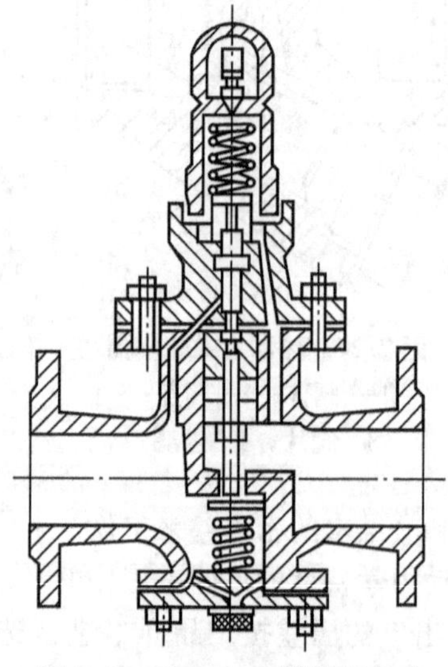

图 7.25 Y43H-6 型活塞式减压阀的构造示意图

(1) 蒸汽减压阀的选择与计算。蒸汽减压阀的选择应根据蒸汽流量计算出所需阀孔截面积，然后查产品样本确定其型号。

蒸汽减压阀阀孔截面积可按式(7.3)计算：

$$f=\frac{G}{0.6q} \tag{7.3}$$

式中 f——所需阀孔截面积，cm^2；

G——蒸汽流量，kg/h；

0.6——减压阀流量系数；

q——通过每 cm^2 阀孔截面积的理论流量，kg/(cm^2·h)，可按如图 7.26 所示的减压阀工作孔口面积选择图查得。

【例 7.1】 某容积式水加热器采用蒸汽作为热媒，蒸汽管网压力(减压阀前绝对压力)

为 $P_1=5.4\times10^5$ Pa，水加热器要求压力(减压阀后的绝对压力)不能大于 $P_{12}=4.5\times10^5$ Pa，蒸汽流量 $G=2000$kg/h，求减压阀所需的孔口截面积。

【解】 根据 P_1、P_2，由图 7.26 查得 $q=240$kg/(cm^2·h)，由式(7.3)可得：

$$f=\frac{G}{0.6q}=\frac{2000}{0.6\times240}=13.89(\text{cm}^2)$$

由计算所得 f 值查相关产品样本选定减压阀的公称直径。

(2) 减压阀的安装。蒸汽减压阀的阀前与阀后压力之比应为 5~7，超过时应采用 2 级减压；活塞式减压阀的阀后压力不应小于 100kPa。如果必须达到 70kPa 以下时，则应在活塞式减压阀后增设波纹管式减压阀或截止阀进行二次减压。减压阀的公称直径应与管道一致，产品样本列出的阀孔面积值是指最大截面积，实际选用时应小于此值。

比例式减压阀宜垂直安装，可调式减压阀宜水平安装。安装节点还应安装阀门、过滤器、安全阀、压力表及旁通管等附件，减压阀安装示意图如图 7.27 所示，减压阀安装尺寸见表 7-2。

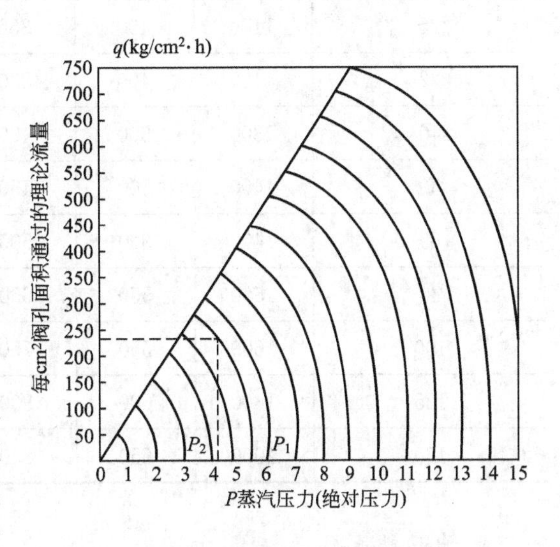

图 7.26 减压阀工作孔口面积选择图

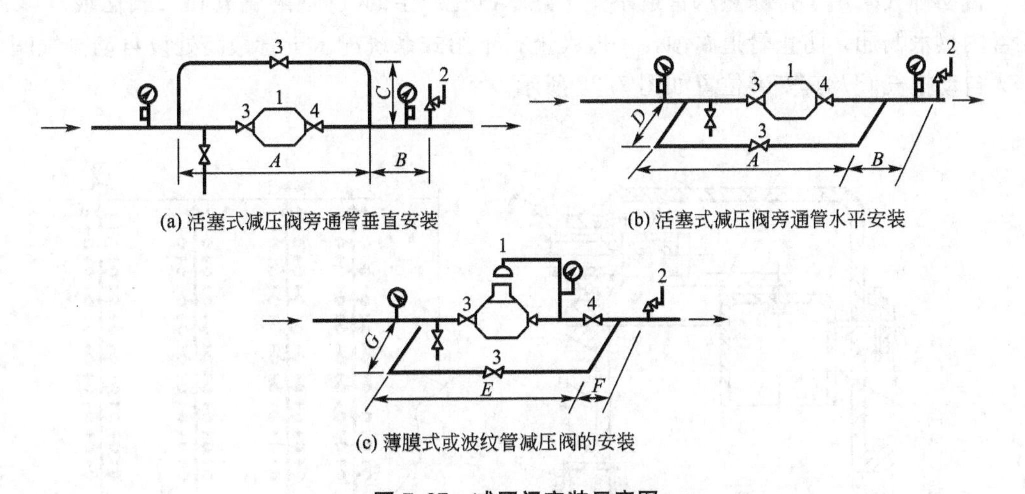

图 7.27 减压阀安装示意图

1—减压阀；2—安全阀；3—法兰截止阀；4—低压截止阀

2) 安全阀

安全阀设在闭式热水系统和设备中，用于避免超压而造成管网和设备等的破坏。承压热水锅炉应设安全阀，并由厂家配套提供。

水加热器宜采用微启式弹簧安全阀，并设防止随意调整螺丝的装置；安全阀的开启压力一般为热水系统工作压力的 1.1 倍，但不得大于水加热器本体的设计压力；安全阀的直径应比计算值放大一级，并应直立安装在水加热器的顶部；安全阀应设置在便于维修的位置，排泄热水的导管应引至安全地点；安全阀与设备之间不得装设取水管、引气管或阀门。

表 7-2　减压阀安装尺寸

减压阀公称直径 DN(mm)	A	B	C	D	E	F	G
25	1100	400	350	200	1350	250	200
32	1100	400	350	220	1350	250	200
40	1300	500	400	250	1500	300	250
50	1400	500	450	250	1600	300	250
65	1400	500	500	300	1650	350	300
80	1500	550	650	350	1750	350	350
100	1600	550	750	400	1850	400	400
125	1800	600	800	450			
150	2000	650	850	500			

4. 自动排气阀

自动排气阀用于排除热水管道系统中热水汽化产生的气体(溶解氧和二氧化碳)，以保证管内热水畅通，防止管道腐蚀，一般在上行下给式系统配水干管最高处设自动排气阀。

自动排气阀及其安装位置如图 7.28 所示。

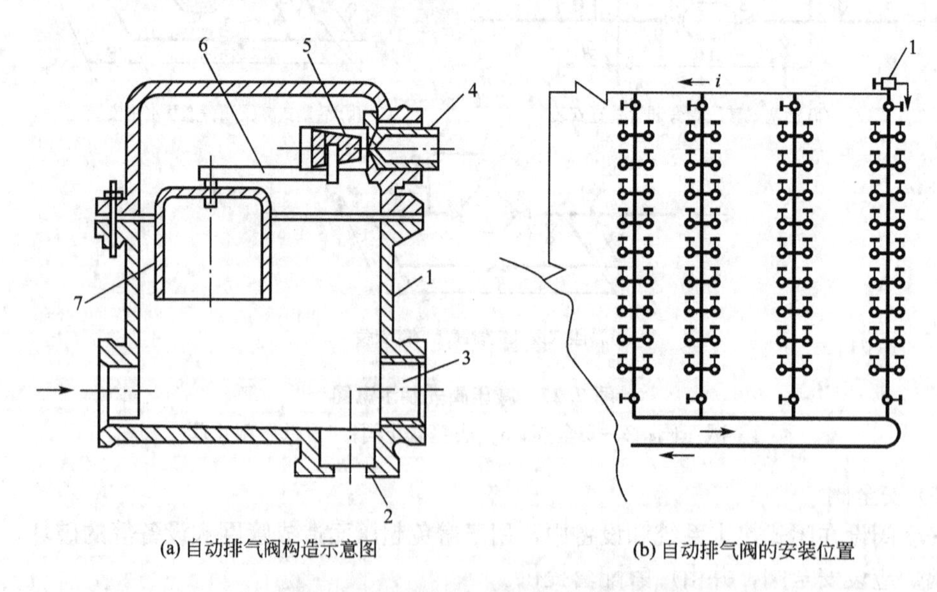

图 7.28　自动排气阀及其安装位置

1—排气阀体；2—直角安装出水口；3—水平安装出水口；
4—阀座；5—滑阀；6—杠杆；7—浮钟

5. 自然补偿管道和伸缩器

热水供应系统中管道因受热膨胀伸长或因温度降低收缩而产生应力，为保证管网的使用安全，在热水管网上应采取补偿管道温度伸缩的措施，以避免管道因承受了超过自身所许可的内应力而导致弯曲甚至破裂或接头松动。

管道的热伸长量按式(7.4)计算：

$$\Delta L=\alpha(t_2-t_1)L \tag{7.4}$$

式中 ΔL——管道的热伸长(膨胀)量，mm；

α——线膨胀系数，mm/(m·℃)，不同管材的 α 值见表 7-3；

t_2——管道中热水的最高温度，℃；

t_1——管道周围的环境温度，℃，一般取 $t_1=5$℃；

L——计算管段长度，m。

表 7-3 不同管材的 α 值

管材	PP-R	PEX	PB	ABS	PVC-U	PAP	薄壁铜管	钢管	无缝铝合金衬塑	PVC-C	薄壁不锈钢管
α	0.16 (0.14～0.18)	0.15 (0.2)	0.13	0.1	0.07	0.025	0.02 (0.017～0.018)	0.012	0.025	0.08	0.0166

1) 自然补偿管道

自然补偿管道即为管道敷设时自然形成的L形或Z形弯曲管段和方形补偿器，用来补偿直线管段部分的伸缩量，通常在转弯前后的直线管段上设置固定支架，让其伸缩在弯头处补偿，一般 L 形壁和 Z 形平行伸长壁不宜大于 20～25m。

方形补偿器如图 7.29 所示。

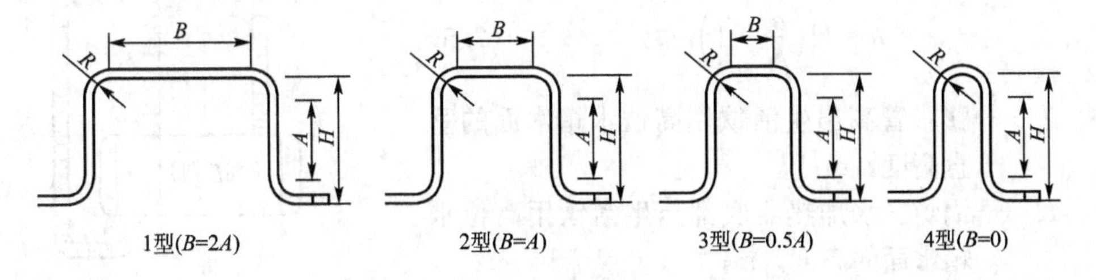

图 7.29 方形补偿器

2) 伸缩器

当直线管段较长，无法利用自然补偿时，应每隔一定的距离设置伸缩器。常用的有波纹管伸缩器，如图 7.30 所示，也可用可曲挠橡胶接头替代补偿器．但必须采用耐热橡胶制品。

套管伸缩器适用于管径 DN≥100mm 的直线管段中，伸长量可达 250～400mm。波纹管伸缩器常用不锈钢制成，用法兰或螺纹连接，具有安装方便、节省面积、外形美观及耐高温、耐腐蚀、寿命长等特点。

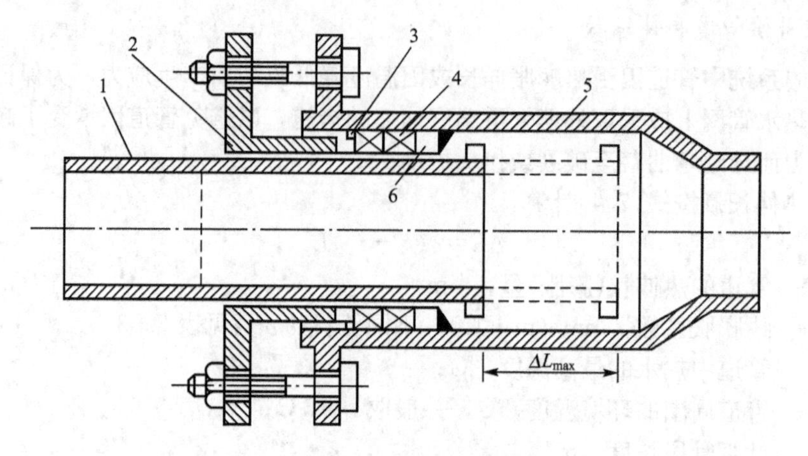

图 7.30　波纹管伸缩器

1—内套筒；2—填料压盖；3—压紧环；4—密封填料；
5—外壳；6—填料支撑环

6. 膨胀管、膨胀水箱和压力膨胀罐

在热水供应系统中，冷水被加热后，水的体积要膨胀。对于闭式系统，当配水点不用水时，会增加系统的压力，系统有超压的危险，因此要设膨胀管、膨胀水箱或膨胀水罐。

1）膨胀管

膨胀管用于由高位冷水箱向水加热器供应冷水的开式热水系统，可将膨胀管引至同一建筑物的除生活饮用水以外的其他高位水箱的上空，膨胀管安装高度计算用图如图 7.31 所示。当无此条件时，应设置膨胀水箱。膨胀管的设置高度按式(7.5)计算：

$$h=H\left(\frac{\rho_l}{\rho_r}-1\right) \tag{7.5}$$

式中　h——膨胀管高出生活饮用高位水箱水面的垂直高度，m；

H——锅炉、水加热器底部至生活饮用高位水箱水面的高度，m；

ρ_l——冷水的密度，kg/m³；

ρ_r——热水的密度，kg/m³。

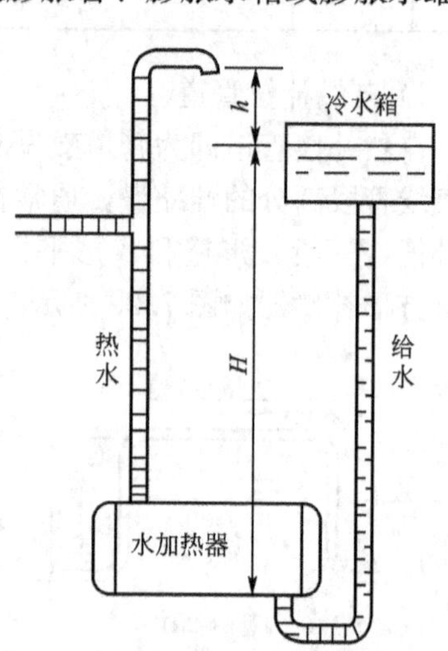

图 7.31　膨胀管安装高度计算用图

膨胀管出口离接入水箱水面的高度不应小于 100mm。

2）膨胀水箱

热水供应系统上如设置膨胀水箱，其容积按式(7.6)计算：

$$V_p=0.0006\Delta t V_s \tag{7.6}$$

式中　V_p——膨胀水箱的有效容积，L；

Δt——系统内水的最大温差，℃；

V_s——系统内的水容量，L。

膨胀水箱水面高出系统冷水补给水箱水面的高度按式(7.7)计算：

$$h=H\left(\frac{\rho_h}{\rho_r}-1\right) \tag{7.7}$$

式中 h——膨胀水箱水面高出系统冷水补给水箱水面的垂直高度，m；

H——锅炉、水加热器底部至系统冷水补给水箱水面的高度，m；

ρ_h——热水回水的密度，kg/m³；

ρ_r——热水的密度，kg/m³。

膨胀管上严禁装设阀门，且应防冻，以确保热水供应系统的安全。膨胀管最小管径应按表7-4采用。

表7-4 膨胀管最小管径

锅炉或水加热器的传热面积(m²)	<10	≥10且≤15	≥15且≤20	≥20
膨胀管的最小管径(mm)	25	32	40	50

3）膨胀水罐

在日用热水量大于10m³的闭式热水供应系统中应设置压力膨胀水罐，可采用泄压阀泄压的措施。压力膨胀水罐(隔膜式或胶囊式)宜设置在水加热器和止回阀之间的冷水进水管或热水回水管上，用以吸收贮热设备及管道内水升温时的膨胀水量，防止系统超压，保证系统安全运行。隔膜式压力膨胀罐的构造如图7.32所示。

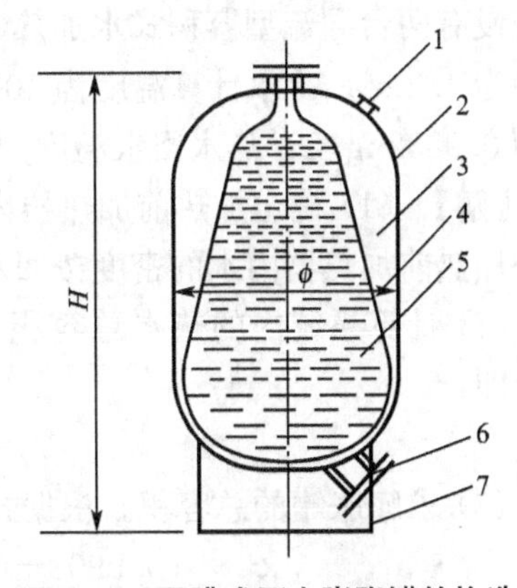

图7.32 隔膜式压力膨胀罐的构造

1—充气嘴；2—外壳；3—气室；4—隔膜；5—水室；6—接管口；7—罐座

膨胀水罐的总容积按式(7.8)计算：

$$V_e=\frac{(\rho_f-\rho_r)P_2}{(P_2-P_1)\rho_r}V_s \tag{7.8}$$

式中 V_e——膨胀水罐的总容积，m³；

ρ_f——加热前加热、贮热设备内水的密度，kg/m³。相应ρ_f的水温可按下述情况设计计算：加热设备为单台，且为定时供应热水的系统，可按进加热设备的冷水温度t_l计算；加热设备为多台的全日制热水供应系统，可按最低回水温度确定；

ρ_r——热水的密度，kg/m³；

P_1——膨胀水罐处管内水压力，MPa(绝对压力)，等于管内工作压力0.1MPa；

P_2——膨胀水罐处管内最大允许水压力，MPa(绝对压力)，其数值可取$1.05P_1$；

V_s——系统内的热水总容积，m³。当管网系统不大时，V_s可按水加热设备的容积计算。

【例7.2】 某建筑设集中热水供应系统，采用开式上行下给全循环下置供水方式，设膨胀水箱。系统设有两台导流型容积式水加热器，每台容积为2m³，换热面积为7m²，管道内热水容积为1.2m³，水加热器底部至生活饮用水水箱水面的垂直高度为36m。冷水计算温度为10℃，密度为0.9997kg/L；加热器出水温度为60℃，密度为0.9832kg/L；热水回水温度为45℃，密度为0.9903kg/L。试计算：①膨胀管的直径；②膨胀水箱的容积；

③膨胀水箱水面高出生活饮用水水箱水面的垂直高度。

【解】 (1) 确定膨胀管的直径。每个加热器设有一根膨胀管，每台加热器的换热面积为 $7m^2$，查表 7-4，膨胀管直径为 25mm。

(2) 计算系统内的热水总容积。系统内热水总容积为管道内和加热器内热水容积之和，即：

$$V_s=2\times2+1.2=5.2(m^3)$$

(3) 膨胀水箱的容积，按式(7.6)计算，即

$$V_p=0.0006\times(60-10)\times5.2=0.156(m^3)$$

(4) 膨胀水箱水面高出生活饮用水水箱水面的垂直高度按式(7.7)计算，即：

$$h=36\times\left(\frac{0.9903}{0.9832}-1\right)=0.26(m)$$

【例 7.3】 某建筑设有集中热水供应系统，采用闭式上行下给全循环下置供水方式。系统设有两台导流型容积式水加热器，每台容积为 $2m^2$，换热面积为 $7m^2$，管道内热水总容积为 $1.2m^3$。冷水计算温度为10℃，密度为 0.9997kg/L；加热器出水温度为 60℃，密度为 0.9832kg/L；热水回水温度为 45℃，密度为 0.9903kg/L。计算膨胀罐的总容积。

【解】 (1) 确定加热前加热器内水的密度。系统全天供应热水，且有两台加热器，所以，加热前加热器内水的密度按回水温度 45℃时的密度 0.9903kg/L 计算。

(2) 计算系统内的热水总容积。系统内热水总容积为管道内和加热器内热水容积之和，即：

$$V_s=2\times2+1.2=5.2(m^3)$$

(3) 求膨胀罐的总容积。根据式(7.8)，膨胀罐的总容积为：

$$V_e=\frac{(0.9903-0.9832)\times1.05P_1}{(1.05P_1-P_1)\times0.9832}\times5.2=0.79(m^3)$$

单元任务 7.3 热水系统的管道及设备布置

热水管网的布置应考虑热水管道因水温高引起的体积膨胀、管道保温、伸缩补偿、排气、防腐等问题外，还应考虑水力平衡等因素，其他布置方法与给水系统要求相同。选用何种方式，应根据建筑物的用途、业主要求、热源情况、热水用量和卫生器具的布置情况进行技术和经济比较后确定。

7.3.1 热水的供应系统管网的布置基本形式

(1) 按热水管道主干管的走向布置的位置不同，热水管网的布置可采用下行上给式或上行下给式两种基本形式。

水平干管设置在底层向上供水的方式称为下行上给式供水方式，如图 7.33 所示；水平干管设置在顶层向下供水的方式称为上行下给式供水方式，如图 7.34 所示。

(2) 根据热水的供应系统的水力工况特点可分为同程式系统和异程式系统。

① 同程式系统是指每一个热水循环环路长度相等，对应管段管径相同，所有环路的水头损失相同，同程式系统如图 7.35 所示。其特点是各循环管水力条件相近，保证所供应的热水水温及水量较均匀一致。

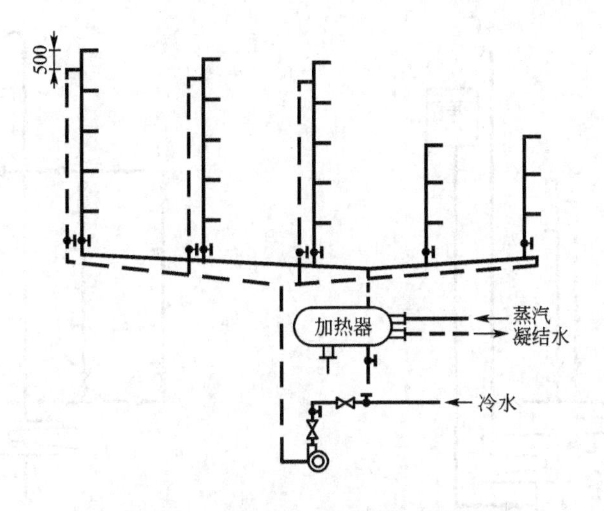

图 7.33　下行上给式供水方式

1—热水锅炉；2—热水贮罐；3—循环泵；4—给水管

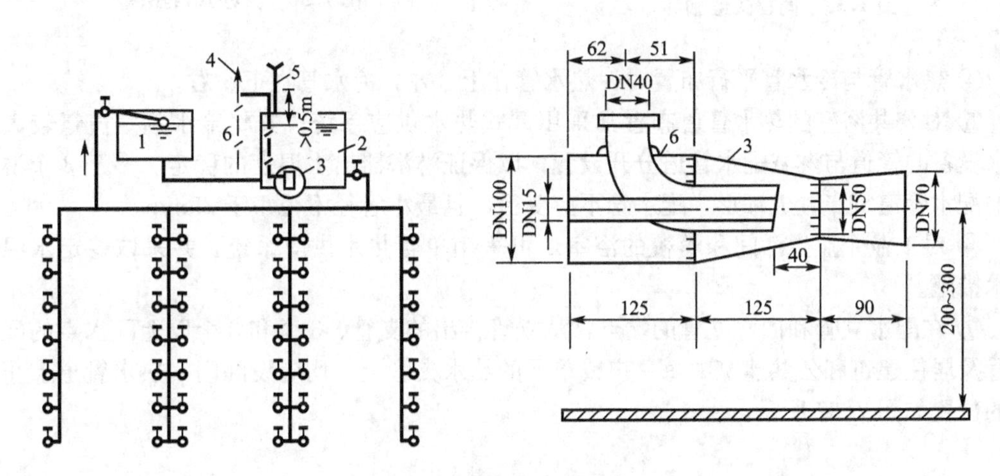

图 7.34　上行下给式供水方式

1—冷水箱；2—加热水箱；3—消声喷射器；4—排气阀；
5—透气管；6—蒸汽管；7—热水箱底

② 异程式系统是指每一个热水循环环路各不相等，对应管段管径也不相同，如所有环路水头损失也不相同，异程式自然循环如图 7.36 所示。其特点是各循环管路水力条件相差较大，水温和水量较难保证均匀一致，甚至有时形成“水流短路”现象。

(3) 热水供应系统布置的其他要求。

① 上行下给式配水干管的最高点应设排气装置(自动排气阀、带手动放气阀的集气罐和膨胀水箱)，热水管网水平干管可布置在顶层吊顶内或专用技术设备层内，并设有与水流方向相反且不小于 0.003 的坡度。

② 由于热水管道不允许埋地敷设，采用下行上给式布置时，水平干管可布置在地沟内或地下室顶部。

③ 对立管设置循环水管的方法是在配水立管最高配水点下 0.5m 处连接循环回水立管。

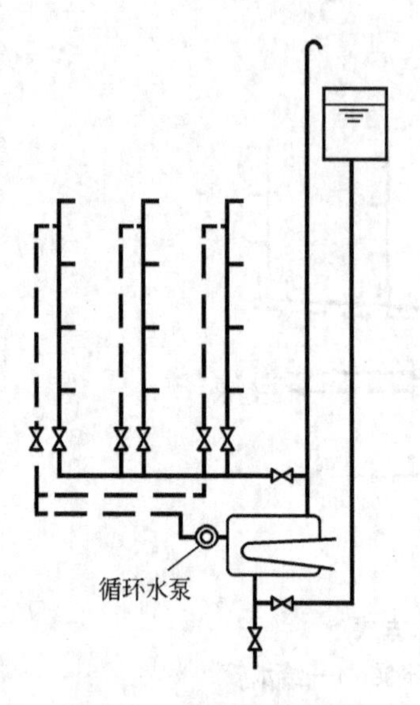

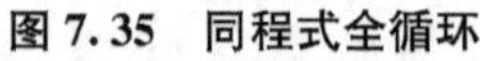
图 7.35　同程式全循环

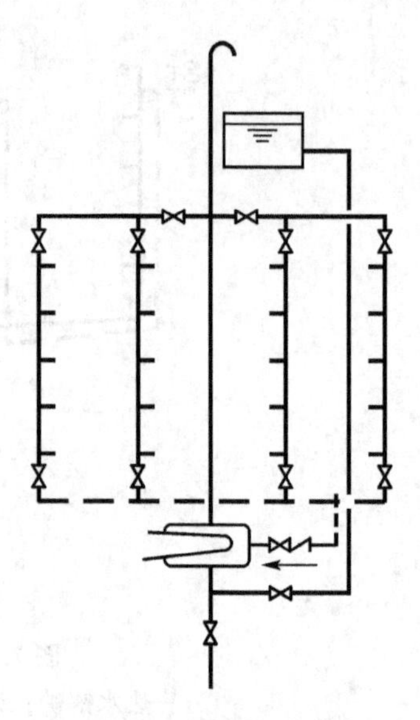
图 7.36　异程式自然循环

④ 热水管与冷水管平行布置时，热水管在上、左，冷水管在下、右。

⑤ 对公共浴室的热水管道布置常采用开式热水供应系统，并将给水额定流量较大的用水设备的管道与淋浴配水管道分开设置，以保证淋浴器出水温度的稳定。多于 3 个淋浴器的配水管道宜布置成环形，配水管不应变径，且最小管径不得小于 25mm。

⑥ 对工业企业生活间和学校的浴室，可采用单管热水供应系统，并采取稳定水温的技术措施。

⑦ 在配水立管和回水立管的端点，从立管接出的支管、3 个和 3 个以上配水点的配水支管及居住建筑和公共建筑中每一户或单元的热水支管上，均应设阀门，热水管道上止回阀的位置如图 7.37 所示。

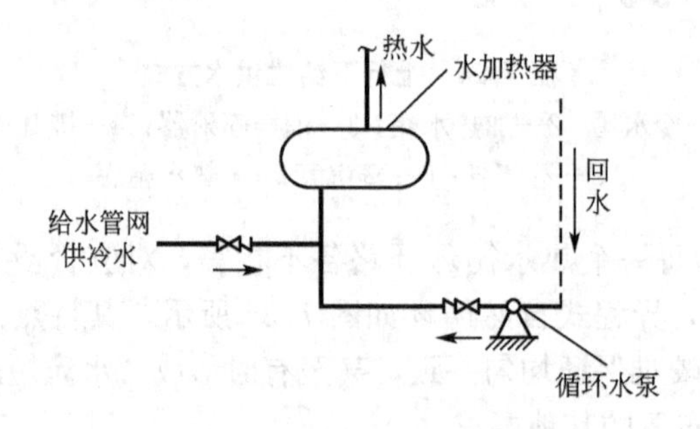

图 7.37　热水管道上止回阀的位置

⑧ 为防止加热设备内水倒流被泄空而造成安全事故和防止冷水进入热水系统影响配水点的供水温度，热水管道中水加热器或贮水器的冷水供水管、机械循环第二循环回水管和冷热水混水器的冷、热水供水管上应设止回阀，热水管网上阀门的安装位置如图 7.38 所示。

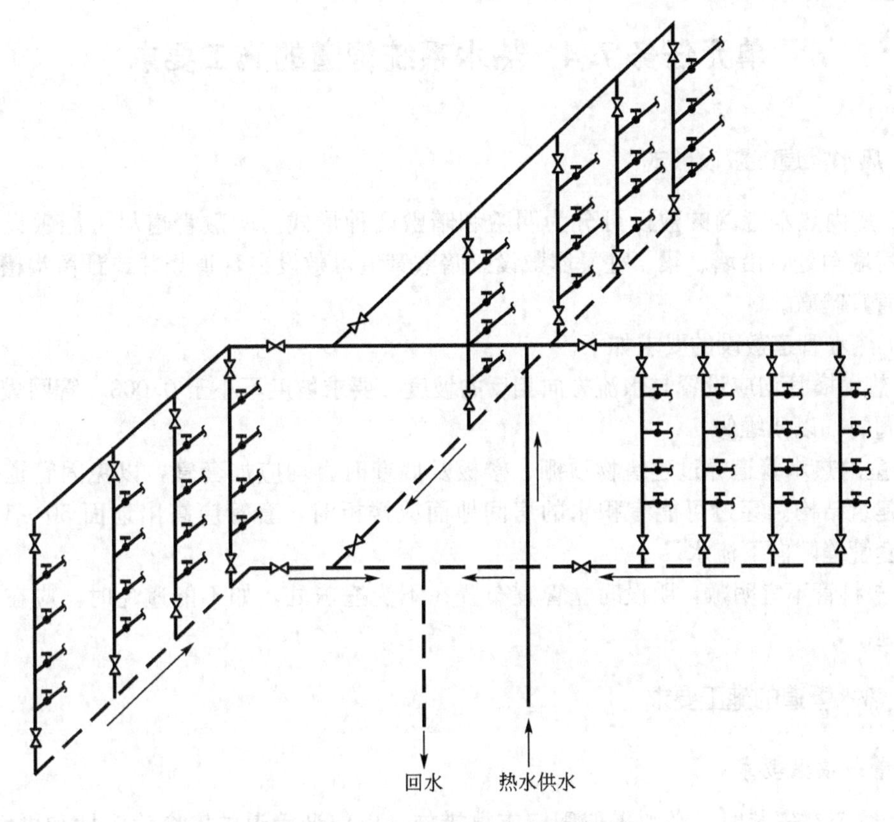

图 7.38 热水管网上阀门的安装位置

7.3.2 加热和贮热设备的布置技术要求

(1) 水加热设备和贮热设备可设在锅炉房或单独房间内，房间尺寸应满足设备进出、检修、人行通道、设备之间净距的要求，并符合通风、采光、照明、防水等要求。

(2) 热媒管道、凝结水管道、凝结水箱、水泵、热水贮水箱、冷水箱及膨胀管、水处理装置的位置和标高，热水进、出口的位置和标高应符合安装和使用要求，并与热水管网相配合。

(3) 水加热设备的上部、热媒进出口管上及贮热水罐上应装设温度计、压力表。

(4) 热水循环管上应装设控制循环泵开停的温度传感器。

(5) 压力罐上应设置安全阀，其泄水管上不得安装阀门并引到安全的地方。

(6) 水加热器上部附件的最高点至建筑结构最低点的净距应满足检修要求，并不得小于0.2m，房间净高不得小于2.2m，热水机组的前方不少于机组长度2/3的空间，后方应留0.8～1.5m的空间，两侧通道宽度应为机组宽度，且不小于1.0m。机组最上部部件(烟囱除外)至屋顶最低点净距不得小于0.8m。

(7) 其他要求。当需计量热水总用水量时，应在水加热设备的冷水供水管上装冷水表，对成组和个别用水点可在专供支管上装设热水水表，有集中供应热水的住宅应装设分户热水水表。水表应安装在便于观察及维修的地方。

单元任务 7.4 热水系统管道的施工要求

7.4.1 热水管道的敷设形式

(1) 室内热水管网的敷设可分为明敷和暗敷两种形式。明敷管道尽可能敷设在卫生间、厨房墙角处，沿墙、梁、柱暴露敷设。暗敷管道可敷设在管道竖井或预留沟槽内，塑料热水管宜暗敷。

(2) 热水管道敷设的要求如下。

① 热水横管均应设置与水流方向相反的坡度，要求坡度不小于 0.003，管网最低处设置泄水阀门，以便维修。

② 室内热水管道穿过建筑物顶棚、楼板及墙壁时，均应加套管，以免因管道热胀冷缩损坏建筑结构。穿过可能有积水的房间地面或楼板时，套管应高出地面 50～100mm，以防止套管缝隙向下流水。

③ 塑料管不宜明敷，明设时立管宜布置在不受撞击处，如不能避免时，应在管外加保护措施。

7.4.2 热水管道的施工要求

1. 管道安装要求

(1) 管道在安装时，必须采取固定支撑措施，以保证管道的安全稳定性和供水安全。应按规范设置管道支撑，管道支撑固定可用管卡、吊环、托架等。

(2) 热水立管与横管连接处，应考虑加设管道装置，如补偿器、乙字弯管等，热水立管与水平干管的连接方法如图 7.39 所示。

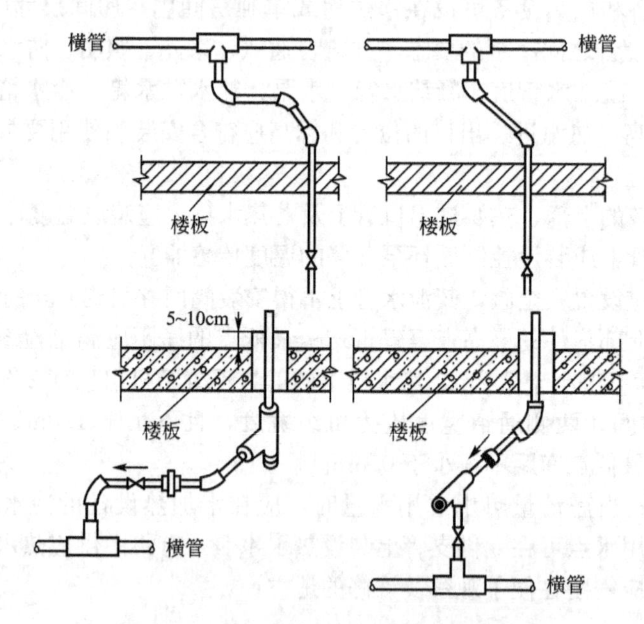

图 7.39 热水立管与水平干管的连接方法

(3) 对线膨胀系数大的管材要特别注意直线管段的补偿，应按设计及规范要求设置伸缩器，并利用最高配水点排气。

(4) 膨胀管上严禁装设阀门，且应防冻，以确保热水供应系统的安全。

(5) 设备基础应按图纸及设备说明书的要求进行施工。

(6) 热水机房的设备及管道应按要求设置减振装置。

2. 热水供应系统的试压和冲洗

(1) 热水管道安装完毕经检验合格后，应按规范要求进行水压试验。

(2) 管道水压试验完成并满足规范要求后应进行管道冲洗。管道冲洗时应将管道内杂质完全清除，保证冲洗水的进水与出水水质一致。

3. 热水管道的防腐

若用非镀锌钢管或无缝钢管和设备，由于各种因素的影响，会受到氧气腐蚀，可在管道和设备保温之前对外表面涂防腐材料进行防腐处理。

常用的防腐材料为防锈漆和面漆(调和漆和银粉漆)，对非保温管道刷防锈漆一道、面漆两道，对保温管道刷防锈漆两道即可。

4. 热水管道的保温

为减少热水制备和输送过程中无效的热损失，热水供应系统中的水加热设备，贮热水器，热水箱，热水供水干、立管，机械循环的回水干、立管，有冰冻可能的自然循环回水干、立管均应保温。一般选择导热系数低、耐热性高、不腐蚀金属、密度小并有一定的孔隙率、吸水性低且有一定机械强度、易施工、成本低的材料作为保温材料。

对未设循环的供水支管长度 L 为 3～10m 时，为减少使用热水前泄放的冷水量，可采用自动调控的电伴热保温措施，电伴热保温支管内水温可按 45℃设计。

热水供、回水管及热媒水管常用的保温材料为岩棉、超细玻璃棉、硬聚氨酯、橡塑泡棉等，其保温层厚度可参照相应的施工规范和标准图集。

不论采用何种保温材料，管道和设备在保温之前应进行防腐处理，保温材料应与管道或设备的外壁相贴密实，并在保温层外表面做防护层。如遇管道转弯处，其保温层应做伸缩缝，缝内填柔性材料。

特别提示

热水系统安装完毕，管道保温之前应进行水压试验。试验压力应符合设计要求。当设计未注明时，热水供应系统水压试验压力应为系统顶点的工作压力加 0.1MPa，同时在系统顶点的试验压力不小于 0.3MPa。

检验方法是钢管或复合管道系统试验压力下 10min 内压力降不大于 0.02MPa，然后降至工作压力检查，压力应不下降，且不渗不漏；塑料管道系统在试验压力下稳压 1h，压力降不得超过 0.05MPa，然后在工作压力 1.15 倍状态下稳压 2h，压力降不得超过 0.03MPa，连接处不得渗漏。

热交换器应以工作压力的 1.5 倍做水压试验，蒸汽部分应不低于蒸汽压力加 0.3MPa 热水部分应不低于 0.4MPa。

检验方法是在试验压力下 10min 内压力不下降，不渗不漏。

单元任务7.5　热水管道系统的设计计算

7.5.1　热水用水定额、水温和水质

1. 热水用水定额

生活用热水定额有两种：一种是根据建筑物的使用性质和内部卫生器具的完善程度、热水供应时间和用水单位数来确定的，其水温按60℃计算，60℃热水用水定额见表7-5。另一种是根据建筑物使用性质和卫生器具1次和1h热水用水定额来确定，随卫生器具的功用不同，对水温的要求也不同。

生产车间用热水定额应根据生产工艺要求确定。

表7-5　60℃热水用水定额

序号	建筑物名称	单位	最高日用水定额(L)	使用小时(h)
1	住宅 有自备热水供应和沐浴设备 有集中热水供应和沐浴设备	 每人每日 每人每日	 40～80 60～100	24
2	别墅	每人每日	70～110	24
3	单身职工宿舍、学生宿舍、招待所、培训中心、普通旅馆 设公用盥洗室 设公用盥洗室、沐浴室 设公用盥洗室、沐浴室、洗衣室 设单独卫生间、公用洗衣室	 每人每日 每人每日 每人每日 每人每日	 25～40 40～60 50～80 60～100	24或定时供应
4	宾馆客房 旅客 员工	 每床位每日 每人每日	 120～160 40～50	24
5	医院住院部 设公用盥洗室 设公用盥洗室、沐浴室 设单独卫生间 医务人员	 每床位每日 每床位每日 每床位每日 每人每班	 60～100 70～130 110～200 70～130	24
	门诊部、诊疗部	每病人每次	7～13	8
	疗养院、休养所住房部	每床位每日	100～160	24
6	养老院	每床位每日	50～70	24
7	幼儿园、托儿所 有住宿 无住宿	 每儿童每日 每儿童每日	 20～40 10～15	 24 10

（续）

序号	建筑物名称	单位	最高日用水定额(L)	使用小时(h)
8	公共浴室 沐浴 沐浴、浴盆 桑拿浴(沐浴、按摩池)	 每顾客每次 每顾客每次 每顾客每次	 40～60 60～80 70～100	12
9	理发室、美容院	每顾客每次	10～15	12
10	洗衣房	每千克干衣	15～30	8
11	餐饮厅 营业餐厅 快餐店、职工及学生食堂 酒吧、咖啡厅、插座、卡拉 OK 房	 每顾客每次 每顾客每次 每顾客每次	 15～20 7～10 3～8	 10～12 11 18
12	办公楼	每人每班	5～10	8
13	健身中心	每人每次	15～25	12
14	体育场(馆) 运动员淋浴	 每人每次	 25～35	 4
15	会议厅	每座位每次	2～3	4

注：(1) 表内所列用水定额均已包括在给水用水定额中；

(2) 本表 60℃热水水温为计算温度，卫生器具使用时的热水水温见表 7－6。

2. 水温

1) 热水使用温度

生活用热水水温应满足生活使用的各种需要，卫生器具的 1 次或 1h 热水用量及水温见表 7－6。但是，在一个热水供应系统计算中，先确定出最不利点的热水最低水温，使其与冷水混合达到生活用热水的水温要求，并以此作为设计计算的参数。直接供应热水的热水锅炉或水加热器出口的最高水温和配水点的最低水温见表 7－7。

表 7－6 卫生器具的 1 次和 1h 热水用量及水温

序号	卫生器具的名称	一次用水量(L)	小时用水量(L)	使用温度(℃)
1	住宅、旅馆、别墅、宾馆 带有淋浴器的浴盆 无淋浴器的浴盆 淋浴器 洗脸盆、盥洗槽水嘴 洗涤盆(池)	 150 125 70～100 3 —	 300 250 110～200 30 180	 40 40 37～40 30 50

（续）

序号	卫生器具的名称	一次用水量（L）	小时用水量（L）	使用温度（℃）
2	集体宿舍、招待所、培训中心淋浴器			
	有淋浴器小间	70～100	210～300	37～40
	无淋浴器小间	—	450	37～40
	盥洗槽水嘴	3～5	50～80	30
3	餐饮业			
	洗涤盆（池）	—	250	50
	洗脸盆：工作人员用	3	60	30
	顾客用	—	120	30
	淋浴器	40	400	37～40
4	幼儿园、托儿所			
	浴盆：幼儿园	100	400	35
	托儿所	30	120	35
	淋浴器：幼儿园	30	180	35
	托儿所	15	90	35
	盥洗槽水嘴	15	25	30
	洗涤盆（池）	—	180	50
5	医院、水疗所、休养院			
	洗手盆	—	15～25	35
	洗涤盆（池）	—	300	50
	浴盆	125～150	250～300	40
6	公共浴池			
	浴盆	125	250	40
	淋浴器：有淋浴器小间	100～150	200～300	37～40
	无淋浴器小间	—	450～540	37～40
	洗脸盆	5	50～80	35
7	办公室			
	洗手盆	—	50～100	35
8	理发室　美容院			
	洗脸盆	—	35	35
9	实验室			
	洗脸盆	—	60	50
	洗手盆	—	15～25	30
10	剧场			
	淋浴盆	60	200～400	37～40
	演员用洗脸盆	5	80	35

（续）

序号	卫生器具的名称	一次用水量（L）	小时用水量（L）	使用温度（℃）
11	体育场馆 淋浴器	30	300	35
12	工业企业生活间 淋浴器：一般车间 脏车间 洗脸盆或盥洗槽水嘴： 一般车间 脏车间	 40 60 3 5	 360～540 180～480 90～120 100～150	 37～40 40 30 35
13	净身器	10～15	120～180	30

注：一般车间指现行的《工业企业设计标准》中规定的3、4级卫生特征的车间，脏车间是指该标准中规定的1、2级卫生特征的车间。

表7-7　直接供应热水的热水锅炉、热水机组或水加热器出口的最高水温和配水点的最低水温

水质处理情况	热水锅炉、热水机组或水加热器出口的最高水温(℃)	配水点的最低水温(℃)
原水水质无需饮化处理，原水水质需水质处理且已经水质处理	≤75	≥50
原水水质需水质处理但未进行水质处理	≤60	≥50

注：当热水供应系统只供淋浴和盥洗盆(池)用水时，配水点最低水温可不低于40℃。

2）热水供应温度

水温偏低，满足不了要求；水温过高，会使热水系统的管道、设备结垢加剧，且易发生烫伤、积尘、热损失增加等。热水锅炉或水加热器出口水温与系统最不利点的水温差一般为5℃～15℃，用作热水供应系统配水管网的热散失。水温差的大小应根据系统的大小、保温材料等作经济技术比较后确定。

3）冷水计算温度

在计算热水系统的耗热量时，冷水温度应以当地最冷月平均水温资料确定。无水温资料时，可按表7-8所列的冷水计算温度确定。

4）冷热水比例计算

在冷热水混合时，应以配水点要求的热水水温、当地冷水计算水温和冷热水混合后的使用水温求出所需热水量和冷水的比例。

若以混合水量为100%，则所需热水量占混合水的百分数按式(7.9)计算：

$$K_r=\frac{t_h-t_l}{t_r-t_l}\times 100\% \tag{7.9}$$

式中　K_r——热水在混合水中所占百分数；

t_h——混合水温度，℃；

t_r——热水水温，℃；

t_l——冷水计算温度，℃。

所需冷水量占混合水量的百分数K_l按式(7.10)计算：

$$K_l=1-K_r \tag{7.10}$$

表7-8 冷水计算温度

分区	地面水温度(℃)	地下水温度(℃)
黑龙江、吉林、内蒙古的全部，辽宁的大部分，河北、山西、陕西偏北部分，宁夏偏东部分	4	6～10
北京、天津、山东全部，河北、山西、陕西的大部分，河北北部，甘肃、宁夏、辽宁的南部，青海偏东和江苏偏北的一小部分	4	10～15
上海、浙江全部，江西、安徽、江苏的大部分，福建北部，湖南、湖北东部，河南南部	5	15～20
广东、台湾全部，广西大部分，福建、云南的南部	10～15	20
重庆、贵州的全部，四川、云南的大部分，湖南、湖北的西部，陕西和甘肃秦岭以南地区，广西偏北的一小部分	7	15～20

【例7.4】 某热水系统供水温度为60℃，冷水温度为10℃，用水温度为40℃，试计算热水量和冷水量占混合水的比例。

【解】 热水占混合水的百分数为：

$$K_r=\frac{t_h-t_l}{t_r-t_l}\times100\%=\frac{40-10}{60-10}\times100\%=60\%$$

冷水量占混合水的百分数为：

$$K_l=1-K_r=1-60\%=40\%$$

3. 热水水质

1）热水使用的水质要求

生活用热水的水质应符合我国现行的《生活饮用水卫生标准》，生产用热水的水质应满足生产工艺要求。

2）集中热水供应系统的热水在加热前的水质要求

对于硬度高的水加热后，钙、镁离子受热析出，在设备和管道内结垢，会减弱传热，水中溶解氧也会析出，同时也加速了对金属管材和设备的腐蚀。因此，集中热水供应系统的热水在加热前的水质处理应根据水质、水量、水温、使用要求等因素经技术经济比较后确定。

一般情况下，洗衣房日用水量(按60℃计)大于或等于10m^3且原水硬度(以碳酸钙计)大于30mg/L时，应进行水质软化处理；原水硬度(以碳酸钙计)为150～300mg/L时，宜进行水质软化处理。经软化处理后，洗衣房用热水的水质总硬度宜为50～100mg/L。

其他生活日用水量(按60℃计)大于或等于10m^3且原水硬度(以碳酸钙计)大于300mg/L时，宜进行水质软化或稳定处理。其他生活用热水的水质总硬度为75～150mg/L。

目前，在集中热水供应系统中常采用电子除垢器、磁水器、静电除垢器等处理装置，这些装置体积小、性能可靠、使用方便。

7.5.2 热水耗热量、热水量计算

耗热量、热水量和热媒耗量是热水供应系统中选择设备和管网计算的主要依据。

1. 耗热量计算

集中热水供应系统的设计小时耗热量应根据用水情况和冷、热水温差计算。

(1) 全日制供应热水的住宅、别墅、招待所、培训中心、旅馆的客房(不含员工)、医院住院部、养老院、幼儿园、托儿所(有住宿)等建筑的集中热水供应系统的设计小时耗热量应按式(7.11)计算：

$$Q_h = k_h \frac{mq_r C \cdot (t_r - t_l)\rho_r}{86400} \tag{7.11}$$

式中 Q_h——设计小时耗热量，W；

m——用水计算单位数，人数或床位数；

q_r——热水用水定额，L/(人·d)或L/(床·d)等，按表7-5采用；

C——水的比热容，C=4187J/(kg·℃)；

t_r——热水温度，t_r=60℃；

t_l——冷水计算温度，℃，按表7-8采用；

ρ_r——热水密度，kg/L；

K_h——热水小时变化系数，全日供应热水时可按表7-9、表7-10、表7-11采用。

表7-9 住宅、别墅的热水小时变化系数 K_h 表

居住人数m	≤100	150	200	250	300	500	1000	3000	≥6000
K_h	5.12	4.49	4.13	3.88	3.70	3.28	2.86	2.48	2.34

表7-10 旅馆的热水小时变化系数 K_h 表

床位数m	≤150	300	450	600	900	≥1200
K_h	6.48	5.61	4.97	4.58	4.19	3.90

表7-11 医院的热水小时变化系数 K_h 表

床位数m	≤50	75	100	200	300	500	≥1000
K_h	4.55	3.78	3.54	2.93	2.60	2.23	1.95

注：招待所、培训中心、宾馆的客房(不含员工)、养老院、幼儿园、托儿所(有住宿)等建筑的 K_h 可参照表5-6选用；办公楼的 K_h 为1.2～1.5。

(2) 定时供应热水的住宅、旅馆、医院及工业企业生活间、公共浴室、学校、剧院、体育馆(场)等建筑的集中热水供应系统的设计小时耗热时应按式(7.12)计算：

$$Q_h = \sum \frac{q_h (t_r - t_l)\rho_r N_0 bC}{3600} \tag{7.12}$$

式中 Q_h——卫生器具用水的小时用水定额，L/h，应按表7-6采用；

t_r——热水温度，按表 7-6 采用；

N_0——同类型卫生器具数；

b——卫生器具的同时使用百分数，住宅、旅馆、医院、疗养院病房，卫生间内浴盆或淋浴器可按 70%～100%计，其他器具不计，但定时连续供水时间应不小于 2h；工业企业生活间、公共浴室、学校、剧院、体育馆(场)等的浴室内的淋浴器和洗脸盆均按 100%计；住宅一户带多个卫生间时，只按一个卫生间计算。

其他符号意义同前。

(3) 设有集中热水供应系统的居住小区的设计小时耗热量，当公共建筑的最大用水时段与住宅的最大用水时段一致时，应按两者的设计小时耗热量叠加计算；当公共建筑的最大用水时段与住宅的最大用水时段不一致时，应按住宅的设计小时耗热量加公共建筑的平均小时耗热量叠加计算。

(4) 具有多个不同使用热水部门的单一建筑(如旅馆内具有客房卫生间、职工用淋浴间、洗衣房、厨房、游泳池及健身娱乐设施等多个热水用户)或多种使用功能的综合性建筑(如同一栋建筑内具有公寓、办公楼商业用房、旅馆等多种用途)，当其热水由同一热水系统供应时，设计小时耗热量可按同一时间内出现用水高峰的主要用水部门的设计小时耗热量加其他用水部门的平均小时耗热量计算。

2. 热水量的计算

设计小时热水量可按式(7.13)计算：

$$q_{rh}=\frac{Q_h}{1.163(t_r-t_l)\rho_r} \tag{7.13}$$

式中 q_{rh}——设计小时热水量，L/h。

其他符号意义同前。

7.5.3 热源及热媒耗量计算

特别提示

集中热水供应系统的热源宜首先利用工业余热、废热、地热和太阳能，当没有条件利用时，宜优先采用能保证全年供热的热力管网作为集中热水供应的热源。

当区域性锅炉房或附近的锅炉房能充分供给蒸汽或高温水时，宜采用蒸汽或高温水作集中热水供应系统的热媒。

当上述条件都不具备时，可设燃油、燃气热水机组或电蓄热设备等供给集中热水供应系统的热源或直接供给热水。

局部热水供应系统的热源宜采用太阳能及电能、燃气、蒸汽等。

根据热媒种类和加热方式不同，热媒耗量应按不同的方法计算。

(1) 用蒸汽直接加热时，蒸汽耗量按式(7.14)计算：

$$G=(1.10\sim1.20)\frac{3.6Q_h}{i''-i'} \tag{7.14}$$

式中 G——蒸汽耗量，kg/h；

Q_h——设计小时耗热量，W；

i''——蒸汽的热焓，kJ/kg，按表 7-12 所列的饱和蒸汽的性质采用；

i'—— 蒸汽与冷水混合后的热水热焓，kJ/kg。

表 7-12 饱和蒸汽的性质

绝对压力(MPa)	饱和蒸汽温度(℃)	热焓(kJ/kg)		蒸汽的汽化热(kJ/kg)
		液体	蒸汽	
0.1	100	419	2679	2260
0.2	119.6	502	2707	2205
0.3	132.9	559	2726	2167
0.4	142.9	601	2738	2137
0.5	151.1	637	2749	2112
0.6	158.1	667	2757	2090
0.7	164.2	694	2767	2073
0.8	169.6	718	2713	2055

(2) 采用蒸汽间接加热时，蒸汽耗量按式(7.15)计算：

$$G=(1.10\sim1.20)\times\frac{3.6Q_h}{\gamma_h} \tag{7.15}$$

式中 γ_h——蒸汽的汽化热，kJ/kg，按表 7-12 采用。

(3) 采用高温热水间接加热时，高温热水耗量按式(7.16)计算：

$$G=(1.10\sim1.20)\times\frac{Q_h}{1.163(t_{mc}-t_{mz})} \tag{7.16}$$

式中 G——高温热水耗量，kg/h；

t_{mc}，t_{mz}——高温热水进口与出口水温，℃，参考值见表 7-13 所列的导流型容积式水加热器主要热力性能参数和表 7-14 所列的容积式水加热器主要热力性能参数；

1.163——单位换算系数。

其他符号意义同前。

表 7-13 导流型容积式水加热器主要热力性能参数

参数 热媒	传热系数 K (W/(m² · ℃))		热媒出水口温度 t_{mz}(℃)	热媒阻力损失 Δh_1(MPa)	被加热水头损失 Δh_2(MPa)	被加热水温升 Δt(℃)
	钢盘管	铜盘管				
0.1～0.4MPa 的饱和蒸汽	791～1093	872～1204 2100～2550 2500～3400	40～70	0.1～0.2	≤0.005 ≤0.01 ≤0.01	≥40
70～150℃ 的高温水	616～945	680～1047 1150～1450 1800～2200	50～90	0.1～0.2 0.1～0.2 ≤0.1	≤0.005 ≤0.01 ≤0.01	≥35

注：(1) 表中铜管的 K 值及 Δh_1、Δh_2 中的两行数字由上而下分别表示 U 形管、浮动盘管和铜波节管三种导流型容积式水加热器的相应值；

(2) 热媒为蒸汽时，K 值与 t_{mz} 相对应，热媒为高温水时，K 值与 Δh_1 对应。

表 7-14　容积式水加热器主要热力性能参数

参数 / 热媒	传热系数 (kW/(m² · ℃))		热媒出水口温度 t(℃)	热媒阻力损失 Δh_1(MPa)	被加热水头损失 Δh_2(MPa)	被加热水温升 Δt(℃)	容器内冷水区容积 V_L(%)
	钢盘管	铜盘管					
0.1～0.4MPa的饱和蒸汽	689～756	814～872	≤100	≤0.1	≤0.005	≥40	25
70～150℃的高温水	326～349	348～407	60～120	≤0.03	≤0.005	≥23	25

注：容积式水加热器即传统的两行程光面U形管式容积式水加热器。

【例 7.5】 某宾馆建筑有 150 套客房 300 张床位，客房均设专用卫生间，内有浴盆、脸盆、便器各 1 件。旅馆全日集中供应热水，加热器出口热水温度为 70℃，当地冷水温度计为 10℃。采用半容积式水加热器，以蒸汽为热媒，蒸汽压力为 0.2MPa(表压)，凝结水温度为 80℃。试计算设计小时耗热量、设计小时热水量和热媒耗量。

【解】 (1)求设计小时耗热量 Q_h。

已知：$m=300$，$q_r=160$L/(人·d)(60℃)，查表 7-10 可得：$K_h=5.61$。

因 $t_r=60$℃，$t_l=10$℃，$\rho_r=0.983$kg/L(60℃)，则

$$Q_h=K_h\frac{mq_rC(t_r-t_l)\rho_r}{86400}$$

$$=5.61\times\frac{300\times160\times4187\times(60-10)\times0.983}{86400}$$

$$=641382(\text{W})$$

(2) 求设计小时热水量。

已知：$t_r=70$℃，$t_l=10$℃，$Q_h=641382$W，$\rho_r=0.978$kg/L(70℃)

$$Q_r=\frac{Q_h}{1.163\times(t_r-t_l)}=\frac{641382}{1.163\times(70-10)\times0.978}$$

$$=9398(\text{L/h})$$

(3) 求热媒耗量 G。

已知：半容积式水加热器 $Q_g=Q_h=641382$W，查表 7-12，在 0.3MPa 绝对压力下，蒸汽的热焓 $i''=2726$kJ/kg，凝结水的焓 $i'=4.187\times80=335$kJ/kg，则：

$$G=1.15\times\frac{3.6Q_h}{i''-i'}=1.15\times\frac{3.6\times641382}{2726-335}$$

$$=111(\text{kg/h})$$

【例 7.6】 某住宅楼共 80 户，每户按 3.5 人计，采用定时集中热水供应系统。热水用水定额按 80L/(人·d)计(60℃)，密度为 0.98kg/L。冷水温度按 10℃计，密度为 1.00kg/L。每户设有两个卫生间，一个厨房。每个卫生间内设浴盆(带淋浴器)一个，小时用水量 300L/s，水温为 40℃，同时使用百分数为 70%，密度为 0.99kg/L；洗手盆一个，小时用水量为 30L/s，水温为 30℃，同时使用百分数为 50%，密度为 1.00kg/L，大便器一个。厨房设洗涤盆一个，小时用水量为 180L/h，水温为 50℃，同时使用百分数为 70%，密度为 0.99kg/L。计算该住宅楼的最大小时耗热量。

【解】(1) 设计规定。

① 计算方法。定时供应热水按同时给水百分数法。

② 计算范围。住宅只计卫生间，厨房不计；每户两个卫生间只计一个；卫生间只计浴盆，洗脸盆不计。

(2) 计算最大小时耗热量。

$$Q_h=\sum\frac{q_h(t_r-t_l)\rho_r N_0 bC}{3600}=\frac{80\times300\times(40-10)\times0.7\times4187\times0.99}{3600}$$

$$=580318(W)$$

7.5.4 热水管网的水力计算

热水管网水力计算包括第一循环管网(热媒管网)和第二循环管网(配水管网和回水管网)。第一循环管网水力计算需按不同的循环方式计算热媒管道管径、凝结水管径和相应的水头损失；第二循环管网计算需计算设计秒流量、循环流量，确定配水管管径、循环流量、回水管管径和水头损失。

确定循环方式，选用热水管网所需的设备和附件，如循环水泵、疏水器、膨胀(罐)水箱等。

1. 第一循环管网的水力计算

1) 热媒为热水时

热媒为热水时，热媒流量按式(7.16)计算。

热媒循环管路中的供、回水管道的管径应根据已经算出的热媒耗量、热媒在供水和回水管中的控制流速，通过查热水管道水力计算表确定。由热媒管道水力计算表查出供水和回水管的单位管长的沿程水头损失，再计算总水头损失。热水管道的控制流速可按表7-15采用。热水管网水力计算表见表7-16。

表7-15　热水管道的控制流速

公称直径(mm)	15～20	25～40	≥50
流速(m/s)	≤0.8	≤1.0	≤1.2

热媒管网自然循环压力如图7.40所示，当锅炉与水加热器或贮水器连接时，热媒管网的热水自然循环压力值按式(7.17)计算。

$$H_{zr}=9.8\Delta h(\rho_1-\rho_2) \tag{7.17}$$

式中　H_{zr}——第一循环的自然压力，Pa；

Δh——锅炉中心与水加热器内盘管中心或贮水器中心的标高差，m；

ρ_1——水加热器或贮水器的出水密度，kg/m^3；

ρ_2——锅炉出水的密度，kg/m^3。

当 $H_{zr}>H$ 时，可形成自然循环。为保证系统的运行可靠，必须满足 $H_{zr}>(1.1\sim1.15)H$；若 H_{zr}略小于 H，在条件允许时可适当调整水加热器和贮水器的设置高度来解决；当不能满足要求时，应采用机械循环方式，用循环水泵强制循环。循环水泵的扬程和流量应比理论计算值略大些，以确保系统稳定运行。

表 7-16　热水管网水力计算表

p / m / n	$p=\alpha p_h/1800nq_0$，α=0.6～0.9；n—饮用净水嘴总数；q_h—设计小时流量，L/h；q_0—饮用净水额定流量，L/s																		
	0.010	0.015	0.020	0.025	0.030	0.035	0.040	0.045	0.050	0.055	0.060	0.065	0.070	0.075	0.080	0.085	0.090	0.095	0.10
13～15	2	2	3	3	3	4	4	4	4	5	5	5	5	5	6	6	6	6	6
50	3	3	4	4	5	5	6	6	7	7	7	8	8	9	9	9	10	10	10
75	3	4	5	6	6	7	8	8	9	9	10	10	11	11	12	13	13	14	14
100	4	5	6	7	8	8	9	10	11	11	12	13	13	14	15	16	16	17	18
125	4	6	7	8	9	10	11	12	13	13	14	15	16	17	18	18	19	20	21
150	5	6	8	9	10	11	12	13	14	15	16	17	18	19	20	21	22	23	24
175	5	7	8	10	11	12	14	15	16	17	18	20	21	22	23	24	25	26	27
200	6	8	9	11	12	14	15	16	18	19	20	22	23	24	25	27	28	29	30
225	6	8	10	12	13	15	16	18	19	21	22	24	25	27	28	29	31	32	34
250	7	9	11	13	14	16	18	19	21	23	24	26	27	29	31	32	34	35	37
275	7	9	12	14	15	17	19	21	23	25	26	28	30	31	33	35	36	38	40
300	8	10	12	14	16	19	21	22	24	26	28	30	32	34	36	37	39	41	43
325	8	11	13	15	18	20	22	24	26	28	30	32	34	36	38	40	42	44	46
350	8	11	14	16	19	21	23	25	28	30	32	34	36	38	40	42	45	47	49
375	9	12	14	17	20	22	24	27	29	32	34	36	38	41	43	45	47	49	52
400	9	12	15	18	21	23	26	28	31	33	36	38	40	43	45	48	50	52	55
425	10	13	16	19	22	24	27	30	32	35	37	40	43	45	48	50	53	55	57

注：(1) n 可用内插法；

(2) m 小数点后四舍五入。

（续）

流量		DN=15		DN=20		DN=25		DN=32		DN=40		DN=50		DN=70		DN=80		DN=100	
/(L/h)	/(L/s)	R	v	R	v	R	v	R	v	R	v	R	v	R	v	R	v	R	v
15120	4.2	—	—	—	—	—	—	—	—	—	—	227	2.14	56.2	1.26	19.8	0.81	4.81	0.5
15840	4.4	—	—	—	—	—	—	—	—	—	—	250	2.24	61.7	1.33	21.7	0.9	5.28	0.53
16560	4.6	—	—	—	—	—	—	—	—	—	—	273	2.34	67.4	1.38	23.7	0.94	5.97	0.55
17280	4.8	—	—	—	—	—	—	—	—	—	—	297	2.44	73.4	1.44	25.8	0.98	6.28	0.58
18000	5.0	—	—	—	—	—	—	—	—	—	—	322	2.55	79.6	1.51	28	1.02	6.81	0.6
18720	5.2	—	—	—	—	—	—	—	—	—	—	348	2.65	86.1	1.57	30.3	1.06	7.37	0.62
19440	5.4	—	—	—	—	—	—	—	—	—	—	376	2.75	92.9	1.63	32.7	1.1	7.95	0.65
20160	5.6	—	—	—	—	—	—	—	—	—	—	404	2.85	99.9	1.69	35.1	1.14	8.55	0.67
20880	5.8	—	—	—	—	—	—	—	—	—	—	434	2.95	107	1.75	37.7	1.18	9.17	0.7
21600	6.0	—	—	—	—	—	—	—	—	—	—	464	3.06	115	1.81	40.3	1.22	9.81	0.72
22320	6.2	—	—	—	—	—	—	—	—	—	—	495	3.16	122	1.87	43	1.26	10.5	0.74
23040	6.4	—	—	—	—	—	—	—	—	—	—	528	3.26	130	1.93	45.9	1.3	11.2	0.77
24480	6.8	—	—	—	—	—	—	—	—	—	—	596	3.46	147	2.05	51.8	1.39	12.6	0.82
25200	7.0	—	—	—	—	—	—	—	—	—	—	632	3.56	156	2.11	54.9	1.43	13.4	0.84
25920	7.2	—	—	—	—	—	—	—	—	—	—	—	—	165	2.17	58.1	1.47	14.1	0.86
26640	7.4	—	—	—	—	—	—	—	—	—	—	—	—	174	2.23	61.3	1.51	14.9	0.89
27360	7.6	—	—	—	—	—	—	—	—	—	—	—	—	184	2.29	64.7	1.55	15.7	0.91
28080	7.8	—	—	—	—	—	—	—	—	—	—	—	—	194	2.35	68.1	1.59	16.6	0.94
28800	8.0	—	—	—	—	—	—	—	—	—	—	—	—	204	2.41	71.7	1.63	17.5	0.96
29520	8.2	—	—	—	—	—	—	—	—	—	—	—	—	214	2.47	75.3	1.67	18.3	0.98

注：R 为单位管长水头损失，mm/m；v 为流速，m/s。

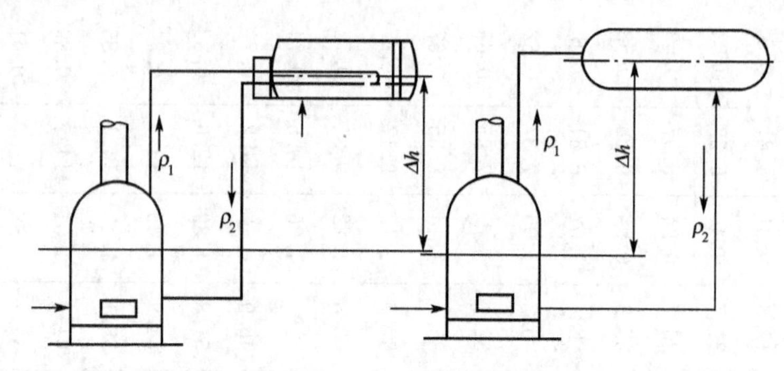

(a) 热水锅炉与水加热器连接(间接加热)　　(b) 热水锅炉与贮水器连接(直接加热)

图 7.40　热媒管网自然循环压力

2）热媒为高压蒸汽时

以高压蒸汽为热媒时，热媒耗量按式(7.14)、式(7.15)确定。

蒸汽管道可按管道的允许流速和相应的比压降查蒸汽管道管径计算表确定管径和水头失。高压蒸汽管道常用流速见表 7－17。

表 7－17　高压蒸汽管道常用流速

管径(mm)	15～20	25～32	40	50～80	100～150	≥200
流速(m/s)	10～15	15～20	20～25	25～35	30～40	40～60

疏水器后为凝结水管，凝结水利用通过疏水器后的余压输送到凝结水箱，先计算出余压凝结水管段的计算热量，按式(7.18)计算。

$$Q_j = 1.25Q \tag{7.18}$$

式中　Q_j——余压凝结水管段的计算热量，W；

　　Q——设计小时耗热量，W。

根据 Q_j 查余压凝结水管管径选择表确定其管径。

在加热器至疏水器之间的管段中为汽水混合的两相流动，其管径按通过的设计小时耗热量查表 7－18 所列的由加热器至疏水器之间不同管径通过的小时耗热量确定。

表 7－18　由加热器至疏水器之间不同管径通过的小时耗热量

DN(mm)	15	20	25	32	40	50	70	80	100	125	150
小时热量(W)	33494	108857	167472	355300	460548	887602	2101774	3089232	4814820	7871184	17835768

2. 第二循环管网的水力计算

1）热水配水管网的计算

配水管网计算的目的是根据配水管段的设计秒流量和允许流速值确定管径和水头损失。

热水配水管网的设计秒流量可按生活给水(冷水系统)设计秒流量公式计算；卫生器具热水给水额定流量、当量、支管管径和最低工作压力与室内给水系统相同；热水管道的流速按表 7－15 采用。

热水与给水计算也有一些区别，主要为水温高，管内易受结垢和腐蚀的影响，使管道的粗糙系数增大、过水断面缩小，因而水头损失的计算公式不同，应查热水管水力计算表。管内的允许流速为0.6～0.8m/s（DN≤25mm时）和0.8～1.5m/s（DN＞25mm时），对噪声要求严格的建筑物可取下限。最小管径不宜小于20mm。管道结垢造成的管径缩小量见表7-19。

表7-19　管道结垢后造成的管径缩小量

管道公称直径(mm)	15～40	50～100	125～200
直径缩小量(mm)	2.5	3.0	4.0

热水管道应根据选用的管材选择对应的计算图表和公式进行水力计算，当使用条件不一致时应做相应修正。

(1) 热水管采用交联聚乙烯(PE-X)管时，管道水力坡降可按式(7.19)计算：

$$i=0.000915\frac{q^{1.774}}{d^{4.774}} \tag{7.19}$$

式中　i——管道水力坡；

q——管道内设计流量，m^3/s；

d_j——管道设计内径，m。

如水温为60℃时，可按图7.41所示的交联聚乙烯(PE-X)管水力计算图选用管径。

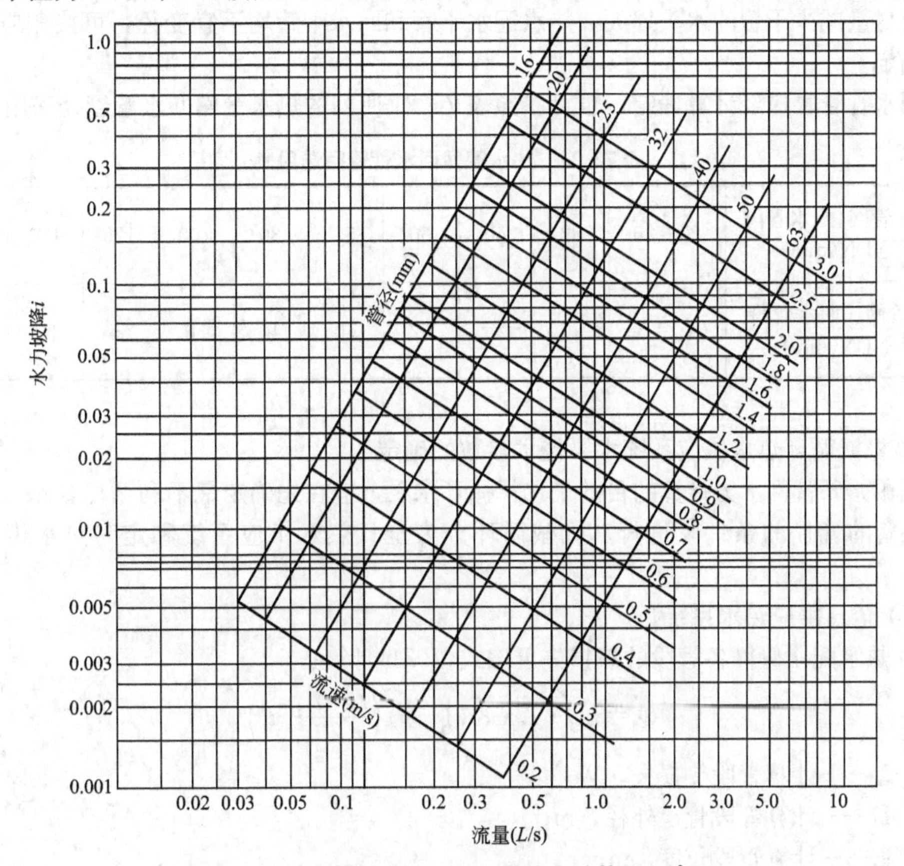

图7.41　交联聚乙烯(PE-X)管水力计算图(60℃)

如水温高于或低于60℃时，可按表7-20所列的水头损失温度修正系数进行修正。

表7-20 水头损失温度修正系数

水温(℃)	10	20	30	40	50	60	70	80	90	95
修正系数	1.23	1.18	1.12	1.08	1.03	1.00	0.98	0.96	0.93	0.90

(2) 热水采用聚丙烯(PP-R)管时，水头损失按式(7.20)计算：

$$H_f=\lambda\cdot\frac{Lv^2}{d_j 2g} \tag{7.20}$$

式中 H_f——管道沿程水头损失，m；

λ——沿程阻力系数；

L——管道长度，m；

d_j——管道内径，m；

v——管道内水流平均速度，m/s；

g——重力加速度，m/s²，一般取9.8m/s²。

设计时，可按式(7.20)计算，也可查相关水力计算表确定管径。

2) 回水管网的水力计算

回水管网水力计算的目的是确定回水管管径。

回水管网不配水，仅通过用以补偿配水管网热损失的循环流量，为保证立管的循环效果，应尽量减少干管的水头损失。热水配水干管和回水干管均不宜变径，可按相应的最大管径确定。

回水管管径应经计算确定，也可参照表7-21所列的热水管网回水管管径采用。

表7-21 热水管网回水管管径选用表

热水管网、配水管段管径DN(mm)	20～25	32	40	50	65	80	100	125	150	200
热水管网、回水管段管径DN(mm)	20	20	25	32	40	40	50	65	80	100

3) 机械循环热水供应系统水泵技术参数的确定

机械循环管网水力计算的目的是选择循环水泵，应在先确定最不利循环管路、配水管和循环管的管径的条件下进行。机械循环分为全日热水供应系统和定时热水供应系统两类。

(1) 全日供应热水系统。

① 热水配水管网各管段的热损失可按式(7.21)计算：

$$Q_s=\pi D\cdot L\cdot K(1-\eta)\left(\frac{t_c+t_z}{2}-t_j\right) \tag{7.21}$$

式中 Q_s——计算管段热损失，W；

D——计算管段管道外径，m；

L——计算管段长度，m；

K——无保温层管道的传热系数，W/(m^2·℃)；

η——保温系数，较好保温时 $\eta=0.7\sim0.8$，简单保温时 $\eta=0.6$，无保温层时 $\eta=0$；

t_c——计算管段起点热水温度，℃；

t_z——计算管段终点热水温度，℃；

t_j——计算管段外壁周围空气的平均温度，℃，可按表7-22所列的管段周围空气温度采用。

表7-22 管段周围空气温度

管道敷设情况	t_j(℃)	管道敷设情况	t_j(℃)
采暖房间内，明管敷设	18～20	不采暖房间的地下室内	5～10
采暖房间内，暗管敷设	30	室内地下管沟内	35
不采暖房间的顶棚内	可采用一月份室外平均气温		

t_c和t_z可按面积比温降法计算，即：

$$\Delta t=\frac{\Delta T}{F} \tag{7.22}$$

$$t_z=t_c-\Delta t\sum f \tag{7.23}$$

式中 Δt——配水管网中计算管路的面积比温降，℃/m^2；

ΔT——配水管网中计算管路起点和终点的水温差，℃，按系统大小确定，一般取 $\Delta T=5℃\sim15℃$；

F——计算管路配水管网的总外表面积，m^2；

$\sum f$——计算管段终点以前的配水管网的总外表面积，m^2；

t_c——计算管段起点水温，℃；

t_c——计算管段终点水温，℃。

② 计算总循环流量。

计算管段热损失的目的在于计算管网的循环流量。循环流量是为了补偿配水管网散失的热量，保证配水点的水温。管网的热损失只计算配水管网散失的热量。全日供应热水系统的总循环流量可按式(7.24)计算：

$$q_x=\frac{Q_s}{C\Delta T\cdot\rho_r} \tag{7.24}$$

式中 q_x——循环流量，L/h；

Q_s——配水管网的热损失，W，应经计算确定，也可采用设计小时耗热量的3%～5%；

ΔT——配水管网起点和终点的热水温差，℃。根据系统大小确定，一般可采用5～10℃；

ρ_r——热水水密度，kg/L；

C——水的比热容，$C=4187$J/(kg·℃)。

③ 计算各循环管段的循环流量。

在确定q_x后，以如图7.42所示的计算用图为例，可从水加热器后第1个节点起依次进行循环流量分配计算。

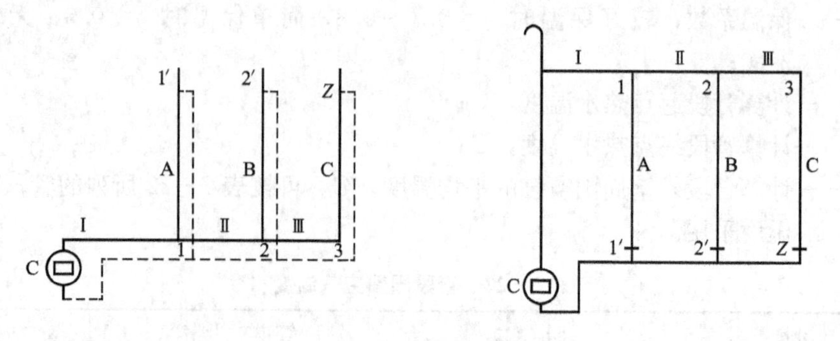

图 7.42　计算用图

通过管段Ⅰ的循环流量 $q_{Ⅰx}$ 即为 q_x，可用以补偿整个管网的热损失，流入节点 1 的流量 $q_{Ⅰx}$ 用以补偿 1 点之后各管段的热损失，即 $q_{AS}+q_{BS}+q_{CS}+q_{ⅡS}+q_{ⅢS}$，$q_{Ⅰx}$ 又分配给 A 管段和Ⅱ管段，循环流量分别为 $q_{Ⅱx}$ 和 q_x。按节点流量的平衡原理：$q_{Ⅰx}=q_{Ⅱx}$，$q_{Ⅰx}=q_{Ⅱx}-q_{Ax}$。$q_{Ⅱx}$ 补偿管段Ⅱ、Ⅲ、B、C 的热损失，即 $q_{BS}+q_{CS}+q_{ⅡS}+q_{ⅢS}$，$q_{Ax}$ 补偿管段 A 的热损失 q_{AS}。

因循环流量与热损失成正比，根据热平衡关系，$q_{Ⅱx}$ 可按式(7.25(a))计算。

$$q_{Ⅱx}=q_{Ⅰx}\frac{q_{BS}+q_{CS}+q_{ⅡS}+q_{ⅢS}}{q_{AS}+q_{BS}+q_{CS}+q_{ⅡS}+q_{ⅢS}} \tag{7.25(a)}$$

流入节点 2 的流量 q_{2x} 用以补偿 2 点之后各管段的热损失，即 $q_{BS}+q_{CS}+q_{ⅢS}$，因 q_{2x} 分配给管段 B 和管段Ⅲ，其循环流量分别为 q_{Bx} 和 $q_{Ⅲx}$。按节点流量平衡原理：$q_{2x}=q_{Ⅱx}$，$q_{Ⅲx}=q_{Ⅱx}-q_{Bx}$。$q_{Ⅲx}$ 补偿管段Ⅲ和管段 C 的热损失，即 $q_{CS}+q_{ⅢS}$，q_{Bx} 补偿管段 B 的热损失 q_{BS}。则 $q_{Ⅲx}$ 可按式(7.25(b))计算。

$$q_{Ⅲx}=q_{Ⅱx}\frac{q_{CS}+q_{ⅢS}}{q_{BS}+q_{CS}+q_{ⅢS}} \tag{7.25(b)}$$

流入节点 3 的流量 q_{3x} 用以补偿 3 点之后管段 C 的热损失 q_{CS}。按节点流量平衡的原理，$q_{3x}=q_{Ⅲx}$，$q_{Ⅲx}=q_{Cx}$，管段Ⅲ的循环流量即为管段 C 的循环流量。接以上所述可总结出通用计算公式为：

$$q_{(n+1)x}=q_{nx}\frac{\sum q_{(n+1)S}}{\sum q_{nS}} \tag{7.25(c)}$$

式中　q_{nx}，$q_{(n+1)x}$——n、$n+1$ 管段所通过的循环流量，L/s；

$\sum q_{(n+1)S}$——$n+1$ 管段及其后各管段的热损失之和，W；

$\sum q_{nS}$——n 管段及其后各管段的热损失之和，W。

n、$n+1$ 管段如图 7.43 所示。

④ 校核各管段的终点水温。

可按式(7.26)进行校核计算：

$$t_z'=t_c-\frac{q_S}{Cq_x\rho_r} \tag{7.26}$$

式中　t_z'——各管段终点水温，℃；

t_c——各管段起点水温，℃；

q_S——各管段的热损失，W；

q'_x——各管段的循环流量，L/s；

C——水的比热容，C=4187J/(kg·℃)；

ρ_r——热水的密度，kg/L。

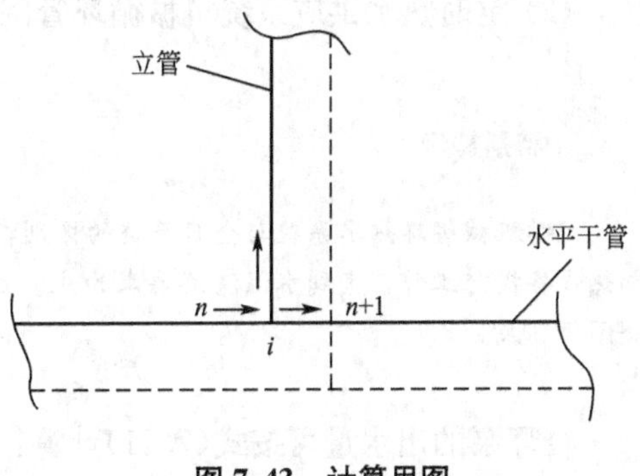

图 7.43　计算用图

计算结果如果与原来确定的温差较大，应以式(7.22)和式(7.25)的计算结果 $t''_z=\frac{t_z-t'_z}{2}$ 作为各管段的终点水温，重新进行上述①～④步的计算。

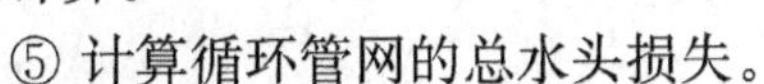

⑤ 计算循环管网的总水头损失。

可按(7.27)计算：

$$H=H_P+H_h+H_j \tag{7.27}$$

式中　H——循环管网的总水头损失，kPa；

H_P——循环流量通过配水计算管路的沿程和局部水头损失，kPa；

H_h——循环流量通过回水计算管路的沿程和局部水头损失，kPa；

H_j——循环流量通过半即热式或快速式水加热器中热水的水头损失，kPa。

容积式水加热器、导流型容积式水加热器、半容积式水加热器和加热水箱，因内部流速较低、流程短，水头损失很小，在热水系统中可忽略不计。

半即热式或快速式水加热器，因水在内部的流速大、流程长，水头损失应以沿程和局部水头损失之和计算：

$$H_j=\left(\lambda\frac{L}{d_j}+\sum\xi\right)\frac{v^2}{2g} \tag{7.28}$$

式中　λ——管道沿程阻力系数；

L——被加热水的流程长度，m；

d_j——传热管计算管径，m；

ξ——局部阻力系数；

v——被加热水的流速，m/s；

g——重力加速度，m/s²，g=9.81m/s²。

计算循环管路配水管及回水管的局部水头损失可按沿程水头损失的20%～30%估算。

⑥ 选择循环水泵。

热水循环水泵宜选用热水泵，泵体承受的工作压力不得小于其所承受的静水压力加水泵扬程，一般设置在回水干管的末端，并设置备用泵。

循环水泵的流量为：

$$Q_b\geqslant q_x \tag{7.29}$$

式中　Q_b——循环水泵的流量，L/s；

q_x——全日热水供应系统的总循环流量，L/s。

循环水泵的扬程为：

$$H_b\geqslant H_P+H_h+H_j \tag{7.30}$$

式中　H_b——循环水泵的扬程，kPa。

其他符号的意义同式(7.27)。

(2) 定时热水供应系统机械循环管网的计算。

特别提示

定时机械循环热水系统与全日系统的区别在于供应热水之前循环泵先将管网中的全部冷水进行循环，加热设备提前工作，直到水温满足要求为止。因定时供应热水时用水较集中，可不考虑配水循环问题，关闭循环泵。

循环泵的出水量可按式(7.31)计算：

$$Q \geqslant \frac{V}{T} \tag{7.31}$$

式中 Q——循环泵的出水量，L/h；

V——热水系统的水容积，但不包括无回水管的管段和加热设备、贮水器、锅炉的容积，L；

T——热水循环管道系统中全部水循环一次所需时间，h，一般取0.25h～0.5h。

循环泵的扬程计算公式见式(7.27)。

【例7.7】 某建筑定时供应热水，设半容积式加热器的容积为2500L，采用上行下给机械全循环供水方式，经计算，配水管网总容积277L，其中管内热水可以循环流动的配水管管道容积176L，回水管管道容积84L，问系统的最大循环流量为多少？

【解】 (1) 具有循环作用的管网水的容积为：

$$V=176+84=260(\mathrm{L})$$

(2) 求系统最大循环流量。定时循环每小时循环2～4次，按4次计，最大循环流量为：

$$Q_h=260\times4=1040(\mathrm{L/h})$$

4) 自然循环热水管网的计算

在小型或层数少的建筑物中，有时也采用自然循环热水供应方式。

自然循环热水管网的计算方法与前述机械循环热水系统大致相同，但应在求出循环管网总水头损失之后，先校核一下系统的自然循环压力值是否满足要求。自然热水循环系统分为上行下给式和下行上给式两种方式，热媒管网自然循环压力图如图7.44所示，其自然循环压力的计算公式有所不同。

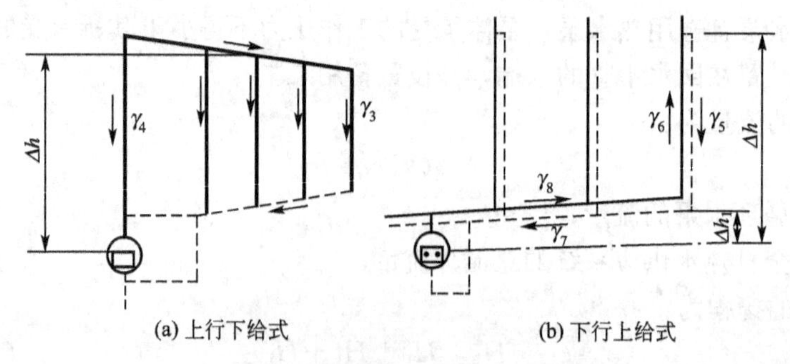

图7.44 热媒管网自然循环压力图

(1) 上行下给式管网的压力水头如图7.44(a)所示，压力水头可按式(7.32)计算：

$$H_{zr}=9.8\Delta h(\gamma_3-\gamma_4) \tag{7.32}$$

式中 H_{zr}——上行下给式管网的自然循环压力，kPa；

Δh——锅炉或水加热器中心与上行横干管管段中心的标高差，m；

γ_3——最远处立管管段中心点水的密度，kg/m³；

γ_4——配水立管管段中心点水的密度，kg/m³。

(2) 下行上给式管网的压力水头如图7.44(b)所示，压力水头可按式(7.33)计算：

$$H_{zr}=9.8(\Delta h-\Delta h_1)(\gamma_5-\gamma_6)+9.8\Delta h_1(\gamma_7-\gamma_8) \tag{7.33}$$

式中 H_{zr}——下行上给式管网的自然循环压力，kPa；

Δh——热水贮水罐的中心与上行横干管管段中心的标高差，m；

Δh_1——锅炉或水加热器的中心至立管底部的标高差，m；

γ_5，γ_6——最远处回水立管和配水立管管段中点水的密度，kg/d；

γ_7，γ_8——锅炉或水加热器至立管底部回水管和配水管管段中点水的密度，kg/m³。

当管网循环水压 $H_{zr}\geqslant1.35H$ 时，管网才能安全可靠地自然循环，H 为循环管网的总水头损失，可按式(7.27)计算确定。不满足上述要求时，若计算结果与上述条件相差不多，可用适当放大管径的方法来加以调整；若相差太大，则应加循环泵，采用机械循环方式。

7.5.5 加热及贮热设备的设计计算

在集中热水供应系统中，贮热设备有容积式水加热器和加热水箱等，其中快速式水加热器只起加热作用；贮水器只起贮存热水的作用。加热设备的计算是确定加热设备的加热面积和贮水容积。

1. 加热设备供热量的计算

(1) 容积式水加热器或贮热容积与其相当的水加热器、热水机组的设计小时供热量，当无小时热水用量变化曲线时，容积式水加热器或贮热容积与其相当的水加热器的设计小时供应量按式(7.34)计算：

$$Q_g=Q_h-1.163\frac{\eta V_r}{T}(t_r-t_l)\rho \tag{7.34}$$

式中 Q_g——容积式水加热器的设计小时供热量，W；

Q_h——设计小时耗热量，W；

η——有效贮热容积系数。容积式水加热器 $\eta=0.75$，导流型容积式水加热器 $\eta=0.85$；

V_r——总贮热容积，L；

T——设计小时耗热量持续时间，h，$T=2\text{h}\sim4\text{h}$；

t_r——热水温度，℃，按设计水加热器出水温度计算；

t_l——冷水温度，℃；

ρ_r——热水密度，kg/L。

式(7.34)前部分为热媒的供热量，后部分为水加热器已贮存的热量。

(2) 半容积式水加热器或贮热容积与其相当的水加热器、热水机组的供热量按设计小时耗热量计算。

(3) 半即热式、快速式水加热器及其他无贮热容积的水加热设备的供热量按设计秒流量计算。

2. 水加热器加热面积的计算

容积式水加热器、快速式水加热器和加热水箱中加热排管或盘管的传热面积应按式(7.35)计算：

$$F_{jr}=\frac{C_r Q_z}{\varepsilon \cdot K\Delta t_j} \tag{7.35}$$

式中 F_{jr}——表面式水加热器的加热面积，m^2；

Q_z——制备热水所需的热量，可按设计小时耗热量计算，W；

K——传热系数，$W/(m^2 \cdot K)$，容积式水加热器中盘管的传热系数 K 值和快速热交换器的传热系数 K 值分别见表 7-23、表 7-24；

ε——由于水垢和热媒分布不均匀影响传递效率的系数，一般采用 0.6～0.8；

C_r——热水供应系统的热损失系数，C_r=1.10～1.15；

Δt_j——热媒和被加热水的计算温差，℃，根据水加热形式，按式(7.36)和式(7.37)计算。

表 7-23 容积式水加热器中盘管的传热系数 *K* 值

热媒种类		热媒流速(m/s)	被加热水流速(m/s)	K(W/(m²×℃))	
				铜盘管	钢盘管
蒸汽压力(MPa)	≤0.07	—	<0.1	640～698	756～814
	>0.07	—	<0.1	698～756	814～872
热水温度 70～150℃		0.5	<0.1	326～349	384～407

表 7-24 快速热交换器的传热系数 *K* 值

被加热水流速(m/s)	传热系数 K(W/(m²×℃))							
	热媒为热水时，热水流速(m/s)						热媒为蒸汽时，蒸汽压力(kPa)	
	0.5	0.75	1.0	1.5	2.0	2.5	≤100	>100
0.5	1105	1279	1400	1512	1628	1686	2733/2152	2558/2035
0.75	1244	1454	1570	1745	1919	1977	2341/2675	3198/2500
1.00	1337	1570	1745	1977	2210	2326	3954/3082	3663/2908
1.50	1512	1803	2035	2326	2558	2733	4536/3722	4187/3489
2.00	1628	1977	2210	2558	2849	3024	—/4361	—/4129
2.50	1745	2093	2384	2849	3198	3489	—	—

注：热媒为蒸汽时，表中分子为两回程汽—水快速式水加热器将被加热水的水温升高 20～30℃的 K 值；分母为四回程将被加热水的水温升高 60～65℃时的 K 值。

(1) 容积式水加热器、半容积式水加热器的热媒与被加热水的计算温差 Δt_j 采用算术平均温度差，按式(7.36)计算：

$$\Delta t_j=\frac{t_{mc}+t_{mz}}{2}-\frac{t_c+t_z}{2} \tag{7.36}$$

式中 Δt_j——计算温度差，℃；

t_{mc}，t_{mz}——热媒的初温和终温，℃，热媒为蒸汽时，按饱和蒸汽温度计算，可查表7-12确定；热媒为热水时，按热力管网供、回水的最低温度计算，但热媒的初温被加热水的终温的温度差不得小于10℃；

t_c，t_z——被加热水的初温和终温，℃。

(2) 半即热式水加热器、快速式水加热器热媒与被加热水的温差采用平均对数温度差，按式(7.37)计算：

$$\Delta t=\frac{\Delta t_{max}-\Delta t_{min}}{\ln\frac{\Delta t_{max}}{\Delta t_{min}}} \tag{7.37}$$

式中 Δt_{max}——热媒和被加热水在水加热器一端的最大温差，℃；

Δt_{min}——热媒和被加热水在水加热器另一端的最小温差，℃。

加热设备加热盘管的长度按式(7.38)计算：

$$L=\frac{F_{jr}}{\pi D} \tag{7.38}$$

式中 L——盘管长度，m；

D——盘管外径，m；

F_{jr}——加热器的传热面积，m^2。

3. 热水贮水器容积的计算

由于供热量和耗热量之间存在差异，需要一定的贮热容积加以调节，而在实际工程中，有些理论资料又难以收集，可用经验法确定贮水器的容积，可按式(7.39)计算：

$$V=\frac{60TQ}{(t_r-t_l)C} \tag{7.39}$$

式中 V——贮水器的贮水容积，L；

T——贮热时间，按表7-25所列的水加热器的贮热量采用，min；

Q——热水供应系统设计小时耗热量，W。

其他符号意义同式(7.10)。

表7-25 水加热器的贮热量

加热设备	以蒸汽或95℃以上的高温软化水为热媒时		以小于95℃低温软化水为热媒时	
	工业、企业淋浴室	其他建筑	工业、企业淋浴室	其他建筑
容积式水加热器或加热水箱	≥30minQ_h	≥45minQ_h	≥60minQ_h	≥90minQ_h
导流型容积式水加热器	≥20minQ_h	≥30minQ_h	≥40minQ_h	≥45minQ_h
半容积式水加热器	≥15minQ_h	≥15minQ_h	≥25minQ_h	≥30minQ_h

注：半即热式、快速式水加热器的热媒按设计流量供应，且有完善可靠的温度自动调节装置时，可不设贮水器。表中容积式水加热器是指传统的两行程式容积式水加热产品，壳内无导流装置，被加热水无组织流动，存在换热不充分、传热系数值K低的缺点。

按式(7.39)确定容积式水加热器或水箱容积后，有导流装置时，计算容积应附加10%～15%；当冷水下进上出时，容积宜附加20%～25%；当采用半容积式水加热器时，或带有强制罐内水循环装置的容积式水加热器，其计算容积可不附加。

4. 锅炉的选择计算

锅炉属于发热设备，对于小型建筑物的热水系统可单独选择锅炉。对于小型建筑热水系统可直接查产品样本，样本中查出的加热设备发热量值应大于小时供热量，而小时供热量要比设计小时耗热量大10%～20%，主要考虑热水供应系统自身的热损失。

【例7.8】 某宾馆客房有300个床位，热水当量总数$N=289$，有集中热水供应，全天供应热水，热水定额取平均值，热媒为蒸汽。加热器出水温度为60℃，密度为0.983kg/L，冷水温度为10℃，密度为1kg/L，设计小时耗热量的持续时间取3h。当水加热器分别选用导流型容积式水加热器、半容积式水加热器或半即热式水加热器时，试分别计算：①设计小时耗热量；②设计小时热水量(60℃)；③贮热容积；④设计小时供热量。

【解】 (1) 计算热水定额。

根据题意，查表7-5，取客房用水定额平均值为：

$$q_r=\frac{120+160}{2}=140(\text{L}/(\text{床}\cdot\text{d}))$$

(2) 计算设计小时耗热量。

宾馆客房有300个床位，查表7-10，小时变化系教为5.61，全天供应热水，根据式(7.11)，设计小时耗热量为：

$$Q_h=5.61\times\frac{300\times140\times4187\times(60-10)\times0.983}{86400}=561209(\text{W})$$

(3) 计算设计小时热水量。

由式(7.13)，60℃的设计小时热水量为：

$$q_{rh}=\frac{561209}{1.163\times(60-10)\times0.983}=9818(\text{L})$$

(4) 计算贮热容积。

① 选用导流型容积式水加热器。

该建筑为宾馆，热媒为蒸汽，贮热时间为不小于30min。根据式(7.39)，贮热容积为：

$$V=\frac{60\times561209\times30}{(60-10)\times4187}=4826(\text{L})$$

贮热总容积为：

$$V_z=(1+15\%)\times4826=5545(\text{L})$$

② 选用半容积式水加热器。

建筑为宾馆，热媒为蒸汽，贮热时间为不小于15min，半容积式水加热器不考虑容积附加系数。根据式(7.39)，贮热总容积为：

$$V=\frac{60\times561209\times15}{(60-10)\times4187}=2413(\text{L})$$

③ 选用半即热式水加热器。

因半即热式水加热器的贮热容积很小，为供应热水安全，贮热总容积忽略不计，即$V=0$。

(5) 计算设计小时供热量。

① 选用导流型容积式水加热器。

导流型容积式水加热器有贮热容积，有效贮热容积系数取$\eta=0.85$，设计小时耗热量持续时间为3h。

根据式(7.39)，小时供热量为：

$$Q_g=561209-\frac{1.163\times0.85\times5545\times(60-10)\times0.983}{3}=471485(\mathrm{W})$$

② 选用半容积式水加热器。

半容积式水加热器的设计小时供热量等于设计小时耗热量，即：

$$Q_g=Q_h=561209(\mathrm{W})$$

③ 选用半即热式水加热器。

半即热式水加热器设计小时供热量按热水设计秒流量计算；热水供应系统设计秒流量计算方法与生活给水相同。宾馆属公共建筑，接平方根法计算设计秒流量，系数 α 取 2.5，则设计秒流量为：

$$q_r=0.2\times2.5\times\sqrt{289}=8.5(\mathrm{L/s})$$

设计小时供热量为：

$$Q_g=8.5\times(60-10)\times4187\times0.983=1749224(\mathrm{W})$$

【例 7.9】 某酒店设有集中热水供应系统，采用立式半容积式水加热器，60℃的热水最大小时用水量为 10600L/s. 冷水温度为 10℃，水加热器出水温度为 60℃，密度为 0.983kg/L，热媒蒸汽的压力为 0.4MPa(表压)，饱和蒸汽温度为 151.1℃，热媒凝结水温度为 75℃，热水供应系统的热损失系数采用 1.1，水垢和热媒分布不均匀影响传热效率系数采用 0.6，应选用容积为 1.0m^3、传热系数为 1500W/(m^2 · ℃)、盘管传热面积为 5.0m^2 热变换器。试确定加热器数量。

【解】 (1) 求设计小时耗热量。

已知 60℃的热水最大小时用水量为 10600L/h，按式(7.16)计算设计小时耗热量为：

$$Q_h=1.163\times(60-10)\times0.983\times10600=605911(\mathrm{W})$$

(2) 求计算温差。

因选用半容积式水加热器，有贮热容积，应按算术平均温差计算，由式(7.36)得：

$$\Delta t_j=\frac{151.1+75}{2}-\frac{60+10}{2}=78.05(℃)$$

(3) 求换热面积。

将参数代入式(7.35)，换热面积为：

$$F_{jr}=\frac{1.1\times605911}{0.6\times1500\times78.05}=9.49(\mathrm{m}^2)$$

(4) 求贮热容积。

建筑为酒店，选用半容积式水加热器，热媒为蒸汽，则贮热时间为不小于 15min，贮热容积不附加，将已知参数代入式(7.39)，总贮热容积为：

$$V=\frac{60\times605911\times15}{(60-10)\times4187}=2605(\mathrm{L})=2.61(\mathrm{m}^3)$$

(5) 确定加热器数量。

① 按换热面积，需要加热器的数量为：

$$n=9.49/5.0=1.9(取 2 个)$$

② 按贮热容积，需要加热器的数量为：

$$n=2.61/1.0=2.61\ (取 3 个)$$

同时考虑换热面积和贮热容积，立式半容积式水加热器的数量应为 3 个。

工学结合能力训练

【任务1】 室内热水供应系统设计施工总说明

1. 设计依据

(1) 设计委托任务书、城建各管理部门对本项目初步设计的有关批复、审查意见等。
(2) 所采用的本专业的设计规范、法规如下。
①《建筑给水排水设计规范》GB 50015—2010。
②《建筑给水排水及采暖工程施工质量验收规范》GB 50242—2002。
(3) 城市供水管理、市政工程设施管理等条例。
(4) 本工程其他专业提供的设计资料。

2. 相关设计基础资料与设计范围

(1) 相关设计基础资料。
(在设计基础资料中找出与室内热水供应系统设计相关的内容，并完整列出这些内容。)
(2) 设计范围。
(根据任课教师具体选择的教学载体，列出给水设计的具体内容。)
(3) 本项目耗热量为________W，设计小时热水量为________L/s，热媒耗热量为________kg/h。

3. 系统设计

(1) 本工程热水供应系统采用________提供热源，设备供热量为________W。
(2) 热媒循环系统设置水泵强制机械循环，水加热器采用________。
(3) 热水配水系统采用水泵进行循环，循环方式为________。
(说明循环方式、压力工况、运行时间模式)
(4) 加热设备布置______________________________。
(说明加热设备布置位置。)

4. 管道材料

(1) 热媒管道采用________，连接方式为________，管道工作压力为________。
(2) 热水配水管道采用____________________，连接方式为____________，管道工作压力为____________。
(3) 热水回水管道采用______________，连接方式为______________，管道工作压力为____________。

5. 阀门及附件

(1) 热水管道阀门选用____________。
(根据管径大小不同，可选择不同类型的阀门。)
(2) 在水加热器热水出口处应设置自动温度调节装置，用以调节热媒流量。
(3) 在水加热器后的凝结水管上设置疏水器，并按设计要求设置安全阀和减压阀。

6. 管道敷设与安装要求

(1) 各类管道在安装时应尽量靠墙、柱及靠近板底安装，为使用和二次装修留出空

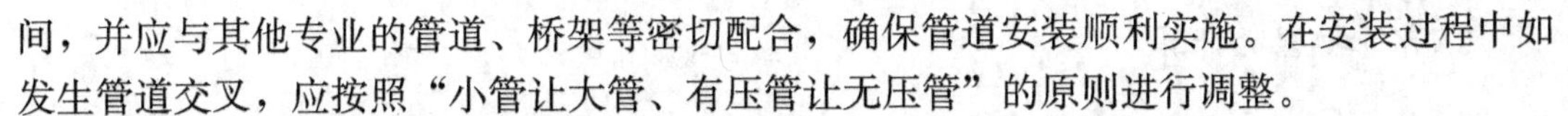

间，并应与其他专业的管道、桥架等密切配合，确保管道安装顺利实施。在安装过程中如发生管道交叉，应按照“小管让大管、有压管让无压管”的原则进行调整。

(2) 在对非管道井内的管道进行封包和隐蔽时，应在管道的阀门、检修口等处设置便于开启的检修活门或检修孔，以免在管道需要检修时造成破坏性检修而带来不必要的损失。

7. 管道保温和防腐

(1) 热媒管道、热水配管、回水管及贮水设备均应做保温处理(提出对给水管道进行防结露处理，及保温材料与施工的要求)。

(2) 根据所选管材要求确定是否做防腐措施。

8. 管道试压

(1) 热水管的试压方法按《建筑给水排水及采暖工程施工质量验收规范》(GB 50242—2002)的规定执行。

(2) 热水贮水设备按要求进行灌水试验。

9. 其他

(1) 图中所注标高为管中心标高，所注立管、水平管距离为管中心距离。

(2) 所注标高单位为 m，所注管径单位为 mm。

(3) 本子项的±0.000 标高相当于绝对标高________ m。

(4) 业主、施工等各方在选定给水设备、管材和器材时，应把好质量关，在符合使用功能要求、满足设计及系统要求的前提下，应优先选用高效率、低能耗的优质产品，不得选用淘汰和落后的产品。

(5) 本说明与各图纸上的分说明不一致时，以各图纸上的分说明为准。

(6) 本说明未提及者，均按照国家施工验收有关规范、规定执行。

【任务 2】 室内热水系统设计计算过程

1. 设计准备

(1) 熟悉设计基础资料。

(2) 首先根据所给设计基础资料和所确定的热水技术方案，确定主干管的走向，设置布置位置。

(3) 对加热设备、热媒管网、热水配水管、回水管进行布置，并画出平面图、系统图和机房详图，并标识出管段编号。

2. 设计参数的计算

(1) 热水耗量的计算。

(2) 折合为 70℃热水的最大日耗量。

70℃热水的最大日最大时耗量。

(3) 小时耗热量。

3．水加热器的计算

4．室内热水配水管网水力计算(表 7 - 26)

表 7 - 26　室内的热水配水管网水力计算

序号	管段编号	卫生器具种类和数量		当量总数 N_g	q (L/s)	DN (mm)	v (m/s)	单阻 R (mm/m)	管长 L (m)	沿程水头损失 (mH_2O)	累积水头损失 (mH_2O)
		浴盆 (N=1.0)	洗脸盆 (N=0.8)								

5．热水循环管网的热力计算

热水管网干管热损失计算表和热水管网循环水头损失计算分别见表 7 - 27 和表 7 - 28。

表 7 - 27　热水管网干管热损失计算表

节点编号	管段编号	管长度 L (m)	管径 DN(mm)	保温系数 n	温将因数 M	单位管长表面积 $F(m^2)$	管段起终点温度 (℃)	平均温度 t_m(℃)	空气温度 t_k(℃)	温度差 Δt (℃)	管段热损失 Q_s

表 7 - 28　热水管网循环水头损失计算

管路部分	管段编号	管段长度 L (m)	管径 DN (mm)	循环流量 Q_x (kg/h)	沿程水头损失		流速 (m/s)	水头损失总和
					单阻 R (mm/m)	管段 RL (mm)		

6．循环水泵的扬程和流量的计算

(1) 循环水泵流量的计算。

(2) 循环水泵扬程的计算。

7. 热媒管道的计算

(1) 热媒供水管道的计算。

(2) 凝结水管道(回水管)的计算。

$Q_d=$

8. 锅炉的选择

【任务3】 室内热水系统绘图能力训练

(1) 实训目的：通过绘图训练，使学生掌握室内给水管道的平面图和系统图的绘制方法，从而具备给水施工图的绘图能力。

(2) 绘图要求：

依照图7.45所示的某宾馆热水配水管网与循环管网系统图，将图描一遍。

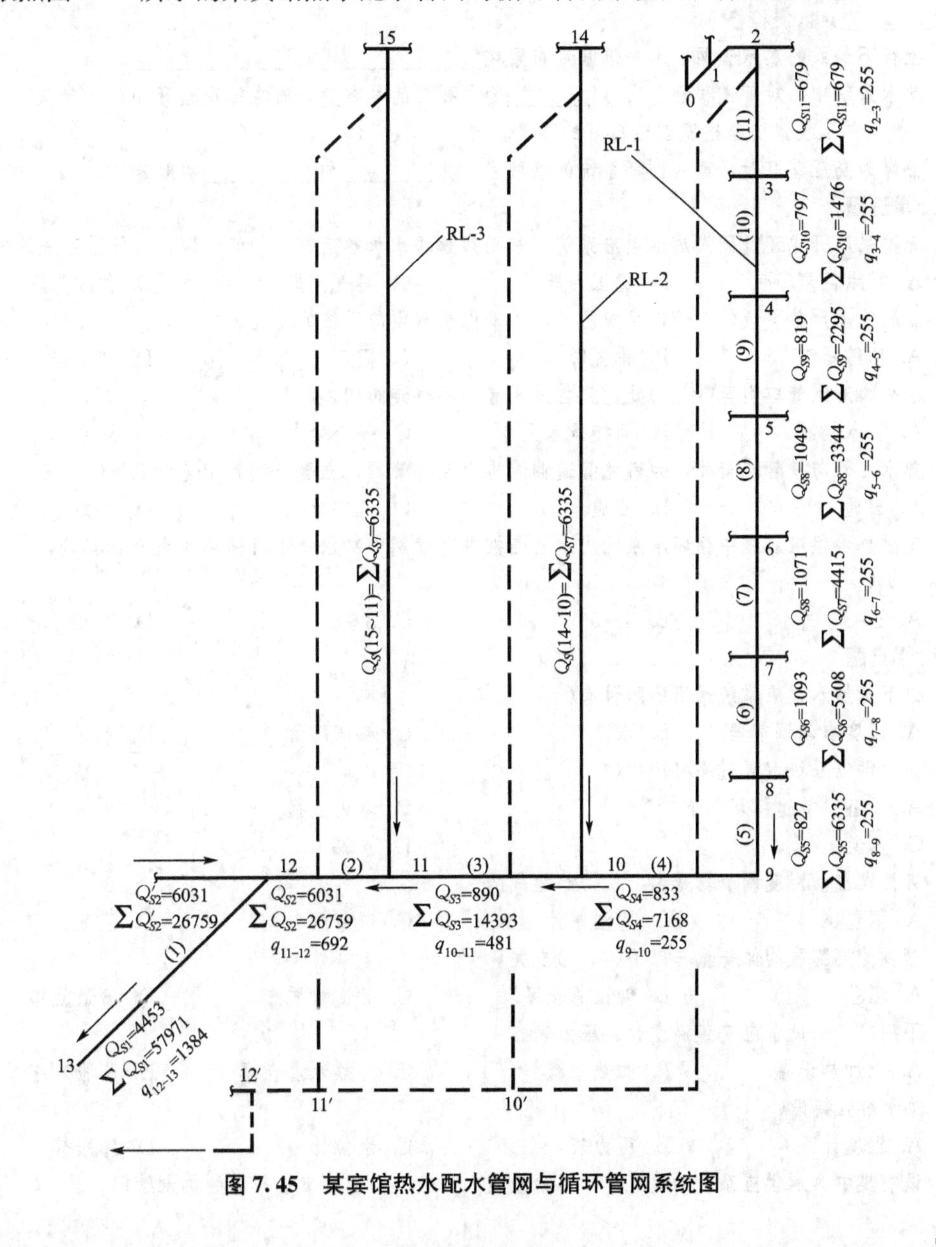

图7.45 某宾馆热水配水管网与循环管网系统图

练　习　题

一、名词解释

集中热水供应系统　生活用热水定额　冷水计算温度　间接加热　全循环热水供应系统　设计小时热水量　热水供应系统循环流量

二、填空题

1. 热水锅炉或水加热器出口水温与系统最不利配水点的水温差，作为________，一般取5℃～10℃，用作热水供应系统配水管网的热损失。

2. 热水供应系统在选择管材时，管道的________和________不得大于产品标定的允许的工作压力和工作温度。

3. 为便于排气和泄水，热水管均应有与水流方向________，其值一般为________，并在管网的最低处设________，以便检修。

4. 上行下给式的热水管网，水平干管可布置在________或________。

5. 热水系统中，对管道和设备进行________的主要目的是减少介质在输送过程中的热散失，提高运行的经济性，并从技术安全出发创造良好的环境。

6. 热媒为高压蒸汽时，第一循环系统的管网可分为________和________两部分。

三、单选题

1. 无论采用开式还是闭式热水供应系统，都必须解决水加热后(　　)的问题，以保证系统的安全。

A. 补水问题　　B. 稳压问题　　C. 排气问题　　D. 体积膨胀

2. 膨胀管上严禁装设(　　)，且应防冻，以确保热水供应系统的安全。

A. 伸缩器　　B. 排气阀　　C. 阀门　　D. 疏水器

3. 安全阀泄水管应引至(　　)处，且在泄水管上不得装阀门。

A. 排水沟　　B. 间接排水漏斗　　C. 安全处　　D. 地漏

4. 热水立管与横管连接处，为避免管道伸缩应力破坏管网，立管与横管相连应采用(　　)。

A. 三通　　B. 四通　　C. 乙字弯　　D. 羊角弯

5. 定时热水供应系统中循环水泵的出水量是按循环管网中冷水每小时循环次数来计算的，一般为每小时(　　)次。

A. 2～3　　B. 2～5　　C. 3～6　　D. 3～5

四、多选题

1. 以下是热水供应系统采用的附件有(　　)。

A. 温度自动调节器　　B. 水泵　　C. 膨胀罐(箱)　　D. 水嘴

2. 热水供应系统水温过高将产生(　　)。

A. 设备、管道结垢加剧　　B. 增大热损失

C. 积尘　　D. 渗漏

3. 直接式自动温度调节器是由(　　)等组成的。

A. 温包　　B. 感温原件　　C. 调节阀　　D. 温度计

4. 管段受热膨胀的伸长量与以下(　　)有关。

A. 温差　　B. 管段总长度　　C. 管道材质　　D. 管道规格

5. 下列(　　)设备应安装温度计、压力表。

A. 水加热设备　　B. 贮热水罐　　C. 冷热水混合器　　D. 膨胀水箱

6. 热水箱应装设(　　)。

A. 温度计　　B. 压力表　　C. 水位计　　D. 膨胀管

7. 设有集中热水供应系统的建筑中，用水量较大的(　　)等，宜设单独的热水管网。

A. 浴室　　B. 洗衣房　　C. 厨房　　D. 卫生间

五、判断题

1. 热水供应水温过高对热水供应系统会产生诸多不利影响。（　）

2. 热水管与冷水管平等布置时，热水管在下、左，冷水管在上、右。（　）

3. 高层建筑热水供应系统，应与冷水给水系统分区一致，这样才能保证系统内的冷热水压力平衡。（　）

4. 对于设有集中热水供应系统，有用水量大或对热水供应时间有特殊要求的，应单独设置热水管网或局部加热设备。（　）

5. 水流通过容积式水加热器产生的水头损失比水流通过快速式水加热器所产生的水头损失大。（　）

六、问答题

1. 热水供应系统热源的选择应考虑的原则是什么?

2. 热水供应系统管材的选择应考虑哪些因素?

3. 疏水器的作用是什么?

4. 试写出设计热水量的计算公式，并解释各项的意义。

5. 试写出全日机械循环系统水泵的扬程计算公式，并解释公式各项的意义。

七、综合题

1. 绘图分析自然循环的热水供应系统水压力差，并写出计算公式，同时写出可以采用自然循环的条件。

2. 绘图分析热媒为蒸汽时，水加热器至凝结水箱之间管径的确定方法。

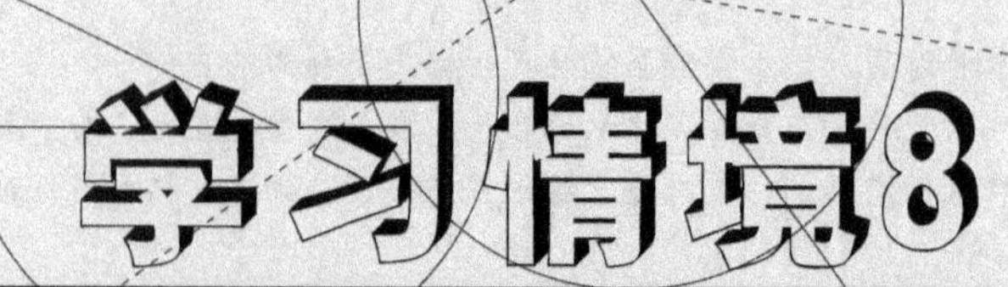

学习情境8

小区给水排水系统的设计

情境导读

本学习情境以小区给水排水系统设计工作过程为导向，介绍了小区给水排水系统设计的主要内容，包括小区给水排水系统方案的内容、管网布置、施工要求、给水排水系统管网水力设计计算以及给水增压贮水设备、污水处理抽升设备的设计选型。通过本学习情境的学习及工学结合能力任务训练，使学生掌握小区给水排水工程专业技术，具备小区给水排水系统初步设计能力，能读懂小区给水排水系统设计施工说明，具备识读和绘制小区给水排水系统总平面图的能力。

知识目标

(1) 掌握小区的概念。
(2) 掌握小区给水系统的类型及给水方式、小区给水管网布置的要求及施工的要求。
(3) 掌握小区给水水质、水量和水压的要求，小区给水管网的水力计算的要求。
(4) 掌握小区排水系统的类型、小区排水体制、小区排水管网的布置及施工要求。
(5) 掌握小区污水排水量、雨水排水量的计算。
(6) 掌握小区污水排水管道、雨水排水管道的水力计算及小区污水抽升设备的设计计算。

能力目标

(1) 能读懂小区给水排水系统施工图的设计施工说明，理解设计意图。
(2) 能识读小区给水排水系统的总平面图、剖面图、详图。
(3) 具备绘制小区给水排水总平面图、剖面图、详图的能力。
(4) 具备团队协作与沟通能力。

工学结合学习设计

	知识点	学习型工作子任务	
小区给水系统设计计算过程	小区给水系统的类型和给水方式	小区给水系统技术方案的确定	将各项设计内容汇总后，编写设计施工总说明及设计计算书
	小区给水管网的布置要求	对小区给水管网进行布置，并画出总平面图	
	小区给水管道敷设要求、总平面管线综合布置要求、阀门设置及防水质污染的要求、给水管道水压试验、冲洗、消毒的要求。	提出小区给水系统施工总要求	
	小区给水水质、水压、水量的要求及小区给水管网水力计算的规定	小区给水管网水力计算	
	小区水池、水箱、水泵、水塔的作用及设计计算	对技术方案中所确定的增压给水设备进行设计计算	
小区给水系统设计计算过程	小区排水系统类型、排水体制、种类	小区排水系统技术方案的确定	
	小区排水管网的布置	对小区污水、雨水管进行布置，并画出总平面图	
	小区排水管道敷设要求、检查井的设置及排水管道的灌水试验	提出小区排水系统施工总要求	
	小区污水排水量、雨水量的计算、排水管道水力计算	小区排水管道水力计算	
	小区污水处理设施、抽升设备的设计计算	对技术方案中所确定的污水处理的抽升设备进行设计计算	

知识链接

1. 建筑小区

城镇居民的住宅建筑群常被统称为居住小区。按居住用地分级控制规模的大小可以划分为若干层次。层次不同，布局要求也不同。

我国城市居住用地组成的基本构造单元，在大、中城市一般由居住区、居住小区两级构成；在居住小区以下还可以分为居住组团和街坊等次级用地。城镇居民的住宅建筑群居住小区按居住用地分级控制规模的大小可以划分为若干层次。

居住用地分级控制规模如下。

(1) 居住组团：居住户数为300～800户，居住人口数为1000～3000人。

(2) 居住小区：居住户数为2000～3500户，居住人口数为7000～13000人。

(3) 居住区：居住户数为10000～15000户，居住人口数为30000～50000人。

在规划居住区的规模结构时，可以根据实际情况采用居住区—小区—组团、居住区—组团、小区—组团以及独立组团等多种类型。

城镇中工业与其他民用建筑群，如中、小工矿企业的厂区和职工生活区，大专院校、医院、宾馆、体育场所、机关单位的庭院等，和居住小区、组团规模结构相似，所以也被统称为建筑小区。

2. 居住小区给水排水的特点

由于居住小区给水排水系统的服务范围和用水规律等与城市、居住区不同，也与建筑给水排水系统不同，这就决定了小区给水排水应有自己的特点。这些特点表现在以下几个方面。

1) 小区给水排水设计流量反映出过渡段特性

给水排水系统的设计流量的确定与系统的安全可靠保证度有关。城市、居住区的给水排水管道系统设计流量取最高日最大小时流量；建筑室内给水排水系统设计流量则按设计秒流量计算。居住小区服务范围介于两者之间，其设计流量也反映出过渡段特性。过渡段流量的确定直接关系到小区给水排水管道管径的确定，并涉及到小区给水排水系统内其他构筑物和设备的设计与选择。

2) 小区给水方式的选择具有多样性

居住小区和建筑给水系统的水源通常都取自城市给水管网，所以小区和建筑给水系统均要求进行给水方式的选择。但是，居住小区给水方式种类较多，情况较复杂，居住小区给水方式的选择尤为重要。小区给水要通过小区给水管道系统送至各用户，因为城市给水送到居住小区时，常常水压已经较低，有时水量也不能保证足够的设计流量，所以居住小区给水就可能需要加压和流量调蓄。因此，小区给水系统的组成就带有给水加压站，要进行加压设备的选择和调蓄构筑物的设计。

居住小区内的排水系统同样较单幢建筑的排水要复杂。小区排水体制要适应城市排水体制的要求，居住小区的排水要通过小区排水收集系统，一般送至城市下水管道排出(雨水如有合适水体可就近排出)。如果小区排水管道敷设较深，不能由重力直接排入城市下水管道，就必须在小区排水系统设计排水提升泵站，进行提升排除。

3) 居住小区给水排水系统和城市、居住区及建筑室内给水排水系统有许多类似之处

当居住小区给水方式、排水体制、系统组成及设计流量确定之后，小区给水排水系统布置、设计计算方法及步骤又与城市给水排水和建筑室内给水排水有相同之处。

单元任务8.1 小区给水系统的设计

【单元任务内容及要求】 小区给水系统的设计是根据设计基础资料和符合技术经济的要求确定小区给水系统的技术方案，对管网系统和增压贮水设备进行布置，并对给水系统施工提出要求，同时根据规范规定对给水管网及给水设备进行水力计算。

8.1.1 小区给水系统的技术方案

1. 小区给水系统的类型

根据居住小区离城市的远近、城市管网供水压力大小及水源状况不同，居住小区给水系统可以分为直接利用城市管网的给水系统、设有给水加压设施的给水系统、设有独立水源的给水系统。

1）直接利用城市管网的给水系统

居住小区位于城市市区范围之内，城市给水管网通过居住小区，管网的资用水头较高，能满足多层建筑生活用水的水压要求。在这种情况下，小区的给水系统仅由给水管道系统组成，小区内只需进行给水管网设计。

居住小区给水管道系统由接户管、小区支管、小区干管组成，某小区给水管网布置图和某组团内给水支管和接户管布置图如图 8.1、图 8.2 所示。

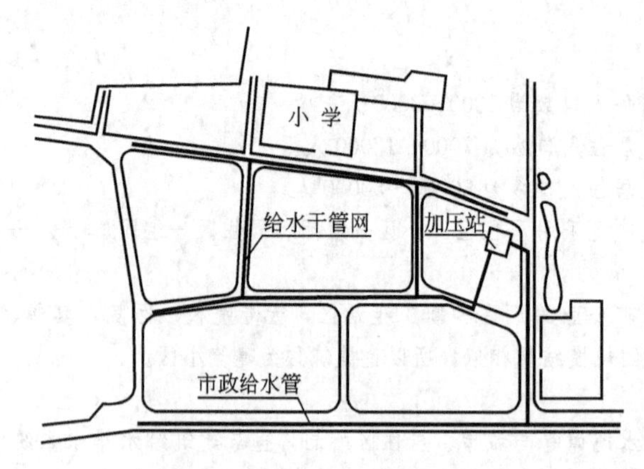

图 8.1 某小区给水管网布置图

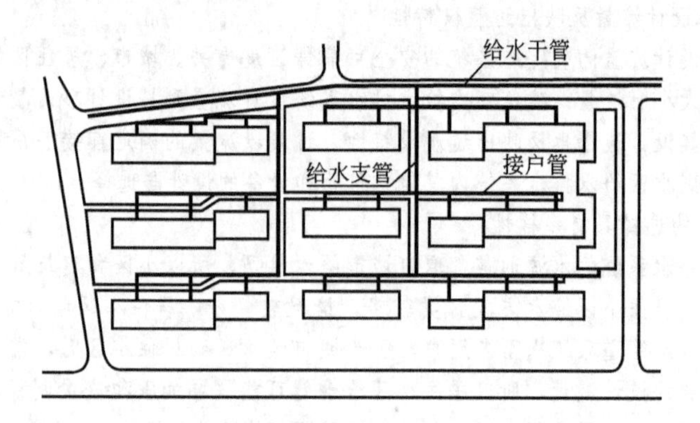

图 8.2 某组团内给水支管和接户管布置图

知识链接

接户管是指布置在建筑物周围，直接与建筑物引入管和排出管相接的给水排水管道。

小区支管是指布置在居住组团内道路下面、与接户管相接的给水排水管道。

小区干管是指布置在小区道路或城市道路下面，与小区支管相接的给水排水管道。

2）设有给水加压设施的给水系统

小区内如有高层建筑和其他特殊建筑，给水水压不能满足水压要求，则设计时可考虑在建筑物内设置二次加压供水设计方案。或者，位于城市边缘的居住小区，一般处于城市给水管网末梢，其给水系统水量充足，但水压低。这时居住小区供水方案可考虑以城市给水管网为水源，由水池、水塔、加压泵房、给水管道组成给水系统。

3）设有独立水源的给水系统

居住小区位于城市郊区，城市给水管网的水压、水量很难满足要求，这时又有合适的水源(特别是地下水)，小区给水可以建成独立于城市管网的小区取水、净水、输配水工程设施。

2. 小区给水方式

小区给水方式主要有城市给水管网直接给水方式和小区集中或分散式的给水方式两种类型。

1）城市给水管网直接给水方式

直接给水方式可以分为两种情况，一种是给水水压能满足的层数直接供水，另一种是设置屋顶水箱利用夜间水压调蓄供水。

2）小区集中或分散加压给水方式

城市管网压力过低，不能满足小区压力要求时，应采用小区加压给水方式。小区加压给水方式又分为集中加压方式和分散加压方式，常见方式有以下几种。

(1) 水池—水泵—水塔。

(2) 水池—水泵。

(3) 水池—水泵—水箱。

(4) 管道泵直接抽水—水箱。

(5) 水池—水泵—气压罐。

(6) 水池—变频调速水泵。

(7) 水池—变频调速水泵和气压罐组合。

各种给水方式都有其优缺点。即使同一种方式用在不同地区或不同规模的居住小区中，其优缺点也往往会发生变化。小区给水方式的选择应根据城镇供水条件、小区规模和用水要求、技术经济比较、社会和环境效益等综合评价后确定。

选择小区给水方式时，应充分利用城镇给水管网的水压，优先采用管网直接给水方式。在采用加压给水时，城镇给水管网水压能满足的楼层仍可采用直接给水。

3. 小区分质给水方式

(1) 小区给水系统应与城镇以及建筑给水系统相适应，小区室外多采用生活-消防使用的给水系统。

(2) 在严重缺水地区，可考虑采用中水回用设施，小区生活给水系统则分为饮用水给水系统和杂用水给水系统。

(3) 如果小区内城镇供水水质很差，可考虑采用优质深井水或给水深度净化装置供应饮水，生活给水系统则可分为深井水(净水)给水系统和非饮用水给水系统。

4. 小区分压供水方式

(1) 分散调蓄增压是指高层建筑只有一幢或幢数不多，但各幢供水压力要求差异较大，每一幢建筑单独设置水池和水泵的增压给水系统。

(2) 分片集中调蓄增压是指小区内相近的若干幢高层建筑分片共用一套水池和水泵的增压给水系统。

(3) 集中调蓄增压是指小区内的全部高层建筑共用一套水池和水泵的增压给水系统。

多层、高层组合的居住小区应采用分区给水系统，其中高层建筑部分应根据高层建筑的数量、分布、高度、性质、管理和安全等情况，经技术经济比较后，确定采用分散、分片集中或集中调蓄增压给水系统。分片集中和集中调蓄增压给水增压系统总投资较省，便于管理，但在地震区安全性较低。气压给水和变频调速给水装置在建筑给水中已经做过介绍，这里不再赘述。

8.1.2 小区给水管网的布置

居住小区给水管道的布置应包括整个居住小区的给水干管以及居住组团内的小区支管及接户管。

1. 定线原则

首先按小区的干道布置给水干管网，然后在居住组团布置小区支管及接户管。

2. 小区管网型式

(1) 小区给水干管的布置可以参照城市给水管网的要求和形式。布置时应注意管网要遍布整个小区，保证每个居住组团都有合适的接水点。为了保证供水安全可靠，小区干管应布置成环状或与城镇给水管道连成环网，如图 8.1 所示。

(2) 小区支管和接户管的布置通常采用枝状网，如图 8.2 所示，要求小区支管的总长度尽量短。对于高层居住组团及用水要求高的组团，宜采用环状布置，从不同侧的两条小区干管上接小区支管及接户管，以保证供水安全和满足消防要求。

(3) 给水管道宜与道路中心线或与主要建筑物的周边呈平行敷设，并尽量减少与其他管道的交叉。

(4) 给水管道与建筑物基础的水平净距，管径为 100mm～150mm 时，不宜小于 1.5m；管径为 50mm～75mm 时，不宜小于 1.0m。

(5) 给水管道与其他管道平行或交叉敷设时的净距，应根据管道的类型、埋深、施工检修的相互影响、管道上附属构筑物的大小和当地有关规定等条件确定，一般可按表 8-1 所列的地下管线(构建物间) 最小净距采用。

表 8-1　地下管线(构筑物间)最小净距

	给水管		污水管		雨水管	
	水平	垂直	水平	垂直	水平	垂直
给水管	0.5～1.0	0.1～0.15	0.8～1.5	0.1～0.15	0.1～0.15	0.1～0.15
污水管	0.8～1.5	0.1～0.15	0.8～1.5	0.1～0.15	0.8～1.5	0.1～0.15
雨水管	0.8～1.5	0.1～0.15	0.8～1.5	0.1～0.15	0.8～1.5	0.1～0.15
低压煤气管	0.5～1.0	0.1～0.15	1.0	0.1～0.15	1.0	0.1～0.15
直埋式热水管	1.0	0.1～0.15	1.0	0.1～0.15	1.0	0.1～0.15
热力管沟	0.1～1.0		1.0		1.0	
乔木中心	1.0		1.5		1.5	

（续）

	给水管		污水管		雨水管	
	水平	垂直	水平	垂直	水平	垂直
电力电缆	1.0	直埋 0.5 穿管 0.25	1.0	直埋 0.5 穿管 0.25	1.0	直埋 0.5 穿管 0.25
通信电缆	1.0	直埋 0.5 穿管 0.15	1.0	直埋 0.5 穿管 0.15	1.0	直埋 0.5 穿管 0.15
通信及照明电杆	0.5		1.0		1.0	

8.1.3 小区给水管网的施工要求

(1) 给水管道的埋设深度应根据土层的冰冻深度、外部荷载、管材强度以及与其他管道交叉等因素确定。金属管道管顶覆土厚度应为 0.7m。为保证非金属管道不被外部荷载破坏，管顶覆土厚度应为 1.0～1.2m。布置在居住组团内的给水支管和接户管如无较大的外部动荷载时，管顶覆土厚度可减少，但对硬聚氯乙烯管管径小于或等于 50mm 时，管顶最小埋深为 0.5m；管径大于 50mm 时，管顶最小埋深为 0.7m。

在冰冻地区尚需考虑土层的冰冻影响，小区给水管道管径小于或等于 300mm 时，管顶埋深应在冰冻线以下 200mm。

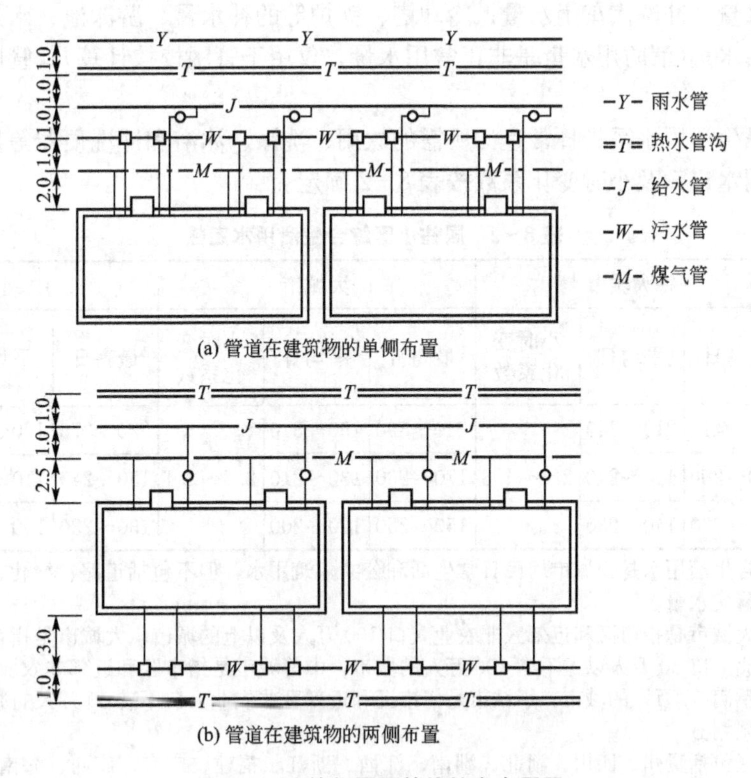

图 8.3 建筑物周围管线综合布置图

(2) 生活给水管道与污水管道交叉时，给水管应敷设在污水管上面，且不应有接口重叠；当给水管道敷设在污水管下面时，给水管的接口离污水管的水平净距不宜小于 1m。

(3) 因为居住小区内管线较多，特别是居住组团内敷设在建筑物之间和建筑物山墙之间管线很多，除给水管外，还有污水管、雨水管、煤气管、热力管沟等，所以组团内的给水支管和接户管布置时应注意和其他管线的综合协调问题。图 8.3 所示是某地区规定的建筑物周围管线综合布置图。

(4) 在环网上有三通、四通等有给水引出点处应适当设置阀门，以便发生爆管时可以隔断事故段进行维修，又可将停水范围控制在最小。若引出点的用水发生倒流时有污染水质可能时，还应设置倒流防止器。

(5) 小区给水管道施工完毕后，应分段进行水压试验，合格后应对管道进行冲洗和消毒。

8.1.4 小区给水水质、水量和水压

1. 水质

小区生活给水水质必须符合现行的《生活饮用水卫生标准》；水景水质应符合现行的《景观娱乐用水水质》；浇洒道路和绿化用水应符合现行行业标准的《生活杂用水水质标准》的要求，其他用水应满足相应的水质标准。

2. 小区用水水量

(1) 居住小区给水设计用水量应包括住宅居民生活用水量、公共建筑用水量、浇洒道路和绿化用水量、冲洗汽车用水量；冷却塔、锅炉等的补水量、游泳池、水景娱乐设施用水量；水防用水量(消防用水量是非正常用水量，仅用于管网校核计算)；管网漏失水量和未预见水量。

住宅居民生活用水系指日常生活所需的饮用、洗涤、沐浴和冲洗便器等用水。居住小区居民生活用水定额及小时变化系数按表 8-2 确定。

表 8-2 居住小区综合生活用水定额

城市规模	特大城市			大城市			中、小城市		
用水情况 / 分区	最高日	平均日	小时变化系数	最高日	平均日	小时变化系数	最高日	平均日	小时变化系数
一	260～410	210～340	2.0～1.8	240～390	190～310	2.3～2.1	220～370	170～280	2.5～2.2
二	190～280	150～240		170～260	130～210		150～240	110～180	
三	170～270	140～230		150～250	120～200		130～230	100～170	

注：(1) 综合生活用水是指城市居民日常生活和公共建筑用水，但不包括道路、绿化、市政用水及管道漏失水量。

(2) 特大城市是指市区和近郊区非农业人口 100 万人及以上的城市；大城市是指市区和近郊区非农业人口 50 万人以上不满 100 万人的城市；中等城市是指市区和近郊非农业人口 20 万人以上不满 50 万人的城市；小城市是指市区和近郊区非农业人口不满 50 万人的城市。

(3) 区域划分。

一区包括贵州、四川、湖北、湖南、江西、浙江、福建、广东、广西、海南，上海、云南、江苏、安徽、重庆；二区包括黑龙江、吉林、辽宁、北京，天津、河北、山西、河南、山东、宁夏、陕西、内蒙古河套以东和甘肃黄河以东的地区；三区包括新疆、青海、西藏、内蒙古河套以西和甘肃黄河以西的地区。

(4) 经济开发区和特区城市，根据用水实际情况，用水定额可酌情增加。

公共建筑用水系指医院、中小学校、幼托园所、浴室、饭店、食堂、旅馆、洗衣房、菜场、影剧院等用水量较大的公共建筑用水。公共建筑的生活用水量定额及小时变化系数按建筑给水排水规范确定。

居住小区室外消防用水量可按表 8－3 确定，火灾次数一般按 1 次计，火灾延续时间按 2h 计。如果小区内有高层住宅，普通住宅楼的室外消防用水量按 15L/s 计，高级住宅楼的室外消防用水量按 20L/s 计。

表 8－3　居住小区室外消防用水量

人口(万人)	一次灭火用水量/(L/s)	
	全部为一、二层建筑物	有二层以上或全部为二层以上建筑物
>1.0	10	10
1.0～1.5	10	15

居住小区内浇洒道路和绿化用水量可按表 8－4 规定采用，绿化用水量根据居住小区绿化用率确定，一般可取 $2L/m^2$，洒水时间为 1h。

表 8－4　居住小区内浇洒道路和绿化用水量

项　目	用水量($L/(m^2 \cdot 次)$)	浇洒次数(次/d)
>1.0	10	10
1.0～1.5	10	15

居住小区管网漏失水量包括室内卫生器具漏水量、屋顶水箱漏水量和管网漏水量。未预见水量包括用水量定额的增长、临时修建工程施工用水量、外来临时人口用水量以及其他未预见水量。

居住小区管网漏失水量与未预见水量之和，按小区最高日用水量的 10%～20%计算。

(2) 设计用水量的计算。

①最高日用水量。

居住小区内最高日用水量按式(8.1)计算：

$$Q_d = (1.1 \sim 1.2) \sum Q_{di} \tag{8.1}$$

式中　Q_d——最高日用水量，m^3/d；

Q_{di}——小区内各项设计用水的最高日用水量，m^3/d；

1.1～1.2——小区内未预见用水和管网漏损系数。

小区内各项设计用水的最高日用水量可按其用水定额 Q_{di} 和设计单位数计算。

②最大小时用水量。

居住小区内最大小时用水量按式(8.2)计算。

$$Q_h = \frac{Q_d}{24} \cdot K_h \tag{8.2}$$

式中　Q_h——最大小时用水量，m^3/h；

Q_d——最高日用水量，m^3/d；

K_h——小区时变化系数。

小区内的时变化系数 K_h 取值应较城镇时变化系数大，而较建筑物室内时变化系数小，也可以分别计算出居住区内各项设计用水量的最大小时用水量，然后累加得出最大小时用水量。如果资料齐全，可以列出小区内各项用水的24h变化表，然后求出最大小时用水量。

3. 水压

(1) 小区生活饮用水管网的供水压力应根据建筑层数和管网阻力损失计算确定。

(2) 小区消防供水压力，如果为低压消防给水系统，则按灭火时不小于0.1MPa计算(从地面算起)；如果为高压消防给水系统，应经计算后确定。

8.1.5 小区给水管网水力计算

1. 小区中给水管道设计流量确定原则

居住小区中生活给水管道的设计流量按下列方法计算。

(1) 居住组团(人数在3000人以内)范围内的生活给水管道，包括接户管的小区支管，设计流量按其负担的卫生器具总数，按概率法进行计算。

给水管道担负卫生器具设置标准不同的住宅时，生活给水设计秒流量计算公式中的系数不同，需要计算其加权平均值。

(2) 居住小区的生活给水干管设计流量按最大小时流量计算。

设有幼托园所、中小学校、菜场、浴室、饭店、旅馆、医院等用水量较大的公共建筑，小区支管和接户管的流量按设计秒流量公式计算，小区给水干管的流量则按该建筑最大小时流量，以集中流量计入。

2. 小区给水管网的水力计算

居住小区给水管网的水力计算可以分为两种类型：一类是小区给水管网的设计计算，目的是确定各管段的管径，并根据控制点的自由水头要求，结合管网的水头损失来确定水泵的扬程和水塔的高度；另一类则是管网的复核计算，目的是在已知水泵的扬程和水塔的高度或接水点的资用水头的情况下，选择和确定管网各管段的管径，再校核能否满足管网各种使用要求。

1) 居住组团内的给水支管和接户管

居住组团内的给水支管和接户管一般布置成枝状网，各设计管段确定后，可首先统计各管段负担的卫生器具当量总数，然后代入设计秒流量计算公式，可直接计算确定各设计管段的计算流量。

如果组团内有用水量较大的公共建筑，该建筑可以单独计算设计秒流量，然后以集中流量接出计入管网计算。

如果组团内给水支管布置成环状网，进行各设计管段计算流量时，可通过在节点对各管段卫生器具数量的分配来确定各管段的卫生器具当量总数，然后代入设计秒流量计算公式，计算确定各设计管段的计算流量。一般不再进行环状网的平差。

2) 居住小区内给水干管

居住小区内的给水干管从供水安全可靠角度考虑，一般应布置成环状网，并按最大小时流量进行设计，这样，小区内给水干管网管段设计流量计算的方法和步骤可与城镇干管网相同。通过比流量、线流量、节点流量的计算，经过流量初步分配、平差，最后确定各管段的设计流量。

在计算小区给水干管网时，如果小区内较大的公共建筑从干管上接出，可计算出该公共建筑的最大小时流量作为集中流量，布置在管网节点上接出进行计算。

3) 小区管网的水力计算

小区管网设计管段计算流量确定后，可按照城镇室外给水干管网的计算方法和步骤确定各设计管段的管径，根据各管段的管径、管长、设计流量计算出各管段的水头损失，进而选定管网控制点的自由水头，从而推出加压泵站的扬程和水塔的高度。

小区给水管网的水力计算一般按设计流量进行设计，并以生活给水设计流量和消防流量之和进行校核。

8.1.6 小区给水加压泵站的设计计算

1. 加压站的构造和类型

小区内给水加压站的构造和一般城镇给水加压站相似，但规模较小，加压站的位置、设计流量和扬程与小区给水管网密切配合。加压站一般由泵房、蓄水池、水塔和附属构筑物等组成。图 8.4 所示为某小区给水加压站布置图。

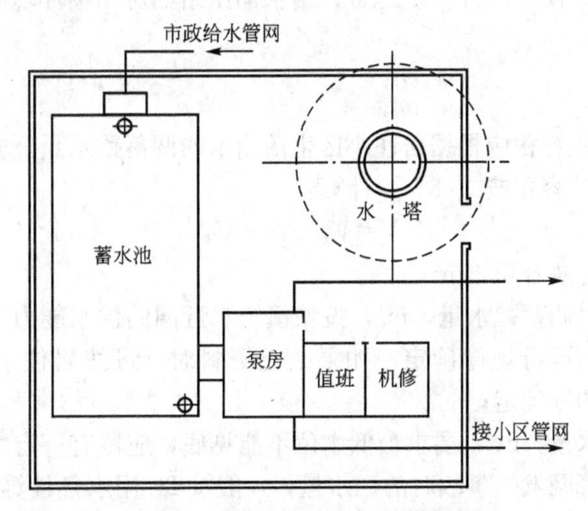

图 8.4 某小区给水加压站布置图

小区给水加压站按其功能可以分为给水加压站和给水调蓄加压站。给水加压站从城镇给水管网抽水或从吸水井中抽水直接供给小区用户；给水调蓄加压站应布置蓄水池和水塔，除加压作用外，还有流量调蓄的作用。

小区给水加压站按加压技术可以分为设有水塔的加压站、气压给水加压站和变频调速给水加压站。后两种加压站可不设水塔。

2. 加压站的设计流量与扬程的确定

(1) 居住小区内给水加压站的设计流量应和给水管网设计流量相协调。一般可按下列原则确定。

① 加压站服务范围为整个小区时，小区最大小时流量作为设计流量。

② 加压站服务范围为居住组团或组团内若干幢建筑时，服务范围内担负的卫生器具总数计算得出的生活用水设计秒流量作为设计流量。

③ 加压站如果有消防给水任务，加压站的设计流量应为生活给水流量和消防给水流

量之和。

(2) 居住小区内加压站的设计扬程可按式(8.3)进行计算：

$$H_p=H_c+H_z+\sum h_n+\sum h_s \quad (8.3)$$

式中 H_p——加压站设计扬程，kPa；

H_c——小区内最不利供水点要求自由水头，kPa；

H_z——小区内最不利供水点与加压站内泵房吸水井最低水位之间所要求的静水压，kPa；

$\sum h_n$——小区内最不利供水点与加压站之间的给水管网在设计流量时的水头损失之和，kPa；

$\sum h_s$——加压站内水泵吸水管、压水管在设计流量时的水头损失之和，kPa。

(3) 加压站位置的选择。

小区内加压站位置选择应与供水范围相适应，使整个给水系统布局合理；布置时应靠近用水负荷中心，同时要接近水源或城镇管网接水点处。

小区加压站应布置在工程地质条件较好的地段，离小区配电设施要近，接电要方便；应有良好的卫生环境，便于设计防护地带；给水加压站如对周围环境有影响时，应采取隔振消声措施。

3. 蓄水池

蓄水池水池的有效容积应根据居住小区生活用水的调蓄贮水量、安全贮水量和消防贮水量确定。水池的有效容积按式(8-4)计算：

$$V=V_1+V_2+V_3 \quad (8.4)$$

式中 V——水池的有效容积，m^3；

V_1——生活用水调蓄贮水量，m^3，按城镇给水近网的供水能力、小区用水曲线和加压站水泵运行规律确定，如果缺乏资料时，可按居住小区最高日用水量的20%～30%确定；

V_2——安全贮水量，m^3，要求最低水位不能见底，应留有一定水深的安全量，并保证市政管网发生事故时的贮水量，一般按2h用水量计算(重要建筑按最大小时用水量，一般建筑按平均时用水量，其中沐浴用水量按15%计算)；

V_3——消防贮水量，m^3，按现行防火规范计算。

蓄水池应设进水管、出水管、溢流管、泄水管和水位信号装置。溢流管排入排水系统应有防回流污染措施。水池贮有消防水量时，应有消防用水不被挪用的技术措施，如采用吸水管虹吸破坏法、溢流墙法等。

对于不允许间断供水或有效容积超过1000m^3的水池，应分设两个或两格，之间应设连通管，并按单独工作要求布置管道和闸门。

4. 水塔和高位水箱(池)

水塔和高位水箱(池)的位置应根据总体布置，选择在靠近用水中心、地质条件较好、地形较高和便于管理之处。其容积可按式(8-5)计算：

$$V=V_d+V_x \quad (8.5)$$

式中 V——水塔容积，m^3；

V——生活用水调蓄贮水量，m^3，可根据小区用水曲线和加压站水泵运行规律计算确定，如果缺乏资料可按表 8-5 所列的水塔、高位水箱(池)生活用水的调蓄贮水量采用；

V——消防贮水量，m^3，按现行防火规范计算。

表 8-5 水塔、高位水箱(池)生活用水的调蓄贮水量

居住小区最高日用水量(m^3)	≤100	101～300	301～500	501～1000	1001～2000	2001～4000
调蓄贮水量占最高日用水量的百分数	30%～20%	20%～15%	15%～12%	12%～8%	8%～6%	6%～4%

单元任务 8.2 小区排水系统的设计

【单元任务内容及要求】 小区排水系统的设计是根据设计基础资料和符合技术经济的要求确定小区排水系统的排水体制，对管网系统、污水处理构筑物及污水抽升设备进行布置，对排水系统施工提出要求，并根据规范规定对排水管网及排水设备、污水处理构筑进行水力计算。

8.2.1 小区排水系统技术方案

1. 小区排水系统的类型

根据居住小区离城市的远近，居住小区排水系统可以分为直接利用城市管网的排水系统、设有排水提升设施的排水系统、设有污水处理站的排水系统。

1）直接利用城市管网的排水系统

居住小区位于城市市区范围之内，城市排水管网通过居住小区，并且小区排水能够靠重力流入城市下水管道。在这种情况下，小区的排水系统仅由排水管道系统组成，小区内只需进行给水排水管网设计。

居住小区排水管道系统由接户管、小区支管、小区干管组成某小区污水干管布置图和某组团内污水支管和接户管布置图。

知识链接

接户管是指布置在建筑物周围，直接与建筑物引入管和排出管相接的给水排水管道。

小区支管是指布置在居住组团内道路下面，与接户管相接的给水排水管道。

小区干管是指布置在小区道路或城市道路下面，与小区支管相接的给水排水管道。

2）设有排水提升设施的排水系统

小区内如有高层建筑和其他特殊建筑，室内地下室有排水不能自流排出，则设计时可考虑将地下室的污、废水抽升排出的设计方案。小区内污水在管道中依靠重力从高处流向低处。当管道坡度大于地面坡度时，管道的埋深就越来越大，尤其是地形平坦的地区更为突出。小区污水排入城市下水管道有困难时，应根据情况设置小区污水加压提升泵站。

3）设有污水处理站的排水系统

居住小区位于城市郊区，如果这类居住小区的污水不能进入城市下水管道，由城市污水处理厂处理，则必须设置集中污水处理站对污水进行处理，达标后才能排放。

2. 小区排水体制及排水系统

1）小区排水体制

居住小区排水体制的选择应根据城镇排水体制、环境保护要求等因素进行综合比较，确定采用分流制或合流制。

居住小区内的分流制排水系统是指生活污水管道和雨水管道分流的排水方式；合流制排水系统是指同一管渠内接纳生活污水和雨水的排水方式。居住小区的排水出路通常应排入城市下水管道系统，故小区排水体制应与城镇排水体制相一致。

分流制排水系统中，雨水由雨水管渠系统收集，就近排入附近水体或城镇雨水管渠系统；污水则由污水管道系统收集，输送到城镇或小区污水处理厂进行处理后排放。根据环境保护要求，新建居住小区一般采用分流制排水系统。

居住小区内排水需要进行中水回用时，应设分质、分流排水系统，即粪便污水和杂排水(生活废水)分流，以便将杂排水收集作为中水原水。

2）小区排水管道系统

小区内若采用分流制排水系统，根据排水管道的功能不同应分设污水管道系统和雨水管道系统。

8.2.2 小区排水管网的布置

(1) 根据管道布置的位置和在系统中的作用不同，小区内排水管道可分为接户管、小区排水支管、小区排水干管。其布置的程序一般按干管、支管、接户管的顺序进行，根据小区总体规划、道路和建筑的布置、地形标高、污水走向，按管线短、埋深小、尽量自流的原则进行布置。小区排水管道布置干管时应考虑支管接入位置，布置支管时也应考虑接户管的接入位置。小区内污水管道布置如图 8.5 和图 8.6 所示。

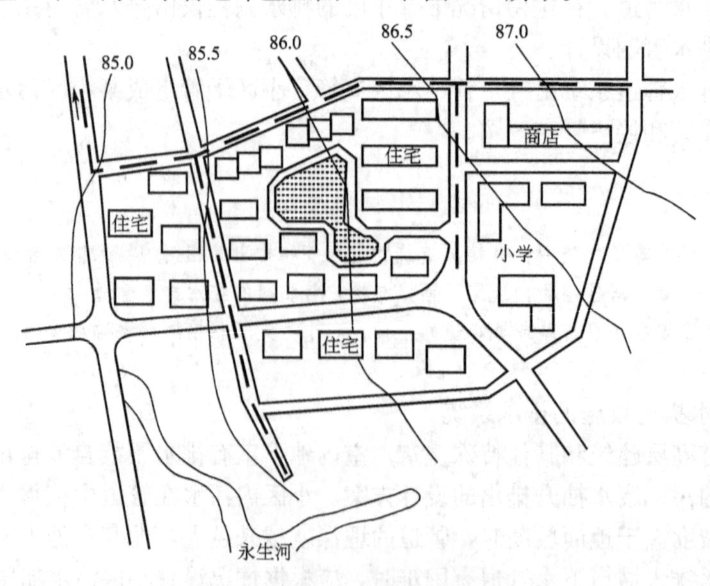

图 8.5　某小区污水干管布置图

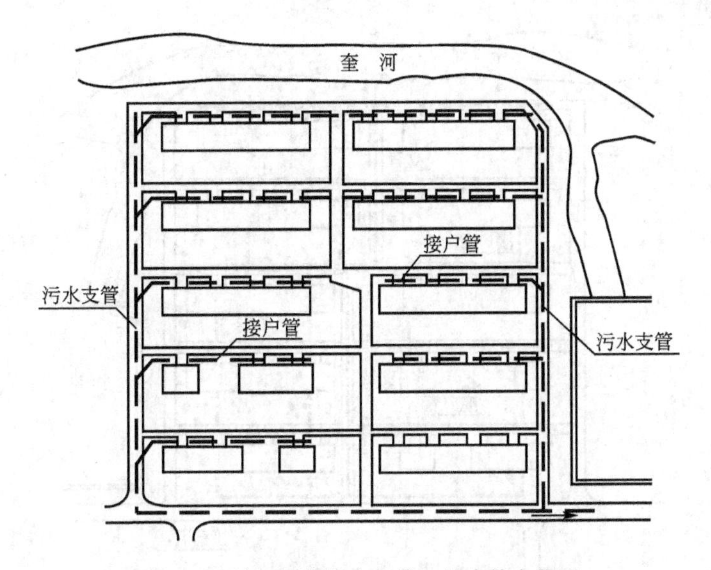

图 8.6　某组团内污水支管和接户管布置图

(2) 雨水管布置要求是能通畅、及时排走居住小区内的暴雨径流量。根据城市规划要求，在平面布置上尽量利用自然地形坡度，以最短的距离靠重力流排入水体或城镇雨水管道。雨水管道应平行道路敷设，且布置在人行道或花草地带下，以免积水时影响交通或维修管道时破坏路面。某小区内雨水管道布置图和某组团内雨水支管和接户管布置图分别如图 8.7 和图 8.8 所示。

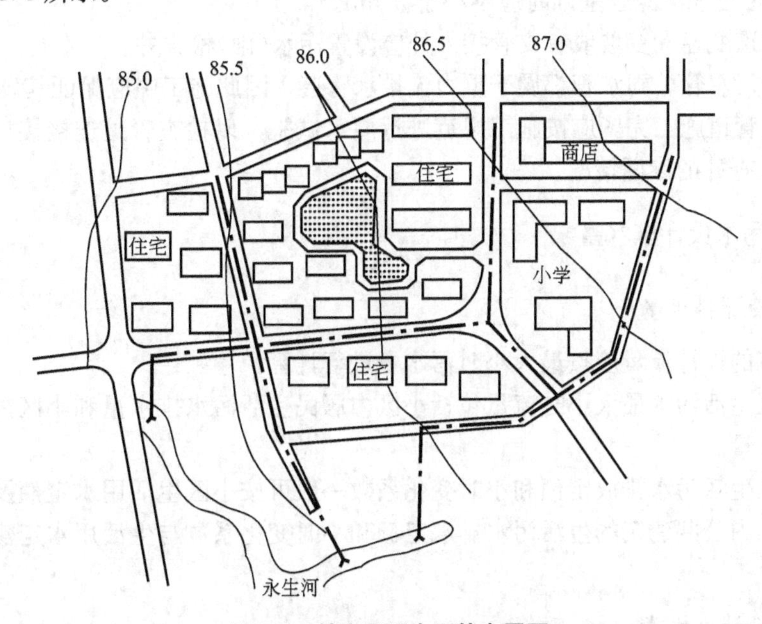

图 8.7　某小区雨水干管布置图

雨水口是收集地面雨水的构筑物，小区内雨水不能及时排除或低洼处形成积水往往是由于雨水口布置不当造成。小区内雨水口的布置一般根据小区地形、建筑物和道路布置情况确定，应在道路交汇处、建筑物单元出入口附近、建筑物雨落管附近以及建筑物前后空地和绿地的低洼处设置雨水口，雨水口的数量根据汇水面积的汇水流量和选用的雨水口类型及泄水能力确定。雨水口沿街道布置间距一般为 20～40m，雨水口连接管长度不超过 25m。

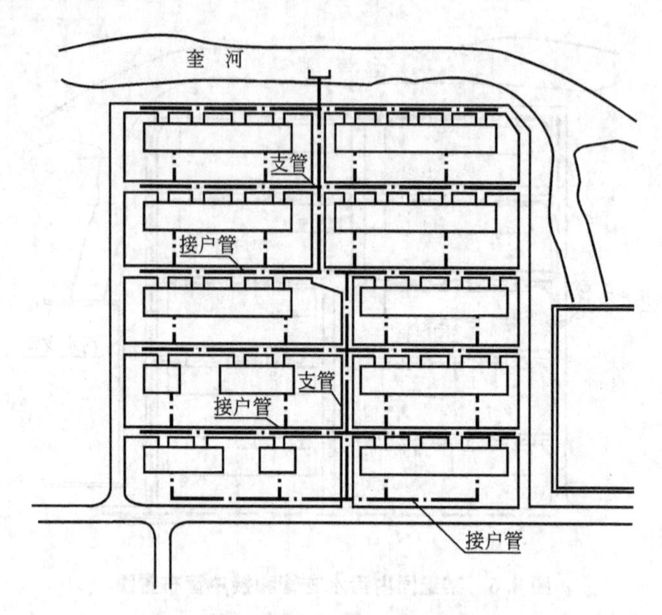

图 8.8 某组团内雨水支管和接户管布置图

8.2.3 小区排水管网的施工要求

(1) 小区排水管道敷设时，与建筑物基础的水平净距，当管道埋深浅于基础时应不小于 1.5m，当管道埋深深于基础时应不小于 2.5m。

(2) 在管道变径、变坡或有支管接入处应设置污水(雨)检查井。

(3) 由于污水管、雨水管都属于重力流排水管道，因此施工中应保证其设计坡度。

(4) 排水管道施工完毕应按施工规范进行灌水试验，以检查管道连接接口、管道与检查井壁以及检查井的渗漏情况。

8.2.4 小区污水设计排水量

1. 污水设计排水量

污水管道的设计流量应按最大小时污水量进行计算。

居住小区生活污水最大小时流量包括小区内居民生活污水排水量和小区内公共建筑的生活污水排水量。

居住小区生活污水排放定额和小时变化系数一般可按小区生活用水定额及小时变化系数确定。小区内公共建筑的生活污水排水定额和小时变化系数与生活用水定额及小时变化系数相同。

2. 雨水设计排水量

居住小区内的雨水设计流量和设计暴雨强度的计算，可按现行《室外排水设计规范》中的公式计算确定，即按式(8-6)计算：

$$Q=q\varphi F \tag{8.6}$$

式中 Q——雨水设计流量，L/s；

q——设计降雨强度，L/(s·ha)，根据当地暴雨强度计算公式计算确定；

φ——径流系数；

F——汇水面积，ha，$1ha=10^4m^2$。

小区内各种地面径流系数可按表8-6采用，平均径流系数应按各种地面的面积加权平均计算确定。如资料不足，可根据建筑密度情况确定小区综合径流系数，其值为0.5～0.8，建筑稠密时取上限，建筑物稀疏时取下限。

表8-6 径流系数

地面种类	径流系数	地面种类	径流系数
各种屋面	0.9	干砖及碎石路面	0.4
混凝土和沥青路面	0.9	非铺砌路面	0.3
块石路面	0.6	公园绿地	0.15
级配碎石路面	0.45		

在计算设计降雨强度q时，当地暴雨强度计算公式中的设计重现期P和降雨历时t可按下列原则确定。

雨水管渠的设计重现期应根据地形特点、小区建设标准和气象特点等因素确定，一般小区宜选用0.5年～1.0年。

雨水管渠设计降雨历时应按式(8.7)计算：

$$t=t_1+mt_2 \tag{8.7}$$

式中 t——降雨历时，min；

t_1——地面集水时间，min，与距离长短、地形坡度、地面覆盖情况有关，一般选用5min～10min；

m——折减系数。小区支管和接户管取$m=1$；小区干管为暗管时取$m=2$，有明渠时取$m=1.2$；

t_2——管内雨水流行时间。

居住小区合流制管道的设计流量为生活污水量与雨水量之和。生活污水量取设计生活污水量；在雨水量计算时重现期宜高于同一情况下分流制的雨水管道设计重现期。因为降雨时合流制管道内同时排除生活污水和雨水，且管内常有晴天时沉积的污泥，如果溢出会对环境影响较大，故进行雨水流量计算时应适当提高设计重现期。

8.2.5 小区排水管道的水力计算

1. 污水管道水力计算

1) 污水管道水力计算方法

污水管道水力计算的目的在于经济合理地选择管道断面尺寸、坡度和埋深，并校核小区的污水能否靠重力自流排入城镇污水管道，否则应提出提升泵位置和扬程的要求。污水管道是按非满流设计的，对于圆管而言，水力计算也就是要确定各管段的管径(D)、设计充满度(h/D)、设计坡度(i)和管段的埋设深度(H)，并做校核计算。

关于水力计算的公式、方法和步骤可参照城镇室外污水管道水力计算方法进行，即在污水管道平面布置、划分设计管段和求得比流量的基础上，列出管道设计流量计算表，计算得出各管段的设计流量。然后再通过统计各管段的长度，列出管道的水力计算表，根据小区污水管道水力计算设计数据规定，通过查阅水力计算图表，即可确定设计管段的各项设计参数和进行校核计算。

2）小区污水管道水力计算的设计数据

(1) 设计充满度。

在设计流量下，污水在管道中的水深和管道在直径的比值称为设计充满度（或水深比）。在 $h/D=1$ 时称为满流；在 $h/D<1$ 时称为非满流。污水管道应按非满流计算，管道最大设计充满度按表 8-7 采用。

表 8-7 管道最大设计充满度

管径 D(mm)	最大设计充满度(h/D)
150～300	0.55
350～450	0.65
≥500	0.70

(2) 设计流速。

和设计流量、设计充满度相应的水流平均流速叫做设计流速；保证管道内不致发生淤积的流速叫做最小允许流速（或叫做自清流速）；保证管道不被冲刷损坏的流速叫做最大允许流速。

污水管道在设计充满度下其最小设计流速为 0.6m/s。

(3) 最小设计坡度和最小管径。

对应于最小设计流速的坡度叫做最小设计坡度，即保证管道不发生淤积时的坡度。最小设计坡度不仅与流速有关，而且还与水力半径有关。

最小管径是从运行管理角度考虑提出的。因为管径过小容易堵塞，小口径管道清通又困难，为了养护管理方便，做出了最小管径的规定。如果按设计流量计算得出的管径小于最小管径，则采用最小管径的管道。

从管道内的水力性能分析，在小流量时增大管径并不有利。相同流量时，增大管径使流速减小，充满度降低，故最小管径规定应合适。上海等地的运行经验表明：服务人口 250 人(70 户)之内的污水管采用 150mm 管径按 0.004 坡度敷设，堵塞几率反而增加。故小区污水管道接户管的最小管径应为 150mm，相应的最小坡度为 0.007。居住小区内排水管道的最小管径和最小设计坡度按表 8-8 采用。

表 8-8 最小管径和最小设计坡度

管别		位置	最小管径(mm)	最小设计坡度
污水管道	接户管	建筑物周围	150	0.007
	支管	组团内道路下	200	0.004
	干管	小区道路、市政道路下	300	0.003
雨水管和合流管道	接户管	建筑物周围	200	0.004
	支管和干管	小区道路、市政道路	300	0.003
雨水连接管			200	0.01

注：(1) 污水管道接户管最小管径 150mm 服务人口不宜超过 250 人(70 户)，超过 250 人(70 户)时，最小管径为 200mm；

(2) 进化粪池前污水管道设计坡度，管径 150mm 时为 0.010～0.012，管径 200mm 时为 0.010。

(4) 污水管道的埋设深度。

管道的埋设深度有两个意义：覆土厚度，指管道外壁顶部到地面的垂直距离；埋设深度，指管道内壁底部到地面的深度。

为了降低造价，缩短施工工期，管道埋设深度越小越好。但是，覆土厚度应该有一个最小的限值，否则就不能满足技术上的要求，这个最小限值称为最小覆土厚度。

小区污水干管埋设在车行道下，管顶的覆土厚度不应小于 0.7m；如果小于 0.7m，应有防止管道受压损坏的措施。组团内的小区污水支管和接户管一般埋设在路边或绿地下，管顶覆土厚度可酌情减少，但是不宜小于 0.3m。污水管道的埋深还应考虑各幢建筑的污水排出管能否顺利接入。

在冰冻地区，污水管的埋深还应考虑冰冻的影响，具体要求参见室外排水管道计算。

2. 雨水管道水力计算

1) 雨水管道水力计算的方法

雨水管道水力计算的目的是确定各雨水设计管段的管径(D)、设计坡度(i)和各管段的埋深(H)，并校核小区雨水能否靠重力自流排入城镇雨水管道或水体，否则应提出提升泵站的位置和扬程要求。

小区雨水管道的水力计算公式、方法和步骤与城镇室外雨水管道水力计算相同。在雨水管道平面布置、划分设计管段的基础上，统计各管段汇水面积，并列出雨水管道水力计算表，根据小区雨水管道水力计算设计数据规定，查阅满流水力计算图表，即可确定各项设计参数值，并进行校核计算。

2) 雨水管道水力计算的设计规定

(1) 设计充满度。雨水中主要含有泥沙等无机物，不同于污水的性质，并且暴雨径流量大，相应设计重现期的暴雨强度的降雨历时不会很长，故管道设计充满度按满流计算，即 $h/D=1$。

(2) 设计流速。为避免雨水所夹带泥沙沉积和堵塞管道，要求满流时管内最小流速大于或等于 0.75m/s，明渠内最小流速应大于或等于 0.40m/s。

(3) 最小设计坡度和最小管径。雨水管道接户管的最小管径为 200mm，相应的最小设计坡度为 0.004；小区干管和支管的最小管径为 300mm，相应的最小坡度为 0.003；雨水口连接管最小管径为 200mm，最小坡度为 0.01。

8.2.6 小区排水抽升设备的设计计算

1. 抽升设备的布置

居住小区排水依靠重力自流排除有困难时，应及时考虑排水提升措施。设置排水泵房时，尽量单独建造，并且距居住建筑和公共建筑 25m 左右，以免污水、污物、臭气、噪声等对环境产生影响。

2. 污水泵的流量与扬程

(1) 排水泵房的设计流量与排水进水管的设计流量相同。污水泵房机组的设计流量按最大小时流量计算，雨水泵房机组的设计流量按雨水管道的最大进水流量计算。

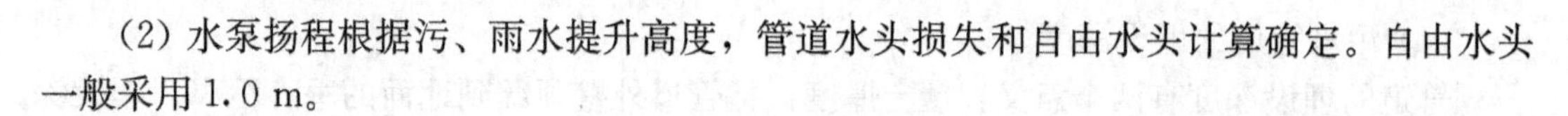

(2) 水泵扬程根据污、雨水提升高度，管道水头损失和自由水头计算确定。自由水头一般采用1.0 m。

3. 抽升设备

污水泵尽量选用立式水泵或潜水水泵，雨水泵则应尽量选用轴流式水泵。雨水泵不得少于两台，以满足雨水流量变化时可开启不同台数进行工作的要求，同时可不考虑备用泵。污水泵的备用泵数量根据重要性、工作泵台数及型号等确定，但不得少于1台。

4. 集水池

污水集水池的有效容积根据污水量、水泵性能及工作情况确定，一般不小于泵房内最大一台泵5min的出水量。水泵机组为自动控制时，每小时开启水泵次数不超过6次。集水池有效水深一般在1.5m～2.0m(即水池进水管设计水位到水池吸水坑上缘部高度)。

雨水集水池容积不考虑调节作用，按泵房中安装的最大一台雨水泵30s的出水量计算，集水池的设计最高水位一般以泵房雨水管道的水位标高计算。

8.2.7 小区污水处理设施的设计

1. 小区污水排放

居住小区内的污水排放应符合现行《污水综合排放标准》和《污水排入城市下水道水质标准》的要求。

一般居住小区内污水都是生活污水，符合排入城市下水道的水质要求。如果小区污水排至城镇污水管道，可以直接就近排放。如果小区内有公共建筑，其污水水质指标达不到排入城市下水道水质标准时(如医院污水的细菌指标，饮食行业的油脂指标等)，则必须进行局部处理后方能排入小区和城市污水管道系统。如果小区远离城市，或由于其他原因致使污水不能排入城市下水管道，此时小区污水应根据排放水体的情况进行水质处理，并严格执行《污水综合排放标准》，一般要采用二级生物处理达标后方能排放。

2. 小区污水处理

1) 小区污水处理设施的设置

小区内是否设置污水处理设施，应根据城镇总体规划，按照小区污水排放的走向，由城镇排水总体规划管理部门统筹决定。

总体上讲，城镇内的居住小区污水应尽量纳入城镇污水集中处理工程范围之内，城镇污水的收集系统应及时敷设到居住小区。具体应根据以下几种情况进行设置。

(1) 如果城镇已建成或已确定近期要建污水处理厂，小区污水能排入污水处理厂服务范围的城镇污水管道，小区内不应再建污水处理设施。

(2) 如果城镇未建污水处理厂，小区污水在城镇规划的污水处理厂的服务范围之内，并已排入城镇管道收集系统，小区内不需建集中的污水处理设施。是否要建分散或过渡处理设施，应由当地政府有关部门按国家政策权衡决策。

(3) 如果小区污水因各种原因无法排入城镇污水处理厂服务范围的污水管道，应坚持排放标准，按污水排放去向设置污水处理设施，处理达标后方能排放。

(4) 如果居住小区内某些公共建筑污水中含有有毒、有害物质或某些指标达不到排放标准，应设污水局部处理设施自行处理，达标后方能排放。

2）小区污水处理技术

化粪池处理技术长期以来一直在国内作为污水分散或过渡处理的一项主要设施，曾起到一定的作用。但是，化粪池的处理效果并不理想，管理正常时，悬浮物能除去50%～60%，BOD_5 可以去除20%左右，但仍达不到国家二级排放的标准。我国城镇污水集中处理的进程正在逐步加快，如果污水进入集中处理前通过化粪池的处理，会使污水的进水浓度降低，影响到生物处理效果，这已成为一些已建污水生物处理厂困惑的问题，所以化粪池的选用应该慎重。

小区内的污水属于一般生活污水，所以城市污水的生物处理技术都能适用于小区污水处理。

居住小区的规模较大，集中处理污水量达1000m^3 以上规模，小区污水处理可按现行《室外排水设计规范》选择合适的生物处理工艺时，应充分考虑小区设置特点，处理构筑物最好能布置在室内，对周围环境的影响应降到最低。

居住小区规模较小(组团级)或污水分散处理，处理污水设计流量小，这时处理设施可采用二级生物处理要求设计的污水处理装置进行处理。目前我国有不少厂家生产这类小型污水处理装置，采用的处理技术一般为好氧生物处理，也有厌氧-好氧生物处理。如果这类处理装置运行管理正常，应该能达到国家规定的二级排放标准(可向Ⅳ、Ⅴ类水域排放)，但是前一阶段这类装置在国内运行、管理效果不理想，主要是运行管理存在问题，这类装置在国外运行都和专业管理相结合，日本在这方面有很好的经验。国内对分散处理装置的专业管理问题已开始重视。

3）新型生态节能分散式污水处理系统

新型生态节能分散式污水处理系统是在传统污水生物处理技术和生态处理技术的基础上建立的符合一级污水生物处理出水水质要求的厌氧、好氧工艺，体现生态景观、一体节能特征。通过对污染物的降解转化，完成污水的无害化排放和再生利用。预处理系统主要表现为厌氧工艺，使污水中的有机污染物得到初步去除，特别是对SS的去除，保证生物托盘在低负荷状态能够长期运行而不至于出现堵塞现象。生物托盘系统则是使污水通过300～500mm厚的填料，借填料的物理、化学和生物机理去除污水中的有机污染物，达到净化污水的目的。整个工艺过程由预处理系统、生物托盘系统和中水收集系统三个部分组成。这种系统的外观呈驼峰状，可以配合建筑景点修饰，其内部为水处理构筑装置。

(1) 预处理系统包括污水管网、格栅、污水井(调节池)、改良折流式厌氧反应池。

(2) 生物托盘系统一级生物托盘系统由托盘本体、配水管、布水管、填料组成。根据处理负荷和自然地理条件，生物托盘系统可继续分级为二级、三级、四级等，分别由托盘本体、填料组成。

(3) 中水收集系统主要表现为清水池，根据用户要求可以建立中水管网，按用户所需的供水形式选择的配套加压设备，实现再生水的回用和排放。

新型的分散式污水处理系统具有生态景观和一体节能的特征。根据分散式污水就地处理的特点，在感观上实现景观化，在结构上给人以新颖的视觉，形成逐级放大的托盘，通过空间布水、水的分层跌落，在托盘上部空间种植植物，实现生态链接，通过考察生物托盘对污染物去除的多种机理，模拟自然界生态协调性，在生物配合上实现厌氧菌和好氧菌的密切配合。通过一体化的设计，仅需要起始端的提升动力，或利用自然地形特点无动力进水，形成高位水差，与一体化的空间巧妙镶嵌。

生物托盘净化机理是一个十分复杂的综合过程，通过表面模拟自然界的植物吸收、内部填料多种作用，实现生物配合，达到生态的协调性。其中包括物理及物化过程的过滤、吸附和离子变换，化学反应的化学沉淀，以及微生物的代谢作用下的有机物分解等。

(4) 与传统工艺相比，本工艺具有以下显著特点。

① 集水距离短，可在较分散的建筑就地收集、处理和利用，实现污水的分散处理。

② 利用空间分布，多级生物托盘在空间上实现多层布置，节省了土地面积，同时在托盘表层种植植物，形成生态景观。

③ 取材方便，便于施工，处理构筑物较少。生物托盘技术可以和预处理系统设计为一个整体，形成凸出地表的生态景观；也可以和预处理系统分开设置，布置在地下，在保证良好通风的环境下，地表可进行绿化，对环境不造成任何影响。

④ 运行管理方便，无需人工曝气和投加药剂，无污泥回流，没有剩余污泥产生。生物托盘设计厚度较小，形同盘状，较小的填料厚度使污水在托盘中处于好氧状态，在底部形成厌氧区时，污水已开始从盘底滴落下来，到达下一级托盘表面时，水流溅落使污水得到较高的复氧效果，从根本上改变了快速渗滤系统需要通过落干期来完成复氧目的的运行方式。维护排泥时，采用静力自排泥，省去了机械排泥和人工清掏的费用。

⑤ 采用改良后的折流式厌氧反应器作为生物托盘处理技术的预处理系统，具有较高的降解有机物性能的能力，悬浮物去除效果较好，在低负荷下进入托盘，最大限度地避免了托盘填料的堵塞，延长了生物托盘的工作寿命。

情境小结

通过本情境的学习和实践，要求掌握以下内容。

(1) 小区的给水系统技术方案应包括小区给水的类型和给水方式。

(2) 小区给水管网的布置要求，小区敷设、阀门布置、防水质污染及管道水压、冲洗、消毒的要求。

(3) 小区给水水质、水量和水压的要求，小区给水管网的水力计算的要求。

(4) 小区排水系统分为污水排水系统和雨水排水系统。

(5) 小区排水系统的技术方案包括小区排水系统的类型、小区排水体制，小区排水系统要求单独设置。

(6) 小区排水管网的布置，施工时应按要求设置检查井，施工完毕后应进行灌水试验。

(7) 小区污水排水量、雨水排水量的计算方法不同。

(8) 小区污水排水管道、雨水排水管道的水力计算应保证顺畅排出；小区污水抽升设备应包括污水泵的流量和扬程的计算确定。

工学结合能力训练

小区给水排水系统的设计施工方案总说明

1. 设计依据

(1) 设计委托任务书、城建各管理部门对本项目初步设计的有关批复、审查意见等。

(2) 所采用的本专业的设计规范、法规。

①《建筑给水排水设计规范》 GB 50015—2010。

②《建筑给水排水及采暖工程施工质量验收规范》GB 50242—2002。

(3) 城市供水管理、市政工程设施管理等条例。

(4) 本工程其他专业提供的设计资料。

2. 相关设计基础资料与设计范围

(1) 相关设计基础资料。

(在设计基础资料中找出与小区给水排水系统设计相关的内容，并完整列出这些内容。)

(2) 设计范围。

(小区给水系统、小区污水系统、小区雨水系统等。)

(3) 本项目日用水量为________ m^3/d，生活污水日排水量约________ m^3/d，雨水排水总量为____________ L/s。

3. 系统设计

(1) 给水系统。

① 根据业主提供的市政资料，本工程从市政给水管网引入一根________给水管供本工程使用。

② 给水管在室外形成________状，设置阀门及室外消火栓。

(2) 生活污水系统。

① 排水系统采用雨、污分流体系，____________和________分系统进行组织排放。

② 生活污水经过化粪池处理后排入____________的城市污水管网接点。

(3) 雨水排水系统。

① 本项目室外雨水排水系统的排水能力按________设计重现期设计。

② 屋面雨水设置________系统，和室外雨水通过室外雨水管道从________排到市政雨水管网系统。

4. 管道材料

(1) 室外生活给水管采用____________，连接方式为__________。管道工作压力为________，管道埋深控制在1.0m左右。

(2) 生活污水排水管道采用________________，要求其环刚度不小于8.0kN/m^2。管道基础及管道连接方式详见标准图集。

(3) 雨水排水管道采用____________，要求其环刚度不小于8.0kN/m^2。管道基础及管道连接方式详见标准图集。

(4) 雨水口连接管采用钢筋混凝土管道，管径为DE200，坡度为1%。

5. 阀门及附件

(1) 给水系统。

① 给水引入管上设置水表井和倒流防止器，倒流防止器前均设有Y型过滤器。

② 环网上设置阀门井，给水系统阀门的工作压力均为________。

(根据管径大小不同，可选择不同类型的阀门。)

(2) 污水系统

① 室外污水检查井采用钢筋混凝土检查井或塑料井，井盖可过汽车。

② 化粪池采用G11-50SQF型钢筋混凝土化粪池。

(3) 污水系统。

① 室外雨水检查井采用钢筋混凝土检查井或塑料井，井盖可过汽车。

② 雨水口根据道路情况采用偏沟式或平箅式砖砌雨水口。雨水口的深度控制在400mm以内。

6. 管道敷设

(1) 室外污水管坡度为0.005，雨水管道坡度为0.004。

(2) 所有管道敷设的原则为"小管让大管、有压管让无压管"。

7. 管道试压

(1) 给水管的试压方法按《建筑给水排水及采暖工程施工质量验收规范》(GB 50424—2002)的规定执行。

(2) 污水管、雨水管按《建筑给水排水及采暖工程施工质量验收规范》(GB 50424—2002)的要求做灌水试验和通水试验。

8. 其他

(1) 图中室外给水管的标高为管中心标高，室外雨污水管所注标高为管内底标高。

(2) 所注标高单位为m，所注管径单位为mm。

(3) 本子项的±0.000标高相当于绝对标高________m。

(4) 业主、施工等各方在选定给水设备、管材和器材时，应把好质量关；在符合使用功能要求、满足设计及系统要求的前提下，应优先选用高效率、低能耗的优质产品，不得选用淘汰和落后产品。

(5) 本说明与各图纸上的分说明不一致时，以各图纸上的分说明为准。

(6) 本说明未提及者，均按照国家施工验收有关规范、规定执行。

练 习 题

一、名词解释

小区干管　雨水口　最小设计坡度　管道覆土厚度　污水设计流速

二、填空题

1. 小区包括____________和__________。

2. 居住小区给水排水管道系统由________、________、__________组成。

3. 室外给水管道与建筑物基础的水平净距，管径为100～150mm时，不宜小于________m。

4. 雨水口沿街道布置间距一般为________m，雨水口连接管长度不超过________m。

5. 污水管道在设计充满度下其最小设计流速为________m/s。

三、单选题

1. 给水金属管道管顶覆土厚度应为(　　)。

A. 0.6m　　B. 0.7m　　C. 0.8m　　D. 0.9m

2. 小区雨水干管和支管的最小管径为(　　)。

A. 200mm　　B. 250mm　　C. 300mm　　D. 350mm

3. 污水集水池的有效容积一般不小于泵房内(　　)水泵5min的出水量。

A. 最小一台　　B. 最大一台　　C. 备用泵　　D. 所有

4. 居住小区的生活给水干管，设计流量按(　　)计算。

A. 平均时流量　　B. 最高日流量　　C. 最大时流量　　D. 设计秒流量

5. 加压泵站一般由(　　)等组成。

A. 水泵　　B. 蓄水池　　C. 水塔　　D. 泵房

四、多选题

1. 水池的有效容积应包括(　　)。

A. 居住小区生活用水的调蓄贮水量　　B. 安全贮水量

C. 消防用水量　　D. 补充水量

2. (　　)是污水、雨水管道的设计参数。

A. 充满度　　B. 设计流速　　C. 设计坡度　　D. 最小管径

3. 居住小区排水体制分为(　　)。

A. 合流制　　B. 分流制　　C. 混流制　　D. 综合体制

4. 雨水管道的设计重现期应根据(　　)等因素确定。

A. 地形特点　　B. 小区建设标准　　C. 气象特点　　D. 地质条件

5. 小区内若采用分流制排水系统，根据排水管道的功能不同应分设(　　)。

A. 污水系统　　B. 废水系统　　C. 雨水系统　　D. 混合流系统

五、判断题

1. 当给水管道敷设在污水管道下面时，给水管的接口离污水管的水平面净距不宜小于1m。(　　)

2. 雨水管道接户管的最小管径为250mm，相应最小设计坡度为0.004。(　　)

3. 居住小区合流制管道的设计流量为生活污水量与雨水量之和。(　　)

4. 水塔和水池的有效容积的组成是一样的。(　　)

5. 小区给水管网和排水管网均可采用环状管网或枝状管网。(　　)

六、问答题

1. 什么是小区户管、小区支管和小区干管?

2. 如何选择小区给水方式?

3. 小区排水管道的布置应遵循哪些程序和原则?

4. 居住小区污水管道设计计算依据是什么?

5. 小区给排水管道埋设深度有哪些要求?

附录　以工作过程为导向的学习型任务书

一、设计题目

某办公楼建筑给水排水及消火栓系统设计

二、设计基础资料

1. 建筑物层高为4.000m，共7层；
2. 建筑物平面布置图(卫生间布置每层相同)每层均设男、女卫生间；
3. 每层平均住30人；
4. 室外管网压力为30.00mH_2O；
5. 室内外地平高差0.6m；
6. 室外给、排水管网在建筑物右侧。

三、设计内容

1. 建筑内给水系统的设计；
2. 建筑内排水系统的设计；
3. 建筑雨水排水系统的设计；
4. 建筑内消火栓给水系统的设计。

四、设计成果

1. 设计计算书一份：

1) 设计说明(包括设计任务、资料、各系统方案及比较等)；

2) 设计计算过程；

3) 草图。

2. 给排水系统施工图纸一套：选定适当比例绘制平面图、系统图，满足施工要求；

3. 图纸内容：

1) 图纸目录；

2) 设计施工说明；

3) 图例；

4) 施工图，包括平面图、系统图、详图。

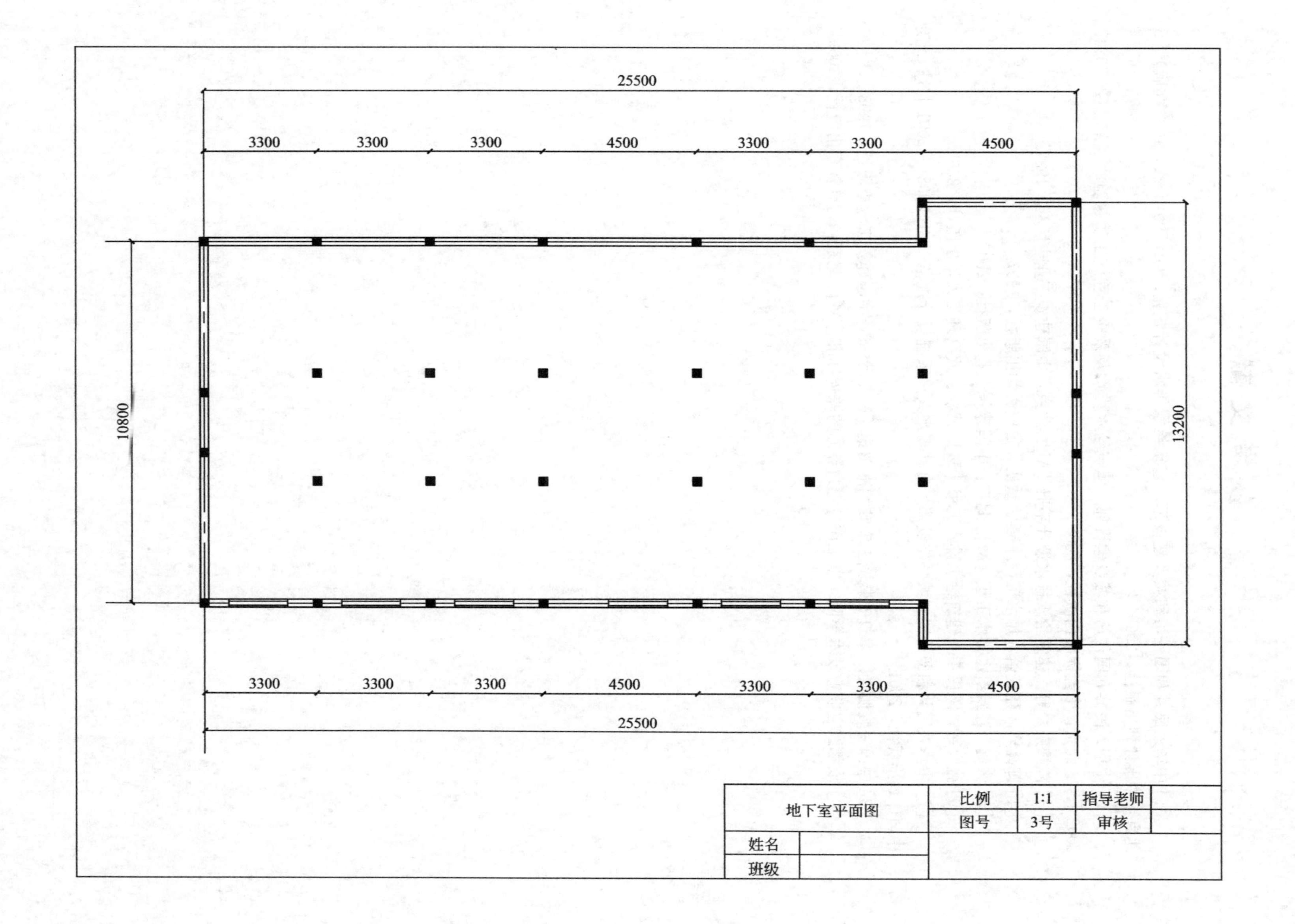
25500
3300
3300
3300
4500
3300
3300
4500
10800
13200
3300
3300
3300
4500
3300
3300
4500
25500
地下室平面图
比例
1:1
指导老师
图号
3号
审核
姓名
班级

参 考 文 献

[1] 中华人民共和国住房和城乡建设部. 建筑给水排水设计规范. GB 50015—2003(2009 版) [S]. 北京：中国计划出版社，2009.

[2] 中华人民共和国住房和城乡建设部. 建筑给水排水及采暖工程施工质量验收规范. GB 50242—2002 [S]. 北京：中国标准出版社，2002.

[3] 陈耀宗，等. 建筑给水排水设计手册 [M]. 北京：中国建筑工业出版社，1997.

[4] 郎嘉辉. 建筑给水排水工程 [M]. 重庆：重庆大学出版社，1997.

[5] 张健. 建筑给水排水工程 [M]. 北京：中国建筑工业出版社，2005.

[6] 张宝军，陈思荣. 建筑给水排水工程 [M]. 武汉：武汉理工大学出版社，2008.

[7] 中华人民共和国住房和城乡建设部. 自动喷水灭火系统设计规范. GB 50084—2001 [S]. 北京：中国计划出版社，2001.

[8] 中国安装协会. 建筑安装施工安装标准图集 [M]. 北京：中国建筑工业出版社，1998.

[9] 成都航空职业技术学院. 以工作过程为导向的课程标准 [M]. 北京：高等教育出版社，2009.

北京大学出版社高职高专土建系列教材书目

序号	书名	书号	编著者	定价	出版时间	配套情况
	"互联网+"创新规划教材					
1	建筑构造(第二版)	978-7-301-26480-5	肖　芳	42.00	2016.1	ppt/APP/二维码
2	建筑装饰构造(第二版)	978-7-301-26572-7	赵志文等	39.50	2016.1	ppt/二维码
3	建筑工程概论	978-7-301-25934-4	申淑荣等	40.00	2015.8	ppt/二维码
4	市政管道工程施工	978-7-301-26629-8	雷彩虹	46.00	2016.5	ppt/二维码
5	市政道路工程施工	978-7-301-26632-8	张雪丽	49.00	2016.5	ppt/二维码
6	建筑三维平法结构图集	978-7-301-27168-1	傅华夏	65.00	2016.8	APP
7	建筑三维平法结构识图教程	978-7-301-27177-3	傅华夏	65.00	2016.8	APP
8	建筑工程制图与识图(第2版)	978-7-301-24408-1	白丽红	34.00	2016.8	APP/二维码
9	建筑设备基础知识与识图(第2版)	978-7-301-24586-6	靳慧征等	47.00	2016.8	二维码
10	建筑结构基础与识图	978-7-301-27215-2	周　晖	58.00	2016.9	APP/二维码
11	建筑构造与识图	978-7-301-27838-3	孙　伟	40.00	2017.1	APP/二维码
12	建筑工程施工技术(第三版)	978-7-301-27675-4	钟汉华等	66.00	2016.11	APP/二维码
13	工程建设监理案例分析教程(第二版)	978-7-301-27864-2	刘志麟等	50.00	2017.1	ppt
14	建筑工程质量与安全管理(第二版)	978-7-301-27219-0	郑　伟	55.00	2016.8	ppt/二维码
15	建筑工程计量与计价——透过案例学造价(第2版)	978-7-301-23852-3	张　强	59.00	2014.4	ppt
16	城乡规划原理与设计(原城市规划原理与设计)	978-7-301-27771-3	谭婧婧等	43.00	2017.1	ppt/素材
17	建筑工程计量与计价	978-7-301-27866-6	吴育萍等	49.00	2017.1	ppt/二维码
18	建筑工程计量与计价(第3版)	978-7-301-25344-1	肖明和等	65.00	2017.1	APP/二维码
	"十二五"职业教育国家规划教材					
1	★建筑工程应用文写作(第2版)	978-7-301-24480-7	赵立等	50.00	2014.8	ppt
2	★土木工程实用力学(第2版)	978-7-301-24681-8	马景善	47.00	2015.7	ppt
3	★建设工程监理(第2版)	978-7-301-24490-6	斯　庆	35.00	2015.1	ppt/答案
4	★建筑节能工程与施工	978-7-301-24274-2	吴明军等	35.00	2015.5	ppt
5	★建筑工程经济(第2版)	978-7-301-24492-0	胡六星等	41.00	2014.9	ppt/答案
6	★建设工程招投标与合同管理(第3版)	978-7-301-24483-8	宋春岩	40.00	2014.9	ppt/答案/试题/教案
7	★工程造价概论	978-7-301-24696-2	周艳冬	31.00	2015.1	ppt/答案
8	★建筑工程计量与计价(第3版)	978-7-301-25344-1	肖明和等	65.00	2017.1	APP/二维码
9	★建筑工程计量与计价实训(第3版)	978-7-301-25345-8	肖明和等	29.00	2015.7	ppt
10	★建筑装饰施工技术(第2版)	978-7-301-24482-1	王　军	37.00	2014.7	ppt
11	★工程地质与土力学(第2版)	978-7-301-24479-1	杨仲元	41.00	2014.7	ppt
	基础课程					
1	建设法规及相关知识	978-7-301-22748-0	唐茂华等	34.00	2013.9	ppt
2	建设工程法规(第2版)	978-7-301-24493-7	皇甫婧琪	40.00	2014.8	ppt/答案/素材
3	建筑工程法规实务	978-7-301-19321-1	杨陈慧等	43.00	2011.8	ppt
4	建筑法规	978-7-301-19371-6	董伟等	39.00	2011.9	ppt
5	建设工程法规	978-7-301-20912-7	王先恕	32.00	2012.7	ppt
6	AutoCAD 建筑制图教程(第2版)	978-7-301-21095-6	郭　慧	38.00	2013.3	ppt/素材
7	AutoCAD 建筑绘图教程(第2版)	978-7-301-24540-8	唐英敏等	44.00	2014.7	ppt
8	建筑 CAD 项目教程(2010 版)	978-7-301-20979-0	郭　慧	38.00	2012.9	素材
9	建筑工程专业英语(第二版)	978-7-301-26597-0	吴承霞	24.00	2016.2	ppt
10	建筑工程专业英语	978-7-301-20003-2	韩薇等	24.00	2012.2	ppt
11	建筑识图与构造(第2版)	978-7-301-23774-8	郑贵超	40.00	2014.2	ppt/答案
12	房屋建筑构造	978-7-301-19883-4	李少红	26.00	2012.1	ppt
13	建筑识图	978-7-301-21893-8	邓志勇等	35.00	2013.1	ppt
14	建筑识图与房屋构造	978-7-301-22860-9	贠禄等	54.00	2013.9	ppt/答案
15	建筑构造与设计	978-7-301-23506-5	陈玉萍	38.00	2014.1	ppt/答案
16	房屋建筑构造	978-7-301-23588-1	李元玲等	45.00	2014.1	ppt
17	房屋建筑构造习题集	978-7-301-26005-0	李元玲	26.00	2015.8	ppt/答案
18	建筑构造与施工图识读	978-7-301-24470-8	南学平	52.00	2014.8	ppt
19	建筑工程识图实训教程	978-7-301-26057-9	孙伟	32.00	2015.12	ppt
20	建筑工程制图与识图(第2版)	978-7-301-24408-1	白丽红	34.00	2016.8	APP/二维码
21	建筑制图习题集(第2版)	978-7-301-24571-2	白丽红	25.00	2014.8	
22	建筑制图(第2版)	978-7-301-21146-5	高丽荣	32.00	2013.3	ppt

序号	书名	书号	编著者	定价	出版时间	配套情况
23	建筑制图习题集(第2版)	978-7-301-21288-2	高丽荣	28.00	2013.2	
24	◎建筑工程制图(第2版)(附习题册)	978-7-301-21120-5	肖明和	48.00	2012.8	ppt
25	建筑制图与识图(第2版)	978-7-301-24386-2	曹雪梅	38.00	2015.8	ppt
26	建筑制图与识图习题册	978-7-301-18652-7	曹雪梅等	30.00	2011.4	
27	建筑制图与识图(第二版)	978-7-301-25834-7	李元玲	32.00	2016.9	ppt
28	建筑制图与识图习题集	978-7-301-20425-2	李元玲	24.00	2012.3	ppt
29	新编建筑工程制图	978-7-301-21140-3	方筱松	30.00	2012.8	ppt
30	新编建筑工程制图习题集	978-7-301-16834-9	方筱松	22.00	2012.8	
	建筑施工类					
1	建筑工程测量	978-7-301-16727-4	赵景利	30.00	2010.2	ppt/答案
2	建筑工程测量(第2版)	978-7-301-22002-3	张敬伟	37.00	2013.2	ppt/答案
3	建筑工程测量实验与实训指导(第2版)	978-7-301-23166-1	张敬伟	27.00	2013.9	答案
4	建筑工程测量	978-7-301-19992-3	潘益民	38.00	2012.2	ppt
5	建筑工程测量	978-7-301-13578-5	王金玲等	26.00	2008.5	
6	建筑工程测量实训(第2版)	978-7-301-24833-1	杨凤华	34.00	2015.3	答案
7	建筑工程测量(附实验指导手册)	978-7-301-19364-8	石　东等	43.00	2011.10	ppt/答案
8	建筑工程测量	978-7-301-22485-4	景　铎等	34.00	2013.6	ppt
9	建筑施工技术(第2版)	978-7-301-25788-7	陈雄辉	48.00	2015.7	ppt
10	建筑施工技术	978-7-301-12336-2	朱永祥等	38.00	2008.8	ppt
11	建筑施工技术	978-7-301-16726-7	叶　雯等	44.00	2010.8	ppt/素材
12	建筑施工技术	978-7-301-19499-7	董　伟等	42.00	2011.9	ppt
13	建筑施工技术	978-7-301-19997-8	苏小梅	38.00	2012.1	ppt
14	建筑施工机械	978-7-301-19365-5	吴志强	30.00	2011.10	ppt
15	基础工程施工	978-7-301-20917-2	董　伟等	35.00	2012.7	ppt
16	建筑施工技术实训(第2版)	978-7-301-24368-8	周晓龙	30.00	2014.7	
17	◎建筑力学(第2版)	978-7-301-21695-8	石立安	46.00	2013.1	ppt
18	土木工程力学	978-7-301-16864-6	吴明军	38.00	2010.4	ppt
19	PKPM软件的应用(第2版)	978-7-301-22625-4	王　娜等	34.00	2013.6	
20	◎建筑结构(第2版)(上册)	978-7-301-21106-9	徐锡权	41.00	2013.4	ppt/答案
21	◎建筑结构(第2版)(下册)	978-7-301-22584-4	徐锡权	42.00	2013.6	ppt/答案
22	建筑结构学习指导与技能训练(上册)	978-7-301-25929-0	徐锡权	28.00	2015.8	ppt
23	建筑结构学习指导与技能训练(下册)	978-7-301-25933-7	徐锡权	28.00	2015.8	ppt
24	建筑结构	978-7-301-19171-2	唐春平等	41.00	2011.8	ppt
25	建筑结构基础	978-7-301-21125-0	王中发	36.00	2012.8	ppt
26	建筑结构原理及应用	978-7-301-18732-6	史美东	45.00	2012.8	ppt
27	建筑结构与识图	978-7-301-26935-0	相秉志	37.00	2016.2	
28	建筑力学与结构(第2版)	978-7-301-22148-8	吴承霞等	49.00	2013.4	ppt/答案
29	建筑力学与结构(少学时版)	978-7-301-21730-6	吴承霞	34.00	2013.2	ppt/答案
30	建筑力学与结构	978-7-301-20988-2	陈水广	32.00	2012.8	ppt
31	建筑力学与结构	978-7-301-23348-1	杨丽君等	44.00	2014.1	ppt
32	建筑结构与施工图	978-7-301-22188-4	朱希文等	35.00	2013.3	ppt
33	生态建筑材料	978-7-301-19588-2	陈剑峰等	38.00	2011.10	ppt
34	建筑材料(第2版)	978-7-301-24633-7	林祖宏	35.00	2014.8	ppt
35	建筑材料与检测(第2版)	978-7-301-25347-2	梅　杨等	33.00	2015.2	ppt/答案
36	建筑材料检测试验指导	978-7-301-16729-8	王美芬等	18.00	2010.10	
37	建筑材料与检测(第二版)	978-7-301-26550-5	王　辉	40.00	2016.1	ppt
38	建筑材料与检测试验指导	978-7-301-20045-2	王　辉	20.00	2012.2	
39	建筑材料选择与应用	978-7-301-21948-5	申淑荣等	39.00	2013.3	ppt
40	建筑材料检测实训	978-7-301-22317-8	申淑荣等	24.00	2013.4	
41	建筑材料	978-7-301-24208-7	任晓菲	40.00	2014.7	ppt/答案
42	建筑材料检测试验指导	978-7-301-24782-2	陈东佐等	20.00	2014.9	ppt
43	◎建设工程监理概论(第2版)	978-7-301-20854-0	徐锡权等	43.00	2012.8	ppt/答案
44	建设工程监理概论	978-7-301-15518-9	曾庆军等	24.00	2009.9	ppt
45	◎地基与基础(第2版)	978-7-301-23304-7	肖明和等	42.00	2013.11	ppt/答案
46	地基与基础	978-7-301-16130-2	孙平平等	26.00	2010.10	ppt
47	地基与基础实训	978-7-301-23174-6	肖明和等	25.00	2013.10	ppt
48	土力学与地基基础	978-7-301-23675-8	叶火炎等	35.00	2014.1	ppt
49	土力学与基础工程	978-7-301-23590-4	宁培淋等	32.00	2014.1	ppt
50	土力学与地基基础	978-7-301-25525-4	陈东佐	45.00	2015.2	ppt/答案
51	建筑工程质量事故分析(第2版)	978-7-301-22467-0	郑文新	32.00	2013.9	ppt
52	建筑工程施工组织设计	978-7-301-18512-4	李源清	26.00	2011.2	ppt
53	建筑工程施工组织实训	978-7-301-18961-0	李源清	40.00	2011.6	ppt

序号	书名	书号	编著者	定价	出版时间	配套情况
54	建筑施工组织与进度控制	978-7-301-21223-3	张廷瑞	36.00	2012.9	ppt
55	建筑施工组织项目式教程	978-7-301-19901-5	杨红玉	44.00	2012.1	ppt/答案
56	钢筋混凝土工程施工与组织	978-7-301-19587-1	高　雁	32.00	2012.5	ppt
57	钢筋混凝土工程施工与组织实训指导(学生工作页)	978-7-301-21208-0	高　雁	20.00	2012.9	ppt
58	建筑施工工艺	978-7-301-24687-0	李源清等	49.50	2015.1	ppt/答案
	工程管理类					
1	建筑工程经济(第2版)	978-7-301-22736-7	张宁宁等	30.00	2013.7	ppt/答案
2	建筑工程经济	978-7-301-24346-6	刘晓丽等	38.00	2014.7	ppt/答案
3	施工企业会计(第2版)	978-7-301-24434-0	辛艳红等	36.00	2014.7	ppt/答案
4	建筑工程项目管理(第2版)	978-7-301-26944-2	范红岩等	42.00	2016. 3	ppt
5	建设工程项目管理(第2版)	978-7-301-24683-2	王　辉	36.00	2014.9	ppt/答案
6	建设工程项目管理	978-7-301-19335-8	冯松山等	38.00	2011.9	ppt
7	建筑施工组织与管理(第2版)	978-7-301-22149-5	翟丽旻等	43.00	2013.4	ppt/答案
8	建设工程合同管理	978-7-301-22612-4	刘庭江	46.00	2013.6	ppt/答案
9	建筑工程资料管理	978-7-301-17456-2	孙　刚等	36.00	2012.9	ppt
10	建筑工程招投标与合同管理	978-7-301-16802-8	程超胜	30.00	2012.9	ppt
11	工程招投标与合同管理实务	978-7-301-19035-7	杨甲奇等	48.00	2011.8	ppt
12	工程招投标与合同管理实务	978-7-301-19290-0	郑文新等	43.00	2011.8	ppt
13	建设工程招投标与合同管理实务	978-7-301-20404-7	杨云会等	42.00	2012.4	ppt/答案/习题
14	工程招投标与合同管理	978-7-301-17455-5	文新平	37.00	2012.9	ppt
15	工程项目招投标与合同管理(第2版)	978-7-301-24554-5	李洪军等	42.00	2014.8	ppt/答案
16	工程项目招投标与合同管理(第2版)	978-7-301-22462-5	周艳冬	35.00	2013.7	ppt
17	建筑工程商务标编制实训	978-7-301-20804-5	钟振宇	35.00	2012.7	ppt
18	建筑工程安全管理(第2版)	978-7-301-25480-6	宋　健等	42.00	2015.8	ppt/答案
19	施工项目质量与安全管理	978-7-301-21275-2	钟汉华	45.00	2012.10	ppt/答案
20	工程造价控制(第2版)	978-7-301-24594-1	斯　庆	32.00	2014.8	ppt/答案
21	工程造价管理(第二版)	978-7-301-27050-9	徐锡权等	44.00	2016.5	ppt
22	工程造价控制与管理	978-7-301-19366-2	胡新萍等	30.00	2011.11	ppt
23	建筑工程造价管理	978-7-301-20360-6	柴　琦等	27.00	2012.3	ppt
24	建筑工程造价管理	978-7-301-15517-2	李茂英等	24.00	2009.9	
25	工程造价案例分析	978-7-301-22985-9	甄　凤	30.00	2013.8	ppt
26	建设工程造价控制与管理	978-7-301-24273-5	胡芳珍等	38.00	2014.6	ppt/答案
27	◎建筑工程造价	978-7-301-21892-1	孙咏梅	40.00	2013.2	ppt
28	建筑工程计量与计价	978-7-301-26570-3	杨建林	46.00	2016.1	ppt
29	建筑工程计量与计价综合实训	978-7-301-23568-3	龚小兰	28.00	2014.1	
30	建筑工程估价	978-7-301-22802-9	张　英	43.00	2013.8	ppt
31	安装工程计量与计价(第3版)	978-7-301-24539-2	冯　钢等	54.00	2014.8	ppt
32	安装工程计量与计价综合实训	978-7-301-23294-1	成春燕	49.00	2013.10	素材
33	建筑安装工程计量与计价	978-7-301-26004-3	景巧玲等	56.00	2016.1	ppt
34	建筑安装工程计量与计价实训(第2版)	978-7-301-25683-1	景巧玲等	36.00	2015.7	
35	建筑水电安装工程计量与计价(第二版)	978-7-301-26329-7	陈连姝	51.00	2016.1	ppt
36	建筑与装饰装修工程工程量清单(第2版)	978-7-301-25753-1	翟丽旻等	36.00	2015.5	ppt
37	建筑工程清单编制	978-7-301-19387-7	叶晓容	24.00	2011.8	ppt
38	建设项目评估	978-7-301-20068-1	高志云等	32.00	2012.2	ppt
39	钢筋工程清单编制	978-7-301-20114-5	贾莲英	36.00	2012.2	ppt
40	混凝土工程清单编制	978-7-301-20384-2	顾　娟	28.00	2012.5	ppt
41	建筑装饰工程预算(第2版)	978-7-301-25801-9	范菊雨	44.00	2015.7	ppt
42	建筑装饰工程计量与计价	978-7-301-20055-1	李茂英	42.00	2012.2	ppt
43	建设工程安全监理	978-7-301-20802-1	沈万岳	28.00	2012.7	ppt
44	建筑工程安全技术与管理实务	978-7-301-21187-8	沈万岳	48.00	2012.9	ppt
	建筑设计类					
1	中外建筑史(第2版)	978-7-301-23779-3	袁新华等	38.00	2014.2	ppt
2	◎建筑室内空间历程	978-7-301-19338-9	张伟孝	53.00	2011.8	
3	建筑装饰CAD项目教程	978-7-301-20950-9	郭　慧	35.00	2013.1	ppt/素材
4	建筑设计基础	978-7-301-25961-0	周圆圆	42.00	2015.7	
5	室内设计基础	978-7-301-15613-1	李书青	32.00	2009.8	ppt
6	建筑装饰材料(第2版)	978-7-301-22356-7	焦　涛等	34.00	2013.5	ppt
7	设计构成	978-7-301-15504-2	戴碧锋	30.00	2009.8	ppt
8	基础色彩	978-7-301-16072-5	张　军	42.00	2010.4	
9	设计色彩	978-7-301-21211-0	龙黎黎	46.00	2012.9	ppt
10	设计素描	978-7-301-22391-8	司马金桃	29.00	2013.4	ppt

序号	书名	书号	编著者	定价	出版时间	配套情况
11	建筑素描表现与创意	978-7-301-15541-7	于修国	25.00	2009.8	
12	3ds Max 效果图制作	978-7-301-22870-8	刘　晗等	45.00	2013.7	ppt
13	3ds max 室内设计表现方法	978-7-301-17762-4	徐海军	32.00	2010.9	
14	Photoshop 效果图后期制作	978-7-301-16073-2	脱忠伟等	52.00	2011.1	素材
15	3ds Max & V-Ray 建筑设计表现案例教程	978-7-301-25093-8	郑恩峰	40.00	2014.12	ppt
16	建筑表现技法	978-7-301-19216-0	张　峰	32.00	2011.8	ppt
17	建筑速写	978-7-301-20441-2	张　峰	30.00	2012.4	
18	建筑装饰设计	978-7-301-20022-3	杨丽君	36.00	2012.2	ppt/素材
19	装饰施工读图与识图	978-7-301-19991-6	杨丽君	33.00	2012.5	ppt
		规划园林类				
1	居住区景观设计	978-7-301-20587-7	张群成	47.00	2012.5	ppt
2	居住区规划设计	978-7-301-21031-4	张　燕	48.00	2012.8	ppt
3	园林植物识别与应用	978-7-301-17485-2	潘利等	34.00	2012.9	ppt
4	园林工程施工组织管理	978-7-301-22364-2	潘利等	35.00	2013.4	ppt
5	园林景观计算机辅助设计	978-7-301-24500-2	于化强等	48.00	2014.8	ppt
6	建筑・园林・装饰设计初步	978-7-301-24575-0	王金贵	38.00	2014.10	ppt
		房地产类				
1	房地产开发与经营(第 2 版)	978-7-301-23084-8	张建中等	33.00	2013.9	ppt/答案
2	房地产估价(第 2 版)	978-7-301-22945-3	张　勇等	35.00	2013.9	ppt/答案
3	房地产估价理论与实务	978-7-301-19327-3	褚菁晶	35.00	2011.8	ppt/答案
4	物业管理理论与实务	978-7-301-19354-9	裴艳慧	52.00	2011.9	ppt
5	房地产测绘	978-7-301-22747-3	唐春平	29.00	2013.7	ppt
6	房地产营销与策划	978-7-301-18731-9	应佐萍	42.00	2012.8	ppt
7	房地产投资分析与实务	978-7-301-24832-4	高志云	35.00	2014.9	ppt
8	物业管理实务	978-7-301-27163-6	胡大见	44.00	2016.6	
9	房地产投资分析	978-7-301-27529-0	刘永胜	47.00	2016.9	ppt
		市政与路桥				
1	市政工程施工图案例图集	978-7-301-24824-9	陈亿琳	43.00	2015.3	pdf
2	市政工程计量与计价(第 2 版)	978-7-301-20564-8	郭良娟等	42.00	2012.8	ppt
3	市政工程计价	978-7-301-22117-4	彭以舟等	39.00	2013.3	ppt
4	市政桥梁工程	978-7-301-16688-8	刘　江等	42.00	2010.8	ppt/素材
5	市政工程材料	978-7-301-22452-6	郑晓国	37.00	2013.5	ppt
6	道桥工程材料	978-7-301-21170-0	刘水林等	43.00	2012.9	ppt
7	路基路面工程	978-7-301-19299-3	偶昌宝等	34.00	2011.8	ppt/素材
8	道路工程技术	978-7-301-19363-1	刘　雨等	33.00	2011.12	ppt
9	城市道路设计与施工	978-7-301-21947-8	吴颖峰	39.00	2013.1	ppt
10	建筑给排水工程技术	978-7-301-25224-6	刘　芳等	46.00	2014.12	ppt
11	建筑给水排水工程	978-7-301-20047-6	叶巧云	38.00	2012.2	ppt
12	市政工程测量(含技能训练手册)	978-7-301-20474-0	刘宗波等	41.00	2012.5	ppt
13	公路工程任务承揽与合同管理	978-7-301-21133-5	邱　兰等	30.00	2012.9	ppt/答案
14	数字测图技术应用教程	978-7-301-20334-7	刘宗波	36.00	2012.8	ppt
15	数字测图技术	978-7-301-22656-8	赵　红	36.00	2013.6	ppt
16	数字测图技术实训指导	978-7-301-22679-7	赵　红	27.00	2013.6	ppt
17	水泵与水泵站技术	978-7-301-22510-3	刘振华	40.00	2013.5	ppt
18	道路工程测量(含技能训练手册)	978-7-301-21967-6	田树涛等	45.00	2013.2	ppt
19	道路工程识图与 AutoCAD	978-7-301-26210-8	王容玲等	35.00	2016.1	ppt
		交通运输类				
1	桥梁施工与维护	978-7-301-23834-9	梁　斌	50.00	2014.2	ppt
2	铁路轨道施工与维护	978-7-301-23524-9	梁　斌	36.00	2014.1	ppt
3	铁路轨道构造	978-7-301-23153-1	梁　斌	32.00	2013.10	ppt
		建筑设备类				
1	建筑设备识图与施工工艺(第 2 版) (新规范)	978-7-301-25254-3	周业梅	44.00	2015.12	ppt
2	建筑施工机械	978-7-301-19365-5	吴志强	30.00	2011.10	ppt
3	智能建筑环境设备自动化	978-7-301-21090-1	余志强	40.00	2012.8	ppt
4	流体力学及泵与风机	978-7-301-25279-6	王　宁等	35.00	2015.1	ppt/答案

注：★为“十二五”职业教育国家规划教材；◎为国家级、省级精品课程配套教材，省重点教材；为“互联网+”创新规划教材。